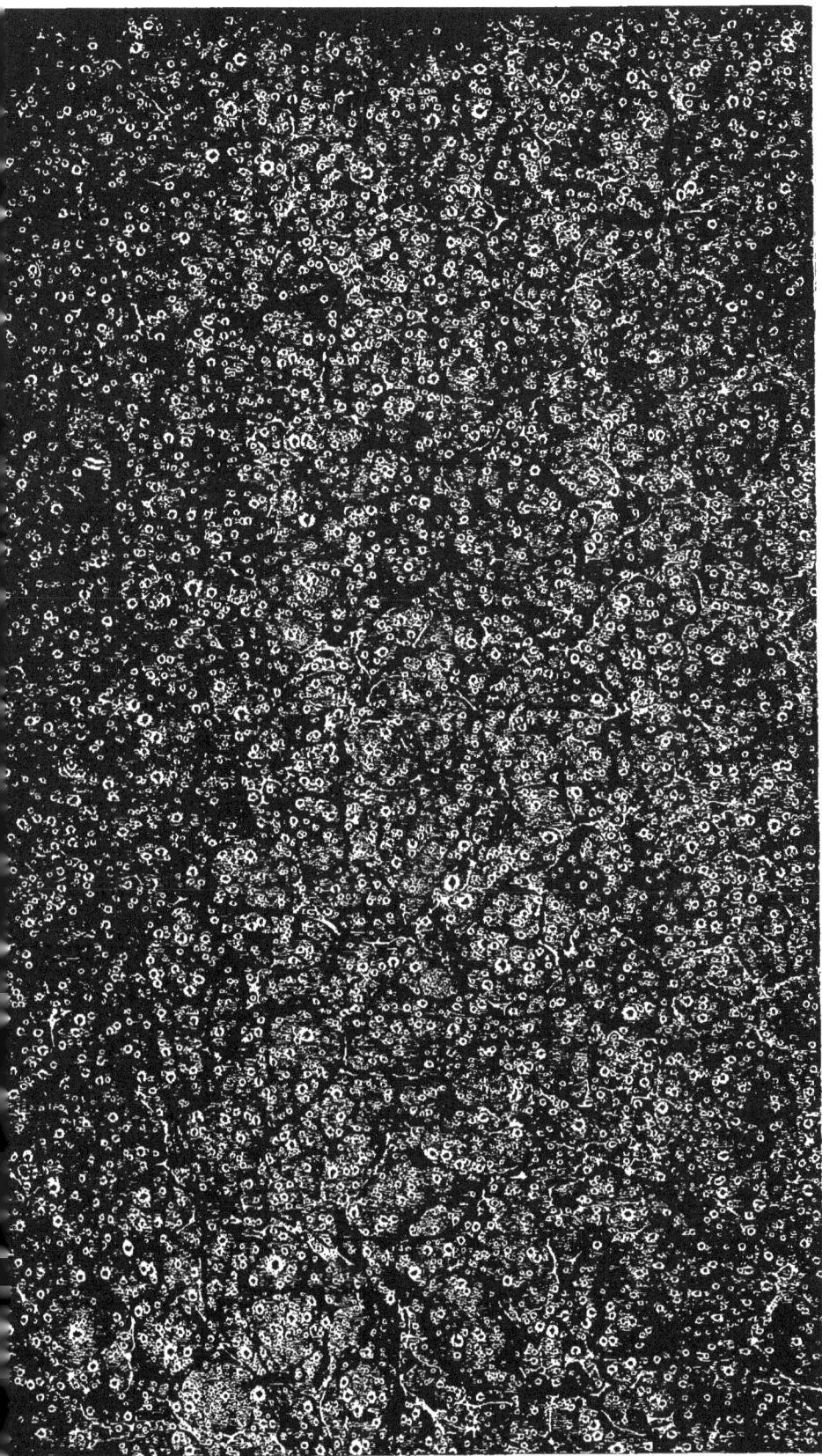

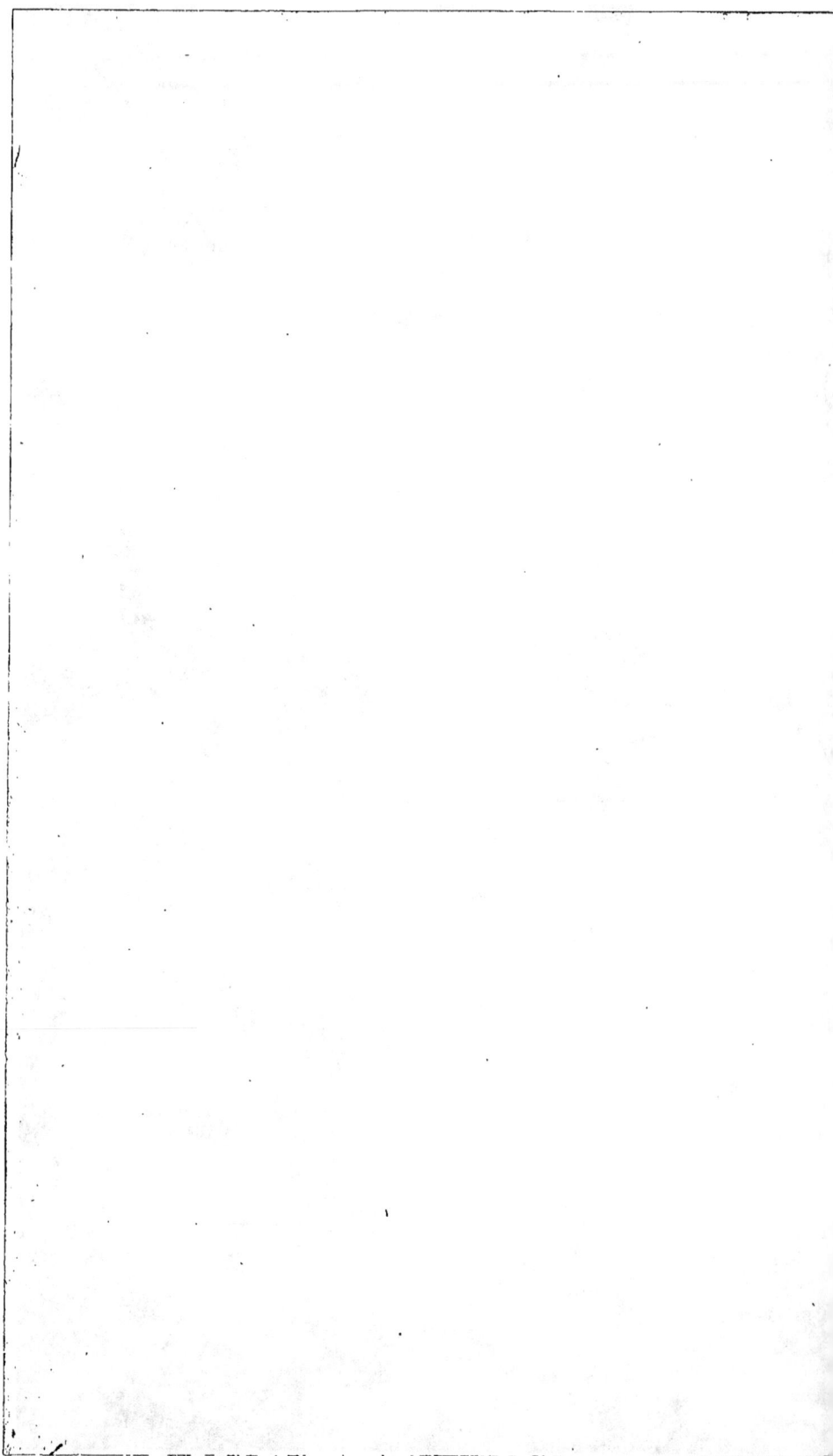

LA FRANCE

CHEVALINE.

LA FRANCE
CHEVALINE

2ᵉ Partie. — Études hippologiques.

Par Eug. GAYOT,

CHEVALIER DE LA LÉGION D'HONNEUR, MEMBRE DE PLUSIEURS
SOCIÉTÉS SCIENTIFIQUES.

TOME II.

PARIS,

IMPRIMERIE ET LIBRAIRIE D'AGRICULTURE ET D'HORTICULTURE
DE Mᵐᵉ Vᵉ BOUCHARD-HUZARD,
RUE DE L'ÉPERON, 5,

et au bureau du Journal des haras,
PLACE DE LA MADELEINE, 8.

1850

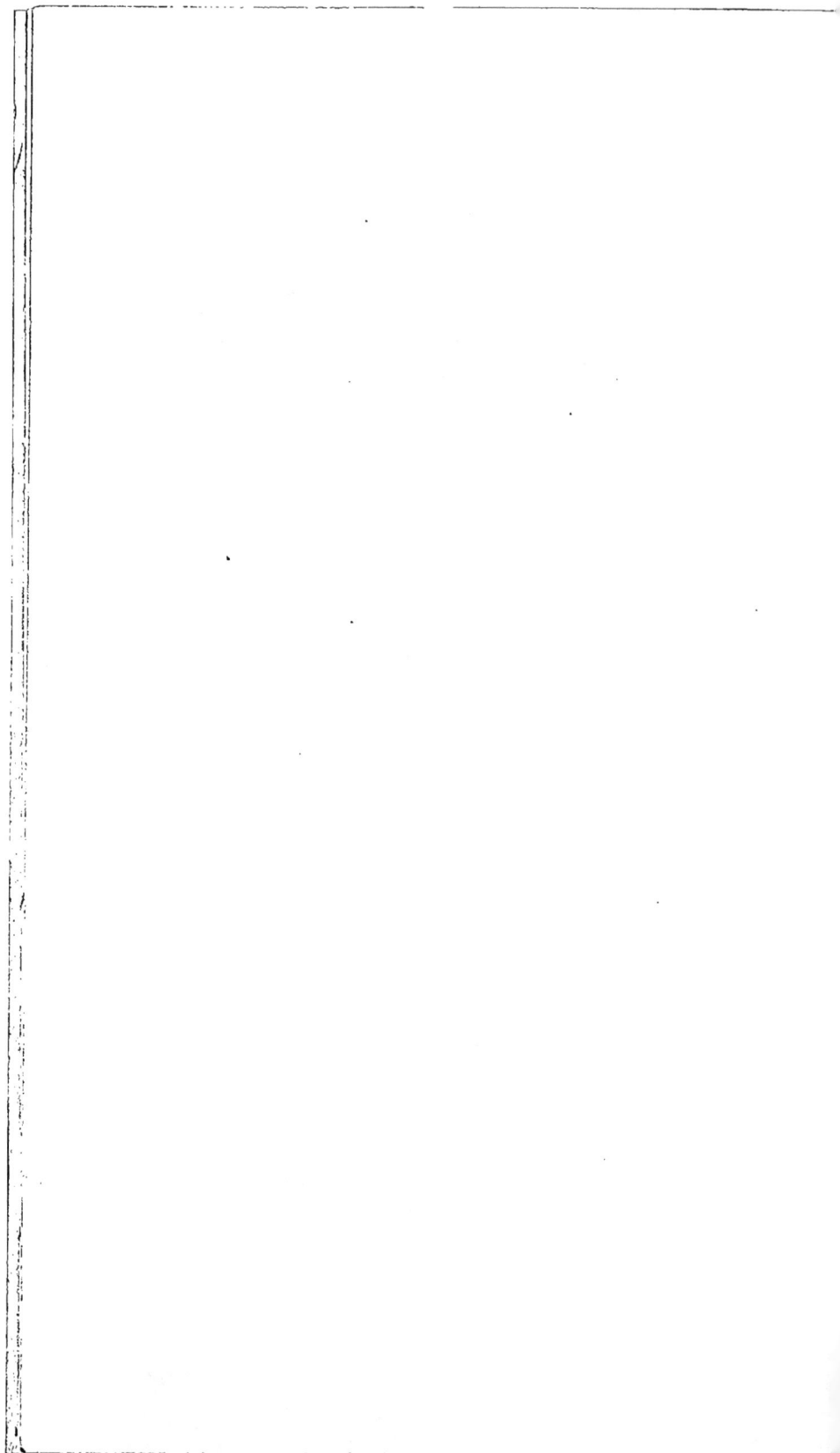

TABLE DES MATIÈRES.

REPRODUCTION DE LA RACE ARABE PURE
EN FRANCE.

LA FRANCE
CHEVALINE.

Deuxième Partie.

ÉTUDES HIPPOLOGIQUES,

DE LA CONSANGUINITÉ.

—

Sommaire.

I.

La consanguinité, dit Préseau de Dompierre, est l'union de deux animaux de la même famille en ligne directe.

II.   1

Cette définition s'écarte un peu de celle adoptée par la plupart des hippologues, pour qui la consanguinité est le mariage des sexes en proche parenté ; ainsi l'accouplement entre le père et la fille, entre le frère et la sœur, entre le fils et la mère.

Cette définition s'éloigne également de celle du dictionnaire, laquelle s'arrête à ces mots, — *parenté du côté du père.*

Elle n'en a pas moins d'exactitude, elle n'en est que plus complète.

En expliquant le sens vrai du mot *consanguin* par le sens particulier des sources dont il est dérivé, on donne à cette expression sa véritable signification, savoir : — *qui est du même sang.*

Appliqué à l'espèce humaine, ce mot a un sens moins large ; il ne se dit que des frères et des sœurs nés du même père, par opposition au terme — *utérin,* — qui est de la même mère et d'un père différent. Ici l'usage a restreint la signification du mot, qui n'a plus qu'un sens de convention.

En hippologie, on emploie le mot *consanguin*, l'autre terme est complétement inusité ; mais, au lieu de limiter le fait à la plus proche parenté, on l'étend à tous les degrés de la famille, à tous les individus qui la composent, car ils se tiennent tous par les liens du sang.

Nous nous arrêtons à cette signification ; elle a pour nous le mérite d'embrasser tous les points du cercle que nous nous proposons de parcourir.

La consanguinité a été de tout temps érigée en système de reproduction ; nous nous bornerons à la considérer comme un moyen tantôt utile et nécessaire, tantôt dangereux et dégradant pour les races.

La consanguinité est souvent l'unique voie ouverte pour obtenir un résultat entrevu, pour fixer, à l'aide du métissage, des caractères fugaces, des formes nouvelles, des qualités en quelque sorte accidentelles. Dans ce cas, elle devient une cause de succès, un véhicule certain pour arriver au but qu'on a devant soi. Dans d'autres circonstances, elle est une faute et un danger, une raison d'insuccès et de perte, car elle mène sûrement et droit à la destruction des mérites que l'on voudrait reproduire, incruster dans la race.

Cela tient à une considération importante, à un fait qui domine dans cette sorte d'alliance, mieux que cela même, à une loi nettement définie, — la loi de l'hérédité; celle-ci est la base de la production améliorée des animaux.

Dans tout accouplement consanguin, dans un métissage qui commence, *l'hérédité se manifeste en proportion* INVERSE *du degré de l'ascendance.*

Dans le *croisement*, au contraire, qui met en lutte deux influences étrangères l'une à l'autre, pour absorber la moins forte au profit de la plus ancienne et de la mieux fondée, le principe de l'hérédité pèse sur le produit *en proportion directe du degré de l'ascendance*, c'est-à-dire en raison même du degré de supériorité de la race employée au croisement.

Cette distinction essentielle sépare très-profondément les deux modes de reproduction que nous avons étudiés sous les dénominations de métissage et de croisement; elle les place à une grande distance l'un de l'autre, et rend compte des règles si différentes à suivre dans les deux opérations.

En effet, le croisement éloigne de la reproduction tous les mâles auxquels il donne naissance, afin d'exercer à chaque génération nouvelle, sur les femelles obtenues et au moyen d'étalons de la race pure étrangers à celles-ci par la parenté, une influence toujours plus grande, une action toujours plus forte et plus sûrement prépondérante.

Le métissage, au contraire, repousse tout d'abord les reproducteurs mâles ou femelles qui ne sont pas de la famille; il n'emploie que les individus du même sang.

Ces quelques mots expliquent pourquoi nous n'avons pas placé l'accouplement consanguin au rang des divers modes de reproduction examinés dans le chapitre précédent. Il constitue une voie, un moyen; c'est un élément, et non point un mode, un système. Ceux qui nous liront avec quelque attention saisiront aisément toute notre pensée. Nous ne tenons pas scrupuleusement à l'exactitude de l'expression; il nous suffit d'être compris.

Nous venons d'écrire : la consanguinité a de tout temps été érigée en système. Il faut prouver le fait.

« Un étalon couvre sa mère, a dit Aristote; il couvre également celle qui est née de lui. On regarde un haras comme complet, comme arrivé à sa plus grande perfection lorsque les jeunes juments peuvent être couvertes par leurs pères (1). »

Après avoir reconnu la nécessité du croisement par l'importation d'étalons d'une race supérieure à la race indigène, le duc de Newcastle recommande de repousser les mâles qui naîtront de l'alliance des deux races, « parce qu'étant trop éloignés de la pureté du chef de la souche, ils ne tarderaient pas à dégénérer. »

---

(1) Dans la pratique, paraît-il, les mâles ne se prêtaient pas toujours à cette perfection ; la règle, — le principe de l'inceste, — souffrait quelques exceptions. « Il est bon, dit très-sérieusement Varron, d'éterniser la mémoire d'un fait très-certain, mais également incroyable. Un étalon refusait opiniâtrément de saillir sa mère ; l'*origa* (le palefrenier) l'ayant conduit auprès d'elle, après lui avoir enveloppé la tête, et l'ayant forcé de la saillir, lorsqu'il eut fini l'opération et qu'il eut les yeux découverts, il se jeta sur l'*origa*, et le déchira à belles dents. »
Aristote avait déjà rapporté ce fait, mais en lui donnant un autre dénoûment. Après avoir reconnu qu'on avait trompé son instinct et qu'il avait réellement sailli sa mère, l'étalon s'échappa, « prit la fuite, et alla se jeter dans un précipice. »
D'autres sont venus qui ont copié Aristote et brodé le conte à leur manière. Quand en étudiant les vieux livres on trouve des racontages de cette force, des absurdités de cette taille, on sent bien ébranlée la confiance qu'on serait disposé à accorder aux anciens. Qu'était donc alors la science? Elle n'était pas née encore, sans doute, car de pareilles histoires ne sont filles ni de l'observation ni de l'expérience.

« Mais, se hâte de dire de Lafont-Pouloti-, qui l'a annoté, par une contrariété et une opposition inconcevables, il veut qu'on se serve de préférence des jeunes cavales qu'on a élevées, les laissant couvrir à leur père.

« Car il ne se fait point d'incestes parmi les chevaux, et, par cette manière, elles sont plus proches du degré de pureté, vu qu'elles sortent d'un beau cheval, et que ce même cheval les couvre encore. »

Cette recommandation n'est point acceptée par le commentateur du livre de *très-noble, haut et très-puissant prince Guillaume de Newcastle*. Il repousse très-formellement ce système d'unions incestueuses, « car il est démontré que, pour éloigner la dépravation des races, il faut rejeter les parentés ; et qu'un cheval couvrant sa production, fût-elle la meilleure possible, il n'en résultera jamais un poulain aussi beau que si les souches eussent été étrangères l'une à l'autre, et, si l'on continuait cette race, elle serait totalement défectueuse avant la troisième génération, et n'aurait plus que les vices du tronc dont elle serait sortie, sans en posséder une seule qualité ; enfin qu'elle deviendrait en tout semblable à l'espèce la plus vile du pays. »

Nous voilà bien loin des principes d'Aristote et de Newcastle. Ce dernier, pourtant, est ferme dans son assertion, dans ce qu'il donne comme un principe absolu. Il ajoute, en effet : « Si quelqu'un contrevient à cette vérité, s'il n'est obstiné dans ses erreurs, qu'il me lise, il trouvera dans mon livre des raisons qui le pourront convaincre, s'il a de la considération pour ma longue expérience et *pour la peine que je veux bien prendre pour l'instruire.* »

L'accouplement consanguin est donc une arme à deux tranchants. Les uns le recommandent comme une pratique utile, comme le seul moyen de mettre le sceau au perfectionnement d'un haras ; les autres le repoussent comme un danger sérieux, comme un principe destructeur des bonnes qualités qui font la perfection d'une race.

Examinons.

Après Aristote et Newcastle, nous trouvons au nombre de ceux qui ont conseillé les alliances en proche parenté des observateurs judicieux et des praticiens habiles. A l'appui de leur théorie, ceux-ci produisent leurs œuvres, ceux-là commentent et expliquent les faits.

II.

Un célèbre éducateur anglais, Backwel, appliquant une haute intelligence à l'interprétation des efforts tentés par ses devanciers ou par ses contemporains en vue de perfectionner les animaux domestiques, ou, plus exactement, d'en mieux approprier les formes à la nature de certains besoins, d'accroître l'importance, la qualité et la quantité de leurs produits, Backwel comprit la distinction profonde qui existe entre l'*espèce* et *la race*; il y vit d'un seul coup la part faite à l'homme par le Créateur.

L'animal, s'est-il dit, est un composé de caractères et d'aptitudes. Les uns, dépendant d'une organisation originaire, sont inattaquables, indélébiles, immuables comme l'espèce qu'ils constituent; ceux-là doivent être le résultat de lois d'un développement organique dont la nature et le mécanisme seront toujours pour nous un mystère impénétrable. Les autres, dus à l'action de causes connues, déterminées par l'influence des agents extérieurs, sont mobiles et variables, se combinent suivant les circonstances et les lieux, se fixent, se neutralisent ou s'effacent, offrent, en fin de compte, la résultante des conditions variées auxquelles les animaux restent soumis; ceux-ci rentrent dans le domaine de l'art et constituent l'homme, pour ainsi parler, maître absolu de la matière animale.

Cette donnée était féconde; Backwel sut en déduire d'utiles applications. Ces dernières ont élevé la production du bétail à la hauteur d'un art et au niveau d'une science généreuse. L'Angleterre leur est redevable d'une grande richesse ; le continent leur devra un jour une prospérité encore ignorée.

Le principe de Backwel était celui de la consanguinité, de l'accouplement *in and in* (dans et dans) ; il l'a pratiqué dans toute sa rigueur, en se concentrant strictement dans le sang de sa propre souche.

C'est ainsi qu'il a créé le mouton dishley, plus connu maintenant sous le nom de newleicester, une race de gros bétail (les longues-cornes) qui a été refaite et dépassée, et l'ancien cheval noir d'Angleterre (*black horse*) ; c'est ainsi qu'a été formée la race des courtes-cornes, ou durham, dans l'espèce bovine, due aux travaux persévérants des frères Colling, dont les succès ont confirmé à tous égards la découverte de Robert Backwel, justifié la possibilité, pour l'éducateur intelligent, de modifier profondément toutes les conditions de la vie animale.

Le point de départ de ces diverses races, commencées par des accouplements entre individus souvent fort étrangers l'un à l'autre, mais savamment continuées et confirmées par des alliances consanguines, c'est la probabilité qu'on réussira à transmettre aux produits les qualités que l'on trouve réunies tout à la fois et chez le père et chez la mère. On comprend fort bien, en effet, que des unions accidentelles, des alliances irréfléchies ou des mélanges toujours renouvelés de races diverses ne puissent produire une collection d'animaux méritant réellement le nom de race, ni surtout réussir à donner des produits utiles dont les bonnes qualités soient transmissibles. Une longue et judicieuse persévérance dans l'accouplement d'animaux qui se ressemblent, jusqu'à ce qu'une classe uniforme de caractères soit acquise, soit devenue permanente, conduira seule au résultat énoncé.

A plus forte raison, une race créée et bien définie ne saurait-elle s'entretenir avec ses qualités propres que par un système de reproduction également persévérant entre animaux homogènes.

Les caractères ainsi communiqués, les aptitudes ainsi obtenues par l'art ne deviennent donc permanents que par une reproduction continuelle; toutefois ce fait de la constance est répété avec une certitude d'autant plus grande que la faculté reproductive est plus étendue; il se fixe avec d'autant plus de lenteur, au contraire, dans la race créée, que la puissance de reproduction est moindre et que la durée de la gestation est plus longue.

En accouplant donc avec constance des animaux qui réunissent certains caractères extérieurs ou intérieurs, et qui possèdent à un degré éminent telle ou telle aptitude, on provoque et l'on assure la transmission des uns et des autres; on confirme, par voie d'hérédité, soit des vices, soit des perfections.

C'est ainsi que, tout en sortant de deux souches distinctes de races complétement étrangères par le sang, une variété formée de toutes pièces par la consanguinité se trouve, après un nombre variable de générations, ramenée à un type commun, homogène, constant, passant avec certitude des ascendants aux descendants.

Pour atteindre à ce précieux résultat, Backwel n'a pas craint de pousser le principe de l'accouplement en proche parenté jusqu'à ses dernières limites. Sa création était si hardie, si complétement différente de tout ce qui existait autour de lui, en dehors de ses produits, qu'il a dû, sous peine de rétrograder, se renfermer exclusivement dans sa propre souche, dans le sang de la seule famille qui existât. La fin a complétement justifié le moyen. Il est parvenu à confirmer son œuvre, à bien définir la nouvelle race, à en conserver le type homogène et pur. Or ce type était un résultat acquis, un produit à peu près exclusif de l'art.

Mais la vie d'un homme est courte pour des créations de ce genre, et l'on peut se demander pendant combien de générations encore cette perfection aurait duré sous l'influence du même moyen. En effet, on croyait avoir déjà remarqué, dans la race dishley, une tendance non pas à l'altération des qualités acquises, des caractères et des aptitudes propres à la race, mais à l'affaiblissement de la constitution et des facultés génératives de l'individu. Nul doute, si cela était, que cette cause n'eût promptement agi sur l'organisme entier, et profondément atteint l'aptitude la mieux confirmée, le caractère le plus saillant. Mais, après Backwel, les éleveurs qui ont hérité de ses produits ont sauvé la race en se la partageant, en la reproduisant sur divers points et de manière à la composer bientôt de plusieurs familles se tenant toutes entre elles, néanmoins, par des liens d'homogénéité vraie et d'une égale pureté quant au sang. Cette multiplication consécutive de la race a un peu éloigné le degré de parenté et affranchi les nouveaux possesseurs de la nécessité où Backwel s'était trouvé enfermé de pousser son moyen de reproduction *dans et dans* jusqu'à ses conséquences extrêmes.

III.

On a donc pu croire qu'une consanguinité trop prolongée, que des alliances trop multipliées en très-proche parenté deviendraient certainement, à la longue, une cause d'altération pour la santé et la vigueur des individus, et, par suite, comme conséquence forcée, une cause de destruction pour la race entière. Des faits assez nombreux déposent en faveur de cette crainte ; nous l'avons trouvée formulée quelque part, sans nous rappeler où, en termes fort expressifs, qui nous sont restés dans la mémoire. Le vice de la consanguinité, disait-on, car on avait été amené, par l'abus, à considérer comme un vice l'accouplement *in and in*, le vice de la consanguinité est comme le poison de Brabantio ; quand il attaque une famille, une race, il en ronge les individus jusqu'à la moelle des os.

Nous reviendrons sur ce point un peu plus bas. Disons, dès à présent, qu'il n'y a rien de fixe quant au nombre de générations consanguines nécessaires — soit pour obtenir le résultat cherché, — soit pour fixer le résultat lui-même. L'expérience, un profond savoir peuvent seuls guider à cet égard.

Quoi qu'il en soit, l'impossibilité de choisir dans un grand nombre de produits, alors que ce nombre est extrêmement limité, et, par ailleurs, l'absolue nécessité de ne se servir que des sujets susceptibles de faire faire un pas vers la solution proposée, tels sont les deux motifs qui obligent un créateur de race à s'en tenir à l'accouplement *dans et dans*, à se renfermer avec le plus grand soin dans la souche qui commence, dans la future race dont les premières alliances viennent de jeter les bases.

Il n'en est plus de même dès que la race est bien définie, quand elle présente des caractères parfaitement identiques, des aptitudes bien déterminées. Alors l'éleveur n'a plus besoin de se concentrer exclusivement dans l'une des branches de la race nouvelle. Celle-ci a nécessairement multiplié ; elle offre des ressources plus nombreuses qu'au début, et l'éleveur a le choix, pour la conserver intacte, pour la maintenir à la hauteur à laquelle elle est parvenue entre les sujets les mieux doués de la race entière, entre tous les animaux qui en représentent le véritable type au titre le plus élevé.

On fait alors de l'*appatronnement*, et il faut en suivre très-scrupuleusement les règles.

Rappelons, en passant, que l'appatronnement a son but très-distinct et très-défini, qu'il n'est ni le croisement ni l'appareillement, et que ce dernier, appelé — la sélection, — par les Anglais, consiste uniquement à choisir les reproducteurs parmi les individus les plus parfaits ou plutôt les moins défectueux dans la race même qu'on veut améliorer, sans recourir à aucun croisement. « C'est cette méthode, dit Royer, qui doit être préconisée en France, toutes les fois que la race locale est arrivée à un grand degré d'abâtardissement et de dégénérescence, parce qu'il serait presque toujours inutile et onéreux d'entreprendre des croisements entre un étalon de race perfectionnée et des femelles mal choisies et mal tenues d'une race quelconque. D'ailleurs, ce premier pas dans la voie des améliorations, *choix plus attentif des reproducteurs et meilleur mode d'entretien et d'alimentation*, n'exige aucune dépense et donne toujours des avantages certains, qui mettent à même d'adopter ensuite avec certitude et profit soit des croisements, soit une race supérieure, selon l'état de fécondité de chaque exploitation (1). »

Ces principes sont très-orthodoxes à tous égards ; ils confirment en tous points la distinction que nous avons établie entre les différents termes employés pour les spécifier et les définir dans leur acception la plus utile.

Quand on n'a plus besoin de faire que de l'appatronnement, il ne reste plus aucun doute sur la possibilité de reproduire, chez les descendants, les caractères et les propriétés de la nouvelle race. Toute la difficulté consiste à bien constater les unes et à bien préciser les autres chez les animaux préposés à ce rôle de conservation.

L'homogénéité d'une race en détermine la constance ; elle en est donc le caractère fondamental. Tant que cette homogénéité n'est pas complète, il y a risque à s'écarter de la reproduction en proche parenté, si l'accouplement consanguin est entré dans la création de la race comme élément principal, dominateur. Un autre mode de production compromettrait sûrement alors les caractères, jetterait la confusion et le désordre dans les résultats obtenus, et pousserait à de nouvelles combinaisons destructives des qualités acquises et des caractères que plus de persévérance aurait amenés à la

(1) *Histoire naturelle agricole des animaux domestiques.*

permanence, à la fixité, à une complète homogénéité.

_ L'homogénéité d'une race en forme l'essence; elle se révèle à l'éducateur par une loi d'hérédité qui se formule ainsi : — les semblables, sauf de rares exceptions, produisent toujours leurs semblables. Ne serait-il pas étrange que l'on dût s'attendre à voir apparaître chez les produits des qualités qui n'auraient pas existé chez les ascendants? Les éleveurs savent tous ce dicton : — *On ne donne que ce qu'on a.* Ce serait un rêve que de poursuivre, par la génération, des qualités, des aptitudes, des propriétés qui manqueraient chez les producteurs, qui ne seraient pas un attribut de la race à laquelle ces derniers appartiennent. C'est livrer tout à l'indécision, au hasard que de tenter la transmission des qualités non encore fixées par l'hérédité, des aptitudes dont l'expérience n'a point encore démontré la permanence.

Les exemples abondent à l'appui de ces propositions. Faut-il parler des pertes irrémédiables, ou tout au moins incalculables, qu'ont produites en France et en Allemagne la fièvre des croisements irréfléchis, ou ces mélanges incessants et confus de races diverses dont on s'était, comme à plaisir, attaché à détruire le type, l'homogénéité? Tout le monde en a connu les déplorables résultats, dus aux fausses doctrines de deux savants illustres, Buffon et Bourgelat. Gardez-vous bien de cet affreux mal, criait Royer aux cultivateurs français; résistez à l'entraînement général qui pousse les conseils généraux, les sociétés d'agriculture et les comices à l'adoption à peu près universelle des gros étalons soi-disant percherons (1). Et, en effet, qu'ont-ils donné? quel bien ont-ils produit? Nous éclairerons ce point dans un autre chapitre de ces études. L'étalon percheron n'est pas un type ; chacun peut en être convaincu aujourd'hui qu'il a été essayé à peu près partout, et qu'il ne s'est répété nulle part.

(1) *Histoire naturelle agricole des animaux domestiques.*

Mais voyons s'il en est de même des races que l'on quali-
fie d'artificielles. Nous n'aurions rien à dire de cette expression, si on ne l'appliquait généralement en mauvaise part.
Ces races ont été créées avec art, sans doute; mais il ne faut
pas confondre l'art et l'artifice, l'or et le similor. Les races
dues au génie de l'homme sont des créations très-voisines de
la perfection; elles ne sont point des produits factices, dans
la mauvaise acception de ce mot, ni du premier, que nous
ne voulons plus employer.

Le cheval de pur sang anglais, par exemple, est, pour ses
antagonistes, d'une race à part et d'une utilité au moins
douteuse quant à la reproduction des races usuelles. C'est une
œuvre admirable, sans doute, mais un produit artificiel qui
s'éloigne étrangement de l'état de nature. Cette dernière appréciation est très-fondée, si la condition de nature est l'antipode d'un état de civilisation très-avancée; elle est complétement erronée, au contraire, si le véritable état de nature
est le plus haut degré de perfectionnement auquel puisse
atteindre une espèce quelconque dans celles de ses variétés
que l'homme a cultivées avec le plus de soin et de recherche,
pour les approprier le plus possible aux plus grandes exigences des temps actuels.

Nous avons déjà insisté sur cette distinction, et nous avons
copié, pour lui donner du relief, cette phrase échappée à
Mathieu de Dombasle : « La race anglaise de pur sang est
une race universelle (1). » — Universelle, en effet, car elle
se reproduit la même sur tous les points du continent et
dans le nouveau monde, où elle a été importée comme élément d'amélioration pour les races indigènes. La conservation du cheval anglais, dans quelque position que ce soit,
lorsqu'on l'entoure des soins nécessaires, est une preuve de
la constance de sa race et de l'homogénéité, de la pureté de
son sang. Cette preuve remonte nécessairement à ses ascen-

_____

(1) *France chevaline*, tome 1er de la seconde partie.

dants, à la souche d'où il est dérivé, au cheval arabe noble
et pur, qui, lui aussi, est un produit de l'art, la plus haute
expression de la civilisation arabe. D'aucuns, pourtant, appellent ce dernier le cheval de la nature, un *produit spontané*
de cette mère commune, locution tant soit peu ambitieuse
et vide, par opposition au cheval anglais de pur sang, production difficile, coûteuse et artistique, créée par l'homme
dans un élan de génie, puis détournée de son utilité pratique
au profit d'une passion stérile, et maintenue par amour exclusif du jeu. Cette opinion, vraie ou fausse, n'entache point
d'erreur le principe posé de la constance de la race de pur
sang anglais, le seul point de doctrine qui doive nous occuper en ce moment.

Toutefois il n'est pas surprenant que l'œuvre de Dieu,
protégée par une éducation très-soignée, se maintienne à
une grande élévation et se conserve dans toute la plénitude
des qualités départies à l'espèce. L'exemple du cheval anglais, produit direct, immédiat du cheval arabe, ne suffirait
pas seul à prouver que l'homogénéité n'est pas une fiction,
la constance un mot. Un autre exemple est donc nécessaire ;
nous le donnons. Il est tiré de l'*Histoire naturelle agricole
des animaux domestiques de l'Europe*, par David Low, et
fourni par la race équestre connue sous le nom de *vieux cheval noir* (black horse).

Cette race colossale avait la tête commune et lourde ; les
oreilles grandes et les lèvres épaisses, largement garnies de
poils ; l'épaule chargée et mal faite ; les membres volumineux
et fortement garnis de lin ; les paturons courts, droits, ap-
puyés sur des sabots larges et évasés : elle était massive,
mais molle et sans ardeur. Un des comtes de Huntingdon
tenta le premier d'améliorer cette race grossière ; il importa
des étalons hollandais et les fit essayer, non sans beaucoup
de difficultés, par ses fermiers des bords du Trent.

Plusieurs années après, Robert Backwel, de Dishley, résolut d'appliquer à la production du cheval de trait les prin-

cipes d'amélioration qui lui avaient si complétement réussi dans l'élève des autres espèces domestiques. « Il agit d'après cette pensée, dit le savant professeur d'agriculture à l'université d'Édimbourg, que les qualités des parents, sous le rapport des formes et du tempérament, peuvent se transmettre à leur progéniture et se perpétuer par une reproduction habilement dirigée. »

Backwel alla donc en Hollande; il y fit choix de reproducteurs qui répondaient à ses vues, les importa dans le comté de Leicester et se mit à l'œuvre. Il allia judicieusement entre eux des étalons et des juments de race hollandaise et de race indigène, des mâles et des femelles issus de l'importation antérieure, et déjà mêlés par les soins du comte Huntingdon; il rapprocha tous ces produits les uns des autres par des accouplements consanguins rationnels, et obtint une variété nouvelle dont les caractères furent ensuite fixés par la persévérante application de l'*in and in*, c'est-à-dire des unions dans et dans.

Les chevaux de la race noire sortie des travaux de Backwel étaient fort estimés; les éleveurs qui vinrent après le maître surent les conserver dans leurs formes et leurs caractères spéciaux. On paraît très-d'accord sur ce point, que le créateur de la race n'avait emprunté aucun reproducteur aux chevaux de sang, qu'il s'était exclusivement renfermé dans l'espèce particulièrement appropriée au gros trait

La race noire, ainsi améliorée, s'est perpétuée dans sa spécialité. En se multipliant sur tous les points de l'Angleterre, elle s'est néanmoins quelque peu modifiée suivant les circonstances, ainsi qu'il arrive toujours; mais nulle part elle n'a perdu, partout elle a conservé les signes caractéristiques qui en ont fait une race distincte : elle offre encore le type que lui ont imprimé les efforts du célèbre éducateur anglais.

A côté de ces exemples, nous pouvons en placer d'autres. Tandis que l'âne a partout dégénéré, on le voit à l'état de perfection, pour ainsi dire, en Poitou. Là il montre des qualités précieuses, exceptionnelles ; il a pris des caractères particuliers que l'intérêt privé fait une loi de conserver intacts, car ils sont une nécessité pour la production du mulet : le mulet est une richesse pour cette contrée privilégiée. En effet, ce n'est ni pour elle-même, ni à cause d'elle, que l'espèce asine est, de la part des producteurs poitevins, l'objet d'une sollicitude éclairée ; c'est uniquement en vue des bénéfices que procure la mulasse, c'est-à-dire la production et l'élève bien comprise d'une espèce qui n'existe pas dans la nature, mais dont les services remplissent avec avantage l'un des mille besoins de la civilisation. Eh bien, la race asine du Poitou, si différente de toutes les autres par sa conformation extérieure et par son humeur, s'il est permis de s'exprimer ainsi, que la superstition l'a regardée comme étant née d'un pouvoir surnaturel (1), la race asine du Poitou se maintient dans son type, se perpétue avec une constance admirable, sans déviation aucune depuis bien longtemps déjà, par les seuls effets de la propagation en dedans, d'une hygiène qui ne varie pas, d'un régime général auquel il n'est jamais apporté de modification.

Dans l'espèce ovine, le mérinos présente un exemple de constance bien remarquable. Quand on a voulu le reproduire dans toute sa pureté, lorsqu'on a eu l'intention de ne pas le mésallier, il a toujours été facile de le conserver sans altération aucune de ses qualités propres, de ses caractères originels. Dans ses nombreuses migrations, il s'est même quelquefois amélioré sans qu'on ait eu besoin de recourir à une seconde importation du type. L'accouplement consanguin à divers degrés a repris ici son rôle et a nécessairement constitué l'un des éléments essentiels de la reproduction et du perfectionnement de la tribu importée, de cette sorte d'essaim emprunté à la race mère.

---

(1) Grognier, *Précis d'un cours de multiplication et de perfectionnement des animaux domestiques.*

Les Espagnols ont longtemps conservé avec un soin jaloux le monopole de la race mérine. A la fin, d'autres contrées ont entrepris la conquête de cette nouvelle toison d'or, et le mérinos s'est successivement répandu sur une grande partie de l'Europe. Il a été transporté dans l'Amérique septentrionale, dans l'extrémité méridionale de l'Afrique et dans les immenses régions de la Nouvelle-Hollande. Partout il a conservé, avec une constance admirable, les caractères que lui avaient imprimés ses créateurs. Dans certains cas même, nous l'avons déjà fait remarquer, il a surpassé en propriétés utiles la souche dont il provenait.

Cette persistance de caractères, dans des circonstances et sous des climats si différents, dit Royer, témoigne assurément de la pureté de la race mérinos, améliorée en dedans, selon toute vraisemblance, sous la domination des Maures, ou à toute autre époque, mais étrangère à tout mélange de sang africain aussi bien qu'anglais, ou français, ou autre.

Nous pourrions multiplier les exemples à l'appui de l'assertion émise plus haut; il nous serait aisé d'invoquer l'autorité d'autres faits aussi concluants que ceux-ci. Les espèces du bœuf et du chien abondent en preuves analogues; mais le lecteur saura les retrouver sur cette simple indication; aussi bien lui avons-nous remis en main un fil conducteur qui l'empêchera de s'égarer. Dans des études de la nature de celles-ci, il est bon de laisser quelque chose à la recherche, à la méditation, au travail patient; ils ouvrent une large carrière à l'observation. S'y engage qui veut. Un résultat utile est nécessairement toujours au bout de la course.

Ce n'est pas seulement dans le mode de reproduction par métissage que l'on emploie comme moyen de succès les alliances consanguines; M. Huzard fils les conseille dans l'opération du croisement, laquelle consiste, dit-il, « à faire saillir par un étalon pur, de la race qu'on désire, les juments qui sont sur l'exploitation, à conserver les femelles venant de ces accouplements, femelles qui sont les premières métisses, pour les allier aussi avec un étalon pur de la même race que le premier, *ou avec leur père, si on n'en a pas d'autre*, et à éloigner avec soin de la génération tous les produits mâles qu'on obtient de ces accouplements.

« En agissant ainsi constamment, à chaque génération nouvelle, on a un changement progressif dans la race ancienne des mères, et les produits finissent par ressembler complétement à la race des pères. Ce changement sera d'autant plus rapide que les soins donnés aux animaux seront plus en rapport avec les qualités que l'on voudra reproduire dans la nouvelle race (1)....... »

Jusqu'ici nous ne voyons guère que des partisans de la consanguinité; on en fait un moyen à peu près universel de bonne reproduction et d'hérédité plus certaine. Dans l'appareillement ou la sélection, on l'emploie par pénurie de reproducteurs capables, à partir du moment où des résultats commencent à se montrer, où des qualités semblent en réclamer l'application pour se caractériser mieux et se fixer. Dans la création des races nouvelles, à l'aide du métissage, nous avons constaté qu'il n'y avait point d'autre voie à suivre que celle des accouplements *dans et dans*. Voici enfin M. Huzard fils qui préconise les alliances en proche parenté dans l'opération du croisement, dans toute tentative faite pour rapprocher une race inférieure du degré de perfectionnement utile ou d'aptitude spéciale que l'on retrouve, dans une race plus élevée, sur l'échelle de l'appropriation des variétés d'une espèce quelconque aux exigences que remplit une race supérieure dans cette espèce.

Ce n'est pas tout. L'accouplement consanguin est conseillé encore dans l'appatronnement, c'est-à-dire dans le mariage intelligent et raisonné des sexes, en vue d'un intérêt de conservation et de bonne reproduction des qualités

(1) *Des haras domestiques en France.*

d'une race arrivée au plus haut point de perfection qu'il lui soit donné d'atteindre.

A quoi tient donc cette obligation? A une difficulté sérieuse, à l'extrême pénurie des sujets capables de reproduire les plus grands mérites d'une race même très-répandue, au nombre toujours infiniment petit des reproducteurs vraiment dignes de ce nom, vraiment dignes de la confiance de l'éducateur.

Cette observation n'est pas nouvelle, parce que la difficulté n'est pas d'hier; nous la trouvons consignée dans un passage de l'histoire naturelle agricole des animaux domestiques, au sujet de la race bovine de Glamorgan, condamnée par David Low d'une manière presque absolue, à l'état stationnaire, par suite de sa concentration dans un district aussi borné. « Il est difficile, a-t-il écrit, d'obtenir le perfectionnement d'une race bovine, déjà très-bonne, *dans une contrée aussi limitée* que la majeure partie du comté de Glamorgan, qui présente une surface de 8 myriamètres de long sur 4 de large, soit environ 320,000 hectares, nourrissant une population de plus de 100,000 habitants, occupés, en grande partie, de l'éducation du bétail ! »

Ceci est assurément très-remarquable et doit donner à réfléchir. Royer ajoute au texte anglais une note ainsi conçue :

« Il n'y a, dans l'assertion du savant auteur que nous traduisons, rien d'invraisemblable ni même de contraire à tous les faits les mieux observés; il est de principe élémentaire, mais absolu, en fait d'améliorations de ce genre, de ne consacrer à la reproduction que les individus qui réunissent toutes les perfections nécessaires, et il est de fait que le nombre, toujours exceptionnel, de ces animaux admissibles à l'accouplement est tellement faible, quand on commence le perfectionnement d'une race, qu'il faut des milliers d'individus, produits avec tout le soin possible, avant d'en rencontrer un nombre encore très-limité. Il importe de bien se pénétrer de cette difficulté avant d'entreprendre, — par voie de croisement, — la régénération d'une race ; elle permet de juger quel avenir et quels succès sont réservés à ceux d'entre nous qui, entreprenant l'importation d'une race étrangère ou le croisement, par cette dernière, d'une race indigène, espèrent faire eux-mêmes leurs étalons de pur sang au moyen de trois ou quatre femelles, souvent deux, et quelquefois *une seule*, plus ou moins bien choisie, qu'ils se sont procurée *sous prétexte d'économie !* »

C'est là un des écueils contre lesquels viennent échouer de louables efforts, qui ne restent que trop souvent à l'état de tentatives stériles et décourageantes. La plupart des races perfectionnées ne doivent leur supériorité qu'à un très-petit nombre de producteurs d'élite. A eux remontent ordinairement les mérites exceptionnels que de judicieuses alliances ont reproduits et fixés, à un moindre degré, chez un seul individu, mais à un degré très-satisfaisant néanmoins, sur une nombreuse lignée. Celle-ci présente alors, par la multiplication, une somme de qualités de beaucoup supérieure à celle qui existait précédemment. Mais, s'il ne faut qu'un nombre très-limité de reproducteurs exceptionnels pour obtenir des résultats aussi considérables, n'oublions pas qu'il faut une population très-pressée, des générations souvent nombreuses pour rencontrer ces valeurs à part, ces supériorités qui marquent et font époque dans l'histoire de l'amélioration d'une race, quelle qu'elle soit. Il n'y a donc rien de contradictoire, en effet, dans ces assertions :

— Le perfectionnement n'appartient qu'à des reproducteurs hors ligne, dans les races dont la population d'élite est déjà considérable, et l'objet des soins les plus attentifs ;

— Ces animaux de haut choix ne se rencontrent que difficilement et à des intervalles moins rapprochés qu'il ne serait désirable ;

— Quand ils existent, quand leur bonne influence sur l'acte générateur a été bien constatée, il n'y a point à hésiter à les employer à la reproduction de toutes les qualités dont ils sont doués. C'est le cas, — ou jamais, — de faire des alliances *dans et dans*.

Les meilleurs auteurs, les hippologues les plus expérimentés, les éducateurs les plus heureux et les plus habiles sont parfaitement d'accord sur ces trois points.

IV.

Le passage suivant, extrait des — *Remarques sur l'élève des chevaux de courses*, par Hankey Smith, — offre des rapprochements très-curieux, et constate des faits que nous recommandons à la méditation de tous les hippologues.

« La pratique irréfléchie du *croisement des familles* a été la source de bien des erreurs. Quelques-uns des partisans de cette méthode en ont poussé si loin l'abus, qu'on les a vus préférer un étalon de peu de mérite et d'une mauvaise conformation, mais totalement étranger à la femelle avec laquelle on l'accouplait, à l'étalon descendant des deux côtés des familles les plus nobles et les mieux racées, mais avec lequel il existait quelque *consanguinité*.

« Un grand nombre de nos meilleurs chevaux descendent cependant, dans les deux lignes, de la même race noble. *Nous devons donc allier, autant que possible, nos meilleures familles entre elles, et choisir même, pour les accouplements, les individus dont les degrés de consanguinité sont les plus rapprochés.*

« On ne peut nier, en effet, que les qualités des individus en général ne subissent presque toujours dans la reproduction une altération légère ; on ne peut nier davantage que le *croisement* n'expose souvent à des alliances avec des individus inférieurs. Dès lors, le croisement présente beaucoup plus de chances de dégénération que la *consanguinité*.

« Je n'ai nullement la prétention de soutenir que la reproduction des races par elles-mêmes soit le seul mode à suivre pour l'élève des chevaux et leur amélioration, et qu'il faille sacrifier à la consanguinité l'emploi de toute autre méthode ; je veux seulement prouver combien est ridicule et faux le danger que beaucoup de personnes voient dans les alliances consanguines.

« Comme je tiens à appuyer de preuves chacune de mes assertions, et à démontrer que *je ne parle que d'après des faits*, je vais en citer quelques-uns de nature à légitimer sans doute, auprès de mes lecteurs, les pensées que je viens d'exprimer ; je les leur soumettrai sans commentaires, et les abandonnerai entièrement à leurs réflexions.

« Je devais commencer ces recherches par les faits relatifs à FLYING-CHILDERS ; mais je remets aux pages suivantes les preuves à donner de la descendance de ce cheval extraordinaire, dans les deux lignes d'une souche unique.

« Je parlerai donc, en premier lieu, du célèbre HIGH-FLYER. Il était fils d'*Herod*. Sa mère, *Rachel*, était fille de *Blank* et petite-fille de *Regulus*. Blank et Regulus étaient l'un et l'autre issus de *Godolphin-Arabian*. — Rachel fut mère aussi de *Marc-Anthony*, de *Muslin*, de *Dunny*, d'*Antonia*, de *Dorilas*, etc. Marc-Anthony courut vingt-huit fois, remporta vingt fois la victoire et gagna, tant en poules qu'en paris, en prix de vaisselle et en forfaits, une somme de 8,547 guinées (212,222 fr.), et cependant il s'était abattu à l'âge de 6 ans, et n'a jamais couru qu'à Newmarket.

« Il n'est pas une page du *Stud-Book* qui ne témoigne en faveur du noble sang de Godolphin. C'est donc une preuve bien positive que l'on ne saurait assez s'attacher à reproduire le plus pur sang possible, les qualités vraiment fondamentales d'une race bien confirmée, en alliant entre eux les descendants de l'un de ses athlètes les mieux doués, d'un reproducteur que l'expérience met hors ligne par la supériorité même des facultés transmises à tous ses produits.

« OLD-FOX, excellent cheval d'hippodrome et père de

MELIORA (celle-ci mère du célèbre *Tartar*, père de *King-Herod*, de *Conqueror*, de *Victories*, de *Goliath* et de plusieurs autres chevaux renommés pour leurs belles formes).
OLD-FOX était issu de *Clumsey*, et sa mère *Bay-Peg* ainsi que sa grand'mère *Bald-Peg* étaient sœurs et filles, — l'une et l'autre, — de l'arabe *Leeds*.

« PRESTESS, née en 1767, avait été élevée dans le Yorkshire. Vendue au comte de Clermont, elle triompha de *Pumpkin*, de *Lotharis*, de *Goldfinch*, de *Licurgus* et d'un grand nombre d'autres coureurs, parmi lesquels on peut citer les meilleurs du temps. La crainte qu'elle inspirait était telle, qu'en 1776, lors de la première réunion du printemps à Newmarket, pas un de ses concurrents n'osa entrer en lice contre elle, et qu'ils lui abandonnèrent les 4,050 guinées (105,300 fr.), montant du prix à disputer. Elle gagna donc en parcourant l'arène au pas. Née de *Matchem* et d'une fille de *Gowez*, petite-fille aussi de *Regulus*. — PRESTESS descendait, des deux côtés, de l'arabe *Godolphin*. En effet, celui-ci était père de *Regulus* et grand-père de *Matchem* par *Cade*.

« OMAR ne fut jamais entraîné. Vendu par le marquis de Harlington au comte d'Eglinton, il n'a jamais sailli que les juments de ce dernier, et cependant il a donné naissance à *Blemish*, à *sir Chas*, à *Bonbury's Nobody*, à *Play-or-Pay*, à *miss Spindlesbanks* et à plusieurs autres produits distingués. Omar était fils de *Godolphin* et d'une fille de *Lath*; celle-ci était elle-même fille de *Godolphin*. Le père avait donc sailli sa fille, et de cet accouplement consanguin immédiat, le plus proche qui puisse avoir lieu, était né OMAR.

« BRABAHAM-BLANK était fils de *Brabaham* et d'une jument, — sœur de *Blank*, — fille de l'arabe *Godolphin*. *Brabaham* étant fils lui-même de *Godolphin-Arabian*. BRABAHAM-BLANK se trouvait ainsi devoir la vie au frère et à la sœur. Il fut néanmoins père de plusieurs bons chevaux, parmi lesquels je citerai *Carbuncle*, dont la mère était fille de *Cade*, autre fils de *Godolphin*. — *Carbuncle* est une preuve nouvelle de cette noblesse de sang, de cette homogénéité de race, de cette supériorité incontestable et incontestée que GODOLPHIN-ARABIAN, si célèbre à juste titre, a données à un degré si éminent à toute sa descendance. Hunmanby, York, Melton et Beverley furent tour à tour les témoins des nombreux triomphes de *Carbuncle*.

« JOHANNY, né en 1769 et vendu à lord Clermont, ne courut jamais qu'à Newmarket. Il gagna cependant en prix 3,025 guinées, en paris 3,750 guinées, et en forfaits adjugés par les juges des courses 750 guinées, en tout 7,525 guinées ou 195,650 fr. de notre monnaie. Il ne fut vaincu que cinq fois; — lors de sa première course, à l'âge de quatre ans, — une autre fois par *Firetail*, — une autre fois par *Entreprise*, ensuite par *Shark*, pour 1,000 guinées (26,000 fr.), — et enfin par *Sweet-Williams*, dans une poule à 300 guinées (7,800 fr.) par souscription.

« Eh bien, quelle était l'ascendance de JOHANNY? Par son père, *Matchem*, issu de Cade, il était petit-fils de *Godolphin*; par sa mère, fille de *Brabaham*, et par conséquent petite-fille du même *Godolphin-Arabian*, il était arrière-petit-fils de ce dernier. Donc, JOHANNY descendait, des deux côtés, à un degré très-rapproché, de l'un des plus célèbres fondateurs de pur sang anglais.

« Je ne saurais écrire le nom de SHARK sans m'arrêter quelques instants sur ce cheval extraordinaire et jusqu'ici sans rival. On sait qu'il est né dans les deux lignes du même père. Peut-on supposer que les rares mérites dont il a fait preuve puissent être étrangers à son origine? Loin de là; celle-ci doit en être la cause première et principale. La naissance de SHARK vient donc à l'appui de l'opinion qui prend racine dans de pareils faits.

« SHARK était fils de *Marske* et d'une jument fille de *Snap*.

« *Marske* était fils de *Squirt*, et celui-ci de *Barlett's Childers*.

« Snap était petit-fils de *Flying-Childers* par *Snip*.

« *Barlett's Childers* et *Flying-Childers* étaient deux frères consanguins dans toute l'acception du mot ; ils étaient fils, l'un et l'autre, de l'arabe *Darley*.

« Cette parenté si proche a mis le sceau à la perfection. Outre la coupe de Clermont de 120 guinées, onze pièces de claret et le prix de la cravache, SHARK a gagné, en vaisselle, poules, paris et forfaits, 16,057 guinées (417,482 fr.), somme supérieure à toutes celles remportées par d'autres coureurs.

« Je terminerai par un dernier exemple. Le célèbre SWEET-BRIAR me le fournira. Doué de la conformation la plus belle, il a donné naissance à un grand nombre de chevaux qui ont puissamment marqué sur l'hippodrome, et ne fut jamais vaincu.

« Il était fils de *Syphon* et d'une jument fille de *Shakspeare*.

« Le père de *Syphon*, — *Squirt;* — le père de celui-ci, *Barlett's Childers*, fils de *Darley*, arabe.

« *Shakspeare* était fils de *Hobgoblin*, et celui-ci d'*Aleppo*, dont le père était le même *Darley*.

« Bien plus encore, la mère de *Shakspeare* (*Little-Hartley*), étant elle-même fille de *Barlett's Childers*, non-seulement SWEETBRIAR descendait, dans les deux lignes, de l'arabe *Darley*; mais son grand-père se trouvait lui-même issu, des deux côtés, du même auteur commun.

« Faut-il donc s'étonner maintenant si je recommande la *consanguinité*, et si je la regarde, lorsqu'on la pratique avec des individus d'une bonne souche, comme un des principes les plus actifs et les plus sûrs du maintien de la supériorité des races? »

Nous pourrions multiplier les exemples, ajouter à l'autorité de ceux-ci l'autorité d'autres faits non moins concluants et d'un très-vif intérêt. A quoi bon ces répétitions? Elles constitueraient des longueurs sans peser, pour cela, d'un poids plus fort ni plus légitime dans la balance.

Dans cette question de la *consanguinité*, de la continuation d'une race en voie de formation ou déjà bien assise par les membres les mieux doués de la même famille, le point vrai, fondamental est tout entier dans ce double fait, *l'exclusion des défauts, — l'alliance des qualités les plus élevées de la race.*

Si l'on n'évite pas, avec un soin très-scrupuleux, avec l'attention la plus soutenue, de propager les imperfections de forme, les vices de constitution, les défauts de famille, c'est-à-dire ceux qui ont leur principe dans le sang, il n'y a rien de bon à espérer, rien de profitable à attendre de l'accouplement consanguin. Il répétera, soyez-en certain, les imperfections et les vices originels avec une constance désespérante ; il les fera sûrement prévaloir sur la transmission des qualités, en un très-petit nombre de générations, au point de porter la destruction et la ruine là où il était appelé à exalter encore le mérite des formes, à exagérer la perfection des qualités acquises.

Cette question, dit M. Desaive dans son livre des animaux domestiques, cette question est victorieusement résolue par l'exemple de l'Arabie, où, depuis des milliers d'années, les *kocklanis* ne sont alliés qu'entre eux ; mais avec les kocklanis, personne ne le contestera, on perpétuait, à l'exclusion de tous les défauts, les qualités et les beautés de la race, en les perfectionnant encore par le choix judicieux des membres de la famille.

Le succès des alliances consanguines repose donc sur une *sélection* bien comprise. L'accouplement consanguin, sans un choix très-sévère, conduit tout droit, par la voie la plus courte, à l'exagération des défauts, à la perte des qualités, à la dégénération de la famille et de la race (1).

(1) La sélection, c'est le choix raisonné, le triage après examen ;

Le principe et le fait sont les mêmes dans les deux cas; mais on arrive plus rapidement à la détérioration qu'au perfectionnement. En rappelant comment les choses se passent pour l'amélioration, nous dirons aussi bien comment l'altération marche quand, au lieu de la combattre, on la favorise par ignorance, laisser aller ou mauvaise application des méthodes de reproduction rationnelles.

Lorsque l'on réunit tous les éléments de bonté, quand on neutralise tous les germes opposés au développement des qualités utiles, il en résulte forcément une constance d'amélioration qui tient à l'analogie du double type primitif. Il n'est plus besoin alors, pour n'être pas contrarié dans ses efforts, que de se maintenir sous l'influence prolongée des agents extérieurs qui ont favorisé le passé de la race dont on s'occupe. N'est-il pas impossible que l'union judicieuse de deux sujets bien choisis, offrant tous les avantages et tous les mérites qu'on désire reproduire, ne soit pas un succès, un pas vers le but proposé, ou le but lui-même? Il y a tout lieu d'espérer, au contraire, que le produit résumera les qualités de ses auteurs, que, tout en les résumant, il présentera un ensemble plus complet encore, que cette marche progressive vers le point cherché sera de plus en plus rapide et affermie à chaque génération nouvelle.

Telle est l'histoire physiologique et pratique de toutes les bonnes races, histoire vraie dans le passé, fondée dans le présent, fondée et vraie encore dans l'avenir, car elle a ses racines dans les lois mêmes de la nature, car elle repose sur

c'est l'opposé de l'abandon et de l'incurie, de la reproduction de hasard. Celle-ci est une loterie. De loin en loin, il en peut sortir quelque résultat heureux, mais les mauvais numéros sont nombreux, et les pertes à peu près irréparables.

« Si les éleveurs sensés voulaient donner quelque attention à la race et à la forme, comme Backwel l'a fait à l'égard du mouton, ils réussiraient également et avec non moins d'avantages, soit pour la selle et l'attelage, soit pour la course et la chasse. » (PARKINSON, *Sur l'éducation et la génération de la race pure.*)

des faits qui se multiplient et se renouvellent chaque jour. Or rien n'est péremptoire comme un fait consacré par le temps dans son principe et dans ses conséquences.

V.

La supériorité des accouplements consanguins, dans les exemples que nous avons rapportés, est démontrée par des faits matériels irrécusables. L'hippodrome, la lutte publique, ont constaté d'une manière authentique les avantages que la race pure a retirés des alliances en proche parenté, nul ne conteste ce point ; à cet égard, partisans et adversaires de la consanguinité sont parfaitement d'accord, et les derniers passent forcément condamnation.

Tel est le mérite, telle est la valeur d'un fait ; il faut bien, bon gré, mal gré, l'accepter dans toute sa brutalité.

Cela, bien entendu, n'empêche pas de l'expliquer, de l'interpréter à sa manière, de l'exagérer à sa façon, et, par suite, d'en tirer des inductions plus ou moins justes, plus ou moins exactes, bien ou mal fondées.

« Il est des cas, lisons-nous dans un article du *Journal des haras*, sans nom d'auteur (1), il est des cas où le système des accouplements *in and in* peut produire quelques bons résultats; c'est lorsqu'il est limité dans des bornes raisonnables. . . . .

. . . .

« Si nous consultons *the general Stud-Book*, en nous reportant à environ un siècle en arrière, nous trouvons plusieurs des meilleurs chevaux de cette époque, qui furent produits par des accouplements faits dans les mêmes familles; mais alors il n'y avait qu'un très-petit nombre d'animaux de race pure; par conséquent, on n'avait pas le choix, et cer-

---

(1) *Breeding in and in*, tome XXVIII, page 124. Nous croyons cet article extrait du *Sporting magazine*.

tes mieux valait donner un père à sa fille, un frère à sa sœur, etc., que de prendre un cheval sans qualités et sans origine prouvée.

« Dans l'enfance du *turf*, les chevaux vraiment de pur sang durent être en très-petit nombre. Une grande incertitude même a régné sur l'origine de beaucoup d'entre eux. Celle de *Godolphin-Arabian*, l'un des fondateurs de la race, n'est pas plus authentique qu'une autre (1). Dans des temps aussi éloignés de nous, il serait difficile de retrouver les preuves matérielles de la pureté de la race. Quoi qu'il en soit, néanmoins, des commencements de celle-ci en général, et particulièrement de ce qui concerne la valeur originelle de ce cheval justement célèbre, il n'en est pas moins vrai, et le fait est bien établi, qu'un grand nombre de chevaux supérieurs descendent de lui.

« Les résultats avantageux obtenus des premiers essais tentés pour améliorer l'espèce chevaline, en Angleterre, au moyen d'individus appartenant aux mêmes familles, peuvent être expliqués par la bonté, par la pureté du sang des reproducteurs dont nos ancêtres se servaient ; mais il n'en est pas moins vrai et clairement prouvé que ce système ne produisit pas un cheval égal en qualités à ceux qu'on fait aujourd'hui, en choisissant parmi les différentes branches les individus qu'on suppose capables de bien s'apparier. N'est-ce pas la preuve que les chevaux de l'époque actuelle sont supérieurs à ceux d'autrefois ?

« Comment s'assurer, par exemple, si un cheval a dégénéré ? Quelles preuves peut-on fournir à l'appui de l'assertion contraire ?

« Le problème est donc fort difficile à résoudre, puisque, loin de pouvoir obtenir des renseignements certains sur le mérite comparatif des chevaux des temps anciens et des chevaux de notre époque, nous ne pouvons même être cer-

(1) Voy. *France chevaline*, deuxième partie, tome Iᵉʳ.

tains de la supériorité d'un cheval sur un autre cheval quand l'un et l'autre vivent et courent en même temps, à moins qu'on ne les fasse lutter plusieurs fois l'un contre l'autre, après avoir trouvé le moyen, chose assez difficile assurément, de les placer dans des conditions parfaitement identiques, toutes proportions gardées d'ailleurs.

« Je ne m'occuperai pas en ce moment des avantages ou des inconvénients de l'entraînement des chevaux dans le jeune âge ou plus tard, cette partie de l'élève du cheval de course et de chasse est assez importante pour être traitée d'une manière toute spéciale; mais ce que je puis dire ici, c'est que nous possédons aujourd'hui des chevaux dont les travaux, à l'âge de trois ans, surpassent ceux des chevaux beaucoup plus âgés dans les premiers temps du turf, ce qui n'est certainement pas une marque de dégénération.

« Qui, dans les anciens temps, a jamais égalé les travaux de Venison?

« Qui, à trois ans, courut quatorze fois, et gagna douze, et toujours dans des luttes de 1 à 4 milles?

« Certes, cela prouve en faveur de la race actuelle, et Venison est un cheval dont la généalogie est aussi belle que possible; car, à moins de retourner à la cinquième génération, ce même sang n'offre pas son pareil. Là nous retrouvons le sang d'Herod des deux côtés; mais, à une distance aussi éloignée, cela ne peut être autant estimé ni comparé, et peut donner lieu à quelque objection.

« Indépendamment de ses courses, à l'âge de trois ans, Venison voyagea beaucoup, et fit 600 milles sur les routes, pendant l'été, sans le secours du caravan.

« Si la vitesse, la vigueur, le fonds et une bonne constitution sont les attributs d'un étalon, comme je le crois, Venison peut être aussi justement estimé dans le haras qu'il le fut sur l'hippodrome.

« Grey-Momus est une autre preuve de ce que les chevaux de notre époque sont capables de faire. A l'âge de trois ans, il gagna sept courses sur neuf, et le travail qu'il fit pour se préparer à ces luttes fut admirable ; mais il ne voyagea pas d'hippodrome en hippodrome, ainsi que le fit *Venison*.

« Prosody, jument alezane, née en 1818, par *don Cossack* et *Mitre* par *Waxy*, courut pendant plusieurs années, et gagna en tout trente-neuf fois. Cette jument est aussi pure que possible de sang trop rapproché.

« Le célèbre Euphrates présente aussi une généalogie sans mélange ; on n'y trouve aucun trait de consanguinité jusqu'au nom de *Regulus*, à quatre ou cinq générations en arrière.

« Liston est du sang de *Highflyer* des deux côtés, mais pas plus rapproché que la troisième et la quatrième génération, ce qui est, à coup sûr, une distance tout à fait rassurante sur le tort que cela pourrait faire. Ce cheval extraordinaire gagna cinquante et une fois, et courut jusqu'à l'âge de treize ans.

« Le plus grand nombre de fois qu'un cheval ait gagné dans la même année a été observé dans Isaac, qui, en 1839, fut vainqueur dans trente-neuf courses ; il l'avait été déjà vingt-deux fois en différentes années. On ne découvre aucune trace de consanguinité dans sa généalogie.

« En résumé, je trouve que rien ne demande plus d'attention que l'investigation des généalogies respectives de l'étalon et de la poulinière, afin d'éviter des relations de parenté trop rapprochée.

« Je conseillerai toujours de ne rien admettre de plus proche que la troisième génération. Ce degré me paraît même plus rapproché que la prudence et le jugement ne devraient le permettre.

« Éleveurs qui voulez réussir, gardez-vous de suivre l'exemple de vos confrères, qui, étant possesseurs d'un étalon, lui donnent leurs juments sans s'occuper de leur généalogie, ce qui est d'une si grande importance, sans tenir aucun compte de leur conformation respective. »

Que dit cet article et qu'a voulu prouver l'auteur?

Il convient qu'à l'époque à laquelle on a commencé à s'occuper sérieusement de la reproduction de la race pure en Angleterre il y a eu nécessité absolue, pour les éleveurs, de se livrer aux accouplements consanguins, et il constate que ces alliances n'ont pas trop mal réussi.

Il semble dire aussi qu'en se multipliant les animaux de la race pure ont formé diverses branches, plusieurs familles distinctes; que, dès lors, les mariages en proche parenté sont devenus plus rares, en même temps que les unions consanguines, moins immédiates, se sont éloignées de plusieurs degrés; enfin que, loin d'y perdre de ses mérites, la race y a gagné et s'est encore améliorée.

Il cherche des preuves à l'appui de cette dernière assertion; mais celles qu'il découvre sont telles, qu'elles déposent presque plutôt en faveur de l'opinion combattue qu'elles ne témoignent en faveur de l'opinion défendue.

C'est qu'il est bien difficile d'aller à l'encontre des faits les mieux établis sans se heurter à la vérité; cependant cette dernière ne se livre qu'à regret et d'une manière très-incomplète, puisque l'on trouve toujours des faits à opposer à d'autres faits. La discussion est une nécessité à laquelle on ne saurait rien soustraire; l'examen, la recherche exacte nous sont imposés comme une loi qu'on ne saurait transgresser : du choc des opinions, a-t-on dit, jaillit la lumière.

Mais si l'obscurité peut s'étendre sur des faits palpables, constants, irrécusables et d'une intelligence si facile, que sera-ce lorsque les preuves matérielles manqueront, lorsque les résultats resteront livrés à des appréciations tout arbitraires? Ce sera la confusion des langues; toutes les opinions se heurteront violemment, sans jeter une étincelle propre à éclairer un débat sans issue, par cela même qu'il est sans appui, qu'il ne repose sur aucune base, qu'il flotte au gré de l'imagination et qu'il roule dans le vide. Rien,

mieux que ceci, ne plaide en faveur des épreuves nfli-
ger aux reproducteurs des races les plus avancées afin de ne
choisir parmi eux que les seuls capables, mais les plus capables de maintenir la race au niveau de son propre mérite.

Nous ne voulons donc tirer aucune induction quelconque,
que, favorable ou simplement logique, des faits suivants,
relevés de notre initiative et de notre pratique.

Une fois, nous avons fait de la consanguinité pour en
faire, avec la conviction que la tentative aurait un bon résultat ; plus tard, et dans des circonstances moins favorables, nous en avons fait par nécessité, par impossibilité
d'opérer mieux. Voyons ce qui est advenu.

C'est le sang de MASSOUD que nous avons reproduit en
dedans.

Le premier fait intéresse — *Eylau* et *Agar*; — celle-ci
fille de *Danaé*, issue de *Massoud*; celui-là par *Delphine*,
fille de *Massoud* également.

Massoud était donc le grand-père maternel de l'un et de
l'autre.

Eylau et *Agar* donnèrent une pouliche, — *Reine de
Chypre*.

Reine de Chypre, née en 1842, est aujourd'hui l'une des
poulinières les plus remarquables de la jumenterie du haras
de Pompadour. Elle a pour elle la taille et l'ampleur, la régularité, la force, la distinction, une belle et riche structure. Elle était bonne *en traine*, mais elle n'a point été
publiquement essayée ; il lui manque d'avoir fourni ses
preuves. C'est un magnifique tableau ; à ce titre, elle donne
gain de cause à l'accouplement, à celui qui l'a ordonné.
Nous ne saurions dire ce qu'elle aurait valu dans une lutte
sérieuse. Il y a ici une lacune très-regrettable. Si nul ne
peut avancer que *Reine de Chypre* n'eût point été bonne à
la suite d'un travail considérable, à la fin d'une carrière honorablement soutenue, après des épreuves suffisantes, nul
ne saurait prétendre non plus qu'elle se serait fait un nom

sur l'hippodrome, qu'elle eût brillamment défendu dans la lice la réputation de vigueur, de vitesse et de fonds que chacun de ses auteurs avait conquise.

« On ne suit pas toujours ses aïeux ni son père. »

On n'est qu'une présomption, une manière de préjugé plus ou moins fondé, tant qu'on ne s'est pas révélé soi-même, tant qu'on ne s'est pas montré digne de ses ascendants. Bien plus, ceux-ci perdent l'estime et la faveur publiques du jour où leurs produits ne réalisent pas de grandes espérances, du jour où ces derniers, par leur infériorité, démentent leur ascendance. On ne prend son rang parmi les illustrations qu'autant qu'on est monté soi-même au niveau des célébrités. Jamais noblesse fut-elle mieux acquise ou plus légitime?

En ce qui concerne *Reine de Chypre*, le fait n'est pas complétement jugé. On pourrait essayer, éprouver ses produits : un particulier n'y manquerait pas ; l'administration n'en a pas le droit.

Plus heureux que nous, les Anglais auraient pu suivre avec intérêt et avec fruit ce nouvel exemple d'accouplement consanguin ; ils auraient éclairci tous les doutes qui pèseront désormais, jusqu'à sa fin, sur la valeur intrinsèque de *Reine de Chypre*.

Eylau et Agar méritaient cette attention.

Eylau est fils de *Napoléon* et de *Delphine*; cette dernière par *Massoud*, arabe, ainsi que nous l'avons déjà dit. Né et élevé au haras du Pin, comme sa mère, il en est l'une des gloires les plus pures et les mieux établies.

Par la manière dont il s'est comporté sur l'hippodrome, il a mis en honneur, du même coup, — son père, sa mère, son grand-père maternel et lui-même. Il a gagné quatre prix aux courses d'automne, à Paris, les seules qu'il pût hanter, et, entre autres, le grand prix royal de 12,000 francs, distançant de 0′ 21″, à la deuxième épreuve, *Nautilus*, à M. le duc d'Orléans, le seul compétiteur qui ait osé entrer en lice ; il a parcouru les 4,000 mètres en 4′ 47″, la plus grande vitesse constatée jusqu'à lui.

Rentré au haras, *Eylau* a pris rang parmi les étalons les plus marquants; il fait époque en Normandie, où ses produits sont très-recherchés. Un grand nombre de ceux-ci ont déjà montré assez de qualités pour devenir, à leur tour, de bons reproducteurs de croisement, des étalons vraiment dignes de ce nom.

AGAR, née et élevée au Pin, est fille d'*Eastham* et de *Danaé*; celle-ci par *Massoud*. C'est le seul produit d'Eastham qui ait montré quelque supériorité sur l'hippodrome; on en fait, avec justice, les honneurs au grand-père maternel. Il ne fallait rien moins que la pureté et la noblesse du sang de *Massoud* pour rendre à celui d'*Eastham* la chaleur et les principes de vitalité qui paraissaient éteints chez l'un des arrière-petits-fils d'*Highflyer*, les plus remarquables par la symétrie des formes, la beauté de l'ensemble et la parfaite netteté de toutes les parties extérieures.

Nous aurons, plus tard, l'occasion de revenir sur chacun de ces animaux.

Malgré le succès qui avait marqué l'alliance d'*Eylau* et d'*Agar*, cet accouplement ne fut renouvelé qu'en 1849. A cette époque, ces deux animaux appartenaient encore, l'un et l'autre, au haras du Pin; l'ordre fut donné de les marier une seconde fois. Il en est sorti une pouliche qui porte le nom de *Queen* et qui s'élève à Pompadour, où la mère a été envoyée en raison de son origine anglo-arabe.

Queen est née bonne, régulière et nette dans sa conformation; elle paraît devoir atteindre des proportions moins amples que sa sœur. Cela tiendrait-il à l'influence de la nourriture, si différente en Normandie et en Limousin, ou bien est-ce un résultat de l'âge plus avancé de la mère?.....

AGAR a produit *Reine de Chypre* à 11 ans; *Queen* est venu huit ans plus tard; sa mère la portait quand elle a passé du Pin à Pompadour. Cette émigration n'a jamais été sans effet sur les animaux qui l'ont subie, quel qu'ait été, d'ailleurs, leur âge.

En 1843, la direction du beau haras de Pompadour était en nos mains. Les boxes de la jumenterie renfermaient trente-quatre poulinières choisies; les écuries du dépôt d'étalons ne contenaient pas un seul étalon arabe de tête, un de ces producteurs hors ligne qui impriment à leur lignée le cachet de qualités puissantes, de haute valeur d'une race en réputation. Avec rien, il fallait faire quelque chose; telle était la mission du directeur du haras. Nous fîmes de notre mieux.

MASSOUD vivait encore. Il avait bien été question, à l'inspection générale de 1842, quelques mois avant notre arrivée, de lui donner la récompense de ses longs services, c'est-à-dire de prononcer sa réforme, de le vendre à l'encan et de l'envoyer mourir n'importe où! Il était fort affaissé, dans un état avancé de décrépitude. On pouvait craindre qu'il ne fût plus qu'une bouche inutile; or les services publics n'ont pas d'entrailles. Cependant on se ravisa; les invalides lui furent accordés; il obtint un sursis d'une année. Il était donc à la retraite quand nous nous sommes préoccupé de l'état des accouplements à faire en 1843; il ne comptait plus alors que pour la forme. Malgré cela, il nous parut si précieux encore, que nous n'hésitâmes pas à lui réserver toutes les poulinières qu'il serait en état de féconder. Nous lui en donnâmes treize, qui produisirent dix poulains ou pouliches. Afin de lui éviter toute fatigue, et pour le soustraire aux demandes du dehors, nous lui avions fait quitter le dépôt; il habitait la jumenterie, au milieu des cavales qui lui étaient destinées. Nous avons agi de même en 1844, année de sa mort. Il était prêt à faire le saut; il était venu très-gaillardement à la poulinière qui le désirait : au moment où il s'enlevait pour l'étreindre, il tomba, il n'était plus. Sept juments sur huit étaient pleines de ses œuvres. *Massoud* était né en 1815; il avait donc 29 ans!

Parmi les produits issus de *Massoud*, plusieurs étaient nés d'alliances consanguines. C'est de ceux-là qu'il doit être seulement question ici.

Trois poulinières, petites-filles de cet étalon, livrées à leur grand-père maternel, ont donné, savoir :

Folette, par *Eastham* et *Delphine*, celle-ci fille de *Massoud*, une pouliche, — *Jactance*, et un poulain, — *Smoull* ;

Hoema, par *Hœmus* et la même *Delphine*, une pouliche, *Kouba*, morte au lait ;

Dulcinée, par *Eastham* et *Danaé*, celle-ci fille de *Massoud*, un poulain, — *Sigg*.

Jactance est aujourd'hui une admirable poulinière, une jument aux puissantes proportions ; elle donne des espérances déjà très-fondées.

Smoull, son frère, est devenu un étalon de bon ordre ; il occupe un rang très-convenable dans l'effectif des étalons nationaux.

La pouliche d'*Hœma* a succombé aux atteintes d'une congestion sanguine au poumon ; elle tenait la tête, par la force et la régularité de sa conformation, parmi les produits de son âge. Sa perte a été très-regrettable. Elle se faisait principalement remarquer, dans la prairie, par l'énergie avec laquelle elle prenait ses ébats et provoquait ses compagnes d'élevage et sa mère à des courses vagabondes et folles dans l'enclos qui les renfermait.

Sigg est resté de petite taille, mais compacte et bien proportionné ; il n'est ni moins régulier, ni moins fort, ni moins précieux que *Smoull*.

Ces trois produits, — Jactance, — Smoull — et Sigg, — demi-frères par *Massoud*, leur père, étaient encore alliés entre eux par la ligne maternelle ; ils étaient, par ce côté, petits-fils de leur propre père.

Ces résultats peuvent être considérés comme un succès ; ils ne nous ont jamais donné un regret. Si Massoud existait encore, nous n'hésiterions pas à revenir avec lui à des alliances consanguines. Nous partageons cette opinion qu'elles offrent de très-réels avantages quand elles se pratiquent à la faveur d'un sang riche, généreux et pur. Nous serions le premier à les repousser, parce que l'expérience les condamne toujours dans les circonstances opposées, et surtout lorsqu'il existe la moindre tache dans la conformation.

Après la mort de MASSOUD, nous avons encore fait de la consanguinité avec deux de ses fils et l'un de ses petits-fils.

ROMAGNESI, l'un des étalons les plus précieux des haras, est né, à Pompadour, de MASSOUD et DIDON; cette dernière n'a qu'un atome de sang oriental. Livré à CÉSARINE, arrière-petite-fille de *Massoud*, ROMAGNESI a produit XANTIPPE, poulain remarquable à tous égards, et destiné, sans aucun doute, à une brillante carrière comme reproducteur d'élite. CÉSARINE n'avait pas encore donné aussi bon.

RAJAH, fils de *Massoud* et de *Célésyrie*, pur sang arabe, marié à *Reine de Chypre*, petite-fille de MASSOUD, est le père de XÉNOCRATE, l'un des meilleurs poulains qui soient encore nés au haras de Pompadour.

Dans ces deux cas, et plus encore dans le second, la parenté entre les reproducteurs était fort rapprochée. Jusqu'ici nous n'avons que lieu de nous en applaudir.

Enfin ZAIM est né de *Kohel*, petit-fils de MASSOUD par *Galatée*, et de *Herminie*, anglo-arabe, sortie de MASSOUD et de *Waverley-mare*. ZAIM, parfaitement net dans toutes ses parties, offre un très-beau développement et donne les meilleures espérances.

Aucun de ces produits ne dément son origine, tous appuient la pratique éclairée de l'accouplement consanguin.

Malgré cela, hâtons-nous de le dire, ces faits n'ont qu'une valeur limitée; la consécration de l'épreuve leur manque : nous ne saurions attacher à leur simple constatation l'autorité qu'ils offriraient dans des circonstances plus complètes.

Le travail soutenu, la lutte publique sont les seuls moyens d'éprouver le mérite des chevaux; il n'y a rien de positif à dire de ceux qui n'ont point été soumis à ce *criterium* de la véritable énergie, de la vraie puissance du cheval.

Dans les espèces ovine et bovine, la balance décide maté-riellement et d'une manière incontestable. L'animal le plus jeune, parvenu au poids net le plus élevé avec la moindre dépense, ou qui donne le bénéfice le plus considérable à la vente, est le produit le plus perfectionné. Sa race peut être regardée comme la meilleure et la plus avancée ; il est jugé sans appel par un fait appréciable pour tous. L'éducateur ne s'y trompe pas.

Il sera toujours regrettable qu'on ne soumette pas le che-val à un mode d'examen public et complet. C'est malheu-reusement la condition imposée aux haras de l'État.

VI.

Nous nous arrêtons longuement sur cette question de la consanguinité, parce qu'elle a une réelle importance et parce qu'elle n'a pas encore été traitée, que nous sachions, avec tous les développements qu'elle comporte ; aussi ce cha-pitre a-t-il moins la prétention de présenter un travail sévè-rement établi que de réunir en quelques pages à peu près tout ce qui a été dit sur la matière. D'autres viendront après nous, qui feront mieux ; nous aurons simplement ouvert les voies.

Le *Cours complet d'agriculture pratique*, traduit de l'al-lemand par M. Louis Noirot, s'est occupé de l'accouplement consanguin dans le quatrième livre, intitulé *Éducation du bétail*. Voici ce qu'il en dit :

« On donne naissance à une race d'une forme déterminée toute nouvelle, en choisissant des sujets qui descendent d'in-dividus possédant, au moins en partie, les qualités que l'on désire propager, et en accouplant leurs produits *dans et dans* ou avec d'autres sujets chez lesquels ces propriétés se rencontrent à un degré éminent.

« Si l'on voulait, par exemple, former une race de bétail à cornes qui eût une grande valeur pour la boucherie, et chez laquelle la chair et la graisse fussent en plus forte proportion, relativement aux os, que chez les races ordinaires, on devrait, avant tout, choisir un taureau et une vache dont les jambes fussent courtes et fines, et la tête petite. Il faudrait, en outre, que la vache appartînt à une race de grande taille. Les sujets qui naîtraient de ces alliances seraient accouplés eux-mêmes avec des individus chez lesquels ces caractères se remarqueraient d'une manière éminente. Dans le cas où l'on n'en trouverait pas immédiatement qui remplissent ces conditions, on accouplerait les génisses et les veaux avec leurs père et mère, et par la suite les frères avec les sœurs. S'il venait à se présenter un animal étranger qui se rapprochât davantage du type que nous avons en vue, nous l'accouplerions avec celui de nos sujets que nous regarderions comme le plus parfait. De cette manière, si l'on a soin d'apporter l'attention la plus scrupuleuse dans le choix des individus, on obtient, après plusieurs générations, une race que l'on peut considérer comme tout à fait nouvelle, puisqu'elle ne ressemble qu'en partie aux animaux dont elle tire son origine. C'est ainsi qu'ont procédé Backwel, Fowler, Paget et Princeps, ces fameux éleveurs anglais, lorsqu'ils ont donné naissance à ces races particulières d'animaux domestiques de toute espèce qui ont excité l'admiration de l'Angleterre.

« On ne peut maintenir dans sa forme primitive une race récemment importée ou produite depuis peu par le métissage qu'en choisissant toujours, pour la reproduction, les individus les plus parfaits de cette race.

« Tant qu'on ne possède qu'un petit nombre de bêtes de race, l'accouplement doit avoir lieu, comme le disent les éleveurs anglais, *breeding in and in*, c'est-à-dire toujours dans le même sang, en alliant les animaux de la plus proche parenté. Si le nombre des têtes de bétail augmente, on choisit toujours les plus beaux sujets, sans égard à la parenté ; s'ils offrent tous la même perfection de forme, l'accouplement doit avoir lieu dans le degré le plus rapproché : de cette manière, on est plus sûr de perpétuer les qualités distinctives de la race qu'en accouplant des individus d'une parenté plus éloignée.

« On a prétendu que les descendants des animaux produits par un accouplement en proche parenté dégénéraient, c'est-à-dire perdaient les qualités distinctives de leur race ; mais cette opinion n'est qu'une hypothèse basée sur des observations vicieuses et incomplètes que l'expérience n'a jamais confirmées, et qui est en opposition avec un grand nombre de faits positifs. On n'a jamais pu prouver par une expérience décisive que l'accouplement en proche parenté ait influé d'une manière défavorable sur la vigueur et la conformation des animaux qui en ont résulté. Les expériences des plus fameux éleveurs de l'Angleterre ont démontré le contraire de la manière la plus positive.

« La théorie de la consanguinité, dont la justesse paraît évidente, est féconde en conséquences pratiques. S'il est vrai que la progéniture offre les qualités des parents, il faut nécessairement, pour perpétuer une race donnée, choisir deux sujets qui réunissent l'un et l'autre au plus haut degré les propriétés qui la distinguent ; et, comme cette condition se rencontre plus fréquemment chez les proches parents, dans la ligne ascendante ou descendante, que chez les parents plus éloignés, on accouplera souvent le frère avec la sœur ou la nièce (si l'on peut se servir de ces expressions), et même le père avec la fille. Néanmoins il arrive quelquefois que les individus diffèrent, sous quelque rapport, de ceux dont ils descendent ; et c'est un motif pour accoupler ensemble des sujets de parenté éloignée lorsqu'ils offrent le caractère de la famille d'une manière plus frappante que les parents plus rapprochés. Cependant, si deux femelles de la même famille offrent la même perfection, on sera plus sûr d'obtenir du mâle un individu semblable à lui-même, en l'accouplant avec sa sœur ou sa mère qu'en l'accouplant avec sa tante, dont il est éloigné de quatre ou cinq degrés. »

Cette citation d'un livre estimé est remarquable à plus d'un titre; elle contient, en un petit nombre de lignes, toutes les règles ou plutôt toutes les recommandations qu'il soit possible de formuler en matière d'accouplement consanguin. Elle a pourtant cet inconvénient d'une rédaction substantielle, mais concise, plus aphoristique que développée, de se montrer, si l'on n'y réfléchit bien, ou trop absolue, ou contradictoire dans la plupart de ses formules.

Aussi, après l'avoir lue, méditée, pesée, comparée dans ses différentes parties, on en revient à dire que l'expérience et la pratique sont les deux grands maîtres dont les leçons doivent toujours être apprises, oubliées et réapprises.

En effet, la nature a posé des lois pour la reproduction de tous les êtres vivants. Bien que ces lois, ou tout au moins plusieurs d'entre elles, n'aient pas un caractère tellement absolu qu'elles ne puissent être violées quelquefois et par exception, elles sont pourtant établies sur de tels principes qu'une infraction ne se fait pas toujours impunément.

Tout ce que nous avons écrit jusqu'ici nous dispense de développer davantage notre pensée et rend inutile un examen plus détaillé des divers points de doctrine traités dans le passage qui précède.

La *Maison rustique du* XIXe *siècle* a résumé l'état de la question dans deux articles différents que nous rapporterons l'un et l'autre, parce qu'ils sont signés de deux noms bien connus, — Grognier et Moll.

Ce dernier s'est ainsi exprimé : « Dans l'amélioration d'une race, on est souvent obligé d'opérer l'accouplement entre individus de la même famille, c'est ce qu'on appelle l'*accouplement consanguin.*

« Les opinions sont très-partagées sur les effets de cet

accouplement prolongé. Les uns prétendent qu'il conduit infailliblement à la dégénération ; les autres, parmi lesquels on compte le célèbre Backwel et d'autres bons éleveurs anglais et allemands, tout en accordant qu'il y a dégénération par l'exagération de certains défauts, lorsque ces défauts prédominent dans les individus de la même famille que l'on veut accoupler ensemble, sont d'avis néanmoins qu'il n'y a point dégénération par le fait seul de l'accouplement consanguin (que les Anglais nomment *in and in* et les Allemands *inzucht*), et que l'on ne doit, par conséquent, pas craindre de l'employer toutes les fois que la famille appartient à une race bien *constante* et est exempte de défauts spéciaux à tous ses membres et prédominants.

« On ne doit donc faire attention qu'à la perfection des animaux reproducteurs, surtout pour le but qu'on se propose d'atteindre, et choisir le plus parfait, qu'il soit parent ou étranger. De part et d'autre on présente des faits, de sorte que la question est en suspens ; toutefois le plus grand nombre paraît être en faveur de l'accouplement consanguin. C'est ainsi que se sont formés et que se forment encore, chez beaucoup de petits et de moyens propriétaires, les troupeaux de métis-mérinos : le bélier mérinos, qui a servi à produire les métis de première génération, sert encore à produire ceux de seconde avec ses filles, et ceux de troisième avec ses petites-filles, etc., et on n'a pas éprouvé d'inconvénient de cette méthode d'opérer ; mais on en aurait eu, ainsi que l'expérience l'a prouvé, de faire saillir les mères par les fils, parce que ceux-ci étaient des métis, et, par conséquent, dénués de *constance*. »

Ce que M. Moll dit en dernier lieu au sujet des métis trouvera plus tard son application, dans ces études, en ce qui concerne la reproduction du cheval. Nous plantons ici un jalon vers lequel nous reviendrons bientôt.

Grognier, le savant professeur de l'école vétérinaire de Lyon, a envisagé la pratique de la consanguinité au **double** point de vue de ses avantages et de ses inconvénients. Il a écrit ceci :

« Pour mieux disposer les appareillements, faut-il choisir les reproducteurs parmi les parents les plus rapprochés, tels que le père, la mère avec les enfants, les frères et les sœurs entre eux? Cette question est vivement controversée. Le premier argument qui se présente en faveur de la consanguinité est que les premières races humaines et animales ont dû, de toute nécessité, se reproduire par l'union des proches parents, et que les premières familles ont dû être au moins aussi belles que celles qui leur ont succédé. Ensuite, comment concevoir qu'une détérioration puisse résulter de l'union de deux individus également bien conformés? Delaberre-Blaine, vétérinaire anglais, s'est assuré que les chevaux arabes de premier sang sont reproduits par l'*in and in*. S'il n'eût employé le même moyen, Backwel eût-il pu créer ses races? M. Meynell, qui, comme veneur, est presque aussi célèbre, a formé, par ce procédé, d'excellents chiens pour la chasse au renard.

« Cependant Buffon, Bourgelat, et Varron avant eux, proscrivirent ces unions incestueuses. Un agronome anglais, sir John Sebrigt, qui a publié des lettres fort estimées sur l'art d'*améliorer les animaux domestiques*, est opposé à l'*in and in*. Il a soumis des chiens et des oiseaux à ce mode de reproduction, et toujours il a remarqué qu'une grande dégénération en avait été la suite. Un autre agronome anglais, qui a fait des épreuves du même genre sur des porcs, amena une dégénération telle, que presque toutes les femelles furent frappées de stérilité, et que celles qui portèrent mirent bas des petits si faibles, qu'ils périssaient presque en naissant. Les expériences de Knisat, autre agronome anglais, répétées en Suisse, établissent que le premier produit naît bien conformé, mais plus petit qu'un autre de même race ; que les produits ultérieurs se rapetissent de génération en génération, jusqu'à ce que s'éteigne la faculté de se reproduire. Cette innervation, dit Sinclair, est inévitable, quelque soin qu'on prenne pour la prévenir. »

Il résulterait donc de ces observations, et c'est encore Grognier qui parle ainsi dans son *Cours de multiplication*, que la consanguinité, même dans les familles exemptes de vices essentiels, affaiblit, au bout d'un certain nombre de générations, jusqu'à la faculté génératrice.

Et il ajoute : « La consanguinité peut, sous des circonstances favorables, être utile dans deux ou trois générations tout au plus ; mais, étant poussée plus loin, elle a de grands inconvénients. »

M. Levrat, vétérinaire à Lausanne (Suisse), rapporte les faits suivants :

« Les frères N. N. de Bussigny, possédant un grand troupeau de vaches et voulant perpétuer une belle race de ces animaux, firent propager entre eux les individus de la même famille, en alliant le père à sa fille, le fils à sa mère ou à sa sœur. Qu'est-il arrivé ? C'est qu'après la seconde, surtout la troisième génération, les produits furent chétifs au point que les veaux périssaient presque tous dans la première quinzaine de leur naissance. Il existe encore une mère vache de cette famille dont aucun veau n'a pu être élevé.

« Les mêmes propriétaires possèdent une belle race de porcs qu'ils ont gâtée en voulant la propager par le même mode. »

Ces faits sont-ils de nature à infirmer les assertions qui leur sont opposées ? Il en est d'autres, tout aussi positifs, qui les détruisent. Et, par exemple, le comte Emerich de Festetics a publié, en 1819, dans les *Nouveautés économiques* d'André, des détails fort curieux et très-circonstanciés sur les avantages de la consanguinité. Cet agriculteur a donné naissance, par voie de métissage, à une nouvelle race de mérinos qu'il a formée par la propagation en dedans, pendant trois générations successives, sans que les individus présentassent ni affaiblissement ni altération dans la forme caractéristique.

Sur ce terrain des faits isolés, on pourrait longtemps discuter avant de s'entendre, avant de faire, de part ni d'autre, un seul pas vers une solution certaine. Dans une question de cette nature, il faut tenir compte de tous les éléments qui la composent ; mais il faut savoir se dégager de tout ce qui n'a pas une réelle importance, de toutes les observations incomplètes, de tous les faits mal présentés, de tout ce qui apparaît avec un caractère particulier, plus absolu dans la forme que par le fond.

Ce qui reste évidemment de tout ceci, des exemples cités à la fois pour et contre, c'est qu'il faut avoir, dans la pratique des alliances consanguines à quelque degré que ce soit, une extrême attention de ne choisir, pour la reproduction, que des animaux parfaitement nets, exempts de tache originelle, sous peine de voir celle-ci passer aux descendants, s'incruster, si l'on peut dire, dans la vie et dans les caractères les plus constants de la race, grandir avec les générations, se fortifier toujours et devenir à la fin un vice indélébile.

Ce danger est réel ; aucun doute n'est plus permis à cet égard. Il peut rendre très-difficiles et la création et la conservation d'une race par voie d'accouplements consanguins, mais les faits sont là pour prouver qu'on peut le combattre avec efficacité, puisque des races très-perfectionnées, formées à l'aide d'une consanguinité judicieusement appliquée, se perpétuent en dedans et se maintiennent depuis fort longtemps à la hauteur des mérites qui les distinguent, des qualités propres qui font leur utilité et qui les ont partout mises en honneur.

VII.

Étudions maintenant la question au point de vue des objections qui ont été faites à la pratique des accouplements consanguins par des hommes exclusivement occupés de la reproduction des bonnes races équestres ou plutôt de leur complète régénération, grand mot un peu passé de mode aujourd'hui, mais qui a été pendant longtemps comme le pivot de la question chevaline et le point de mire des hippologues.

Beaucoup de ces derniers ont repoussé, comme une faute irréparable, comme un véritable poison, le moyen des alliances en proche parenté. Le fait s'explique très-bien, si l'on se reporte aux idées générales qui ont été si longtemps de mise à l'égard de la dégénération et de l'acclimatement des types, à l'endroit du mélange toujours renouvelé, incessant, bizarre, absurde, de toutes les races entre elles. Dans ces idées, il n'y avait aucune place possible pour la consanguinité ; il en était de même dans la pratique, car il n'y avait rien à attendre d'animaux obtenus sous l'influence de semblables procédés. Dans de telles circonstances, la propagation en dedans était l'antipode des doctrines et des systèmes que l'on semait dans le vaste champ de l'ignorance et de l'erreur. La récolte n'a été que trop abondante ; elle a rendu au centuple les déplorables résultats qui lui avaient été demandés.

Buffon et Bourgelat se trouvent naturellement à la tête des écrivains qui ont proscrit les unions consanguines. Voici comment ce dernier s'est exprimé :

« Il faudrait nécessairement bannir et interdire les accouplements incestueux, source funeste et féconde des promptes dégénérations. Le poulain sert sa mère, sa sœur ; la pouliche est servie par son père. Dès lors, nulle compensation, nulle possibilité, nulle espérance de réparer, de diminuer les vices de l'empreinte originaire. Ces vices, au contraire, augmentent et accroissent toujours par les alliances de sujets dans lesquels ils sont les mêmes ; et si, comme nous le croyons et le disons, le renouvellement entier de la race par le père et par la mère transplantés d'un même pays dans un autre en assure la dégradation, combien une race perpétuée par la même famille et toujours dans un même lieu ne doit-elle pas s'avilir?

« L'altération des formes dans les individus est telle, que bientôt il ne reste plus aucun vestige de la première, et les défauts d'origine, même les plus légers, dès la seconde génération, sont convertis en défauts monstrueux. La preuve de cette vérité existe, d'une part, dans presque tous les chevaux que nous voyons naître, et, de l'autre, dans la pureté constante des races de chevaux arabes. Cette pureté s'est non-seulement maintenue par l'union des figures et des qualités les plus parfaites, sans le secours d'aucun mâle et d'aucune femelle étrangers, par ce que l'on appelle croisement, mais par la plus scrupuleuse attention à éloigner la consanguinité dans les accouplements. C'est ainsi que ces peuples sont parvenus à affranchir les races nobles de tout abâtardissement pendant des siècles, et qu'ils ont merveilleusement opéré ce que la nature, seule et abandonnée à elle-même, aurait été incapable de faire sous le ciel le plus favorisé. Nous ne craindrons pas d'ajouter ici que la proscription des alliances d'un même sang, qui a été envisagée, dans les pays les plus barbares, comme une loi dictée par la nature, a contribué, de même que le mélange des nations et les fréquentes migrations des peuples, à la conservation des races humaines, moins susceptibles, d'ailleurs, des impressions du climat et du sol que les animaux, qui, non vêtus et vivant toujours d'aliments non préparés, non défigurés par les apprêts, et perpétuellement les mêmes, en sont bien plutôt tributaires que l'homme. »

Les idées de Bourgelat nous sont parfaitement connues maintenant; on les retrouve à chaque page de ses œuvres, traduites sous une forme ou sous une autre, mais sans aucune variation quant au fond.

Toutefois ses déductions ne portent pas toujours le cachet d'une logique très-sévère. Relevons la contradiction échappée à son raisonnement dans le passage que nous venons de lui emprunter.

La pureté constante du cheval arabe tient, d'après lui, à deux causes essentielles, — d'abord au soin avec lequel on a évité tout mélange quelconque avec une race étrangère, tout croisement avec aucun mâle, aucune femelle qui ne fussent pas de la race même, de la race noble et pure d'Arabie, — puis à l'égale attention avec laquelle on s'est opposé à toute union consanguine.

Cette dernière assertion affaiblit bien un peu la première. La nécessité de rester scrupuleusement dans le même sang, l'obligation de ne pas sortir de la race quand le nombre des existences qui la composent est d'ailleurs si réduit, ne permettent pas d'admettre que la consanguinité n'est jamais pratiquée à aucun degré dans la reproduction de la race pure arabe. Le contraire doit avoir lieu, a nécesssairement lieu quelquefois, sinon souvent.

Préseau de Dompierre repousse la propagation en dedans de toute la force d'une conviction profonde : il veut qu'on l'évite à tout prix ; mais il constate, en même temps, que les Arabes ne sont point en position de mésallier leur race noble. « Le croisement, dit-il, ne peut avoir lieu chez ce peuple, parce qu'avec un climat suffisamment chaud et le plus favorable de l'univers, possédant les germes les plus purs qu'ait formés la nature, il ne pourrait trouver, sous un ciel étranger, des animaux assez parfaits pour croiser les siens. »

La conséquence de cette impossibilité, n'est-ce pas la nécessité de reproduire la race par elle-même, c'est-à-dire d'en confier la conservation pleine et entière à ceux de ses membres qui apparaissent le mieux doués et le plus aptes au rôle qui leur est dévolu? Comment supposer alors que la pratique de l'accouplement consanguin puisse être systématiquement écartée de la reproduction?

M. Achille Demoussy, nous avons déjà eu l'occasion de le

faire remarquer, appartient à l'école de Bourgelat, dont il a accepté, pour ainsi dire, toutes les idées. C'est dans la prétendue nécessité des croisements qu'il a puisé ses motifs de répulsion de la propagation en dedans.

« Le système des croisements, dit-il, a été adopté par tous les peuples qui ont voulu perfectionner leurs races. Ce système est fondé sur les lois qui président à la conservation des espèces végétales et animales.

« A l'époque de la floraison, le pollen ou la poussière fécondante des étamines, emporté sur l'aile des vents, va vivifier les germes qui reposent à la base des pistils. Les principes des plantes, combinés par cette union intime, acquièrent une nouvelle exaltation; leurs semences, mieux nourries, plus développées, soumises à l'action de la chaleur et de l'eau dont la terre est imprégnée, étendent leurs radicules et leurs tiges naissantes, et l'amalgame qui s'est opéré dans leur lit nuptial, accroissant leur vigueur, leur donne un luxe de végétation qui est refusé à celles qui n'ont point éprouvé ce croisement. Ainsi les espèces animales dont les races se sont multipliées ont besoin de confondre leurs qualités respectives pour effacer leurs défauts, que l'incurie et les variations des divers climats qu'elles habitent ont développés.

« Le système de la consanguinité, que les habitants de l'Andalousie ont adopté depuis que les Maures de Grenade sont tombés sous les armes triomphantes de Ferdinand et d'Isabelle, est donc proscrit par la nature (1) et par la rai-

---

(1) Cette assertion est complétement inexacte. Grognier a dit : « Les unions incestueuses ne répugnent pas aux animaux, comme celles qui joignent des individus d'espèces différentes ; et c'est une présomption en leur faveur. » (*Cours de multiplication des animaux domestiques.*)

Grognier n'a fait que constater un fait matériel qui se reproduit chaque jour autant de fois qu'on le veut.

Cependant M. Demoussy n'est pas absolument seul à défendre cette

son. Sous le règne de Charles IV, qui aimait les grands chevaux, quelques propriétaires, pour croiser leurs juments,
ont tiré leurs étalons de Baëza et d'Ubéda, renommés par la
taille plus élevée de leurs coursiers, afin d'obtenir des chevaux qui pussent entrer dans le régiment des carabiniers,
lequel les payait plus cher que les autres corps de cavalerie;
mais le plus grand nombre, fidèle aux errements de ses frères, a toujours choisi ses étalons parmi les chevaux de sa
race particulière.

« Les chartreux de Séville et de Xérès, dont les chevaux
jouissaient d'une grande réputation, ont repoussé constamment toute alliance étrangère. Leur exemple a été suivi par
tous les grands seigneurs qui attachaient beaucoup d'importance à conserver leurs races pures et sans mélange. Il en
est résulté que ces races se sont abâtardies et que leurs chevaux, si renommés, ne sont plus que les fils dégénérés de

opinion. Nous lisons ce qui suit dans un article déjà cité par nous et
intitulé, *Breeding in and in* :

« Les animaux qui vivent en liberté, dans l'état sauvage, sont tous
doués d'un instinct qui les porte à éviter des accouplements, des alliances entre des individus d'une parenté trop rapprochée.

« Ne savons-nous pas, par exemple, que beaucoup d'animaux, tels
que les renards, les loups, les lièvres, s'éloignent du lieu de leur naissance pendant le temps de leur chaleur ?

« Cet instinct de vagabondage qu'on remarque en eux, et qui revient tous les ans à la même époque, n'a-t-il pas pour cause ce besoin
de fuir les accouplements incestueux ou une consanguinité trop rapprochée ?

« Je cite ces animaux parce qu'ils sont particulièrement doués d'une
intelligence conservatrice, d'une vitesse et d'une vigueur très-grandes,
qualités qui exigent, pour se perpétuer continuellement au même degré, l'accroissement des familles entre elles et le plus grand soin à éviter les accouplements incestueux. »

N'y a-t-il donc pas d'autre cause, d'autre motif plus sérieux à donner pour expliquer les excursions, les absences, les allures vagabondes
des mâles à l'époque ordinaire du rut ? L'argument ne paraît pas être
précisément sans réplique.

ceux dont les qualités supérieures avaient fondé la réputation de ces castes particulières.

« Les croisements qui ont eu lieu chez quelques propriétaires se sont toujours bornés à l'union de leurs juments avec des étalons andalous choisis dans la *loma* de Baëza et d'Ubéda. S'il y a cependant, en Europe, des races susceptibles de s'identifier promptement avec le sang arabe et d'en acquérir les qualités, ce sont, sans contredit, celles de l'Andalousie.

« La consanguinité perpétue les défauts dont une race est entachée. Les alliances incestueuses qui ont lieu entre les frères et les sœurs, les fils et les mères, les filles et les pères éloignent toute espèce d'amélioration. Les étalons souillés par les imperfections qui déshonorent les juments de leur caste ne peuvent que fortifier les vices de construction dont elles sont atteintes. Ces défauts s'accroissent dans leurs descendants par leur union irréfléchie ; leurs qualités s'affaiblissent à mesure que cette prédominance se consolide dans les générations subséquentes, et les races les plus distinguées descendent peu à peu au dernier degré de détérioriaton.

« . . . .

. . . .

« La race arabe elle-même, malgré toutes les circonstances locales qui assurent sa supériorité, perdrait de ses qualités, si elle ne se renouvelait pas par les croisements qu'opèrent les chevaux qui réunissent tous les suffrages, et si les dangers de la consanguinité ne s'affaiblissaient pas à mesure que les individus se multiplient. »

Les raisonnements et les faits invoqués par M. Demoussy sont-ils péremptoires et de nature à renverser les saines idées de progrès qui se rattachent, par l'expérience, à la propagation en dedans? Évidemment non.

Il commence par établir que « le croisement a été adopté par tous les peuples qui ont voulu perfectionner leurs ra-

ces. » Rien n'est moins prouvé assurément. Malgré l'assertion contraire de cet hippologue, puisée dans le livre de
Bourgelat, où elle se trouve à l'état de contradiction, on ne
saurait considérer la race noble d'Arabie comme un produit,
un résultat du croisement (1). Ce qui fait la force et la supériorité de cette race, c'est précisément l'homogénéité de
son principe, du sang, laquelle entraîne la constance de ses
caractères, l'intégrité des qualités inhérentes à sa nature, à
sa vitalité, à son organisation intime, à sa pureté. Ces avantages n'existeraient pas, ils disparaîtraient, s'il entrait, par
transmission héréditaire, dans la composition de la race des
éléments nouveaux, un sang étranger. Elle cesserait alors
d'être le prototype de l'espèce, elle descendrait au rang des
autres races ; elle ne serait plus ce qu'elle est depuis des siècles, ce qu'elle semble avoir toujours été.

La disparition des races ou des variétés de race que certaines parties de l'Espagne avaient pu s'approprier tient-elle
à la pratique de l'accouplement dans et dans ? Les unions
consanguines, considérées dans leurs rapports avec les agents
extérieurs, sont-elles donc en quoi que ce soit un préserva-

(1) Un auteur allemand, Hartman, très-favorable aux idées de croisement telles que Buffon et Bourgelat les ont développées et répandues,
très-opposé aussi aux alliances en proche parenté qui sont les antipo-
des de la théorie du croisement, Hartman n'admet pas que la reproduction du cheval arabe ni même du cheval barbe ait jamais été soumise
à cette méthode. « Dès qu'on refuse à la nature, dit-il, le secours de
renouveler et de rafraîchir les races par leur mélange entre elles, pour
les préserver de la dégradation , elle ne manque guère de s'en venger
par la production de chevaux petits et imparfaits.

« Et, en effet, ni l'expérience ni l'histoire de ces animaux ne connaissent d'autre exception à cette règle que les chevaux arabes et les
barbes, qui, au rapport des voyageurs, conservent toujours, dans leur
pays, leur perfection, sans qu'ils aient besoin, pour cela, d'aucun mélange avec des races étrangères ; ce qui vient sans doute des précautions extrêmes que l'on apporte au choix de ceux dont on veut avoir
de la race, en quoi les Arabes, en particulier, surpassent de beaucoup
tous les autres peuples..... » (*Traité des haras*, p. 66.)

tif contre la dégénération? Mille influences diverses pèsent sur des animaux importés, qui modifient leurs caractères et leur structure, altèrent leurs qualités et leur aptitude à se reproduire dans leur pureté native. Si de temps à autre, à intervalles variables, on ne retrempe pas, on ne fortifie pas la reproduction des animaux importés dans le sang pur, homogène d'où ils sortent, si ces retours au type primitif ne se renouvellent pas jusqu'au moment où la nouvelle tribu, ce nouveau démembrement de la race mère, n'a plus rien à redouter du milieu où elle a été transplantée, c'en est fait de la race importée, elle succombera infailliblement, et la consanguinité ne l'empêchera certainement pas de déchoir.

Encore faut-il supposer que la race dont on aura voulu ainsi faire la conquête aura été placée dans les conditions les plus favorables à son existence, à sa reproduction, qu'elle n'aura point été plus ou moins livrée aux chances du hasard, qu'on aura tenu état de ses qualités, qu'on ne l'aura pas affaiblie par des alliances étrangères, que les sujets appliqués à sa continuation auront fait preuve de mérite, qu'ils étaient dignes de la tâche à remplir, qu'eux-mêmes enfin ne se trouvaient point atteints dans les qualités primitives de la souche.

Ces conditions de succès ont-elles été réunies, en Espagne, autour des animaux de race arabe importés par les circonstances? Les derniers possesseurs ont-ils eu l'attention de *rafraîchir le sang*, car cela s'appelle ainsi, de rafraîchir le sang de la nouvelle race, d'en retremper la force, l'énergie, les qualités premières au moyen de nouveaux sujets directement extraits de la terre natale? ont-ils seulement pris le soin de ne pas la mésallier? Quelles preuves existent en faveur de sa conservation dans son état d'homogénéité et de pureté? aucune. Cessez donc d'attribuer à l'accouplement consanguin des effets de destruction qui ne sont pas son fait et qui appartiennent à un tout autre ordre d'influences.

Enfin M. Demoussy dit encore : « La consanguinité perpétue les défauts dont une race est entachée..... » Mais certainement; nul ne dit le contraire. Elle les perpétue et les fortifie avec une certitude désespérante. Rien, mieux que ce fait, ne prouve la nécessité d'une sélection judicieuse et bien entendue.

Qu'est-ce donc que la consanguinité, sinon la loi d'hérédité agissant à puissances cumulées, ainsi que deux forces parallèles appliquées dans le même sens? N'est-ce pas la condition faite aux deux animaux que l'on marie par cette considération surtout qu'ils ont entre eux, extérieurement et intérieurement, des rapports intimes très-réels et très-marqués; que leur ressemblance, aussi complète que possible, les rapproche assez l'un de l'autre pour que, des deux parts, les tendances héréditaires soient tout à fait les mêmes? Eh bien, « si parmi les productions de cette alliance consimilaire, dit avec raison M. de Cacheleu, on fait choix de celles qui se distinguent le plus par les mêmes attributs, et qu'on les unisse à leur tour, la prosimilitude héréditaire acquerra un nouveau degré de fixité, et les générations suivantes, dirigées toujours dans les mêmes vues, l'affermiront de plus en plus. C'est ainsi qu'à force d'alliances successives soigneusement assorties on parvient à obtenir enfin une race spéciale et d'un type de plus en plus uniforme et constant (1). »

Ce qui est vrai, parfaitement fondé à tous égards pour les qualités et les bonnes aptitudes est également vrai et tout aussi bien fondé pour les vices de forme et de caractère, lesquels entraînent nécessairement après eux la perte des mérites d'une race, l'altération des propriétés qui en rendaient la culture utile et profitable. Les lois de la nature sont unes et constantes; ce n'est pas dans leur domaine qu'on trouverait deux poids et deux mesures.

(1) *Système rationnel de haras général.*

VIII

Terminons cette étude, un peu longue déjà pour le lecteur, par quelques considérations de pratique spéciales à la reproduction chevaline en Normandie et dans la plaine de Tarbes.

Ces contrées, comme beaucoup d'autres, avaient autrefois des races bien distinctes. Plusieurs de celles-ci ont eu de la réputation dans un temps déjà éloigné de nous ; elles avaient mis en honneur, à l'étranger autant qu'à l'intérieur, des produits dont les caractères spéciaux ont disparu par suite d'un travail de transformation lent dans son action, mais sûr, et qui atteint toutes choses dans le mouvement incessant d'une civilisation toujours progressive, de laquelle sortent des besoins nouveaux, des exigences nouvelles et impérieuses.

Les esprits chagrins découvrent dans ce travail une série de pertes et de dégénérations. Quiconque observe et raisonne y voit, au contraire, d'heureuses transformations, de réelles améliorations relatives, sinon toujours absolues ; et nous faisons, en écrivant ce dernier mot, une concession immense. Quoi qu'il en soit, ces transformations ont souvent donné lieu à des plaintes irréfléchies, à des comparaisons partiales, injustes entre ce qui est et ce qui n'est plus.

Pour la critique, les temps actuels ne valent point les temps antérieurs à jamais regrettables. Nous sommes ainsi faits ; nul n'est content de sa condition. C'est qu'on en aperçoit seulement les vices ou les inconvénients. Pas n'est besoin d'être un observateur bien profond pour reconnaître que le monde, divisé en deux parts plus ou moins égales, essaye toujours de voir, — par celle-ci dans le passé — et par celle-là dans l'avenir ; que l'une et l'autre ne s'attachent guère au présent que pour le dénigrer et le calomnier au

profit de vieilleries qui ne sauraient plus revenir ou d'espérances vagues et prématurées.

La production du cheval n'a point échappé à ce travers ;
il a été, il est encore de mode de crier à la dégénération des
races, de vanter sous ce rapport le passé au détriment de ce
temps-ci plus riche incontestablement en produits cheva-
lins que ne l'ont jamais été les époques dont on parle comme
les aveugles parleraient des couleurs : ceux-ci au moins, par
bon sens et par raison, se taisent.

Quoi qu'il en soit, les anciennes races normandes ont été
profondément modifiées ; le type a changé, les formes ne
sont plus les mêmes ; entre les plus voisines, les différences
se sont effacées, les caractères se fondent , la transformation
s'achève après mille incertitudes, après les oscillations naturelles dans tout travail du genre de celui-ci, lequel atteint
l'organisation intime, modifie souvent jusqu'aux conditions
de la vie et ne trouve partout contre soi que force, réaction
et résistance.

Certes, l'attaque a été vive et multipliée ; des éléments
bien divers ont concouru au résultat cherché. A quoi se réduit néanmoins la puissance qui l'a produit et déterminé ?
Considérée en elle-même, cette force est immense, mais im-
pondérable. Ce n'est point ainsi que nous tenterons de la
mesurer ; nous compterons seulement avec les capacités.
Combien donc ont laissé un nom parmi tous ces reproducteurs qui ont eu pour mission de renouveler la population
entière ? combien ont marqué dans la race ? Quels étalons
ont imprimé leur cachet à cette nouvelle famille, qu'il fallait tailler dans le vif des anciennes races, qu'il fallait faire
sortir plus puissante que les aînées du désordre et de la confusion dus à des influences très-diverses et à l'application
des funestes doctrines du plus grand naturaliste de l'époque
et du plus savant homme de cheval du temps.

Et d'abord quelle surface occupe la population chevaline
dont il s'agit, quelle est son importance numérique ?

Les départements de l'Orne, du Calvados et de la Manche offrent une superficie de 1,822,477 hectares. On y compte deux cent quatre mille quatre cents têtes de chevaux environ. Nous ne croyons pas que le chiffre des existences ait jamais été aussi élevé qu'il l'est aujourd'hui. Tout considérable qu'il soit, il faut néanmoins le décomposer et voir quelles espèces l'ont formé autrefois, quelles espèces le forment encore en ce moment.

Dans l'Orne, on trouve le cheval percheron et le cheval du Merlerault, deux races bien distinctes. Dans la Manche, c'est le carrossier normand aux grandes proportions, c'est-à-dire le cotentin, puis la race de la Hague et le bidet d'allure. Dans le Calvados, c'est la variété du cheval d'attelage produit dans les riches vallées d'Auge, de Corbon, de Pont-l'Évêque, et dans le canton connu sous le nom de Bessin ; c'est encore le cheval de la plaine de Caen, lequel n'est autre qu'un produit importé de l'Orne ou de la Manche, et soumis à un régime différent, à des conditions d'élève étrangères aux contrées voisines.

Sans avoir conservé tous leurs caractères d'autrefois, ces diverses variétés se distinguent encore entre elles par un cachet de localité qui ne permettrait pas de les confondre. Il y a une grande distance entre le percheron et le cheval du Merlerault, bien que les deux races soient produites côte à côte et vivent en quelque sorte sur le même terrain ; — entre la race haguarde et le cotentin, qui se touchent également, les rapprochements sont moins faciles à saisir que les différences. Nous ne parlons pas du bidet d'allure, il disparaît et s'efface sous l'influence de besoins nouveaux ; mais nous voyons se confirmer, à chaque génération nouvelle, des ressemblances toujours plus complètes entre le cheval du Merlerault et le produit des vallées du Calvados, d'une grande partie de la Manche et de la plaine de Caen, grand centre d'élevage des trois départements qui nous occupent.

Ces variétés, si tranchées dans les temps antérieurs, tendent, pour ainsi dire, à l'unité. On les voit se mouler sur un seul et même type, se rapprocher tout à la fois par les formes et l'aptitude, se niveler dans leur développement et leur force, marcher en sens inverse pour se rencontrer au même point, et se fondre en une seule et même race parfaitement appropriée aux exigences de l'époque.

Ce résultat est dû au même système de reproduction appliqué aux différentes parties de la Normandie dans lesquelles vivaient autrefois le cheval du Merlerault, celui de la plaine d'Alençon, le cotentin et le carrossier de provenances diverses, qu'on trouvait abondamment dans toute la plaine de Caen.

Nous examinerons bientôt ce mode de reproduction dans ses effets prochains ou éloignés, nous établirons seulement ici qu'il a emprunté de l'accouplement dans et dans sa plus grande part d'action sur toutes ces variétés de races ; et pour cela nous ne remonterons pas bien haut dans le passé physiologique de la population chevaline actuelle. Nous bornerons nos recherches à la constatation de ce qui était en 1830, et de ce qui est vingt ans après, en 1850.

Formant un seul et même groupe des variétés qui nous intéressent, les réunissant, par la pensée, en un seul chiffre et sur une surface continue, nous supposons qu'elles donnent une population de cinquante mille têtes environ et qu'elles se trouvent répandues sur une superficie de plus de 400,000 hectares. Nous ne donnons pas cette supposition comme très-rigoureuse, mais comme pouvant aider à l'étude que nous faisons en déblayant le terrain de tout ce qui est manifestement étranger au sujet.

Le haras du Pin et le dépôt d'étalons de Saint-Lô ont seuls fourni à cette population chevaline ses types de reproduction. En effet, les étalons particuliers, approuvés ou non approuvés, qui ont concouru, avec ceux de l'État, à son renouvellement annuel, sont tous issus des reproducteurs placés par l'administration des haras en Normandie. Cette communauté d'origine est déjà une présomption en faveur d'une certaine homogénéité ; elle met certainement la population entière sous la dépendance de la famille. A supposer que la répartition des étalons entretenus au haras du Pin et au dépôt de Saint-Lô ait systématiquement combattu les effets de la consanguinité, ait toujours tenté d'éloigner une parenté trop proche entre les individus d'une même surface, il est hors de doute que l'emploi des étalons privés, nés dans la localité, pris dans la race même, n'ait forcément poussé à un résultat contraire. Quatre ou cinq cents étalons sont annuellement nécessaires ; les haras n'en donnent guère que le cinquième ou le quart ; ils ont donc contre eux la force, l'influence du nombre. Et ce n'est pas tout, à cette puissance reproductive du mâle s'ajoute la part d'influence de la femelle, laquelle sort du même mode de reproduction et donne la presque totalité des étalons préposés au renouvellement de la population. C'est donc un cercle assez étroit.

Une population qui se renouvelle en de semblables conditions se tient nécessairement de très-près par le sang ; elle ne forme bientôt plus qu'une seule et même famille. A chaque génération nouvelle l'homogénéité s'étend, les caractères qui en résultent se prononcent davantage. Le danger consisterait à les laisser se confirmer, à leur donner le temps de se fixer, de devenir constants avant qu'ils eussent atteint le degré de perfection désirable. De là la nécessité d'introduire, de temps à autre, dans la race, des sujets d'élite de même nature sans doute, mais d'une autre branche, d'une famille complétement étrangère, afin d'éloigner, par l'infusion d'un sang nouveau, les inconvénients d'une consanguinité trop rapprochée. C'est ainsi que l'on peut combattre avec efficacité les conséquences fâcheuses d'une influence à laquelle il ne faut donner qu'une force sagement calculée.

Quoi qu'il en soit, voici, à la date de 1850 et à celle de 1850, la composition de l'effectif des deux établissements qui ont fourni à la Normandie les reproducteurs préposés au renouvellement de sa population chevaline.

Nous classons ces animaux par races ou degrés de sang, car nous ne pouvons nous écarter du principe qui domine toute la question hippique, et duquel découle toute la science du cheval.

État de l'effectif du haras du Pin et du dépôt de Saint-Lô en 1830 et 1850.

	AU PIN.		A ST.-LO.	
	1830.	1850.	1830.	1850.
Étalons de pur sang..	5	12	»	8
— de 3/4 et de 1/2 sang anglais. . . .	8	3	4	7
— de 3/4 sang anglo-normand.	»	43	»	39
— de 1/2 sang anglo-normand.	»	44	»	30
— de 1/4 sang anglo-normand.	61	»	36	»
— d'aucun degré de sang ou normands.	14	»	9	»
TOTAUX.	88	102	49	84

Cette petite statistique offre un réel intérêt ; elle montre dans quelle voie la reproduction a été poussée. Sans marcher trop précipitamment vers le sang, on s'en est pourtant rapproché. L'étalon normand, qui n'avait d'autre force reproductive que celle résultant de l'indigénat, a complétement disparu. Le cheval de quart sang, si peu influent dans l'acte générateur quand, — pour lutter contre toutes les forces actives, — il n'a d'autre force avec lui que celle résultant d'un degré d'amélioration aussi faible, a de même cédé la place à un ordre de reproducteur plus élevé sur l'échelle, plus puissant dans son action, plus complet et mieux confirmé dans ses caractères. L'étalon de demi et de trois quarts sang s'est peu à peu substitué aux deux catégories inférieures ; ce résultat lui-même est la conséquence de la part plus large faite à l'emploi judicieux de l'étalon de pur sang, de l'application persévérante et mesurée de l'étalon type.

Les chiffres qui précèdent montrent encore que la circonscription du haras du Pin, plus avancée dans ses résultats, a constamment obtenu des reproducteurs d'un degré plus amélioré que la circonscription du dépôt de Saint-Lô : ils disent que l'effectif des deux établissements s'est toujours maintenu, numériquement, au niveau des besoins, qu'il a augmenté en raison même de l'accroissement successif de la population chevaline dans les trois départements, de manière à ce que l'influence exercée ne perdît rien de sa force, et demeurât, au contraire proportionnellement, toujours aussi active. Enfin ces chiffres ont une autre signification puisée dans la nature même des animaux dont ils donnent le dénombrement. En effet, tous ces étalons se tiennent par une commune origine. Or cette origine commune mène droit, et par une voie assez courte, à un degré de parenté dont il s'agit d'apprécier les rapports plus ou moins prochains.

On ne perdra pas de vue les faits. Des étalons de demi-sang, de trois quarts sang et de pur sang anglais, nés en Angleterre, sont importés en Normandie et alliés à des poulinières de race normande ; voilà le point de départ.

L'opération est continuée dans les mêmes vues, suivant le même système. D'autres reproducteurs, tirés de la même souche, viennent féconder les résultats déjà obtenus. De nouvelles générations naissent, et le même mode de reproduction se poursuit ; on en constate les bons effets. Dès lors, son influence s'étend tout à la fois par le nombre et par la force acquise dans la série des générations. Les étalons de quart sang d'abord agissent sur la jument normande, tandis que des reproducteurs plus améliorés sont livrés à la poulinière de quart sang et de demi-sang. Les produits de

ce dernier accouplement entrent, à leur tour, dans la reproduction ; ils prennent la femelle qui les égale ou qui leur est
inférieure par le sang. Parallèlement, les étalons de trois
quarts sang et de pur sang opèrent sur des femelles qui
comptent déjà deux, trois, quatre générations avec des reproducteurs d'un degré de sang variable, mais plus élevé
nécessairement qu'au début (à moins qu'ils ne fussent de
race pure), car alors la mère possède elle-même une dose
plus grande de sang et se rapproche davantage de la condition qui ajoute une véritable force reproductive à celle ap-
portée précédemment par l'étalon seul.

C'est le système de l'*in and in*, le mode de reproduction
dans et dans. Le nombre d'étalons importés du dehors est
très-faible ; celui des étalons pris dans la race en cours de
formation est très-considérable au contraire. Les produits
les mieux réussis naissent des poulinières qui donnent,
durant leur carrière, les meilleurs étalons et les meilleures
juments. Les uns et les autres, par cela seul qu'ils sont
mieux doués, vivent plus longtemps et multiplient davantage. Cette circonstance est très-favorable au rapprochement
de la parenté ; il en résulte que, si elle persiste, la population entière ne fera bientôt plus, pour ainsi dire, qu'une
seule et même famille.

On aperçoit alors dans la nouvelle race deux genres de
consanguinité, — celle qui résulte de la race et celle qui
vient de la famille. Quand on en est là, il est impossible
qu'il n'y ait pas une grande homogénéité dans les caractères
et dans le sang ; il ne manque plus à la race nouvelle que
de se fortifier par l'âge, de vieillir par le nombre des générations, car ces conditions seules peuvent donner la *constance*.

C'est alors que l'influence des mères doit être favorisée et
non plus combattue comme au début de l'opération. Celles-ci, en effet, deviennent les gardiennes de la race ; elles
représentent, à côté des caractères qui distinguent celle-ci

et des qualités qui la recommandent, les forces acquises dans le milieu même où elle s'est formée.

Voyons si les choses se sont passées comme nous venons de le dire.

Examen fait, au point de vue généalogique, de l'état nominatif des étalons qui existaient au Pin et à Saint-Lô, en 1830, en dehors, bien entendu, de la catégorie des étalons normands proprement dits, nous découvrons ceci :

Le double effectif en étalons de quart sang anglo-normand nés en Normandie était de quatre-vingt-dix-sept têtes; sur ce nombre, soixante-six se tenaient par les liens du sang : — ceux-ci par les pères, ceux-là par les mères, d'autres par les deux côtés à la fois, tantôt à un degré très-rapproché, tantôt à un degré plus éloigné.

C'était le sang d'*Eastham, Captain-Candid, Vampyre* et *Massoud*, étalons de race pure;

Puis celui de *Y. Rattler, Chasseur, Jaggar, Cleveland King, Y. Topper, Vidvid, Jason, Chapman, Misanthrope* et *Talma*, étalons de trois quarts et de demi-sang nés en Angleterre. Leurs fils ne vont pas au delà du premier degré d'amélioration; ils sont tous classés comme étalons de quart sang. Peut-être a-t-on été un peu sévère dans cette classification : elle répond bien, néanmoins, au degré de dégénération auquel était descendue la population normande au temps dont nous parlons.

En 1850, la composition change. L'effectif commun aux deux établissements compte, en étalons de trois quarts et de demi-sang, cent cinquante-six têtes, parmi lesquelles cent vingt-trois appariennent, à divers degrés, à la même famille : or celle-ci est déjà ancienne; la souche remonte, par les mères, au delà de l'époque à laquelle ont commencé nos recherches.

Ce n'est pas chose aisée que de se retrouver au milieu de la confusion générale, immense d'une population quelque peu nombreuse. Il y a, certes, de profondes ténèbres; beaucoup

d'erreurs obscurcissent encore la vérité ; malgré cela, on re
trouve de temps à autre le fil conducteur et toutes les issues
auxquelles on arrive tendent à la même conclusion.

Il y a donc du bien fondé, beaucoup de vrai dans ce que
nous avons posé en fait. Nul n'exigerait, sans doute, ici une
exactitude impossible. Nous avons pensé, néanmoins, que
l'histoire physiologique d'une race qui par destination devenait une race mère devait être plus complétement connue
qu'une autre, et nous avons pris des mesures pour que la
famille anglo-normande et la race qui se confirme dans les
Hautes-Pyrénées, sous l'influence des étalons du dépôt de
Tarbes, eussent bientôt leurs archives sommaires et authen-
tiques dans un *stud-book* particulier.

Les puristes pourront en rire ; ils en riront. (De qui et de
quoi ne rit-on pas en France?) Cela ne nous a ni échappé
ni arrêté. Quand on est dans le vrai, il faut avoir le courage
d'y rester et savoir dire hautement qu'on a dépassé le faux,
qu'on est entré dans des voies plus certaines.

Les races dont l'origine va être officiellement constatée
ont aujourd'hui une très-réelle et très-légitime importance
dans la population chevaline de la France entière ; elles lui
donnent des reproducteurs de mérite, des étalons qu'on ne
retrouverait pas ailleurs. Lorsqu'elles seront mieux connues,
on les appréciera de près et au loin. Nous aurons donc rendu
un très-grand service aux contrées qui les possèdent, aux
éleveurs qui les entretiennent quand nous leur aurons montré à eux-mêmes le puissant intérêt qui doit s'attacher toujours à leur reproduction attentive et soigneuse.

Dans les temps anciens, lorsque nous étions les pourvoyeurs de l'étranger, de nombreux haras privés couvraient
le pays ; tous avaient leur histoire écrite, et l'histoire de
chaque existence contribuait à la réputation de toutes. Les
meilleurs parmi les bons étaient appliqués à la reproduction ; la connaissance des antécédents constituait en grande
partie la science des maîtres de haras. Toute jument d'élite

II.   5

qu'on croyait apte à répéter la race, à conserver les qualités acquises recevait une marque spéciale, la marque particulière à chaque haras ; c'était un cachet qui, à l'instar du contrôle des monnaies, garantissait la valeur de la femelle.

Ces stud-books spéciaux ont pendant longtemps suffi à la bonne reproduction des familles dans chaque race ; du jour où l'on a cessé de les tenir, il est bien vrai que les races ont cessé d'être. Tout a été livré à la plus extrême confusion ; les sangs ont été mêlés, les caractères les plus constants se sont effacés sous l'influence de la bâtardise ; de cette situation à la dégradation, à la ruine, la pente est rapide ; la dégénération a été complète. En remontant la voie dans un sens opposé, l'effet inverse se produit, l'amélioration marche à grands pas et fonde une prospérité durable. C'est à ce résultat que nous avons voulu pousser et que nous arriverons facilement aujourd'hui, puisque la route est déblayée. En effet, on agit avec d'autant plus d'efficacité sur une race qu'elle a été mieux préparée aux améliorations dont elle est susceptible.

En touchant à ce point de science, nous nous sommes un peu écarté du point de fait ; nous y revenons. Les cent vingt-trois reproducteurs qui, dans l'effectif de 1850, se tiennent par le sang proviennent — d'*Eastham*, — *Sylvio*, — *Napoléon*, — *Eylau*, — *Biron*, — *the Juggler*, — *Y. Emilius*, — *Royal-Oak*, étalons de pur sang,

Et de *Y. Rattler*, — *Pégase*, — *Voltaire*, — *Impérieux*, — *Émule*, — *Chasseur*, — *Regretté*, — *Xercès* et quelques autres non tracés, sortis de mères issues elles-mêmes des étalons mentionnés comme ayant fait partie du haras du Pin et du dépôt de Saint-Lô, en 1850.

Nous tournons ici dans un cercle fort étroit.

Eastham figure aux deux époques ; il a fait en Normandie, dans les deux circonscriptions, vingt-deux montes ; il y a sailli huit cent soixante-sept juments et donné quatre cent quatre-vingts produits. Un grand nombre des mâles a été, est encore employé à la reproduction ; toutes les pouliches qui sont parvenues à l'âge de la fécondité ont, à leur tour, donné ou donnent encore des produits. Il en résulte que le sang d'*Eastham* est très-répandu dans la population chevaline de la contrée. Nous le retrouvons dans plusieurs étalons qui appartiennent encore aux établissements hippiques de la Normandie ; ainsi *Pégase*, — *Émule*, — *Chasseur* sont fils d'Eastham, — d'*Eastham* et d'une fille de *Y. Rattler*. Plus loin, nous parlerons de ce dernier.

Captain-Candid, — Vampyre — et Massoud ont disparu, mais en se donnant des successeurs qui laissent, eux aussi, des traces considérables de leur passage.

Biron, par exemple, fils du premier et petit-fils d'*Eastham* par sa mère, compte une nombreuse lignée ; plusieurs de ses produits ont été conservés au Pin et à Saint-Lô. Croiton que ces derniers n'auront jamais sailli des petites-filles d'*Eastham?* On se tromperait étrangement. Le fait s'est nécessairement répété souvent.

Vampyre n'a pas survécu longues années à lui-même ; son sang n'a pas disparu pour cela ; il coule encore dans les veines de quelques poulinières. Au surplus, *Vampyre* était assez proche parent de *Captain-Candid* par son grand-père, — Pot 8o's, — grand-père aussi de *Captain-Candid*.

Massoud a quitté la Normandie peu après 1830 ; mais il a laissé après lui *Marmot*, dont nous parlerons ailleurs, et *Eylau*, l'une des plus grandes illustrations chevalines de ce temps-ci.

Eylau, fils de *Napoléon*, relie entre elles un grand nombre des familles dont se trouve composée en ce moment la grande tribu des chevaux anglo-normands. Nous écrirons ailleurs son histoire.

On voit comment 1830 s'est fondu dans 1850 ; comment, — par quatre étalons de race pure seulement, — le passé revit dans le présent. Voyons maintenant comment cette parenté, si proche, a été quelque peu éloignée.

Des noms nouveaux apparaissent; on vient de les lire : ce sont *Sylvio*, *the Juggler*, *Y. Emilius* et *Royal-Oak*.

Il y a peu de poulinières de tête en Normandie qui ne soient pas apparentées à *Sylvio*, le doyen des étalons du Pin où il est arrivé en 1834, où il est encore plein de vigueur, de feu et d'utilité en 1850. Plusieurs de ses fils, — les uns tracés, les autres non tracés, — assurent pour longtemps à la famille anglo-normande la bonne influence de ce sang précieux.

On peut en dire autant de *the Juggler*, exclusivement appliqué à la production du demi-sang et qui aurait sans doute laissé, au grand profit de la race, quelques étalons purs, à la forte charpente et au gros modèle, si la jumenterie du haras n'avait pas été autant réduite et sitôt détruite. Ces deux sangs se mêlent toujours avec succès.

Y. Emilius n'a pas eu, en Normandie, une très-longue carrière; on ne l'y a pas estimé à sa valeur, et pourtant quels magnifiques produits ne lui a-t-il pas donnés? Son souvenir vivra longtemps dans la mémoire des éleveurs, par la manière dont se reproduisent plusieurs de ses fils, devenus étalons dans le pays, et quelques poulinières précieuses que l'on garde avec soin. Le haras du Pin a élevé quelques étalons, fils de celui-ci, qui tiennent déjà le meilleur rang.

Royal-Oak a terminé dans l'Orne sa glorieuse existence. Par lui-même il n'aura pas fait, peut-être, tout le bien qu'un reproducteur de premier ordre est toujours appelé à faire dans une contrée comme la Normandie; cependant il y a semé d'heureux germes dont le développement est maintenant confié à d'autres. Mais à côté de lui on retrouve les produits de ses fils, — *Oak-Stick* et *Governor* surtout. La carrière du dernier sera longue et brillante. *Royal-Oak* n'est pas près de mourir dans les souvenirs hippiques du pays.

Si nous passons rapidement aux étalons non tracés, nous retrouvons aux deux époques l'un des fondateurs de la famille anglo-arabe, l'une de ces illustrations qu'on n'oublie pas, qu'on regrette pendant plusieurs vies de cheval et plusieurs générations d'éleveurs.

Y. RATTLER est père de la nouvelle race : il a donné dix-sept montes dans la circonscription du haras du Pin ; il en est sorti trois cent soixante-seize produits sur six cent soixante-neuf juments saillies. C'est là tout ce que porte l'état de services de ce précieux étalon ; mais il a si généralement bien produit, que presque tous ses fils ont été des étalons de mérite, que presque toutes ses filles sont devenues des poulinières d'élite. Or peut-on calculer toutes les forces qui s'accumulent dans un espace de vingt ans, au sein d'une même population, quand tous les efforts tendent à la conservation même de ces forces? Ici point de discordance ; chacune concourait intelligemment au même résultat. On pourrait dire qu'il n'a pas été perdu une goutte du sang de Y. *Rattler*, qu'on en recueille encore avec sollicitude aujourd'hui jusqu'à la moindre parcelle. Plusieurs de ses produits immédiats en ont jeté dans les veines des générations actuelles, qui le transmettront à leur tour à celles qui les remplaceront. Parmi les plus marquants de ces produits, nous citerons seulement — IMPÉRIEUX, le plus célèbre de tous ; — VOLTAIRE, fils d'*Impérieux*, non moins renommé peut-être ; — CHASSEUR, qui était fils d'*Eastham* et d'une fille de Y. *Rattler*, cheval en grande réputation, qui a fait renouveler souvent ce mariage entre produits d'*Eastham* et de *Rattler*, combinaison heureuse dont la race s'est toujours bien trouvée ; — REGRETTÉ, RAILLEUR, NOURRISSIER, MA-HOMET, HAMILTON, OSCAR, SERVITEUR, COCQ, XERCÈS....., tous noms bien connus, que l'on trouve maintenant dans la généale gie d'un très-grand nombre d'étalons et de poulinières.

On voit à quel point se resserrent les liens de cette parenté. Il est évident que, si la consanguinité entretenue dans une race s'exerçait à un degré aussi rapproché et d'une manière aussi constante avec des étalons d'un ordre inférieur, cette race serait perdue à tout jamais. L'expérience prouve qu'elle est un moyen heureux, au contraire, quand les germes sont bons, favorables au développement des qualités les plus élevées; et d'ailleurs, qu'on y fasse attention, à l'exception d'un seul étalon non tracé, mais très près du sang, à l'exception de *Y. Rattler*, dont nous suivons les traces dans le plus grand nombre des membres de cette famille, nous ne voyons pas rechercher l'étalon non tracé avec la même persévérance que l'étalon de pur sang. Les poulinières d'élite, celles qui sont issues des reproducteurs de premier ordre, reviennent bien plus souvent à l'étalon de race pure; par là, nous voulons dire qu'elles en sortent presque toutes directement. Les alliances combinées entre étalons et juments de divers degrés de sang donnent la poulinière, qui, opportunément livrée à l'étalon pur, produit enfin le cheval de trois quarts de sang, c'est-à-dire l'étalon capable de continuer, en la perfectionnant toujours, la race de demi-sang en cours de formation. Il en résulte que l'étalon de pur sang doit être fréquemment renouvelé pour qu'un sang nouveau s'interpose et éloigne à temps, à un suffisant degré, les liens d'une consanguinité dangereuse, si elle n'était judicieusement et opportunément rompue. Il y a, d'ailleurs, beaucoup plus de force, de chaleur, de vitalité dans le pur sang que dans les sangs mêlés. L'accouplement *dans et dans* peut donc être prolongé impunément, quant à ses fâcheux effets, pendant un laps de temps plus long pour le pur sang que pour le demi-sang. En cela la pratique est encore ici en parfaite concordance avec la théorie, et nous ne trouvons pas en 1850, parmi les étalons de demi-sang existants, les fils et petits-fils des étalons non tracés qui vivaient en 1830, tandis que nous retrouvons, au contraire, beaucoup de fils et petits-fils des étalons de race pure qui ont fait époque au temps auquel nous nous reportons.

La formation d'un stud-book spécial sera certainement

très-utile à la complète élucidation de ces questions d'un intérêt si vif pour la bonne pratique, pour la bonne reproduction des races mères. Or l'amélioration de celles-ci, leur plus haut point de perfectionnement étant la source même de l'amélioration des races secondaires, on comprend toute l'importance qui doit s'attacher à l'étude de tout ce qui les concerne. En retraçant les faits à vingt ans de distance, nous avons permis d'entrevoir les résultats continus de l'application d'un système qui n'est point interrompu dans sa marche, dont l'action se prolonge avec suite et persévérance pendant la période d'années nécessaires à l'édification complète de l'œuvre qu'on s'est proposée au départ. La pensée embrasse aisément l'importance du fait et l'étendue des résultats.

A titre de renseignements, nous déposons, dans les deux tableaux qui suivent, des chiffres sur la durée et la quantité des services rendus à la formation de la race anglo-normande par les étalons que nous avons nommés, et qui ont exercé le plus d'influence à la fois sur la permanence des caractères qui la distinguent et sur le développement des qualités qui la classent maintenant à la tête de notre population chevaline. Nous ne tirerons pas de ces documents les conséquences que la méditation peut faire surgir au point de vue scientifique ; elles n'offriraient de certitude que le stud-book à la main. Or ce livre n'est pas encore fait. Il nous faut donc attendre, sous peine de n'être pas compris. Cette étude pourra être complétée plus tard ; elle appartient tout aussi bien, d'ailleurs, à l'histoire de la production du demi-sang en France qu'au chapitre particulier à la *consanguinité*.

Quoi qu'il en soit, voici nos documents.

État des services rendus à la production de la race anglo-normande par onze étalons de pur sang.

NOMS des étalons.	NOM-BRE de montes	NOMBRE des juments saillies.	NOMBRE des produits obtenus.	MOYENNE des saillies par an.	OBSERVA-TIONS.
Eastham	22	867	480	39.40	
Sylvio.	17	1,003	590	59. »	vit encore.
Massoud.	13	291	132	22.38	
Eylau.............	11	520	255	47.27	vit encore.
The Juggler........	11	522	293	47.45	vit encore.
Birou.............	10	449	274	44.90	vit encore.
Napoléon..........	9	277	146	30.77	
Y. Emilius........	9	322	162	35.77	
Captain-Candid.....	8	206	109	25.75	
Vampyre..........	5	109	55	21.80	
Royal-Oak.	5	137	67	27.40	
TOTAUX.......	120	4,703	2,563		
Moyennes.....	11	427.54	233		

État des services rendus à la production de la race anglo-normande par dix-sept étalons de 3/4 et de 1/2 sang anglo-normands.

NOMS des étalons.	NOM-BRE de montes	NOMBRE des juments saillies.	NOMBRE des produits obtenus.	MOYENNE des saillies par an.	OBSERVA-TIONS.
Impérieux..........	22	824	486	37.45	
Cleveland..........	20	781	486	39.05	
Jaggar.............	18	621	389	34.50	
Talma..............	18	826	366	45.88	
Chasseur (né en Norm.).	18	776	465	43.11	vit encore.
Marmot............	18	718	399	39.88	
Y. Rattler.........	17	669	376	39.35	
Y. Topper..........	17	737	443	43.35	
Emule.............	17	920	497	54.11	vit encore.
King..............	16	473	227	29.50	
Voltaire...........	14	814	421	58.14	vit encore.
Xercès............	13	659	323	43. »	vit encore.
Jason.............	12	367	170	30.58	
Chapman..........	11	298	77	27.09	
Misanthrope.......	11	386	220	35 09	
Chasseur (né en Anglet.).	10	245	149	24.50	
Vidvid............	9	318	210	35.33	
TOTAUX........	261	10,432	5,704		
Moyennes.....	15.35	613.64	335.53		

IX.

Dans la plaine de Tarbes, isolée de tous les autres points de production de l'ancien cheval navarrin, les faits ne sont pas moins faciles à fixer, les résultats moins aisés à constater.

Trois éléments ont concouru, depuis 1806, — époque du

rétablissement des haras en France, — à la restauration ou plutôt à la création de la race tarbéenne, car celle-ci est de récente formation ; ces trois éléments, pris en dehors des autres influences, sont — l'espèce locale en son état de mélange et d'infériorité, — le sang arabe — et le sang anglais dans toute leur pureté primitive ou mêlés l'un à l'autre dans les veines de reproducteurs appartenant à une nouvelle tribu désignée, en hippologie, sous cette dénomination composée, — *famille anglo-arabe.*

L'introduction du sang anglais dans l'espèce navarrine était imposée aux haras par deux motifs également puissants, — la nécessité de grossir et de fortifier le cheval tarbéen, — la nécessité d'éloigner une parenté trop proche en présence du très-petit nombre d'étalons de pur sang arabe dont il fût possible de disposer en faveur de la plaine de Tarbes. Là, en effet, la population est fort peu considérable. Or, pour éviter, dans son renouvellement, les effets d'une consanguinité dangereuse, en raison même du peu de perfection et de l'insuffisance des moyens de reproduction, il eût fallu renouveler fréquemment les étalons chargés de la régénération de l'espèce. Cela n'était pas possible. Et, d'ailleurs, cela eût-il pu être fait, qu'on se retrouvait en face de cette exigence, — l'appropriation de la nouvelle race aux services plus pressés, aux besoins nouveaux et plus étendus de l'époque. La voie la plus courte pour arriver au but proposé, c'était l'emploi, l'immixtion du cheval de pur sang anglais dans la reproduction améliorée de l'ancien cheval de la Navarre.

Cette œuvre, commencée avec plus ou moins de succès en 1807, se poursuit depuis bientôt trente ans en de meilleures conditions, mais depuis quelques années avec toute l'assurance d'une réussite absolue. Les résultats ont été lents à apprécier, parce que, parmi les diverses influences qui devaient concourir au but, celles de l'alimentation et d'une hygiène bien entendue n'y ont pas suffisamment aidé. Grâce à ceci, le progrès a été longtemps obscur et boiteux ; on l'a nié en le transformant en insuccès. Cependant les générations succèdent aux générations, les faits se sont plus nettement dessinés ; la lumière s'est faite. Aujourd'hui l'expérience est achevée ; chacun ouvre les yeux, et quiconque en a pour voir — y voit en effet.

Les noms des étalons qu'on retrouve le plus fréquemment dans la généalogie du cheval tarbéen, de 1807 à 1845 par exemple, ne sont pas très-nombreux. La race anglaise en fournit seulement quatre ; la race arabe y est mieux représentée.

Voici la liste commune aux deux familles et les états de services de chacun d'eux (1).

(1) Les noms en italique désignent des chevaux anglais.

*Tableau des étalons qui ont le plus marqué dans la plaine
de Tarbes, de 1807 à 1845, indiquant leurs services et
ceux de quelques-uns de leurs produits mâles, employés
à la reproduction dans la même contrée.*

NOMS des étalons.	ÉPOQUE et durée des services.	NOMBRE de montes.	NOMBRE de saillies.	JUMENTS SAILLIES par ceux de leurs produits qui sont devenus étalons au dépôt de Tarbes.
Diezzard.................	de 1807 à 1816	6	166	1,610
Ptolomée................	de 1809 à 1816	8	206	848
Aboukir.................	de 1810 à 1818	4	116	300
Scheik..................	de 1811 à 1824	14	291	331
Euphrate................	de 1812 à 1821	10	230	550
Circassien..............	de 1812 à 1827	15	440	2,486
Néron.................	de 1814 à 1818	3	81	1,054
Tamerlan................	de 1818 à 1824	6	207	1,102
Shamy..................	de 1819 à 1833	15	521	1,018
Actif...................	de 1820 à 1832	13	455	780
Ourfaly.................	de 1821 à 1838	18	841	2,719
Choueyman..............	de 1821 à 1822	2	106	445
Haddeidi...............	de 1821 à 1828	7	213	213
Spy	de 1827 à 1836	10	449	1,189
Camash.................	de 1828 à 1842	13	570	3,409
Lion...................	de 1828 à 1839	11	462	1,857
Shaklawie-Amdam........	de 1828 à 1842	9	390	179
Allington.............	de 1833 à 1844	10	459	1,304
Rowlston.............	de 1835 à 1845	10	503	847
TOTAUX.........	....	184	6,726	22,241

Ces chiffres ont certainement une grande signification ;
tout au moins montrent-ils comment le même sang se ré-
pand et fixe son influence sur une population donnée.

Maintenant, si nous refaisons le travail statistique que
nous avons déjà fait pour la Normandie, nous entrerons plus
avant dans le sujet, et nous montrerons plus clairement en-

core que les alliances *in and in* ont dû être, ont nécessairement été plus nombreuses qu'on ne le suppose même dans la plaine de Tarbes, où l'on ne se préoccupe en aucune façon des inconvénients de la consanguinité, si redoutables pour beaucoup de théoriciens émérites.

Ici, pourtant, la question se complique d'un fait contre lequel on se mettra aisément en garde dès qu'il aura été énoncé. En surface, la plaine de Tarbes n'est que la moindre partie de la circonscription du dépôt ; il en résulte que le gros de l'effectif affecté à cet établissement est utilisé en dehors même de la plaine. La même considération se rattachait aux circonscriptions du haras du Pin et du dépôt de Saint-Lô ; nous n'en avons pas tenu compte, afin de simplifier l'étude, car c'est le fait général qui doit saisir en tout ceci, sous peine de confusion extrême dans les idées. Toutefois nous pouvons bien dire que la plaine emploie le quart environ des moyens de reproduction que, dans leur sollicitude, les haras déposent à l'établissement de Tarbes ; or ce quart se compose toujours des sujets d'élite, des étalons les mieux racés et les plus précieux.

État de l'effectif du dépôt d'étalons de Tarbes en 1830 et en 1850.

	1830.		1850.	
Étalons de pur sang anglais..............		6		25
— de pur sang arabe...............		5	19 ⎫	27
— de pur sang anglo-arabe.........		»	8 ⎭	
— de 3/4 et de 1/2 sang anglais......		7		7
— de 3/4 sang arabe...............	8 ⎫	23	9 ⎫	13
— de 1/2 sang arabe...............	15 ⎭		4 ⎭	
— de 3/4 sang anglo-arabe.........		»		20
— navarrins.....................		19		»
— anglo-normands...............		12		10
TOTAUX.............		72		102

Un simple coup d'œil jeté sur ces chiffres suffit à démontrer l'élévation de la nouvelle race et les progrès rapides qu'elle a faits vers le sang.

En 1830, le dépôt de Tarbes ne comptait que onze étalons de race pure; il en possède cinquante-deux en 1850.

La proportion du demi-sang et du trois quarts de sang anglais est restée la même aux deux époques; celle des analogues dans la race arabe a été modifiée dans le rapport de 25 à 13 en faveur de la dernière période. En effet, la population chevaline de cette contrée est assez avancée maintenant pour ne supporter que par exception l'emploi, comme père, du demi-sang arabe, trop mince et trop léger, à tous égards, pour le temps où nous vivons.

Une autre catégorie prend rang en 1850, celle des étalons anglo-arabes non tracés, lesquels remplacent avec avantage les chevaux de demi-sang arabe et les navarrins *purs*, comme on disait autrefois. Une taille plus élevée, un plus grand développement des formes, une plus réelle aptitude aux services divers rendent l'étalon anglo-arabe plus propre à la production du cheval usuel, du cheval de tous les besoins.

La différence de nombre entre les deux effectifs donne, jusqu'à un certain point, la mesure du degré d'utilité des produits qui naissent dans les Hautes-Pyrénées. Du jour où ces produits ont eu les formes, les caractères, l'aptitude que recherche le consommateur, une plus grande extension a été donnée à l'élevage, et celui-ci a plus complétement répondu aux sollicitations puissantes du commerce, aux exigences variées de la civilisation actuelle.

Le tableau des services rendus à la reproduction et à la transformation du cheval navarrin par les dix-sept étalons qui ont le plus marqué dans la plaine de Tarbes, de 1807 à 1845, établit suffisamment que l'accouplement consanguin tient une place considérable dans la formation de la nouvelle tribu.

Les termes du problème à résoudre étaient fort simples,
— rapprocher le cheval navarrin des conditions de force et
de structure imposées à la production chevaline de notre
temps, lui conserver le bénéfice de son origine tout en développant ses formes et ses moyens, l'approprier, en un mot,
à la nature, au genre d'emploi qui le réclamait.

Au nombre des moyens adoptés pour atteindre le but se
présentait naturellement l'introduction de reproducteurs
étrangers doués des qualités qui manquaient à la race actuelle. On importa donc des étalons capables. Leurs produits, — mâles et femelles, — lorsqu'ils se montrèrent dignes de concourir au résultat poursuivi, furent appliqués
avec soin à la continuation de la nouvelle famille; de nouvelles importations vinrent, dès lors, fortifier l'œuvre commencée.

C'est l'accouplement consanguin interrompu et renoué
par intervalles, un mode de reproduction qui éloigne les
dangers d'une trop proche parenté, mais qui sait tirer avantage des liens du sang, car de ces liens seuls peuvent sortir
l'homogénéité et la constance, — ces deux bases fondamentales de la race.

En 1850, sur les soixante-quatorze étalons de l'effectif,
trente et un formaient groupe et se tenaient par un degré
de parenté plus ou moins prochain; en 1850, les membres
de la nouvelle famille sont encore plus nombreux, on en
compte quarante-six.

Les noms des grands parents, pour l'effectif de la période
la plus éloignée, figurent tous au tableau que nous avons
donné plus haut, tous, à l'exception de MASSOUD, qui apparaît déjà dans *Sophy* et *Lucain*, ses fils.

En 1850, plusieurs tiges ont été entées sur le même
tronc : celles-ci portent des noms illustres; mais, avant de
les inscrire, rappelons ceux de *Spy, Massoud, Camash,
Circassien, Lion, Tamerlan, Aboukir, Ourfaly* et *Shakla-
wie-Amdam*, qui sont encore très-dignement représentés

par leurs fils et petits-fils. Vient maintenant la lignée des *Bédouin*, des *Tigris*, des *Napoléon*, des **Y**. *Emilius* et des *Royal-Oak*, génération nouvelle , pleine de vigueur et de séve, dont les produits ont le mérite assez rare de se rapprocher, par les formes extérieures , presque à l'égal du degré de parenté qui les unit et les relie assez étroitement entre eux.

Nous ne pousserons pas plus loin cette étude, nous promettant de la reprendre lorsque nous écrirons l'histoire physiologique de la race navarrine à ses différents âges.

REPRODUCTION DES RACES PURES EN ARABIE ET EN ANGLETERRE.

—

Sommaire.

I.

Après avoir posé les règles, arrivons à la pratique.

C'est par l'appatronnement, œuvre de conservation, avons-nous dit, qu'on s'approprie une race pure, qu'on la maintient dans toutes ses qualités natives sans atteinte pour son principe, sans dégénération aucune, pour employer le mot consacré.

Les différences extérieures sont le résultat d'influences diverses ; elles portent sur la forme, sur les caractères physiques ; elles n'altèrent pas le fonds, le principe générateur de la race. Du moment où celui-ci est atteint, la race n'a plus ce qui la constitue, — l'homogénéité ; elle a cessé d'être pure.

Dans l'espèce du cheval, la pureté de race dérive du pre-

II. 6

mier germe qui ait existé. En civilisant le prototype de l'espèce, l'Arabe lui a donné, sous l'influence des conditions favorables où il se trouve, et relativement à l'usage qu'il en fait, tous les mérites, toutes les perfections dont il était susceptible; il en a conservé avec un soin extrême la pureté, la force, l'excellence dans toute leur plénitude, dans toute leur intégrité.

Nous avions déjà dit dans le *Compte rendu de l'administration des haras pour* 1849 :

« En s'occupant du sang ou de la race, les Arabes ont conservé chez le cheval, au titre le plus élevé, les qualités départies par le Créateur à l'espèce; en s'occupant de la race, ils ont atteint le plus haut degré de perfection de la forme, eu égard à l'état de civilisation qui leur est particulier; ils ont maintenu, dans toute sa pureté et dans toute sa puissance, *le principe générateur de toutes les spécialités, le germe de toutes les perfections et des aptitudes les plus opposées.*

« Rien de plus naturel alors que tous les peuples aient, tour à tour, emprunté à l'Arabie les moyens de refaire leurs races, le principe même de la régénération ou de la transformation de ces races.

« L'Espagne et la France lui ont dû des familles de chevaux fort renommées autrefois; l'Angleterre lui est encore redevable de la meilleure race équestre qui ait jamais existé après la race mère. »

Les vieilles races allemandes n'ont dû leur réputation, leur valeur qu'à l'influence du sang arabe.

Avant ceux d'Europe, les peuples d'Asie et d'Afrique avaient reconnu la supériorité du cheval noble et pur d'Arabie; tous, sans exception, ont retrempé leurs diverses races dans la force reproductive du cheval père.

Cette admirable flexibilité du type même de l'espèce tient à ce que lui-même n'a aucune spécialité, à ce qu'il contient, dans un état très-concentré et sous la forme la plus heureuse, le principe de toutes les perfections, le germe de toutes les spécialités (1).

En les développant, à la faveur d'une reproduction bien entendue, l'homme crée, suivant ses besoins, le cheval le plus approprié au temps où il vit, aux exigences de l'époque actuelle; il divise l'espèce en autant de races distinctes que la diversité d'emplois réclame de types différents, d'aptitudes spéciales et divergentes.

Cette vérité commence à se faire jour; elle perce par l'observation attentive, par la connaissance plus approfondie des races qui ont existé autrefois, non-seulement en France, mais dans toute l'Europe. Celles-là seulement ont survécu, ne se sont point éteintes qui ont été préservées de toute altération du principe générateur de l'espèce, du sang, à la faveur d'une épuration progressive par élite continue, basée sur l'expérience acquise du mérite, sur des épreuves qui éclairent dans le choix rationnel des reproducteurs, et le fondent sur des faits positifs en l'empêchant de s'égarer sur des indignes : c'est l'appatronnement tel que nous l'avons défini; c'est le système des haras de pur sang.

Combien l'ont suivi?.....

A la recherche d'une perfection idéale, ou plutôt à la poursuite du grand œuvre, d'une autre pierre philosophale, le plus grand nombre s'est livré aux chances du hasard, à cette funeste méthode du mélange incessant et confus de toutes les races entre elles; aujourd'hui l'expérience en a fait complète justice.

(1) « On ne saurait assez s'étonner de cette incroyable multiplicité de formes sur lesquelles le sang arabe s'est répandu dans tant de pays et de climats divers; on le retrouve surtout en Perse, en Egypte, en Barbarie et en Angleterre, avec des modifications de conformation particulières à chacune de ces contrées, il est vrai, mais toujours avec le type plus ou moins prononcé qui distingue sa race. On l'aperçoit encore, mais avec un caractère moins déterminé, dans quelques races de la Russie orientale, dans les haras de la Pologne et dans quelques autres pays de l'Europe. » (*Journal des haras*, tome IV, page 221.)

Cependant que de mal n'a-t-elle pas semé? Quelles tristes moissons n'a-t-elle pas produites?

Les mieux avisés se seraient arrêtés à une autre pratique. Celle-ci offre de réels avantages, mais elle ne saurait conduire à la pureté du sang; elle ne peut pas dispenser de recourir aux animaux de race pure.

Cette pratique est fondée sur la simple élimination des reproducteurs défectueux; c'est l'appareillement qui prépare les races vulgaires à recevoir des croisements efficaces.

Toute importation d'animaux de pur sang qui n'a pas été l'objet de soins soutenus, d'appatronnements judicieux, qui n'a pas été préservée du contact d'animaux non tracés (1), relevée de toute tendance à la dégénération par un choix de reproducteurs éprouvés, ne saurait longtemps se maintenir à la hauteur de la race mère; elle déchoit avec plus ou moins de promptitude; elle perd sa pureté, son excellence, son homogénéité; elle les perd sans retour.

Toute importation d'animaux de pur sang qui puise en elle-même les éléments de reproduction et de progrès, ou qui, pour s'entretenir, emprunte au tronc principal une nouvelle branche, c'est-à-dire d'autres animaux d'un sang également pur, conserve son homogénéité, sa force, et demeure sans atteinte aucune dans son principe. Ses caractères extérieurs, au contraire, se modifient suivant les vues de l'éducateur, et une émanation nouvelle se produit qui garde toute affinité possible avec le type de la race, mais qui en diffère pourtant par la forme et par l'aptitude spéciale.

Nous venons de dire comment se sont établies et conservées la race arabe noble et pure, la race anglaise de pur sang; nous disons de même comment se forment et se reproduisent ces autres familles que l'on désigne dans toutes

(1) L'animal *non tracé* est celui qui n'a pas trouvé place, qui n'a pas pu être inscrit au tableau généalogique de la race pure.

les parties de l'Allemagne sous le nom de *race anglo-orien-tale*, et qu'en France nous distinguons des deux autres par l'appellation d'*anglo-arabe*.

Ce qui a donné naissance à l'anglo-arabe, c'est la nécessité de multiplier en Europe les animaux de pur sang, multiplication fort lente, à peu près impossible même, si l'on s'en tient à l'importation des animaux de race arabe seulement, dont le nombre est si peu considérable, même au foyer de la race. A part cela, quelles difficultés pour se procurer des races réellement pures, et quelles dépenses pour arriver à ce résultat!

Le croisement de la jument anglaise, au contraire, avec un étalon arabe de haute distinction, d'une noblesse éprouvée, facilite singulièrement le but et permet d'atteindre celui-ci par une voie plus courte et plus sûre.

Dans l'espèce du cheval, on l'oublie trop, les circonstances particulières de la propagation ne se prêtent point à de prompts résultats. Le part est unique; la durée de la gestation comprend forcément une année; la meilleure poulinière n'est pas fécondée tous les ans; tous ses fruits n'arrivent pas à bien; chaque génération prend une période de quatre et cinq années; tous les produits ne seront pas dignes de la reproduction : par ailleurs, l'élevage n'est pas seulement lent, il est coûteux; les mauvaises chances sont communes et décourageantes.

Il en résulte que la reproduction heureuse se resserre dans des limites peu étendues, que le champ des expériences possibles durant une vie d'homme est assez étroit quant au nombre des produits entre lesquels on pourra choisir les types reproducteurs, et bien plus insuffisant encore quant à la série des générations nécessaires pour rendre stable et permanente la famille importée, la colonie récemment extraite d'un point souvent bien différent de la localité où elle a été transplantée.

Ce n'étaient pas des races pures, celles qui ont disparu,

celles que leur vieille réputation a sauvées de l'oubli, et que certaines personnes qui ne les ont point connues, qui en parlent par tradition, semblent regretter si fort et voudraient faire revivre en ce temps-ci. C'étaient des démembrements privilégiés de la race mère, établis sous la bienfaisante influence d'importations souvent renouvelées de reproducteurs orientaux. Toutefois ces importations ne restaient point isolées dans leur reproduction ; elles se mêlaient, par voie de croisement et de métissage, à la population déjà existante, pour en élever ou pour en maintenir le niveau général, mais sans pouvoir se conserver elles-mêmes, puisqu'elles étaient incessamment mésalliées ; elles s'abaissaient et s'affaiblissaient, tandis que les autres se fortifiaient et s'élevaient. Un pareil système améliore et perfectionne à la longue, il ne conserve pas. Tant qu'il est suivi avec persévérance, son action est toute-puissante ; elle s'amoindrit, elle s'efface dès que l'immixtion continue du pur sang est ralentie, plus éloignée ou cesse complétement.

Telle est la cause scientifique de la disparition de certaines races en France, de la dégénération du cheval andalou en Espagne, du cheval napolitain dans les nombreux haras particuliers qui ont existé en Italie, de la race ducale dans le duché de Deux-Ponts, et d'une foule de sous-races qui ont eu quelque réputation dans le nord de l'Europe.

Mais la raison physiologique, si puissante qu'elle soit à expliquer le fait, n'est pas seule en cause. La raison économique surgit tout à côté, parallèlement, avec une force égale, et démontre très-péremptoirement aussi que, là où languit la demande, — la production s'attarde, que, là où la production s'attarde, — la consommation se détourne ; que, là où la permanence du débouché ne stimule plus l'intérêt du producteur, la production, déjà affaiblie dans ses mérites, est bientôt tarie dans sa source : donc, elle cesse.

C'est un cercle vicieux dont les rayons sont raccourcis chaque jour, dont la circonférence diminue par degrés. Une

race n'échappe pas à de pareilles causes de ruine ; elle succombe forcément, elle meurt d'inanition.

II.

Au sommet de la question chevaline, il y a peu de dissidence. On admet très-généralement l'existence d'un principe
générateur et la supériorité du sang arabe comme un véhicule à l'amélioration pour les nombreux démembrements de
l'espèce.

Jusqu'ici la certitude est pleine et entière, le principe
est inattaquable et n'est point attaqué, puisque l'opinion
émise par Mathieu de Dombasle (1) n'a trouvé aucun écho
et demeure complétement isolée dans cette immense mêlée
qui se produit autour de la question.

Donc, pour tout le monde, le cheval arabe doit la noblesse de ses formes, la plénitude de ses mérites, la richesse
de sa nature, la pureté et l'homogénéité du sang qui fondent
sa puissance reproductive et son incontestable supériorité,
aux soins soutenus dont il est l'objet, au climat et aux lieux
où il vit, et surtout à l'attention scrupuleuse, à la persévérance du possesseur à n'accoupler entre eux que les animaux
les mieux doués, ceux qui ont résisté aux épreuves de force
et de durée les plus concluantes.

Les soins particuliers dont on entoure l'existence et la
bonne reproduction du cheval pur d'Arabie sont bien connus. On est peut-être moins fixé sur l'importance numérique
de la race et sur les points où elle se développe, où on la
trouve.

Ce qu'a écrit David Low, à ce sujet, est bon à rapporter.

« Les chevaux arabes, dit-il, se trouvent encore en plus
grand nombre dans les contrées qui avoisinent la Syrie et
l'Euphrate, et c'est réellement là que l'on élève les plus

_____

(1) Voir tome Ier de cette seconde partie, page 193.

belles races ; ainsi les chevaux désignés sous le nom d'*arabes* proviennent, en réalité, des pays situés au delà de l'Arabie. La plus grande partie de cette contrée, consistant en déserts de sable et en rochers, n'a jamais pu convenir, dans aucun temps, pour l'élève en grand de ces animaux ; c'est donc une erreur de supposer que ces régions stériles abondent en chevaux. Non-seulement elles sont trop infertiles pour les élever, mais le climat brûlant de la plus grande partie du pays semble éminemment contraire à leur développement et à leur santé. Les chevaux qu'on produit au sud des pays qui s'étendent depuis la Mecque jusqu'au golfe Persique sont rabougris, et en si petit nombre, qu'il y a à peine une contrée habitée où l'on rencontre ces animaux en aussi petit nombre que dans les régions considérées par plusieurs personnes comme le foyer de la race arabe.

« Lorsque les chefs unis des Wahabites attaquèrent Méhémet-Ali à Bysset en 1815, il n'y avait que cinq cents chevaux dans toute leur armée, composée de vingt-cinq mille hommes ; et, lorsqu'on trouve des chevaux dans les parties les plus fertiles de l'Arabie méridionale, ils passent pour une rareté et sont entre les mains des princes et des grands personnages.

« *En affirmant que, dans toute l'étendue comprise entre l'Euphrate et la Syrie, il n'y a pas plus de cinquante mille chevaux, je suis sûr de ne pas me tromper,* dit le célèbre voyageur Burckardt dans une lettre à M. Sewell.

« Le pays le plus riche en chevaux, dans cette partie de l'Orient, semble être la Mésopotamie. Les tribus des Kurdes et des Bédouins de cette région en possèdent à elles seules plus que tous les Bédouins de l'Arabie ; ce fait s'explique par la fertilité de leurs pâturages. Les meilleures contrées de l'Arabie, sous ce rapport, ne sont pas seulement celles qui produisent le plus de chevaux, mais encore celles qui fournissent la plus belle race. Les plus beaux koheyls du Khomb se rencontrent dans le Medjib, sur l'Euphrate et

dans les déserts de la Syrie, tandis qu'au sud de l'Arabie, et
notamment à Samba, on ne voit de beaux produits qu'autant qu'ils proviennent du nord. Dans le trajet de la Mecque à Médine, entre les montagnes et la mer, c'est-à-dire sur une étendue d'au moins 260 milles (418 kilomètres), je ne pense pas qu'on trouve deux cents chevaux ; la même proportion existe le long de la mer Rouge, depuis Zamba jusqu'à Akaba. Il demeure donc évident que l'Arabie est un pays extrêmement pauvre en chevaux, et que, comme on pouvait le prévoir par le raisonnement, les plus beaux animaux de cette espèce se trouvent dans les contrées où le climat est le plus tempéré et qui produisent une nourriture suffisante.

« C'est cependant dans les districts éloignés, à l'intérieur, qu'existe la race la plus pure, parce que c'est là qu'on apporte le plus de soin à l'élevage. Il est d'usage d'appeler les chevaux des Bédouins de l'intérieur du désert *race nedjed*, à cause du désert de ce nom, qui s'étend à l'est de Médine ; mais le Nedjed proprement dit produit peu de chevaux. Il est extrêmement difficile de s'en procurer, même des tribus habitant les déserts de l'intérieur de la Syrie, non-seulement parce qu'il est impossible de se fier à la bonne foi de ce peuple, mais encore parce que ces tribus nomades ont une extrême méfiance des habitants des villes. Les relations, toutefois, sont devenues plus fréquentes avec elles pendant ces trente dernières années; aussi les pachas et d'autres personnes riches de la Syrie ont-ils pu monter leurs écuries avec des nedjeds ; de là aussi la facilité qu'ont eue les Français, les Russes et les Prussiens, dans la personne de leurs agents, de se procurer plusieurs beaux étalons appartenant aux races des Bédouins de l'intérieur. En 1817, d'après M. Barker, auquel son long séjour à Alep a permis d'observer les progrès du commerce des Bédouins avec les habitants du pays, trois grandes tribus, qui jusqu'alors n'avaient jamais vu un minaret turc, plantèrent leur tente à quelques

milles d'Alep, amenant à leur suite au moins six mille chevaux. Les Européens qui résidaient en Syrie purent ainsi
choisir un grand nombre de beaux étalons ; mais aucun animal de ce genre, dit-on, n'est entré en Angleterre. Bien
qu'on ait de la peine à se procurer des chevaux de l'intérieur, un grand nombre cependant est continuellement ex-
porté du nord de l'Arabie. Les Turcs de l'Asie Mineure et
de la Syrie en importent beaucoup ; mais le principal commerce s'en fait aux Indes orientales, à Bassora, sur le golfe
Persique. L'exportation consiste surtout en étalons, les Arabes gardant les juments pour la reproduction, et les préfé-
rant comme bêtes de selle. On assure que les Arabes appor-
tent une grande attention à la pureté de la descendance de
leurs chevaux ; ils ont certaines souches qu'ils considèrent
comme d'un sang noble. Contrairement à l'usage suivi en
Espagne, ils marquent la descendance par la jument.»

Le *Journal des haras*, tome X, page 37 (année 1832), a
consigné des études qui confirment, à tous égards, celles de
David Low, et ajoutent au degré de confiance que peut in-
spirer le travail du savant professeur.

Voici ce qu'on lit à la source indiquée :

« On suppose, assez généralement, l'Arabie très-riche ;
c'est une grande erreur. L'élève du cheval se borne, dans
ce vaste pays, aux contrées où l'on rencontre de beaux pâturages, c'est-à-dire dans les plaines de la Mésopotamie, sur
les bords de l'Euphrate, et dans celles de la Syrie, où vivent
les tribus qui possèdent les plus nombreux et les meilleurs
animaux de ce genre. L'herbe qui croît sur le sol humecté
par les pluies acquiert une qualité très-précieuse pour le
développement de la croissance et de la force musculaire.
Les bons chevaux naissent et prospèrent donc presque exclusivement de ce côté, tandis que, à mesure que l'on avance
vers le sud, les races diminuent de quantité et surtout de
qualité.

« Dans la partie élevée du Hedchatz jusqu'à l'Yemen,

les chevaux que l'on rencontre ont tous été amenés du nord. Les tribus anazés, sur les confins de la Syrie, en possèdent environ dix mille ; quelques autres tribus moins importantes en peuvent avoir de quatre à cinq mille. Les Arabes moutefeks du désert entre Bagdad et Basra en comptent huit mille, et les tribus d'Hofyr et de Béné-Schammar sont également pourvues de bons chevaux ; mais les provinces de Nedschid, de Djebel, de Schammer et de Kasym, toutes situées entre le golfe Persique et Médinah, ne possèdent pas ensemble dix mille têtes, toutes de race inférieure.

« Les forces principales des Bédouins du Hedchatz ne consistent qu'en guerriers montés sur des chameaux, et en fantassins armés de fusils. Dans toute l'étendue du pays situé de la Mecque à Médine, entre les montagnes et la mer, sur une surface d'au moins 260 milles anglais, je ne pense pas qu'il soit possible de rencontrer deux cents chevaux, et cette pénurie se retrouve dans toutes les contrées qui avoisinent la mer Rouge, de Yembo jusque vers Akaba.

« . . . . Les chevaux que les Arabes rowallahs prirent, en 1810, sur les troupes battues du pacha de Bagdad, furent tous vendus par eux aux marchands du Nedschid, qui les menèrent dans l'Yemen ; mais, pendant la gestion du chef des Wahabites dans ce pays, la disette de ces animaux recommença et se fit sentir de plus en plus chaque année. Ce qui en restait fut transporté dans l'Inde par des spéculateurs.

« Dans les districts de Djebel et de Schammer, on rencontre beaucoup de camps arabes sans y voir un seul cheval. Les Meteyrs, habitants du pays situé entre Médinah et Kasym, diminuent chaque jour le nombre de leurs chevaux, par l'habitude et le droit qu'ont pris leurs femmes d'emmener les meilleurs à la Mecque, pour les offrir en présent au shérif, qui leur donne, en retour, des étoffes de soie, des boucles d'oreilles et autres ornements.

« Les chevaux véritablement distingués et le plus en renom ne se retrouvent que dans la Syrie proprement dite,
surtout dans le district de Haran, où, vers le printemps,
les amateurs vont faire leurs acquisitions. Les chevaux qu'on
achète à Basra ne sont pas livrés par leurs premiers possesseurs ; c'est une seconde main qui les vend. Les Arabes sont
trop fins pour solliciter les acheteurs sur un marché public,
et d'ailleurs les chevaux qu'on estime le plus paraissent
bien rarement à Basra. Il serait utile, pour les grandes puissances de l'Europe, d'entretenir des agents en Syrie pour
l'achat des chevaux destinés à régénérer leurs races. Damas
me paraîtrait le point le plus convenable, encore faudrait-il
bien de l'intelligence et du zèle chez ces agents pour se pro
curer des étalons précieux, car j'ai la pleine conviction,
d'après tout ce dont je me suis informé, que jamais un des
meilleurs individus de la race arabe la plus précieuse n'est
parvenu en Angleterre.

« On se tromperait en pensant que les chevaux de la
Khomse (ce qui veut dire, en arabe, de la race la plus précieuse) sont tous d'une beauté et d'une qualité remarquables. Il en est de ces animaux comme des descendants d'*É-
clipse*, parmi lesquels on trouve grand nombre de chevaux
médiocres. Les chevaux, dans le désert, ont généralement
une assez belle apparence et peuvent supporter de grandes
fatigues ; mais ceux qui méritent réellement de l'admiration
pour leur forme musculaire, leur charpente et leur taille
ne sont pas aussi communs qu'on le croit. Chaque tribu
n'en possède tout au plus que cinq ou six, et tout le désert
n'en fournirait pas deux cents, que, sur les lieux mêmes,
on aurait beaucoup de peine à obtenir à 200 livres sterling
chacun. Ce sont les étalons du pays, et les Arabes, malgré
leur amour pour l'argent, tiennent plus encore à leurs chevaux de premier mérite. Bien peu de ceux-ci ont pris le
chemin de l'Europe. Il conviendrait peut-être mieux de dire
que jamais nous n'en avons possédé. »

La lecture attentive de ces deux passages donne matière à réflexion. Deux points méritent examen.

Contrairement à l'opinion généralement admise, le cheval, dont la noblesse et la pureté sont l'objet constant des attentions les plus soutenues, le cheval arabe de haute race n'est point un produit des régions méridionales de l'Orient ; il ne doit pas ses qualités, ainsi qu'on l'a tant dit et répété, *au climat brûlant de l'Arabie, éminemment contraire,* suivant David Low, *à son développement et à sa santé,* mais à un heureux concours de circonstances en dehors desquelles il déchoit au point de devenir un animal sans valeur.

Au sud de l'Arabie, ajoute le savant professeur, on ne voit de beaux produits qu'autant qu'ils proviennent du nord. Ce fait n'est pas particulier à cette grande partie de l'Asie ; il s'étend à d'autres points du globe ; on le retrouve à peu près partout le même. Et c'est quelque chose de bien remarquable, en effet, que toutes proportions gardées entre les différences du climat, les races de chevaux les plus usuelles, en toutes les contrées, soient précisémment produites, dans chacune d'elles, sous les latitudes les plus tempérées.

C'est que, sous l'influence de ces dernières seulement, sont produites, assez abóndamment et en qualité nutritive suffisamment élevée, les nourritures propres à la bonne alimentation du cheval, les matières premières assez riches en substance, en matériaux alibiles, pour donner aux formes l'ampleur et le poids que réclament de grandes exigences, des services pénibles. La misère n'engendre pas l'abondance. Sur un sol maigre, il ne pousse pas de grasses pâtures ; une végétation avortée ne produit que de chétifs animaux. N'allons pas chercher ces puissantes natures là où elles ne sauraient exister, où elles n'ont jamais apparu.

En Orient comme ailleurs, les contrées riches en pâturages, les parties dont la fertilité du sol est le plus élevée, sont donc « celles qui produisent le plus de chevaux et qui fournissent la plus belle race. » Cette remarque n'a rien qui heurte l'expérience. L'assertion contraire seule pourrait violenter les faits les mieux observés et les plus constants. Dans l'espèce elle serait ce que le faux est au vrai, elle serait la négation de l'évidence.

Le second point qu'il est très-essentiel de bien mettre en relief, c'est la faiblesse numérique de la population chevaline de l'Arabie. A entendre les partisans de l'amélioration de toutes nos races par le cheval arabe, rien ne serait plus aisé que de se procurer des reproducteurs de ce noble sang. On en demande, on en voudrait partout; il semblerait que la source en est abondante, qu'il n'y aurait qu'à en vouloir pour en avoir, qu'*à se baisser pour en prendre*. Nous avons répété les chiffres écrits par David Low; ils expriment des nombres bien faibles, eu égard aux besoins des différents peuples d'Europe, eu égard même aux ressources que l'on suppose généralement exister en Arabie.

Cette considération, jointe à celle qui touche à la nécessité de donner aux races européennes des formes plus développées et des aptitudes plus étendues que n'en exigent les services imposés au cheval arabe, nous fait une loi de modifier celui-ci dans sa structure, pour l'approprier mieux à nos besoins divers et changeants. Il en résulte deux difficultés au lieu d'une, — celle de reproduire chez nous le cheval arabe dans toute sa pureté, sans aucun mélange avec un sang moins généreux, afin d'en conserver le principe toujours actif, toujours puissant, — celle de modifier pourtant la structure, les caractères extérieurs de l'individu, sans atteinte pour les qualités intimes, pour l'énergie morale de la race, sans laquelle il n'y aurait qu'une conquête éphémère, impossibilité de reproduire les perfectionnements de formes obtenues, réalisées, grâce à la confection et à l'homogénéité du type.

III.

Nous suivrons maintenant le cheval arabe en Europe, dans les différentes situations où il a été placé en vue de la reproduction de sa race dans toute sa pureté native.

On voit que nous passons sous silence toutes les importa-tions qui ont eu lieu anciennement, qu'elles aient été for-tuites ou qu'elles aient eu pour objet l'amélioration de la population chevaline, par voie de croisements systématiques plus ou moins rationnels. En effet, il ne peut être question que de la reproduction de la race pure; l'histoire des nombreuses introductions de chevaux d'Orient en Europe nous détournerait beaucoup trop de l'étude que nous nous sommes proposée dans ce chapitre.

Toutefois la pensée de s'approprier la race pure n'est venue qu'à la suite de cette double observation, dictée par l'expérience : — le pur sang est la source de toute amélioration de l'espèce, le germe fécond de toutes les aptitudes ; — les races européennes se sont montrées d'autant plus affaiblies ou insuffisantes à remplir l'objet de leur culture qu'elles se sont plus éloignées des qualités dont le principe est concentré dans la pureté de la race.

Des divers peuples de l'Europe, les Anglais sont les premiers qui aient renoncé à la pratique irréfléchie des croisements, les premiers qui aient importé chez eux une colonie de chevaux de pur sang, avec la pensée bien arrêtée de reproduire la race avec tous ses mérites, dans toute sa pureté primitive. On s'était aperçu, en Angleterre, dit M. d'Aure, que les croisements successifs opérés, avec les chevaux orientaux, sur l'espèce indigène rendaient celle-ci de moins en moins capable ; cependant quelques chevaux arabes, amenés en Europe à l'époque des croisades, avaient laissé des produits nombreux qui ne permettaient de conserver aucun doute sur la supériorité de leur race comme type de reproduction et de régénération. « Cela fit, ajoute le savant écuyer, que plus tard, lorsqu'on songea sérieusement à l'amélioration, des hommes éclairés jetèrent les yeux sur l'Orient, pour y rechercher, parmi les tribus arabes, la race primitive pure et sans mélange..... Mais, afin de n'être pas toujours tributaires de l'Arabie, les Européens tentèrent d'acclimater cette race de noble sang, qu'aucune mésalliance n'avait tachée. Indépendamment des étalons, ils importèrent des juments de pur sang, afin de faire naître le pur sang en Europe. Il fallut de grands soins pour que des produits qui auraient dû naître sous un ciel et sur des sables brûlants pussent s'acclimater et se reproduire sans déchéance dans un pays..... Les Français eurent peu de succès, parce qu'ils n'y mirent point de persévérance ; mais les Anglais ont, au contraire, réussi complétement, en suivant, dès le principe, les errements des Arabes à l'égard des généalogies, en adoptant le système des épreuves destinées à constater chez les descendants les qualités déjà éprouvées chez les auteurs. »

Telle est l'origine du cheval de pur sang anglais.

C'est néanmoins chose assez bizarre que l'établissement, en Angleterre, de la race arabe pure, que sa constitution définitive chez le peuple dont les races indigènes étaient les moins estimées alors, que son acquisition entière, sa parfaite acclimatation au milieu de la contrée d'Europe où le cheval arabe avait certainement pénétré en moins grand nombre jusque-là.

Cette remarque conduit naturellement à cette question : — D'où vient que l'Espagne d'abord, l'Italie et la France ensuite, qui ont été si favorisées par les circonstances et qui ont possédé de si grandes quantités de chevaux orientaux, n'ont pas su s'en approprier le type et le reproduire dans sa pureté, comme le reproduisent l'Arabie et l'Angleterre?

L'Espagne, dit-on, a été, pendant huit siècles, en possession du cheval arabe. De là ce dernier s'était répandu, de proche en proche, en Italie, en France, et même en Allemagne, où des introductions de chevaux andalous venaient grossir les importations directement faites de la mère patrie. Eh bien, qu'est-il advenu des uns et des autres? Ils ont disparu sous les efforts du temps. La tradition seule nous les fait connaître; rien d'authentique n'est resté pour les sauver de l'oubli. Pourquoi? — Parce que l'arbre généalogique de la race n'a point été tracé, parce que le fait de sa reproduction n'a point été éclairé par l'histoire physiologique des animaux capables de la conserver intacte, de la préserver de toute mésalliance et de toute déchéance à la fois.

Il n'en a point été ainsi en Angleterre, où l'établissement du *general Stud-Book*, remontant à l'époque des premières importations, offre le répertoire exact, complet de tous les faits qui intéressent ce grand et précieux démembrement du prototype de l'espèce. Sans l'existence du Livre d'or de la race, comment retrouverait-on aujourd'hui toutes les filiations des produits nés, sans mésalliance aucune, des animaux originairement extraits de l'Orient? Sans la publication du *Racing-Calendar*, comment procéder avec certitude pour maintenir la race entière, pour l'empêcher de déchoir, pour ne confier sa conservation qu'à des reproducteurs d'élite, qu'aux individualités puissantes?

Il en est ainsi en Arabie, nous l'avons dit dans un autre chapitre, et les Anglais, bons observateurs en ceci, lorsqu'ils ont conquis sur les Arabes leur cheval noble et pur, ont eu l'attention de leur emprunter en même temps les moyens de reproduction qui, sur la terre natale, le sauvent de toute atteinte, en confirmant toujours ses qualités les plus élevées. En effet, « les Arabes attachent d'autant plus de prix à leurs chevaux que ces chevaux ont été plus éprouvés, par des trajets longs et rapides, dans leurs jeux ou leurs combats (1). »

En dehors de ces deux conditions, la science exacte et

---

(1) Au pays et aux chambres, le Comice hippique, page 41.

raisonnée de l'origine, la constatation sérieuse des qualités, — il n'y a rien à attendre d'une reproduction qui ne s'appuie sur aucun fait positif, qui n'a aucune assise sur les bases les plus fondamentales de la race.

L'expérience est pour la pratique empruntée par les Anglais aux Arabes; elle est contre tout ce qui s'est pratiqué d'obscur ailleurs, en dépit des influences les plus favorables, des situations les mieux définies et de la puissance, si active pourtant, du sang incessamment renouvelé, *rafraîchi* par des importations successives.

Hartman avait déjà exprimé ce fait en termes assez précis pour le temps où il écrivait : « A moins que d'avoir des haras réguliers, dit-il, des exemples attrayants et des moyens qui non-seulement annoncent un but, mais aussi promettent un succès vraiment bon et heureux, et excitent par là une réelle et profitable émulation, ce ne serait jamais que très-imparfaitement et très-lentement que l'on parviendrait à ses fins. »

C'est pour n'avoir pas suivi ces préceptes que d'anciennes races se sont éteintes, que leurs possesseurs n'ont pas réussi à les sauver de la destruction. Aucune institution ne suppléera jamais à la tenue régulière d'un état civil des races pures, aux connaissances que donne la relation officielle des épreuves subies au grand jour. Il serait parfaitement inutile de parler des États qui n'avaient rien fondé en vue d'une conservation nécessaire; mais l'Espagne et l'Allemagne, qui s'étaient l'une et l'autre préoccupées de ce côté de la question, nous fourniront un exemple frappant de l'inefficacité de tous moyens quelconques restant en dehors des conditions d'origine et de valeur individuelle.

En Espagne, il a existé autrefois des ordres spéciaux dont la mission consistait à *encourager l'éducation des chevaux et l'art du manége.* C'était plus que les sociétés hippiques de notre temps ; mais on voit tout de suite que le point de départ était défectueux en ce qu'il s'attachait exclusivement à l'éducation, à l'élève du cheval, au lieu de prendre celui-ci dans les racines mêmes de la race et de s'occuper, avant tout, d'en assurer la *production éclairée*. Quoi qu'il en soit, il y a eu dans ce royaume quatre de ces sortes de confréries qui ont porté le titre de *real maestranzas*. Elles étaient composées d'un nombre indéterminé de gentilshommes. Le roi les avait prises sous son patronage ; leur siège était à Séville, Grenade, Valence et Ronda. La confrérie de Grenade se forma en 1686 (1).

Déjà, vers la fin du xive siècle, le comte Adolphe de Clèves avait fondé un pareil ordre, de concert avec plusieurs princes et seigneurs. Celui-ci avait pris le nom de SOCIÉTÉ DE L'ETRILLE — *Gesellschaft vom Kosskamm* — (2). Pour faire partie de cet ordre, il fallait appartenir à la noblesse, être bon connaisseur en chevaux et excellent cavalier.

Ces institutions péchaient par la base ; elles n'ont pas rendu à la production éclairée des races, à la conservation

(1) Elle choisit pour patron la très-sainte Vierge Marie, dans le haut mystère de son immaculée conception.

Tous les membres de l'ordre portaient un habit uniforme, différent dans les quatre villes, bleu par exemple à Grenade, écarlate à Séville ; l'un et l'autre bordés d'un large galon d'argent, — au chapeau, une cocarde rouge.

Chaque société avait son chapelain ; avant sa réception, le nouveau membre prononçait un serment d'une formule assez originale. Les statuts de l'ordre étaient assez étranges ; la reproduction d'un seul article en donnera une idée suffisante :

« Nous avons résolu, est-il dit, aussitôt que, par la grâce de Dieu, paraîtra l'heureux jour où la sainte Église catholique romaine déclarera que ce sublime mystère (de la conception immaculée de Marie) est un article de foi, de le publier à cheval avec les plus grandes cérémonies.»

Les armes de ces *maestranzas* représentaient deux chevaux bridés courant ensemble, avec cette devise : — PRO REPUBLICA EST, DUM LUDERE VIDEMUR.

(2) D'où le nom de *kosskamm* est sans doute resté, en Allemagne, aux maquignons, parce que ceux qui voulaient acheter un bon cheval aimaient à s'adresser aux chevaliers de cet ordre, plus compétents que d'autres en pareille matière.

de leur principe même les services que les Arabes et les Anglais ont retirés d'institutions moins ambitieuses, mais plus fondamentales.

En reproduisant le cheval arabe, les Anglais ont développé ses formes ; ils l'ont mieux *approprié* aux exigences variées de la civilisation actuelle. Cette condition nouvelle de la race pure a fait dire très-improprement à quelques hippologues que, loin de perdre de sa richesse et de sa force native, en Angleterre, le cheval arabe s'y était *amélioré, perfectionné*. Ces mots n'ont, ne peuvent avoir qu'une signification relative. Le principe générateur de la race n'a point été modifié ; mais il a revêtu des formes qui lui donnent des aptitudes diverses et qui l'approprient mieux aux besoins de l'époque.

C'est à dessein que nous répétons cette remarque, que nous constatons à nouveau ce fait : il est capital. Il faut qu'on le reconnaisse, qu'il cesse d'être contesté. L'opinion contraire est erronée ; elle a beaucoup nui à l'adoption des saines doctrines en France. On interprétera donc en ce sens le passage suivant, extrait de l'excellent mémoire de M. le duc de Guiche, intitulé, — *De l'amélioration des chevaux en France.*

« ..... Les Anglais sont les premiers qui ont conçu la possibilité d'importer et d'établir chez eux ce *type régénérateur* (LE PUR SANG ARABE), et de délivrer ainsi leurs races indigènes d'un fâcheux recours à l'étranger. Ils ont envoyé en Arabie des connaisseurs habiles qui ont choisi, parmi les meilleures races, des juments et des étalons avec lesquels ils ont créé leur race actuelle de *pur sang*, qui, après avoir éprouvé de grandes améliorations par des accouplements sagement combinés et par des importations nouvelles, est enfin devenue *supérieure à la race* dont elle tirait son origine. Le sol fécond de l'Angleterre, en fournissant aux chevaux arabes une abondante et succulente nourriture, ne tarda pas à élever leur taille, et les soins apportés dans les alliances contribuèrent à leur conserver cette symétrie de formes qui est l'heureux apanage du cheval d'Orient.

« En acquérant plus de force et de taille, sans perdre aucune de ses qualités primitives, l'étalon de pur sang s'est mis en rapport avec les besoins du pays ; et, à l'exception du cheval de gros trait, il est aujourd'hui devenu le plus apte à régénérer toutes les races : aussi les naturels du pays lui donnent-ils la préférence sur le cheval arabe lui-même. »

Nous reviendrons bientôt sur ce point. Ouvrons, avant de nous engager dans l'examen de cette question, *the general Stud-Book*, et recherchons-y les indications propres à nous éclairer sur les commencements de la race anglaise de pur sang.

Comme toutes les origines, celle-ci a ses points obscurs. A la naissance de la race, il reste quelques doutes sur la pureté de plusieurs des reproducteurs importés pour la reproduire. La principale objection même que l'on fasse contre un retour au cheval arabe, pour retremper le sang du cheval anglais, est précisément l'incertitude qui se manifeste sur l'origine des chevaux extraits de l'Orient. On dit avec raison que, pour les Européens, le mérite des généalogies est très-difficile à apprécier, et que les véritables reproducteurs arabes sont en très-petit nombre dans les contrées où l'on en trouve le plus.

Nous passerons légèrement sur cette époque, sur le premier âge de la naturalisation du cheval arabe en Angleterre. Elle embrasse pourtant l'espace d'un demi-siècle et nous conduit, d'un seul bond, à 1660 environ.

Pendant ce période de la fondation de la nouvelle race, quelques chevaux d'élite ont marqué. Le premier en date est resté innommé. Il a appartenu au roi Jacques Ier, qui, ayant à cœur l'amélioration des races chevalines dans son royaume, y avait déjà régularisé l'institution des courses. Celle-ci fut généralisée et devint très-populaire sous son règne.

Le cheval arabe acheté par Jacques Ier, moyennant la somme, considérable pour ce temps, de 500 guinées (13,000 francs environ), fut, quoique bon à ce que l'on assure, fort déprécié par le duc de Newcastle, lequel n'aimait pas les courses. Avait-il pressenti la décadence de l'équitation? Dans le cheval de pur sang aux grandes et rapides allures, voyait-il déjà l'antipode du cheval de manége?... Toujours est-il qu'il se montra fort sévère, partial même, et que son jugement, accepté par l'opinion, nuisit, pendant près de cent ans, à l'adoption générale du cheval arabe comme type de reproduction et de régénération des races.

C'est encore un fait très-remarquable que celui-là. Cette défaveur immense, qui a si longuement pesé sur l'emploi du cheval arabe en Angleterre, a bien eu son pendant en France et en Allemagne, quand il s'est agi d'y consacrer le pur sang anglais à l'amélioration du nord. Nos éleveurs, il faut leur rendre cette justice, ont repoussé le producteur anglais avec non moins d'énergie que les éleveurs d'outre-Manche le reproducteur importé d'Arabie. Et c'est chose non moins étrange, assurément, que la fausse science et les erreurs de fait qui ont porté un si grand préjudice à l'industrie chevaline en Europe aient été propagées, accréditées par des noms tels que ceux-ci : — Buffon, — Bourgelat, — Newcastle.

Après l'arabe parurent,

Helmsley-Turk, qui a produit *Bustler* ;

— *Place's White-Turk*, qui a appartenu au maître de haras d'Olivier Cromwell : ce cheval a donné *Wormwood* et *Commoner*; il a produit aussi les arrière-grand'mères de *Wyndham, Grey, Ramsden* et *Cartouch* ;

— *Fairfax's Morocco-Barb*, etc.

Jusque-là il n'était venu qu'un très-petit nombre de juments orientales en Angleterre ; la petite colonie n'y occupait réellement qu'une place imperceptible, et combien n'avait-il pas fallu lutter pour la conquérir ?

Cependant, dès avant 1625, on se plaignait déjà que l'immixtion du sang arabe dans l'espèce indigène allégissait trop cette dernière. La cause de cet affinement des races était naturellement attribuée à l'influence des courses, aux exigences de l'hippodrome, qui portaient à sacrifier toutes les qualités solides à l'exagération d'une seule, la vitesse. Lord Harleigh était en tête des plaignants et prêtait l'appui de son autorité à l'opposition faite au développement des saines doctrines. Ne semblerait-il pas que nous parlons déjà de la France?

Cette opposition a sans doute eu son utilité; elle a dû rendre plus sévère dans le choix des reproducteurs, mais elle n'a pas entravé la marche des idées justes auxquelles Charles II, pendant toute la durée de son règne, a donné une très-puissante impulsion.

Ce monarque rétablit les courses à Newmarket, où elles paraissent avoir été suspendues au temps des guerres civiles, bien qu'Olivier Cromwell, le protecteur, ait eu un haras entretenu avec soin et exclusivement peuplé de chevaux de race.

Vers le milieu de son règne, Charles II prit une résolution vraiment royale; il envoya son grand écuyer, — *the master of the horse,* — en Arabie, avec ordre d'y acheter pour son propre compte les meilleurs étalons et les juments les plus renommées qu'il pourrait y trouver. Cette mission, remplie avec autant d'intelligence que de bonheur, dota définitivement la Grande-Bretagne de la précieuse race dont l'influence a été si grande sur la prospérité hippique de la contrée.

A partir de cette importation, qui a été nombreuse, la reproduction du pur sang a pris un grand essor. L'exemple du souverain a été suivi. Partout la noblesse a rivalisé de zèle; la nouvelle colonie, rapidement accrue en nombre et en force, s'est implantée avec succès, a pleinement justifié les espérances des premiers importateurs de la race arabe en Angleterre. C'est à Henri VII que M. le duc de Guiche fait remonter les premières améliorations dont la population chevaline se serait ressentie. Tous ses successeurs, dit-il, ont soutenu et protégé avec beaucoup de sollicitude « cette

branche d'industrie par des importations fréquentes et oné-
reuses d'étalons et de juments arabes, persans, turcs et barbes. Aussi trouve-t-on, dans tous les livres qui traitent de
cet objet, les souvenirs reconnaissants de la nation anglaise
perpétués par la désignation de *king's arabian*, *king's
barbe*, etc., conservée à ces chevaux qui ont fondé la race
de pur sang. »

Il en a été de même pour les poulinières ; toutes celles
qui firent partie du haras du roi, ainsi que plusieurs de leurs
filles, furent désignées sous le nom de *royal-mares*.

On trouve fréquemment ce terme dans les généalogies
des anciens chevaux de pur sang. Quand on rencontre ce
mot, il signifie toujours que c'est une des juments arabes
importées par le roi Charles II, ou tout au moins qu'on a
voulu désigner une des pouliches élevées dans le haras royal
et provenant des juments de S. M. Il paraîtrait, néanmoins,
que le haras de la famille d'Arcy renfermait aussi plusieurs
royal-mares et *barbary-mares*, qui, accouplées avec des étalons orientaux célèbres du moment, produisirent des chevaux remarquables dont on retrouve, dans le *Racing-Calendar* et le *Stud-Book*, les hauts faits, la généalogie et la
descendance (1).

Dès que la nouvelle race se fut multipliée, dès qu'elle
put offrir un certain nombre de produits bien réussis, l'incertitude qui avait entouré les premières tentatives de reproduction du pur sang en Angleterre disparut, toute hésitation cessa. Des croisements bien faits et bien étudiés dans
leurs résultats avancèrent la science, désormais éclairée par
une pratique intelligente ; le producteur anglais sut bientôt
apprécier le parti qu'il pouvait tirer de l'emploi du pur
sang.

N'anticipons pas sur les faits.

Les *royal-mares* et les *barbary-mares*, il est à peine be-

(1) A. de Montendre, *Des institutions hippiques*, — tome III.

soin de le dire, étaient toutes des juments orientales ; cependant le plus grand nombre appartenait aux races barbe
et turque.

De 1685 à 1708, il y a eu de nombreuses importations
de toutes les variétés de sang oriental. Les races arabe,
barbe, turque et persane ont fourni à cette émigration,
ont offert de nouvelles richesses aux judicieux éleveurs de
la Grande-Bretagne. Nous citerons les noms de quelques-
uns des reproducteurs qui ont le plus marqué pendant cette
autre phase de la naturalisation du cheval arabe en Angleterre.

La liste n'en sera pas longue ; mais nous avons déjà dit et
nous répétons qu'au petit nombre seulement, dans toutes
les espèces, est dévolu le privilége d'une grande puissance,
d'une grande concentration des forces et des mérites de la
race. La conservation de celle-ci, ses modifications heureuses ne peuvent être le fait que d'une sélection bien comprise
et très-sévère. Cette loi ne souffre aucune exception ; qui la
méconnaîtrait dans la pratique compromettrait gravement,
pour le présent et pour l'avenir, les efforts accumulés du
passé, les résultats les plus heureux et les mieux affermis
des travaux antérieurs.

Le premier nom qui apparaisse est celui de DODSWORTH.
Il offre cela de particulier que l'animal qui l'a porté est venu
d'Orient dans le ventre de sa mère, barbe pure, classée au
nombre des *royal-mares* importées par Christophe Wy Will
et sir Georges Fenwick du temps de Charles II. A la mort
du roi, la mère de DODSWORTH, âgée de vingt ans, fut
encore vendue 40 guinées (1,040 francs à peu près) ; elle
était pleine par *the Helmsley-Turk*, et portait VIXEN, mère
d'OLD-CHILD.

On trouve ensuite :

THE STRADLING ou LISTER-TURK, ramené du siége de
Bude, en Hongrie, par le duc de Berwick, sous le règne de
Jacques II. LISTER-TURK est père de *Snake, Brisk, Piping-*

Deg, *Coneyskins*, mère de *Hip*, tous chevaux qui ont eu de la réputation.

Barb-Chillaby, célèbre par sa férocité.

White-Legged, — Lowther-Barb — et Taffolet-Barb.

The Bierly-Turk, cheval de guerre du capitaine Bierly, en 1689. Bien qu'il ait peu sailli, cet étalon a laissé de bons souvenirs; il est père de Sprite, mis en renom par ses hauts faits, de *Black-Bearty, Archer, Basto, Grasshopper*, un *cheval hongre* qui a été la propriété de lord Godolphin, et de *Jigg*. Ces différents produits étaient remarquables au double point de vue de la belle conformation et des bonnes qualités de la race. En descendant plus encore, on trouve, dans la postérité de Bierly-Turk, — King-Herod, dont nous parlerons plus tard. Ce cheval célèbre a rendu fameux tous ses ascendants, et notamment Bierly-Turk, qui a été la souche de cette branche illustre.

Greyhound, importé comme *Dodsworth* dans le ventre de sa mère, barbe pure, désignée sous le nom de Slugey, était fils de Chillaby, dont nous avons déjà parlé : il a produit Othello, vainqueur — aisé — contre Chantor, qui ne manquait pas de mérite, en lui rendant un stone (14 livres anglaises). Arrêté dans sa carrière de course par un accident qui le rendit boiteux, il a été, depuis, exclusivement livré à la reproduction. Un certain nombre de ses produits se distingua sur l'hippodrome ; leur belle et forte structure les fit remarquer aussi. Dès lors, le sang, la race de Greyhound furent très en honneur : *Whitefoot, Osmyn, Rake, Sampson, Goliah* et *Favourite*, ses fils, ont figuré avec avantage dans les *plate-horses* (courses pour des objets d'art) sous un poids de 12 stones (plus de 76 kilogrammes). Greyhound a produit aussi *Desdemona* et maintes juments qui sont devenues des poulinières de bon ordre ; il a donné d'autres chevaux encore qui ont couru non sans succès, dans le nord, pour les *plate-horses*. Le mérite incontestable de ce

cheval, comme reproducteur, l'ayant signalé à l'attention publique, on le rechercha avec beaucoup d'empressement, et
on lui livra les juments les mieux racées, les mieux placées,
dès cette époque, dans l'estime générale. On voit déjà établi
sur des assises solides le système judicieux de sélection sur
lequel a été fondée l'immense prospérité hippique de l'Angleterre.

THE D'ARCY WHITE-TURK, père d'*Old'hautboy, Grey-
Royal, Cannon*, etc.

THE D'ARCY YELLOW-TURK, père de *Spanker, Brimmer*,
et de la grand'grand'mère de *Cartouch*.

THE MARSHALL — ou SELABY-TURK, propriété du frère
de M. Marshall, qui fut successivement chef des écuries du
roi Guillaume, de la reine Anne et de Georges Ier. SELABY-
TURK a produit *Curwen-old-Spot*, la mère de *Windham*, la
mère de *Derby-Ticklepitcher*, et l'arrière-grand'mère de
Bolton-Sloven de Fearnought.

Viennent maintenant deux étalons barbes d'une haute
distinction et d'une grande noblesse, achetés à Paris par
M. Curwen, du comte de Byram et du comte de Toulouse,
l'un et l'autre fils naturels de Louis XIV. Le grand roi les
tenait de Muley-Ishmaël, empereur du Maroc. En cette circonstance comme en quelques autres, l'Angleterre se montra aussi empressée d'utiliser à son profit des reproducteurs d'élite que la France se montra facile à s'en laisser dé-
pouiller.

Ce fait s'est plusieurs fois renouvelé. Il est très-remarquable que nous ayons été en quelque sorte les auxiliaires puissants, les pourvoyeurs inintelligents de nos voisins, sans
comprendre que nous serions forcément un jour leurs tributaires. Notre indigence n'autorisait pas de telles libéralités;
celles-ci eurent leur source dans l'imprévoyance dont nous
avons tant de fois porté la peine. Esprits légers, caractères
insouciants, nous vivons trop au jour le jour, en France.
Pourquoi eussions-nous été mieux avisés sur ce point qu'en

tout autre? Nous ne sommes pas gens à pécher ainsi contre la logique.

Quoi qu'il en soit, deux chevaux précieux envoyés en présent au roi de France et donnés par celui-ci à deux seigneurs de la cour passèrent en Angleterre, où ils contribuèrent à naturaliser le pur sang d'Orient. L'un de ces reproducteurs puissants reçut un nom qui rappelle sa double origine , — THE THOULOUSE-BARB. Il est ainsi resté un témoignage constant de la faute commise par le comte de Toulouse, son possesseur, et une preuve d'habileté et de patriotisme de l'éleveur anglais qui avait su en enrichir sa patrie. THE THOULOUSE-BARB, devenu, plus tard, la propriété de sir J. Parsons, fut le père de chevaux qui ont eu de la vogue parmi les meilleurs du temps. Nous citerons BAGPIPER, BLACKLEGS, MOLLY et la mère de CINNAMON.

L'autre, CURWEN'S BAY-BARB, a été conservé par M. Curwen, qui en faisait assez de cas pour ne pas le prodiguer, pour le réserver presque exclusivement aux poulinières de son haras et à celles des écuries de M. Pelham. Il n'en a pas moins été l'un des étalons les plus heureux et les plus marquants de son époque. Il a laissé de nombreux produits qui se sont fait un nom en illustrant celui de leur père.

CURWEN'S BAY-BARB a donné *Mixbury* et *Tantivy*, tous deux *galloways*, c'est-à-dire de petite taille. Bien qu'il mesurât seulement 13 paumes et demie (1 mètre 37 centimèt.) du garrot à terre, le premier ne fut battu que deux fois dans toute sa carrière de course. *Brocklesby* et *Little-George*, demi-frères des deux précédents, ont été particulièrement admirés pour la solidité de leur charpente et la régularité de leur conformation. D'autres produits de CURWEN'S BAY-BARBE méritent une mention spéciale : ainsi *Yellow-Jack*, *Bay-Jack*, *Monkey*, *Dangerfield*, *Hip*, *Peacock* et *Flatface* ; deux *Mixburys*, frères de père et de mère du premier, et, comme celui-ci, de petite taille ; puis *Long-Weg*, *Brocklesby-Betty* et *Creeping-Molly*, juments remarquables par leur haute stature et l'ampleur des formes ; *Whiteneck*, *Mistake*, *Sparkler*, *Lightfoot*, qui ont été de précieuses poulinières, et plusieurs chevaux de l'espèce des galloways, qui ont couru, non sans succès, des prix dans le nord.

La liste n'est pas remplie ; Curwen's Bay-Barb est l'auteur de produits dont les noms ajoutent au mérite de sa race, à la réputation que sa descendance lui avait faite. Parmi ces derniers, il faut citer deux sœurs des trois *Mixburys*, dont une a donné *Partner*, *Little-Scar*, *Sorcheels* et la mère de *Crab* ; l'autre est la mère de *Quiet*, *Sylver-Eye* et *Hazard*.

Curwen's Bay-Barb a donc été l'un des principaux fondateurs de la race de pur sang en Angleterre. Après lui, et pour clore l'énumération nécessairement écourtée, incomplète que nous faisons ici, nous n'avons que quelques noms à écrire ; et, par exemple, celui de Saint-Victor-Barb, père de *the Bald-Galloway*, l'un des plus célèbres reproducteurs de cette époque.

En effet, *the Bald-Galloway* a produit *Cartouch*, cheval de petite taille, mais d'un très-grand mérite, avant que l'abus du travail ne l'eût usé ; il était père de *the Carlisle-Gelding*, *Dart*, *Foxhunter* et *Grey-Ovington*, tous chevaux à qualités ; de *Lilliput*, *Judgment*, *Bauble* et *Daffodil*, très-bons galloways ; de *Roxana*, qui a brillé sur l'hippodrome ; de *Silverlocks*, qui n'avait pas une grande vitesse, mais qui était douée d'une constitution fort énergique ; enfin de plusieurs autres chevaux qui se sont distingués dans les courses du nord.

Viennent ensuite deux étalons barbes qui ont appartenu à un M. Hatton, l'un donné par le roi Guillaume, l'autre connu sous les noms de Bay-Barb ou de Mulsa-Turk ; puis enfin Pulleine-Arabian et Acaster-Turk.

Les autres peuvent, sans inconvénient, être passés sous silence. S'ils ne nuisaient pas à la bonne reproduction du cheval arabe en Angleterre, s'ils aidaient, en faisant nombre, à confirmer l'établissement de la nouvelle colonie, ils n'ont pu se sauver de l'oubli, compter, par conséquent, parmi les exceptions brillantes, monter au rang des hautes illustrations qui ont fixé la conquête entreprise sur une autre partie du monde.

On aura remarqué que les étalons arabes, barbes ou turcs, cités jusqu'alors, étaient presque toujours désignés par une appellation composée — tantôt du nom du possesseur et de l'indication de la race, — tantôt du nom de cette dernière et de la désignation de la couleur de la robe. Nous retrouverons quelquefois encore l'application de cet usage pour quelques chevaux de mérite qui ont acquis une très-belle renommée ; cependant les noms auront bientôt une tendance à spécifier mieux les individualités, à distinguer plus complétement les produits les uns des autres. Sans cette réforme, nécessitée par l'accroissement du nombre des représentants de la race pure, la confusion eût été grande, inévitable. Or on comprend l'intérêt qui s'attachait à prévenir toute incertitude sur l'origine, toute confusion entre les différentes familles dont le sang pouvait être mêlé avec avantage pour la conservation et l'avancement de la race.

Au point de départ aussi, toutes les poulinières de race pure sont des *royal-mares*. Peu après, on les nomme pour les mieux reconnaître. Il est très-remarquable qu'on ne retrouve pas, parmi les mères, l'équivalent de réputation qui s'est attaché à un certain nombre d'étalons. Nous en expliquerons les causes dans un autre chapitre, mais nous ajouterons tout de suite que ce fait n'est pas particulier aux commencements de la race chevaline pure en Angleterre.

Nous ne voulons pas retracer ici l'histoire du *turf anglais* ; cependant il se trouve lié d'une manière si étroite à l'histoire de la naturalisation et de la multiplication du cheval arabe dans la Grande-Bretagne, que nous ne pouvons pas nous dispenser de consigner, en passant, cette observation, savoir : les succès obtenus dans la reproduction du cheval de pur sang coïncident tous avec la marche progressive des courses. Le nombre des hippodromes, le nombre et l'importance des prix offerts montent toujours en raison de l'accroissement du nombre des chevaux de pur sang produits, et les qualités de la race se développent parallèlement sous l'influence toujours plus grande du nombre et de la force des prix institués en vue d'exciter l'éleveur à redoubler de soins, à étendre ses sacrifices, à venir prendre une place honorable dans le concours utile qui conduit rapidement au but proposé.

C'est dans le nord de l'Angleterre qu'ont eu lieu d'abord les réunions de courses les plus considérables, les plus puissantes et les plus renommées. Au début de l'institution, les prix étaient peu élevés ; les chevaux ne couraient pas aussi jeunes, les poids à porter étaient souvent de 12 stones (76 kilogrammes environ), et la distance à franchir de 4 milles (6 kilomètres 456 mètres 64 centimètres) en partie liée. Ajoutons, pour être exact, que, dans les courses à deux épreuves, la seconde n'avait pas lieu le même jour.

Cette organisation des épreuves infligées aux types de reproduction péchait sous plus d'un rapport. Le petit nombre des prix, le peu d'importance des sommes engagées n'offraient pas à l'éleveur une suffisante compensation des dépenses de toutes sortes que comportent l'existence et l'entretien d'un haras, l'élève judicieuse, l'éducation rationnelle de ses produits.

De nombreuses expériences ont été faites, des réformes bien entendues ont été introduites dans le système général des courses, successivement amélioré au point de devenir une science qui a ses difficultés sans doute, qui a surtout ses écarts dans la pratique, mais aussi qui a ses principes dans l'étude de la machine animale, sa base, son point d'appui, sa raison d'être dans la connaissance des lois de la nature.

Nous pourrons revenir ailleurs sur ce point.

Les premiers descendants des chevaux orientaux importés en Angleterre étaient de petite taille ; leurs fils produisirent déjà plus haut qu'eux. L'abondance et la bonne qualité des aliments, jointes aux exercices raisonnés auxquels on soumettait les poulains dès l'âge de deux ans et demi à trois ans, grandirent et fortifièrent la race tout en développant ses formes.

A l'époque à laquelle *Mixbury* courut, le cheval de pur sang ne dépassait guère la taille du galloway, — 1 mètre 35 à 40 centimètres. Ce n'est qu'après un demi-siècle d'efforts, c'est-à-dire après huit ou dix générations, que la race a revêtu des formes amples, une forte corpulence, une membrure plus large. Ces progrès ont fait dire qu'en se l'appropriant les Anglais ont amélioré et perfectionné le cheval arabe, qu'ils l'ont mieux adapté aux exigences multiples d'une civilisation très-avancée.

Toute victoire remportée sur l'hippodrome, tout succès obtenu en course fait qu'on en recherche avec intérêt la cause principale. *Mixbury*, nombre de fois vainqueur sur le turf contre des chevaux beaucoup plus élevés que lui, avait donné à penser que les petits chevaux étaient supérieurs en vitesse aux plus grands : les qualités tiennent à d'autres circonstances ; elles ne sont pas dans une dépendance aussi étroite des proportions de la taille. La descendance de *Mixbury* lui-même confirme cette dernière assertion. *Partner*, dont nous avons déjà écrit le nom, fils d'une sœur de *Mixbury* et de *Jigg*, par BIERLY-TURK, — *Partner*, grand et fort, bon et beau tout à la fois, a été l'un des plus remarquables coursiers de son temps. La vitesse, de même que les qualités d'un autre ordre, ne tient pas à un détail isolé de la structure, à une circonstance donnée et spéciale ; elle est le résultat, la conséquence de l'agencement général de toutes les parties du corps soumises à une action dont on constate bien les effets, dont il est possible de mesurer la puissance, mais à la condition seule d'une épreuve. Celle-ci ne peut être fournie qu'à la suite de travaux judicieux, rationnels, toujours proportionnés aux forces actuellement

— 113 —

développées, et servant elles-mêmes au développement de celles qui sont encore, dans l'organisme, à l'état latent.

Nous avons établi, sur des faits dont la véracité n'est point contestée, l'origine même de la race de pur sang anglais. L'authentique généalogie des chevaux de pur sang, dit le comte de Montendre, remonte jusqu'au règne de Charles II; il reste bien démontré que leur race dérive exclusivement de chevaux et de juments orientaux. L'opinion admise, appuyée par des documents qui paraissent incontestables, est que cette race, aussi pure que celles d'où elle est sortie, s'est particulièrement formée, de 1670 à 1710, par la sélection bien entendue, exclusive d'animaux apparentés aux meilleures familles chevalines de l'Orient. Si quelques gouttes de sang indigène se sont parfois mêlées au sang noble d'Arabie, ce n'a été qu'un fait exceptionnel, promptement évité et, d'ailleurs, complétement abandonné, effacé par cela même avant 1700. Et il ajoute : « On peut donc avancer, sans crainte de se tromper, que l'Angleterre possède une race de chevaux qui lui appartient, et successivement produite par diverses races orientales auxquelles elle est supérieure, par la raison qu'elle n'a été formée qu'au moyen de choix, faits avec soin, d'animaux éprouvés avant d'être livrés à la reproduction et élevés d'une manière propre à leur conserver cette supériorité qu'ils transmettent fidèlement à leurs descendants (1). »

Dans cette histoire sommaire de la naturalisation du cheval arabe en Angleterre, nous ne sommes pas encore tout à fait arrivé au moment où la nouvelle colonie peut se passer du secours d'importations nouvelles. Les générations ne sont point assez nombreuses ; en se reproduisant, elles n'ont pas encore pu prendre cette trempe durable, seul bénéfice du temps, en dehors de laquelle l'acquisition d'une race n'est rien moins que définitive.

(1) *Des institutions hippiques*, — tome III.

II.   8

Si donc une race en cours de formation très-avancée, mais non entièrement confirmée, était abandonnée à ses propres ressources, alors même qu'on aurait l'attention de ne la pas mésallier, nul doute qu'elle ne se démentît, qu'au lieu de monter sur l'échelle elle ne descendît, après une lutte inégale contre toutes les influences contraires, à son entier et complet établissement.

Voyons quels nouveaux secours celle dont il s'agit a reçus à partir de 1708, époque à laquelle nous nous sommes arrêté, dans ce rapide coup d'œil en arrière, sur ses commencements et ses progrès.

La déconsidération jetée par le duc de Newcastle sur le cheval arabe en général tenait encore dans les esprits comme un préjugé vivace, en dépit du mérite des reproducteurs orientaux qui s'étaient succédé et s'étaient multipliés en Angleterre, malgré la valeur incontestable et plus grande des produits obtenus. Telle est la force de l'erreur, tel est l'empire de l'ignorance, que les vérités les plus utiles à répandre restent souvent étouffées pendant des siècles avant de germer et prendre racine dans les sols les plus féconds. L'opinion d'un seul, bien que fausse, a tenu, durant près de cent ans, en méfiance, en suspicion, en échec le jugement de la multitude, l'opinion générale des éleveurs anglais, cramponnée à un jugement, asservie à l'aversion inqualifiable du duc de Newcastle pour le petit cheval arabe acheté autrefois par le roi Jacques. Le perfectionnement de la population chevaline en a été retardé d'autant; mais le triomphe des saines doctrines en a été pour toujours affermi.

De 1708 à 1730, un grand nombre d'étalons orientaux fut importé dans la Grande-Bretagne. Le succès bien constaté de leurs devanciers leur attira la vogue; leur adoption se généralisa, et, tandis que les qualités de la race arabe se confirmaient dans son démembrement européen, l'espèce indigène anglaise s'améliorait par son mélange avec la race pure. La supériorité de cette dernière se montrait ainsi à

deux points de vue distincts. Les faits par lesquels cette supériorité se révélait en rehaussèrent encore le mérite ; les
soins pour la maintenir n'en devinrent que plus attentifs et
plus nombreux.

Parmi les chevaux qui ont existé à cette époque dans les
différents haras de l'Angleterre, ceux dont les noms suivent
ont tous laissé des résultats fort appréciables ; ce sont :

Darley's Arabian.	The Cullen-Arabian.
Sir J. Williams's Turk.	The Coomb-Arabian.
The Alcock-Arabian.	The Compton-Barb.
The Bloody-Buttocks-Arabian.	The Vernon-Arabian.
The Bloody-Shouldered-Arabian.	The Wellesley-Grey-Arabian.
The Belgrade-Turk.	Wellesley-Chesnut-Arabian.
The Bettel-Arabian.	Hall's Arabian.
Lord Burlington's-Barb.	Johnson's Turk.
Of Bloody-Buttocks.	Litton's Arabian.
Croft's Bay-Barb.	Matthew's Persian.
Croft's Egyptian-Horse.	Nottingham's Arabian.
The Cypress-Arabian.	Newton's Arabian.
The Duke-of-Devonshire's Arabian.	Pigott's Turk.
Grey-Hound-a-Barb.	Strickland's Arabian.
Hamptoncourt-Grey-Barb.	Wynn's Arabian.
The Godolphin-Arabian.	

Arrêtons-nous sur quelques-uns de ces noms pour les faire
ressortir comme il convient. Les grandes illustrations sont
rares, mais plus elles rendent de services et d'utilité, plus il
importe de bien constater leur importance, puisqu'elle sup-
plée si bien et si complétement au nombre.

DARLEY'S ARABIAN a porté les derniers coups au préjugé
qui avait jusque-là tant nui à l'emploi du cheval arabe en
Angleterre. Ses premiers produits, remarquables à tous
égards, avancèrent fort la question encore pendante et la
firent résoudre en faveur de la précieuse race à laquelle appartenait leur père. De celui-ci, on sait peu de choses.

C'est dans les dernières années du règne de la reine Anne,
vers 1710, qu'il fut introduit par un M. Darley, dont il con-

serva le nom. Il avait été choisi avec beaucoup d'intelligence par un frère de M. Darley, lui-même agent d'affaires, à Alep, où il s'était fait recevoir membre d'une société de chasseurs. L'acquisition de ce cheval de pur sang, dont la belle et solide conformation paraît avoir égalé la noblesse et la pureté, aurait, semble-t-il, nécessité quelque habileté. Il en est ainsi de tous les chevaux de mérite qui ont été extraits de l'Orient. Il a toujours été difficile d'acquérir d'abord, et ensuite de sortir du pays, soit les étalons qui avaient fait leurs preuves et que la renommée recommandait de conserver, soit les juments dont la généalogie authentique donnait toutes garanties, inspirait toute confiance pour la bonne reproduction des hautes qualités de la race.

DARLEY'S ARABIAN avait été élevé dans le désert de Palmyre. Son père jouissait d'une grande illustration parmi les Arabes de cette contrée. Venu à Alep avec une tribu à laquelle il appartenait, il n'était pas destiné à la vente. L'acquéreur pourtant sut déployer assez d'adresse pour triompher de la volonté contraire, puis des hésitations du possesseur. Marchand lui-même dans le Levant, familiarisé avec les goûts et les habitudes des Arabes, M. Darley s'y prit de façon à réussir et réussit en effet. Il envoya donc à son frère, qui habitait le Yorkshire, l'un des étalons les plus précieux que possédât alors l'Arabie.

DARLEY'S ARABIAN n'a pas fécondé un grand nombre de juments pures. Il a néanmoins produit d'admirables et d'excellents chevaux. Il est père de FLYING-CHILDERS et de BARLETT'S CHILDERS, et grand-père d'ECLIPSE! Ces noms parlent haut et raisonnent fort; ils placent DARLEY'S ARABIAN au sommet de l'échelle; ils en font l'une des plus fermes colonnes de la race de pur sang anglais.

Après ceux-ci, est-il nécessaire de citer les noms d'*Almanzor*, *Cupid*, *Brisk*, *Dœdalus*, *Dart*, *Skipjack*, *Manica* et *Aleppo*, tous chevaux de valeur qui ont eu de beaux succès en course, et dont la conformation était aussi solide que régulière. Il en est d'autres, mais tous s'effacent devant les deux plus grands que contienne l'histoire physiologique de la race, — FLYING-CHILDERS et ECLIPSE.

Un mot seulement sur des étalons de mérite qui ont aidé à l'établissement de la race, avant de faire une mention spéciale du troisième cheval hors ligne qu'elle compte parmi ses plus illustres fondateurs.

SIR J. WILLIAMS'S TURK, plus connu sous le nom de THE HONYWOOD-ARABIAN, est le père de deux *trues bleues* (vrais bleus). L'un d'eux fut considéré comme le meilleur cheval de son temps, et obtint de beaux succès en courant les *plates* à l'âge de quatre à cinq ans ; l'autre, de formes athlétiques, a produit quelques chevaux de demi-sang, vigoureux et distingués, entre autres *Rumfort-Gelding* et *Grey-Horse.*

Croft's Bay-Barb est né en Angleterre de *Barb-Chillaby* et de *Moonah,* une barbary-mare.

THE CULLEN-ARABIAN, importé par M. Mosco, a donné *Camillus, Matron, Sourface,* la mère de *Regulator* et beaucoup d'autres chevaux d'une haute valeur.

THE COOMB-ARABIAN, appelé encore THE PIGOT-ARABIAN et THE BOLINGBROKE-GREY-ARABIAN, a produit *Methodist,* la mère de *Crop,* et plusieurs autres dont les qualités solides ont assuré un rang honorable à ce reproducteur dans les annales du turf.

Il en est de même de *the Compton-Barb* ou *Sedley-Arabian,* — père de *Coquette, Crelling* et autres.

Mais de quel éclat brillent toutes ces réputations devant la célébrité de THE GODOLPHIN-ARABIAN, l'un des pères de la race! Ce nom nous est déjà connu. On sait si peu sur chacune de ces grandes illustrations, qu'on est arrêté, malgré soi, dans l'étude qu'on en voudrait faire. Ainsi que nous l'avons constaté ailleurs (1), les renseignements manquent pour écrire une histoire qui serait pleine d'intérêt, et jette-

(1) Voy. *France chevaline,* deuxième partie, tome I⁻ᵉʳ, page 355.

rait peut-être une vive lumière sur la question si controversée
de savoir lequel mérite la préférence du sang oriental ou du
sang anglais, dans la pratique de l'amélioration de nos différentes races.

Comme *Darley's Arabian* et *Bierley-Turk*, — THE GO-
DOLPHIN-ARABIAN a été longtemps méconnu. Nul ne soupçonnait le bien qu'il pouvait produire, le progrès dont il
pouvait être la source, la richesse des trésors qu'il recélait
en lui. Le hasard fut plus heureux que la science. Une mauvaise disposition d'un étalon fort en vogue, une boutade
d'un chef d'écurie impatienté firent livrer à l'agaceur de
Hobgoblin une jument de grand mérite. Les qualités peu
communes du produit mirent en relief la valeur immense de
l'*Arabian*, du triste boute-en-train pour qui l'on n'avait eu
jusque-là aucune estime, à qui personne ne s'intéressait,
pour qui l'on eut ensuite toutes sortes d'égards et de soins,
à qui l'on donna bientôt le nom de son illustre possesseur.

Entre cette histoire et celle de Cendrillon, que de rapprochements philosophiques! Il y a pourtant cette différence
que celle de GODOLPHIN-ARABIAN est vraie, que celle de la
Cenerentola n'est qu'une fiction.

Un rapprochement plus sérieux nous reporte au temps
où M. Curwen achetait de deux gentilshommes français deux
étalons orientaux dont l'influence a été grande sur la création du cheval de pur sang anglais. Comme *the Thoulouse-
Barb* et *Curwen's Bay-Barb*, — THE GODOLPHIN-ARABIAN
fut acheté en France, à Paris; seulement, au lieu d'être aux
mains d'un grand seigneur, il était la propriété d'un porteur
d'eau, d'un charretier brutal qui l'excédait de travail et de
coups.

THE GODOLPHIN-ARABIAN était bai-brun, il portait une
trace de balzane au pied postérieur droit; sa taille était de
15 paumes (1^m,52) environ; l'ensemble de sa conformation
dénotait la force, une grande puissance d'action, mais il
manquait de grâce et de ce que, chez le cheval, on appelle

— beauté. Il était né en 1724. On ne sait ni à quel âge, ni comment il était venu en Europe. Dawid Low suppose qu'il avait dû faire partie d'un présent de chevaux, « présents fréquents, à cette époque, des puissances barbaresques à la cour de France, et que celle-ci négligeait trop. » Nous avons donné une autre version. Celle de l'auteur anglais est peut-être mieux fondée, peu importe. C'est en 1730 qu'on retrouve le barbe ou l'arabe (car on n'est pas plus d'accord sur l'origine de GODOLPHIN), dans les écuries de ce riche amateur, employé au pénible métier que savez.

Un jour, l'étalon en titre, blasé qu'il était, se montre incapable ou dédaigneux et se refuse aux avances de ROXANA, dont les faveurs lui avaient été réservées. Par impatience, on ramène près d'elle le boute-en-train. Fier des préférences dont il devenait l'objet, celui-ci fait de son mieux, féconde la belle, il en résulte un produit de hasard, en quelque sorte, — LATH, qui devient — CHILDERS excepté, — le plus vaillant cheval qui eût encore paru sur le turf.

Tel fut le commencement de la fortune de GODOLPHIN-ARABIAN. « Il se fit, dit M. de Montendre, une réputation plus grande qu'aucun autre cheval oriental. Il mourut à Gog-Magog, dans le comté de Cambridge, âgé d'environ vingt-neuf à trente ans, emportant, comme étalon, une gloire impérissable et telle, que nul autre cheval étranger, ni avant ni après lui, ne put jamais acquérir. . . . . .

« Il fut la souche, au moins autant que DARLEY'S ARABIAN, des meilleurs chevaux de son époque jusqu'au temps actuel. Après sa mort, arrivée en 1753, le chat avec lequel il s'était lié d'amitié, refusant toute nourriture, ne lui survécut que très-peu de jours. »

On cite d'autres exemples d'affections semblables. Parmi les plus remarquables, on peut bien placer la tendresse exclusive de *Chillaby* pour une brebis qui avait captivé tout son attachement. On sait que cet étalon avait pris en horreur le genre humain, et qu'il ne souffrit jamais l'approche d'un seul homme. Il déchirait à belles dents les mannequins d'hommes qui lui étaient présentés ou qu'on introduisait dans sa box. Il vécut, au contraire, en parfaite intelligence avec la brebis qu'il affectionnait et dont il était devenu inséparable. La bonne bête le lui rendait, d'ailleurs ; ils ne se quittaient jamais.

The Godolphin-Arabian fut enterré dans un passage couvert qui conduisait à son écurie, sous une pierre plate veuve de toute inscription.

Il existe un portrait, par Stubb, de ce cheval célèbre et de son chat favori, à la bibliothèque de Gog-Magog. Ce portrait fait, en quelque sorte, pendant à un autre par Wootton, qui représente une jument arabe donnée par Louis XIV à lord Pitre.

On sait que la race arabe avait cessé d'être en honneur en France au temps où l'Angleterre cherchait, au contraire, à l'acquérir et à se l'approprier. Autrefois on avait pu observer l'opposé. La conséquence de ce double fait a été l'amélioration progressive de la population chevaline chez nos voisins, et l'affaiblissement rapide de toutes nos races légères, dont la réputation avait été, autrefois, si grande et si justement méritée en Europe.

Il n'est pas besoin de faire une longue énumération des produits de the Godolphin-Arabian pour rehausser ou justifier sa célébrité. Personne n'ignore qu'il n'a guère existé de chevaux supérieurs, en Angleterre, dans les veines duquel on ne retrouvât du sang de ce précieux étalon. Cependant nous écrirons les noms de quelques-uns de ses fils.

Lath, le premier de la race, est né en 1732. Il a gagné plusieurs forts enjeux, et, entre autres, un match contre *Old-Squirt*, auquel, tout bon cheval qu'il était, il donna 10 livres. Malgré les qualités dont il fit preuve et les beaux succès par lesquels il se distingua, par lesquels il mit en renom son père, Lath fut néanmoins inférieur à Cade, son

propre frère, soit comme cheval de course, soit comme
étalon.

Celui-ci était de deux ans plus jeune que LATH. — *Roxana*, sa mère, étant morte peu après la mise-bas, CADE
fut élevé à la main. Il n'en réussit pas moins ; le *turf-register* est plein de ses hauts faits. Après ses courses, on
l'employa comme étalon jusqu'en 1756, époque de sa mort,
dans une ferme voisine de celle où *Regulus*, son demi-frère,
faisait la monte.

CADE fut bien l'étalon le plus recherché de son temps.
Dans le nord de l'Angleterre seulement, et à part *Matchem*,
Changeling et *Y. Cade*, dont il fut le père, on compte,
parmi ses descendants, *Bandy*, *Belford*, *Bonus*, *Cadena*,
Cadormus, *Cérès*, *Comet*, *Crimp*, *Danby-Cade*, *Dopper*,
Dumplin, *Ferdinando*, *Flynas*, *Hero*, *Honest-Billy*,
Irène, *Léonidas*, *Martin*, *Matilda*, *miss Meredith*, *Na-
bab*, *Northumberland*, *Pangloss*, *Priscilla*, *Sportsman*,
Sprightly, *Sylvio*, *Wildair*, *Wildair-Second*, etc.

Citons encore, parmi les fils de GODOLPHIN-ARABIAN, —
Regulus, grand-père maternel d'ECLIPSE, dont le nom s'est
déjà trouvé et reviendra certainement sous notre plume,
Babram, *Blank*, *Dismal*, *Bajazet*, *Tamerlan*, *Tarquin*,
Phœnix, *Slug*, *Blossom*, *Dormouse*, *Skewball*, *Sultan*,
Old-England, *Noble*, *the Gower-Stallion*, *Godolphin-Colt*
et *Cripple*, tous animaux d'une supériorité réelle sous le
rapport des formes et des qualités solides de la race.

Trois noms, célèbres entre tous ceux que nous avons
écrits, se détachent fortement du tableau qui précède. Ce
sont les noms de
— BIERLEY-TURK ;
— DARLEY'S ARABIAN ;
— GODOLPHIN-BARB ou ARABIAN.

A chacun d'eux en correspond un autre qui en est la
gloire, qui en fait l'illustration. Le nom d'Orient plane et
domine comme un principe ; celui qui vient après est comme

l'expression d'un fait se produisant à sa plus haute puissance
Les générations qui séparent le principe de ses conséquences
déterminent, si l'on peut ainsi parler, comme le temps nécessaire demandé à chaque individu pour son acclimatation,
la durée d'incubation imposée à chacun pour la complète
évolution de ses qualités propres, la force de réaction exigée
pour l'entier développement des aptitudes dont l'expansion
était le point cherché.

A la cinquième génération, BIERLEY-TURK produit KING-
HEROD, et celui-ci devient, à son tour, tête de colonne ; il
forme souche, il donne naissance à la branche d'HEROD.

A la quatrième génération, DARLEY'S ARABIAN produit
ECLIPSE, l'une des plus grandes gloires de la race de pur
sang anglais.

ECLIPSE attache son nom à la seconde branche de sa race.
La réunion des trois étalons turc, barbe ou arabe devenus
des ancêtres, du fait de leurs descendants, représente tout
à la fois les racines et le tronc de ce précieux démembrement de la race mère, dont elle offre, au point de vue des
qualités acquises et transmissibles, le type le plus heureux
et le plus complet.

Enfin, dès la seconde génération, GODOLPHIN-ARABIAN
se répète plus grand, plus fort, plein de vitalité et de puissance, dans MATCHEM, dont le nom désignera maintenant
une nouvelle tige, la troisième branche de la race.

L'alliance raisonnée des produits de ces trois familles,
leur combinaison toujours bien entendue, suffira désormais
à la reproduction du pur sang, à la conservation de la race,
définitivement conquise et confirmée dans ses qualités les
plus élevées. Mais les athlètes de la race seuls concourront
à ce résultat. Les produits de second ordre serviront à des
croisements avec l'espèce indigène ; les animaux manqués
ou mal réussis resteront dans la foule et seront soigneusement voués au célibat.

D'après un pareil plan, il est aisé de prévoir quel sera

l'avenir de la nouvelle race. En s'éloignant des formes de celles qui lui ont donné naissance, en se caractérisant d'une manière très-tranchée, elle change de nom, elle devient — le PUR SANG ANGLAIS.

Avant de passer outre et de poursuivre cette étude, revenons à la question des courses tout à fait inséparable de celle de la naturalisation du cheval noble et pur de l'Orient en Angleterre.

A partir de 1710, les prix de courses sont plus nombreux ; en même temps leur valeur augmente et offre un plus vif intérêt aux hommes utiles dont les travaux et les sacrifices jettent les premiers fondements de la future prospérité chevaline de l'Angleterre.

La bonne reine Anne, après elle Georges Ier et Georges II, encouragent, étendent, régularisent l'institution des courses. Sans une intervention éclairée et puissante, il faut le dire, les épreuves de l'hippodrome auraient dégénéré avant d'avoir porté les bons fruits qu'on en attendait ; elles auraient ruiné, détruit les qualités les plus générales du cheval, avant que le temps ait permis de les développer et de les fixer dans la nouvelle race. Il n'en a point été ainsi. Mille abus ont surgi ; mais la somme du bien et des résultats utiles l'a heureusement emporté sur les inconvénients dont on s'est plaint avec raison, sur la somme du mal qu'on s'est plu, d'autre part, à grossir outre mesure.

« L'institution des courses, a dit Low, est évidemment en harmonie avec le caractère national, et intéresse profondément la majeure partie de la population. Il serait bon d'examiner s'il n'existe aucun autre passe-temps parmi ce qu'on appelle jeux publics, qui présente aussi peu d'inconvénients pour le caractère de la nation, tout en excitant à un aussi haut degré l'intérêt et le plaisir. Depuis longtemps les courses ont été un passe-temps favori de l'Angleterre, où elles ont remplacé bien des jeux grossiers et cruels, et ont acquis un degré de perfection d'accord avec l'esprit de civilisation actuelle. On nous objectera peut-être que ce système est entaché de l'esprit de jeu et de la spéculation. Il serait à désirer, en effet, qu'il n'en fût pas ainsi. Cependant, si des sommes immenses sont gagnées en paris, d'une autre part elles sont aussi perdues. Les paris servent à faire valoir le discernement et l'habileté de chacun, et le plaisir qui en résulte n'est pas plus grand parce que la récompense consiste plutôt en pièces d'or qu'en une couronne d'olivier. On dira peut-être que l'usage des paris est un jeu de hasard, et, par conséquent, qu'il est immoral. Si l'on admettait que le gain est illégal parce qu'il est quelquefois produit par des calculs de choses et d'événements probables, il faudrait fermer la bourse, proscrire les compagnies d'assurances et empêcher les navires frétés pour des pays lointains de sortir des ports. S'il peut exister quelques objections, elles doivent porter non sur les paris en eux-mêmes, mais sur l'abus qu'on en fait. Les sommes hasardées sur le *turf* sont considérables en effet ; mais elles sont, en quelque sorte, compensées par la richesse de la généralité des parieurs ; et, si des sommes importantes sont gagnées aux courses de chevaux, des sommes égales sont perdues, ce qui rétablit l'équilibre. Ce ne sont pas seulement les courses qui développent l'esprit du gain chez certains individus ; si les courses étaient abolies demain, ils trouveraient, le jour suivant, une autre manière de spéculer. »

En regard des combinaisons de jeu dont l'hippodrome a été l'occasion et le prétexte, il y a donc aussi le côté utile, sérieux de l'institution ; il y a la noble émulation qui s'était emparée des riches amateurs pour qui le but de la production et de l'élève intelligentes du cheval s'élevait à la hauteur d'un grand intérêt, apparaissait, dans l'avenir, comme une source inépuisable de richesse nationale.

Ce zèle immense a plusieurs fois mis en rivalité les différentes parties du pays. Plus tard, le continent a offert, sous ce rapport, le même spectacle que l'Angleterre. Mais,

longtemps avant, dans cette dernière contrée, les défis ont
appelé dans la lice les chevaux du nord contre les produits
nés et élevés dans le midi. Du temps de la reine Anne suivant les uns, sous le règne de Georges Ier suivant d'autres,
une grande lutte de ce genre eut lieu sur l'hippodrome de
Newmarket ; elle est restée célèbre en raison des sommes
considérables qui furent engagées des deux côtés, en raison
surtout des circonstances particulières qui en ont signalé
l'issue.

L'histoire de cette lutte a été conservée et mérite d'être
rapportée.

Les deux champions chargés de soutenir l'honneur des
deux contrées étaient OLD-MERLIN pour le nord, et un cheval dont le nom n'est pas connu pour le midi. Le premier
appartenait à M. Mathew Pierson, et avait été engagé par
sir William Strickland ; l'autre était la propriété de M. Tre-
gonwell Frampton, surnommé le patriarche du turf. —
M. Frampton, dit Low, était un homme de naissance et de
fortune fort aimé de ses amis intimes; « mais il eut le
malheur de passer dans le monde pour le plus grand coquin
de son temps. »

Quoi qu'il en soit, voici ce qu'on raconte sur la course
d'OLD-MERLIN et de son adversaire dans *the old turf-register* :

« Une grande gageure fut proposée et acceptée entre les
gentlemen du nord et ceux du midi. Après que les conditions en eurent été réglées, MERLIN, l'un des chevaux engagés, se rendit à Newmarket, sous la conduite d'Heseltine,
honnête groom de M. Pierson. Celui de Frampton fit bientôt
sa connaissance et chercha à l'amener à faire courir son
cheval contre le sien, le plus secrètement possible, au poids
convenu, afin d'essayer leur mérite réciproque et leur donner la possibilité de faire facilement leur fortune. Heseltine
refusa, mais non pas de manière à enlever totalement à son
camarade l'espérance d'arriver à ses fins.

« Après cette ouverture, Heseltine écrivit, dans le Yorkshire, à M. William Strickland, l'un des gentlemen les plus
intéressés dans le pari, pour le prévenir de la proposition
qui lui était faite. Sir William répondit qu'il pouvait accepter, mais en lui enjoignant de faire porter à MERLIN 7 livres
de plus que le poids voulu, et de bien garder le secret de
cette surcharge.

« Pendant ce temps, M. Frampton, qui avait appris ou
deviné qu'un essai aurait lieu, avait donné de semblables
instructions à son groom. Les deux chevaux s'engagèrent
donc, chacun à l'insu de l'autre, avec une surcharge égale
de 7 livres.

« Dans cette course d'essai, MERLIN gagna d'un peu plus
d'une longueur, après une brillante lutte.

« Ce résultat fut communiqué sous le sceau du secret, par
les jockeys, à leurs maîtres respectifs et à leurs amis. Dès
lors, chacun des deux partis se crut certain du succès. Les
soutiens de MERLIN se disaient :

« — Puisqu'il a battu son adversaire portant 7 livres de
plus que lui, il arrivera — aisé — en courant à poids égal.

« D'autre part, M. Frampton raisonnait ainsi :

« — Mon cheval, battu d'une longueur seulement sous
une surcharge de 7 livres, gagnera certainement son rival
de vitesse lorsqu'il ne portera plus que le poids convenu.

« Une fois ébruité, ce résultat provoqua, des deux parts,
d'énormes paris. Acceptés de part et d'autre, ceux-ci prirent des proportions tout à fait extraordinaires. Les gentlemen du sud, pleins de confiance dans le stratagème employé par Frampton, déclarèrent qu'ils engageraient toutes
les sommes que la partie adverse voudrait tenir ; plusieurs
propriétés même entrèrent dans les enjeux proposés. Les
gentlemen du nord, non moins confiants, acceptèrent, et
les paris s'élevèrent réellement à des sommes inouïes.

« Le grand jour arriva. Chacun nageait dans l'espérance
et supputait avec bonheur toutes ses chances. Les chevaux

partirent, vigoureux, puissants; les jockeys firent leur devoir en conscience et coururent bon jeu, bon argent.

« MERLIN, bien entendu, gagna avec le même avantage
que dans l'essai clandestin.

« La confusion fut immense; mais le secret des manœu-
vres frauduleuses antérieures fut promptement divulgué, à
la honte de M. Frampton, — l'inventeur, — car il fut démontré que c'était à son instigation que son jockey avait
fait les premières avances au brave Heseltine. »

Nombre de gentilshommes furent ruinés à la suite de
cette course. Quelque temps après, on fit passer une loi
pour empêcher le recouvrement des dettes de jeu excédant
la somme de 10 livres sterling.

OLD-MERLIN était petit-fils de HELMSLEY-TURK.

Les chevaux qui ont marqué sur l'hippodrome pendant
la période où nous sommes sont restés particulièrement célèbres dans l'histoire de la formation de la race anglaise
pure.

Le plus renommé de tous est, sans contredit, FLYING-
CHILDERS, qu'égala seul, sans le dépasser, — ECLIPSE.

Les courses de FLYING-CHILDERS furent plus brillantes
que nombreuses; sa supériorité écarta promptement toute
pensée de lutte; les compétiteurs firent défaut à sa vail-
lance. Deux portraits, publiés par Stubb et Seymour, donnent de ce cheval une haute opinion sous le rapport de la
régularité des formes et de la solidité de la charpente; ils
offrent l'image puissante de la force physique et de l'énergie
morale; ils montrent une membrure large, nette, bien appuyée, vigoureusement articulée; on sent, sous les traits représentés, que la vie a été puissante, que l'action a été hardie, que la vitalité a été grande dans cette machine si heureusement constituée dans ses détails et dans son ensemble.

FLYING-CHILDERS, né en 1715, ne parut officiellement
sur l'hippodrome qu'en 1721. Sa vitesse, fort grande assurément, a toutefois été fort exagérée dans les calculs qui en

ont été faits à diverses époques ; elle est tombée dans la fable. Ce fait n'en prouve que mieux l'intensité ; si la tradition s'est exercée sur ce point, c'est que, apparemment, il y avait lieu à le faire, et c'est le cas peut-être de rappeler ce dicton : — On ne prête qu'aux riches.

Nos réserves ainsi faites, nous pouvons bien répéter quelques-unes des vitesses dont le chiffre a été conservé par le *turf-register*.

Dans une course à Newmarket, FLYING-CHILDERS a franchi, en 7', une distance correspondant à 6,764 mètres.

Plus tard, sur le même terrain, il fournit, en 6' 42", une carrière de 6,129 mètres.

Après CHILDERS, ces vitesses n'ont plus été atteintes, et il a parcouru ces distances avec une telle facilité dans le temps indiqué, qu'on avait calculé, par exemple, qu'il aurait pu franchir un espace de 1 mille en 1'. On a appliqué les mêmes calculs à la vélocité d'ECLIPSE. De pareilles vitesses n'ont jamais été constatées ; elles ont existé seulement dans l'imagination des théoriciens amateurs.

« Quand un cheval, dit le comte de Montendre, peut franchir 1 mille en une minute et demie et quelques secondes, on doit le considérer comme étant de la plus grande vitesse. ECLIPSE lui-même ne faisait pas mieux. Il est vrai d'ajouter que jamais on ne fut à même de connaître sa mesure réelle, puisque toujours il gagna sans avoir été obligé d'employer toutes ses forces.

« Contrairement à ces anciennes traditions sur la vitesse fabuleuse de certains chevaux et qui nous feraient croire à leur supériorité incontestable et immense sur ceux des époques postérieures, et surtout sur ceux du moment actuel, je pense qu'on peut être fondé à dire que la vitesse du cheval de pur sang anglais a progressé pendant plus d'un demi-siècle, à partir de 1700, date assignée à la création des courses régulières.

« J'ai été à même de parcourir un livre de notes apparte-

nant à un sportsman qui, dans sa jeunesse, avait été page
du roi Georges II ; ce *memorandum* authentique contenait
les résultats d'un grand nombre d'essais faits sur des chevaux de course, de 1750 à 1740, et j'y ai vu que, dans
cette période, la vitesse des chevaux soumis à ces essais avait
suivi une marche ascendante assez marquée.

« En 1756, d'autres essais constatent encore d'autres
progrès (1). »

Parmi les courses les plus importantes de FLYING-CHIL-
DERS, on cite celle qu'il a fournie contre *Fox*, faisant à ce
dernier l'avantage de 12 livres dans une épreuve de 4 milles,
gagnée d'un quart de mille.

FLYING-CHILDERS est père de *Plaistow*, de *Blacklegs-Se-
cond*, de *Snip* et de *Commoner*, chevaux puissants, les
deux premiers surtout ; il a produit encore *Blaze*, *Win-All*
et *Spanging-Roger*, remarquables par la beauté des formes ;
Poppet, qui a montré des moyens extraordinaires à cinq
ans ; enfin *Fleec'em*, *Steady* et quelques autres qui n'ont
pas été sans mérite.

Malgré cela, CHILDERS n'a pas été recherché, comme
étalon, avec tout l'empressement qu'un peu plus tard, sans
doute, on eût attaché à son emploi. Il a été plus particulièrement réservé pour les juments des haras de Chatsworth et
de Haledon, lieux peu fréquentés par les producteurs de
chevaux de race à l'époque à laquelle vivait cet illustre coursier.

C'était, néanmoins, le temps où l'on étudiait avec le plus
d'intérêt les questions de sang, de race, d'origine des animaux à employer à la reproduction. La supériorité du cheval arabe, la puissance reproductive du pur sang n'étaient
pas partout admises sans conteste ; les saines doctrines ne se
trouvaient pas encore pleinement dégagées des idées fausses
ou systématiques. On chercha donc, avec beaucoup de sollici-

(1) *Institutions hippiques*, tome III.

tude, à établir d'une manière certaine, péremptoire le pedigree exact, l'origine vraie de FLYING-CHILDERS. Les partisans du sang arabe comptaient trouver dans cette étude un appui solide pour l'application judicieuse des théories nouvelles ; les adversaires de celles-ci pensaient y découvrir, au contraire, quelque argument en faveur de la résistance opposée à l'adoption générale du pur sang comme principe d'amélioration.

De cet examen fait à la loupe par les hommes des deux partis, il est résulté la preuve authentique que FLYING-CHILDERS était « exclusivement né d'ancêtres orientaux, et le seul peut-être qui fût le rejeton de sept générations produites par trois croisements de sang arabe et quatre de sang barbe. »

Du côté paternel, il n'y avait aucun doute ; FLYING-CHILDERS était fils de DARLEY's ARABIAN.

Dans la ligne maternelle, les recherches étaient plus compliquées pour un temps où les généalogies n'étaient pas encore conservées avec un très-grand soin. Toutefois sa filiation fut établie de la manière la plus positive, et il resta parfaitement démontré que dans ses veines il ne coulait pas une seule goutte de sang anglais ou européen. Sa mère, — *Betty-Leedes*, — descendait, pure de tout mélange, d'un étalon arabe et d'une barbary-mare ; mais dans son ascendance figuraient deux étalons de race pure nés en Angleterre, — *Careless* et *Spanker*. — Ce dernier, père de l'autre, était fils de *the d'Arcy-Yellow-Turk*, ainsi que nous l'avons déjà constaté.

Pour plus de clarté, nous donnons le pedigree de FLYING-CHILDERS, en l'établissant suivant la formule admise pour la rédaction du Stud-Book français.

FLYING-CHILDERS ou DEVONSHIRE.

Bai (1); né en Angleterre en 1715, chez M. Childers de

(1) Il y a quelque incertitude sur la couleur de la robe de *Flying-*

Casrhouse, non loin du fameux hippodrome de Doncaster ; — vendu fort jeune au duc de Devonshire.

Son père, DARLEY'S ARABIAN, arabe, élevé dans le désert de Palmyre et venu d'Alep ; — sa mère, BETTY-LEEDES.

Le père de BETTY-LEEDES, — *Careless ;* — sa mère, *Sisterto-Leedes* par *Leedes's Arabian.*

Le père de CARELESS, — *Spanker;* — sa mère une *barbary-mare.*

Le père de SPANKER, — *the d'Arcy-Yellow-Turk ;* — sa mère, *Morocco-Barb-Mare.*

Le père de MOROCCO-BARB-MARE, — *Morocco-Barb ;* — sa mère, *Bald-Peg.*

Le père de BALD-PEG, — arabe ; — sa mère, une *barbary-mare.*

Au temps où FLYING-CHILDERS parut sur le turf, l'hippodrome était déjà fort bien peuplé et quant au nombre et quant au mérite des chevaux qui prenaient part aux courses. Il n'était pas rare de voir quinze, vingt et trente compétiteurs à la fois au poteau. On cite, entre autres, une course remarquable par une singularité qui probablement ne s'est jamais reproduite.

Vingt-six juments de six ans disputaient le prix du roi à Black-Hambledon. Dix d'entre elles étaient sous poil gris ; les quatre premières arrivées portaient cette robe.

Après CHILDERS, l'un des meilleurs et des plus beaux chevaux de course fut certainement PARTNER, par *Jigg,* fils de *Bierley-Turk.*

Les succès de PARTNER attirèrent à *Jigg* une vogue immense et une clientèle très-nombreuse. Il en a toujours été ainsi. Tout cheval éprouvé par lui-même, remarquable en-

---

Childers. Certains auteurs, d'anciens documents sur le *turf*, désignent ce cheval comme ayant été alezan ; mais un portrait original, de grandeur naturelle, peint pendant la vie même du cheval, le montre de couleur baie. Il est impossible que le peintre ait erré à ce point. Il est donc à peu près certain que *Flying-Childers* était bai.

suite par les qualités constatées chez ses produits, est devenu
l'objet d'une attention logique, d'une recherche fort active
et d'un emploi nécessairement profitable. En opérant de la
sorte on ne donne rien au hasard ; on se sent en terre ferme
et l'on ne fait assurément que de très-bonne pratique. Les
mécomptes ne font sûrement pas défaut dans une industrie
aussi chanceuse et aussi lente quant à ses résultats, même
les plus prochains, mais ils deviennent pourtant moins nombreux et moins fréquents ; ils se limitent aux circonstances
exceptionnelles et aux accidents inévitables, lorsque les règles de la science sont appliquées avec intelligence et persévérance, lorsqu'une sollicitude éclairée préside à tous les
actes qui la constituent. L'amélioration, le progrès, la
réussite sont forcément au bout d'efforts aussi judicieux,
quand les travaux sont entrepris avec suite et sur une grande
échelle. C'est le cas de l'Angleterre, et l'on aurait lieu
vraiment d'être surpris, si le succès n'avait pas couronné
l'œuvre.

Nous en sommes à cette période de la production du cheval de pur sang en Angleterre; aussi bien ne nous y arrête-
rons-nous pas davantage. Nous avons maintenant à traverser
à pas rapides les années d'existence que compte déjà la nouvelle race, à partir de l'époque à laquelle l'apparition de
King-Herod, — Eclipse — et Matchem a rendu très-cir-
conspect sur l'emploi du cheval directement importé de l'O-
rient.

La production du cheval de pur sang va donc prendre une
nouvelle direction. Au lieu de se rapprocher des races orientales, elle va tendre à s'en éloigner davantage. Le sang des
Bierley-Turk, — des Darley's Arabian, — des Godolphin-Barb a été le point de départ, le principe générateur
de la race obtenue ; mais les Matchem, — les Herod, —
les Eclipse — sont le résultat cherché, l'expression la plus
élevée des qualités poursuivies ; ils sont le but lui-même. Il
ne s'agit plus que de se maintenir à sa hauteur, de conser-

ver les avantages conquis en préservant la race de toute atteinte et de toute dégénération.

IV.

C'est un fait assez remarquable qu'en remontant à l'origine de la race anglaise de pur sang on trouve qu'elle descend tout entière de trois étalons orientaux seulement. La part des mères est peu considérable ici ; c'est à la ligne paternelle que toute attention a été particulièrement attachée.

Cette observation, déjà constatée en Allemagne, a fait dire à l'un de ses hippologues les plus éminents, à l'un de ses praticiens les plus expérimentés les paroles suivantes :

« Parmi plusieurs milliers de chevaux arabes qui, dans le « cours de deux siècles, ont été importés en Europe et em- « ployés à l'amélioration des races, il ne s'est trouvé que « trois étalons, pas davantage, qui fussent propres à créer « une descendance constante (1). »

C'est peut-être généraliser un peu trop ; c'est tout au moins caractériser, d'une manière très-nette, un fait vrai, celui du petit nombre de reproducteurs capables de transmettre sans perte, à leur descendance et dans toute la plénitude de leurs facultés, la puissance vitale, l'énergie morale et les belles qualités de formes dont la réunion constitue le type par excellence, le plus haut degré de perfection auquel puissent atteindre les sujets les mieux doués de la race.

D'autres étalons orientaux, — cela ne peut faire doute, — que les trois dont les noms ont été cités, ont contribué à fonder cette puissante race anglaise qui est maintenant répandue dans toutes les parties de l'Europe et de l'Amérique. Cependant, il faut le reconnaître, la supériorité de ceux-ci a été si évidente, que la plupart des chevaux produits après

(1) Duc de Schleswig-Holstein, *Journal des haras*, tome XXIII, page 280.

eux, — et ce jusqu'à l'époque actuelle, — leur sont alliés, par le sang, à un degré plus ou moins rapproché.

Ce résultat est dû à la conservation des généalogies, travail précieux, rempli d'intérêt et de valeur, parce qu'il contient l'histoire physiologique de la race, parce qu'il établit, comme ne l'a fait encore aucun document, la régularité et la fidélité avec lesquelles les qualités intimes du sang, les mérites d'une bonne conformation, les traits caractéristiques de la famille sont transmis d'un animal à un autre, même chez les descendants les plus éloignés.

Le Stud-Book anglais a enregistré, conservé avec le même soin la généalogie de la mère. Cependant, au rebours de ce qui se pratique en Arabie, où les produits sont dénommés d'après la mère, le livre des haras désigne, en Angleterre, les descendants d'après le père. L'un et l'autre mode sont fondés sur la loi d'hérédité, sur ce fait — que les qualités des parents sont répétées dans leurs enfants. Dans les deux cas, les ascendants étant bien connus, l'éleveur peut toujours compter d'après celui des deux parents dont l'influence s'étend le plus, eu égard au nombre d'individus auxquels il a transmis la somme de mérite que lui avaient léguée ses auteurs.

Les deux méthodes ne diffèrent donc pas beaucoup quant au résultat, car un étalon possédant à un haut degré la réunion des qualités les plus éminentes de la race les tient lui-même d'un autre étalon qui les a possédées.

Il semble, toutefois, que l'établissement d'un système rationnel de généalogie doive être fondé sur l'origine des deux parents ; c'est ce qu'a fait le *Stud-Book français*, plus clair et plus complet dans ses formules que le *general Stud-Book*.

Mais revenons à MATCHEM, à HEROD, à ECLIPSE, qui ne nous sont point encore assez connus.

MATCHEM est né en 1748 ; il a vécu trente-trois ans ; il est mort en 1781. Il était fils de *Cade*, et celui-ci, propre frère de *Lath*, était fils de GODOLPHIN-ARABIAN. La mère de

Cade— Roxana — était fille de *Bald-Galloway*, sorti lui-même de *Saint-Victor's Barb*.

Du côté de la mère MATCHEM descendait d'une *Partner-Mare*, fille de *Brown-Farewell*, par *Makeless*, fils d'*Oglethorpe-Arabian*; sa grand'mère, par *Brimmer*, fils de d'*Arcy-Yellow-Turk*; sa trisaïeule, par *Place's White-Turk*, et sa quatrième aïeule maternelle, fille de *Dodsworth*, étalon barbe, fils de *Violet-Barb-Mare*, jument importée d'Afrique, qui avait appartenu à la reine Anne, après avoir été en la possession de la famille d'Arcy.

Cette origine est certes aussi noble et pure que possible ; elle ne manque pas d'illustration. On comprend que MATCHEM, digne fils de ses aïeux, soit devenu, à son tour, une tête de race, que ses produits aient assez fidèlement répété les mérites qu'il tenait de ses ascendants pour en faire un ancêtre.

MATCHEM était bai ; son portrait le montre avec une grande perfection de formes et d'une taille bien prise.

Ses performances sont des plus brillantes. De 1753 à 1758, c'est-à-dire pendant vingt-cinq ans, il gagna un grand nombre de courses et fut rarement battu. On cite, parmi ses courses, la puissante lutte qu'il soutint contre *Trajan*, après avoir lestement distancé le grand nombre des chevaux partis avec lui au signal du juge. L'espace à parcourir était de 6,220 mètres. On prétend que MATCHEM l'a franchi en 7' 20".

Dans une autre course, sur le même terrain, courant contre *White-Jacket*, par *Mogol*, le petit-fils de GODOLPHIN-ARABIAN gagna deux épreuves sur trois en franchissant la même distance :

En 7' 52" à la première manche;
En 7' 40" à la deuxième ;
En 8' 5" à la troisième.

Ces vitesses ont été quelque peu dépassées. En raison de l'étendue du parcours, sans le poids qu'on infligeait alors aux chevaux de course, elles n'en doivent pas moins être considérées comme très-grandes ; elles marquaient, au temps où elles ont été constatées, un immense progrès sur le passé, une amélioration très-importante dans le sens de la direction imprimée à la production et à l'élève du cheval pur. Celui-ci, tel qu'il arrivait d'Orient, était l'expression de besoins autres que ceux de la civilisation européenne. En développant davantage quelques-unes de ses aptitudes, à la faveur d'une sélection toujours bien raisonnée, toujours appuyée sur des faits, on poursuivait des modifications de formes qui laissaient entier le principe générateur de toutes les propriétés départies au cheval de noble extraction. C'est ainsi que les Anglais ont, à leur tour, créé des familles de chevaux, une nouvelle race si l'on veut, d'un lignage exclusif, puissant dans son essence, plein de force et de vitalité dans ses actions, plein d'autorité, surtout quand on le considère au point de vue des produits qu'il doit laisser.

MATCHEM, résultat heureux des efforts précédents, héritier de toutes les qualités que la loi de nature, secondée par l'intelligence de l'éducateur, avait permis à ce dernier de réunir et de concentrer sur une seule tête, si l'on peut ainsi parler, MATCHEM a mérité d'être placé et maintenu parmi les plus hautes illustrations chevalines de la Grande-Bretagne.

Comme étalon, sa réputation fut grande. Il ne commença à saillir qu'en 1759, à l'âge de dix ans et au prix de 5 guinées. Bientôt il fut recherché avec un tel empressement, que, en 1765, le prix de sa monte fut porté à 10 guinées ; quatre ans plus tard, on l'éleva à 20, et, dans la vieillesse du cheval, à 25, prix énorme pour le temps.

Deux faits doivent être constatés en passant, — l'élévation successive du taux de saillie et la recherche de plus en plus active de l'étalon jusqu'au moment où il s'est éteint, à l'âge de trente-trois ans.

L'un et l'autre ressortent de la certitude, mieux confirmée d'année en année, du pouvoir héréditaire, de l'autorité de race que MATCHEM exerçait si puissamment sur ses produits. C'était une précieuse conquête ; on cherchait à lui faire porter tous ses fruits ; c'était, dès cette époque, le triomphe de la science hippique.

Comme tous les chevaux de tête, comme tous les athlètes de la race, MATCHEM a conservé sa vitalité, sa force et ses facultés reproductives jusqu'à un âge très-avancé.

David Low croit à des calculs qui établissent ceci : — Comme étalon seulement, — c'est-à-dire par le prix seul des saillies vendues, ce cheval a rapporté à M. Fenswich, son possesseur, au delà de 425,000 francs de notre monnaie.

Un autre calcul porte à la somme de 3,777,425 francs en espèces le montant des prix gagnés par les descendants de MATCHEM dans un espace de vingt-trois ans, de 1764 à 1786, non compris les coupes et divers objets d'art.

Ceux de ses produits qui ont paru avec honneur sur le turf, qui ont fait preuve de qualités solides et brillantes sont très-nombreux. Parmi les plus marquants, on cite : — AMPHION, — BAY-BOLTON, — CHYMIST, — CONDUCTOR, — CRITIC, — CANNIBAL, — COTTAGER, — DUX, — DICTATOR, — JOHNNY, — MALDEN, — NORTH-STAR, — PHOENIX, — PANTALOON, — PUMPKIN, — PROTECTOR, — PETRARCH, — RASSELAS, — TURF.

On compte, parmi ses descendants, trois cent cinquante-quatre chevaux ou juments, vainqueurs de huit cent un prix de courses.

Quand on songe à tout le bien que peut produire un bon étalon dont l'emploi est toujours judicieux, à tout le bien qui peut sortir d'un système rationnel de production et d'élève, on sent mieux tout le mal qui résulte de l'emploi irréfléchi d'une tourbe de chevaux défectueux, tarés, dégénérés jusque dans le sang, et de l'incurie qui préside si gé-

néralement à toutes les opérations d'une production abandonnée, d'un élevage impuissant.

Si le nombre des étalons capables pouvait égaler, pendant dix ans, celui des reproducteurs qui dégradent l'espèce, sait-on quelle force acquerrait la population chevaline
d'une contrée comme la France? Cette force deviendrait in-
commensurable. Les améliorations n'ont jamais été l'œuvre
du petit nombre. Combien d'attentions et de soins ne méritent pas les individualités puissantes, les reproducteurs précieux qui apparaissent de loin en loin, exceptionnellement
dans une race !

Dans l'ordre chronologique, KING-HEROD vient après
Matchem. Celui-ci était dans toute sa gloire, comme cheval
éprouvé par les rudes travaux de l'hippodrome, lorsque HE-
ROD vint au monde.

C'est en 1758 qu'est né ce cheval, chez son A. R. Guillaume, duc de Cumberland, frère de Georges II. Dès le commencement de l'année suivante, *Matchem* ouvrait sa longue
carrière d'étalon.

KING-HEROD était fils de *Tartar* et de *Cypron*.

Tartar descendait de *Bierley-Turk*, par *Partner*, petit-
fils de ce dernier, et *Zigg*, son fils.

Cypron était fille de *Blaze* et de *Selima; —* le père de
Blaze, — Flying-Childers. (Cette généalogie nous est bien
connue maintenant.) — *Selima* sortait de *Bethell's Arabian, — Graham's Champion, — Darley's Arabian.*

L'origine de KING-HEROD ne laisse rien à désirer. Dans
toutes les branches, on retrouve des célébrités, comme au
point de départ le plus noble sang de l'Orient.

KING-HEROD a résumé avec bonheur toute l'illustration
de ses pères. En le considérant comme le dernier venu, son
coup d'essai le place tout de suite au rang des plus célèbres.
C'est en tout et partout le privilége de la véritable supériorité. Dans les arts, par exemple, la première œuvre, quand
elle est belle, donne le premier rang ; celui qui l'a produite

n'a pas à attendre son numéro d'inscription. Puissant par le génie et le talent, il arrive au faîte de prime saut et devient chef d'école. C'est ainsi que HEROD, célèbre tout à la fois par lui-même et par le mérite de sa descendance, a formé souche, a donné son nom à l'une des grandes tiges de la race anglaise de pur sang.

Dans quelques années, quand les principes de la science hippique seront mieux compris, lorsqu'ils auront triomphé de l'opposition qu'ils rencontrent encore, on trouvera que nous nous sommes trop attardé sur ce point. Quant à présent, nous ne saurions trop y revenir. Les faits sont le gros bout de toutes les vérités scientifiques; seuls, ils peuvent faire entrer celles-ci dans les esprits.

KING-HEROD courut avec succès de 1763 à 1767, battant les meilleurs chevaux de son temps. On cite avec éloge sa force, sa taille, sa belle conformation, ses moyens, sa vitesse. En quittant l'hippodrome, il devint étalon de premier ordre; il remplit cet office jusqu'en 1780, époque de sa mort. Il avait alors atteint sa vingt-deuxième année. Il fit d'abord la monte à 10 guinées; à partir du printemps de 1774, il fut mis à 25 guinées, prix conservé jusqu'au terme de sa vie.

KING-HEROD fut très-suivi pendant sa carrière d'étalon. On lui donna de bonnes poulinières à féconder, on utilisa avec beaucoup d'intelligence ses facultés prolifiques. Bien qu'il n'ait été employé à la reproduction que pendant treize ou quatorze ans, on compte parmi ses produits trois cent quatre-vingt-dix-sept chevaux ou juments, qui ont gagné ensemble l'énorme somme de 5,027,625 francs, répartie en moins de mille deux cents prix. C'est une valeur moyenne de 4,200 francs au moins. Si l'on pouvait supposer une part égale pour chacun, la somme gagnée serait de 12,700 francs environ.

Qu'on s'étonne, après cela, des progrès obtenus en Angleterre, de l'intelligence qu'on y a mise au service de la bonne production du cheval, des sacrifices immenses qui ont été faits pour arriver à d'importants résultats. Il n'y a rien d'indifférent dans une étude pareille à celle-ci. Tout, au contraire, devient enseignement fécond pour qui sait réfléchir, pour qui veut des effets remonter aux causes. Ici, on peut s'en convaincre, on trouve des faits à la base, on trouve encore des faits pour conséquences. C'est leur explication logique qui mène au succès, à la prospérité si grande qui a couronné de si puissants efforts.

Et l'on serait admis à dire que l'institution des courses n'est qu'un passe-temps stérile, un jeu immoral et dangereux ! Arrière ceux qui n'ont point assez de portée dans l'esprit pour saisir tout ce qu'il y a d'utilité vraie dans un système d'épreuves rationnel, bien défini dans ses effets sur la production entière.

« Parmi les descendants de KING-HEROD dont la célébrité fut la plus grande, dit le comte de Montendre, je citerai seulement *Ameil*, — *Ascot*, — *Argos*, — *Bourdaux*, — *Buccaneer*, — *Boxer*, — *Challenger*, — *Drone*, — *Florizel*, — *Fortitude*, — *Guildford*, — *High-Flyer*, — *Laburnum*, — *Phenomenon*, — *Punch*, — *Woodpecker*, — tous chevaux d'un haut mérite, qui, eux-mêmes, ont laissé des descendants dignes de leur réputation. De ces derniers, je choisirai HIGH-FLYER, père d'une noble famille, célèbre, à juste titre, jusqu'à l'époque actuelle.

« HIGH-FLYER, né en 1774, chez sir Charles Bumbury, qui le vendit, à l'âge d'un an, à lord Bolinbroke, était fils de KING-HEROD, sa mère RACHAEL, par *Blank*, et remontait, de génération en génération, jusqu'à *Makeless*, fils d'une *d'Arcy-Royal-Mare*.

« La mère de HIGHFLYER n'avait jamais couru ; ce qui n'empêcha pas son fils d'obtenir les plus brillants succès sur les hippodromes où il ne fut jamais battu, et de transmettre ses qualités à ses descendants. HIGHFLYER commença sa carrière d'étalon en 1780, et sa saillie, fixée d'abord à 15 guinées, fut portée, en 1788, à 25 guinées, et, plus tard, à 30 et jusqu'à 50 guinées. En 1793, il retomba à 30 guinées, mais mourut cette même année, à l'âge de dix-neuf ans, laissant une réputation des plus grandes et des plus méritées, puisque 237 de ses produits ont gagné 1,249 prix.

« Je citerai parmi les fils d'HIGHFLYER, dont les noms ont fait le plus de bruit sur le *turf*, et depuis sous le rapport de la conformation :

— *Bolton*, — *Conjuror*, — *Bangtail*, — *Cowslip*, — *Diamond*, — *Escape*, — *Guildford*, — *King — David*, — *Phaeton*, — *Rockingham*, — *Stargazer*, — *sir Peter-Teazle*, — *Skylork*, — *Skyscraper*, — *Spider*, — *Saint-George*, — *Traveller*.

« L'un des plus célèbres descendants de HIGHFLYER est bien certainement *Rockingham* qu'on a comparé, avec raison et justice, aux meilleurs coureurs de tous les temps, et qui, à son tour, a laissé une progéniture digne de lui.

« Un autre des fils de HIGHFLYER, dont la réputation et la descendance sont aussi des meilleures, c'est *sir Peter-Teazle*, né en 1784, chez le comte de Derby. Il était fils de *Papillon* par *Snap*, et remontait à *Hangwood-Arabian* et à *Bierley-Mare*. Les courses de ce cheval furent des plus nombreuses et des plus belles, de 1787 à 1789. Il gagna 4,030 guinées (100,750 fr.), sans compter un Derby et un grand nombre d'autres prix, tels que coupes, vases, claret, Champagne, etc.

« Les descendants de *sir Peter-Teazle*, au nombre de 287, ont remporté 1,084 prix. Parmi eux, je citerai : — *Ambrosio*, — *Agonistes*, — *Barbarossa*, — *Coriolanus*, — *Cardinal-York*, — *Chester*, — *Clniker*, — *Cœlebs*, — *Expectation*, — *Eaton*, — *Haphazard*, — *Van-Dyke*, — *Taurus*, — *Walton*, — *Whitcheraft*.

« *Sir Peter-Teazle* est mort, en 1811, âgé de vingt-sept ans (1). »

(1) *Institutions hippiques*, tome III.

On voit comment avec un nom on peut toucher à toutes les phases de la production du cheval de pur sang en Angleterre, soit qu'on descende, soit qu'on remonte l'arbre généalogique de la race. Grâce à la publication du *Stud-Book* et du *Racing-Calendar*, ces recherches sont possibles et faciles. Les exemples qui précèdent donnent de l'utilité de ces livres une idée plus nette et plus précise que toute autre exposition des faits. En dehors d'eux, il n'y a plus aucune certitude, il n'y a plus que la confusion la plus absolue.

L'histoire abrégée d'ÉCLIPSE confirmerait, au besoin, cette assertion.

ÉCLIPSE est né six ans après *King-Herod*, seize ans après *Matchem*. Il était fils de *Marske*, petit-fils de *Squirt*, — arrière-petit-fils de *Barlett's Childers*; ce dernier, propre frère de *Flying-Childers*. — *Darley's Arabian* était donc son quatrième aïeul paternel.

Spiletta, mère d'ÉCLIPSE, était fille de *Regulus* et petite-fille de *Godolphin-Arabian*. Elle n'appartenait que depuis quelques mois au duc de Cumberland, lorsqu'elle mit bas, le 5 avril 1764, pendant l'éclipse de cette année, du poulain qui prit ce nom. Il fut donc élevé au haras du duc, qui ne reculait devant aucun sacrifice pour aider à l'amélioration du cheval en Angleterre, et dont les moyens d'action consistaient à payer à grand prix d'or les chevaux devenus les plus célèbres par leurs victoires, ou les élèves qui s'annonçaient avec des qualités supérieures. C'est ainsi qu'il avait acheté *Spiletta*; il la savait pleine par *Marske*, accouplement qui lui paraissait avoir été fort judicieusement entendu.

À la mort du prince, le haras fut mis en vente; le fils de *Spiletta* devint la propriété d'un marchand de Smithfield, nommé Wildman, pour la faible somme de 75 guinées. Peu après, le capitaine O'Kelli en achetait la moitié, pour en devenir plus tard l'unique propriétaire.

ÉCLIPSE paraît avoir été d'un caractère assez difficile au dressage. Cet inconvénient est presque inévitable chez le cheval énergique, chez le cheval de sang, lorsque l'éducation ne commence pas assez tôt. On s'expose à beaucoup de lenteurs, on court de nombreuses chances d'accidents, lorsque le poulain n'a pas été soumis de bonne heure, quand on lui a laissé le temps de prendre conscience de ses forces, quand on ne l'a pas habitué dès le jeune âge à laisser gouverner sa volonté.

Quoi qu'il en soit, ECLIPSE parut pour la première fois, au poteau, le 3 mai 1769; il avait alors cinq ans. Il avait été déclaré pour le prix des nobles et des gentlemen. Ses concurrents dans cette lutte étaient — *Gower,* — *Chance,* — *Social* — et *Plume;* le premier âgé de cinq ans, les trois autres ayant six ans.

Cette course fut mémorable dans les traditions hippodromiques d'Epsom; elle excita vivement l'intérêt par la réputation qui précédait ECLIPSE; elle porta au plus haut degré l'enthousiasme des spectateurs par la manière brillante avec laquelle elle fut accomplie par le vainqueur.

C'est que l'engouement du peuple anglais pour ces luttes est un sentiment spontané, vrai, profond, national, dit M. Eug. Chapus. Il date de loin, s'étend à toutes les classes, et ne s'est jamais démenti. Les courses ont le privilége d'affamer sa curiosité et de l'émouvoir.

« Si l'on compare les réunions hippiques des temps modernes avec celles du temps passé, on reconnaîtra que l'avantage reste à l'époque actuel quant au nombre des spectateurs, qui est plus grand, et à l'énormité des sommes engagées; mais il n'y a ni plus d'enthousiasme ni plus d'acclamations, et les anciennes assemblées, au contraire, offraient un caractère plus gai. Les masses compactes qui se pressent autour des barrières et dans l'enceinte des courses sont, de nos jours, d'une teinte uniformément sombre; cela est dû à la sombre uniformité de nos habillements. Autrefois c'était tout différent; la variété des costumes, leur bigarrure prêtaient à toutes ces masses les effets prismatiques des prairies fleuries, des flots de la mer ou des forêts d'automne agitées par le vent.

« Quiconque a visité l'Epsom de notre époque peut se faire une idée très-exacte de son champ de course, au moment où Eclipse sortant du pesoir et monté par le jockey Whiting se montra dans la lice.

« Ce Whiting passait alors pour l'un des meilleurs jockeys, et il était la personnification de ce type d'homme : intelligence profonde dans un corps amoindri (1). »

Il y eut un mouvement général d'admiration. Jamais cheval, dit-on, n'avait montré une aussi complète symétrie dans sa conformation. Cette régularité des formes n'était que la traduction extérieure de la perfection des organes internes ; cet heureux agencement de toutes les parties entre elles n'était qu'un indice de l'harmonie qui existait entre les fonctions vitales et chacun des instruments de ces fonctions.

Les proportions générales du corps étaient bonnes ; toutes les régions en étaient parfaitement liées. La ligne supérieure était droite et rigide ; les grandes cavités se montraient amplement dessinées et logeaient, à l'aise, les principaux viscères. L'avant-main était gracieuse et belle ; les épaules offraient de la hauteur, elles étaient larges et fortement inclinées en arrière ; le membre antérieur était puissant dans toutes ses divisions ; l'encolure avait de la longueur et de la souplesse ; la tête, bien placée et bien faite, offrait tous les caractères de la noblesse et de l'intelligence ; l'œil était beau, vif, plein d'expression dans le regard ; les naseaux s'ouvraient comme chez le cheval de race. L'arrière-main était musculeuse et puissamment accusée par l'écartement des hanches ; les quartiers présentaient l'image de la force ; le jarret était large, net, évidé, plein de ressort ; les pieds étaient admirablement conformés ; les allures étaient fermes et la démarche élastique : celle-ci répondait de tous points aux bonnes pro-

(1) Eug. Chapus, — *Journal des chasseurs*, tome IX.

portions des rayons articulaires entre eux. La robe était d'un bel alezan vif, relevé en tête par une lisse prolongée, et sur les membres par une balzane postérieure haut chaussée, enveloppant l'extrémité gauche. Les crins étaient d'une grande finesse; le réseau veineux, l'expression musculaire se lisaient facilement sous la transparence soyeuse de la peau : tout dénotait la race et la plus haute vitalité; on sentait l'énergie sous ces traits mâles et fortement accentués; on voyait un athlète puissant, une machine bien organisée dans cet animal extraordinaire; on lui décernait par avance la victoire.

Les paris, qui jusque-là s'étaient engagés sur un pied égal, furent proposés et tenus dans la proportion de quatre contre un en faveur du débutant.

« La distance à parcourir était de 4 milles en partie liée. Le signal est donné. Autour des limites de l'hippodrome, les masses s'agitent et s'entassent; sur le plateau des dames, les gentlemen riders s'élancent; ils courent; leurs escadrons s'évanouissent comme des cavaliers exécutant une charge en fourrageurs. Les chevaux partent; ECLIPSE prend la tête et mène la course; il vole; son compas s'allonge et couvre 28 pieds : en quatre de ses bonds, il en franchit plus de 100 (1)! »

La course est décidée, jamais épreuve n'a été plus brillamment ni plus puissamment fournie.

M. O'Kelly ne se possédait plus; il proposa, au moment où la seconde épreuve allait s'engager, de *placer* tous les compétiteurs d'ECLIPSE. La supériorité de celui-ci était ressortie si évidente, que nul ne releva le défi, que nul ne tint le pari du capitaine, bien qu'il l'ait renouvelé une deuxième fois. Il offrit alors ce pari : — 100 guinées contre 50

---

(1) ECLIPSE n'a certainement jamais atteint cette vitesse. Nous avons déjà constaté qu'elle était toute fantastique et qu'elle résultait des exagérations populaires auxquelles la vélocité de ce célèbre coursier a donné lieu au temps où il vivait, mais plus particulièrement encore après qu'il eut cessé de vivre.

qu'Eclipse vainqueur, aucun cheval ne sera placé! La prétention parut étrange; l'amour-propre s'en mêla; les parieurs soutinrent la gageure. M. O'Kelly fut heureux; Eclipse distança tous ses rivaux sans faire, pour cela, d'excessifs efforts.

Quelques jours après, le 29 mai, Eclipse gagna un autre prix, en battant — aisé — *Crème-de-Barbe.*

En juin de la même année, il court deux fois à Winchester et deux fois à Salisbury : sur le premier de ces hippodromes, il gagne le prix du roi et une bourse de 50 livres; sur le second, un autre prix du roi et le bol d'argent. Le champ était nombreux pour cette dernière course; la distance était de 4 milles, les paris dans la proportion de dix contre un pour Eclipse.

En juillet, il court et gagne — un prix de 100 guinées à Canterbury, — et le prix du roi à Lewes.

Il ferma cette première campagne le 19 septembre, en remportant encore le prix du roi, qui se courait alors à Lichfield.

« La seconde année de la carrière d'Eclipse devait commencer sur le théâtre de Newmarket, le 17 avril 1770. Newmarket, de temps immémorial, s'est réservé l'honneur d'ouvrir la série des courses qui se font dans la Grande-Bretagne. Les priviléges de cette petite ville du comté de Cambridge sont nombreux. Les membres de son jockey-club composent l'aréopage dont les décisions font loi. Le nom d'Eclipse avait grandi; il était devenu colossal. On en parlait dans les salons aristocratiques, au palais de Saint-James, de même que dans les plus obscures tavernes. Eclipse étant inscrit pour les courses de Newmarket, leur attrait habituel se trouvait alors rehaussé par tout le prestige de ce nom. Les taverniers et les marchands de wiskey battent des mains et se réjouissent; Eclipse doit courir. A travers les prairies vertes et les villes opulentes, les routes qui mènent à Newmarket sont encombrées de voitures et de chevaux.

Cette ville aux dix-sept hippodromes est un lieu unique comme tant d'autres en Angleterre, chacun dans sa spécialité : Newmarket pour ses courses, Plymouth pour ses chantiers, Wolwich pour ses arsenaux, Liverpool son commerce, Birmingham ses fabriques.

« A la première journée, ECLIPSE avait à lutter contre Bucephalus, qui n'avait jamais été vaincu sur l'hippodrome. Cette course devait précéder le prix du roi et ne prenait place dans le programme qu'afin d'offrir aux parieurs une occasion de plus de se livrer à leurs spéculations favorites. Les enjeux sont prodigieux, incalculables....... Inutile de dire que le capitaine O'Kelly tenait, lui, tout ce qu'on voulait ; il pariait, et la plupart à son exemple, dans la propor· tion de quinze contre un, pour ECLIPSE.

« Newmarket était resplendissant ce jour-là ; une atmosphère tiède, un ciel légèrement nuageux jetaient des îles d'ombre sur l'hippodrome et ses immenses amphithéâtres.

« Chacun étant à son poste, le signal se donne ; mais malheureusement la lutte ne pouvait entraîner avec elle aucune émotion. ECLIPSE, avec son écrasante supériorité, rendait toute péripétie impossible ; il n'y avait que bien peu de crainte et d'espérance en mouvement. « ECLIPSE parcourt
« l'espace avant que la vue en ait embrassé les limites ; sa
« vitesse est un vol. Les arbres, les haies, les spectateurs
« n'ont point pour lui de solution de continuité ; ce sont
« des lignes enrubanées : lui est une pensée ; il ne court
« pas, il arrive ! »

« On admire, on est étonné ; mais on est calme. Un moment, cependant, l'assemblée bat des mains avec transport, un hourra général est poussé par cent mille spectateurs. Que se passait-il ? Bucephalus a-t-il repris l'avantage, et ECLIPSE sera-t-il vaincu ?... Voici. Le soleil était tantôt couvert et tantôt apparent ; car le vent qui s'était élevé charriait les nuages avec vitesse. Tout à coup un de ces nuages arrive et, couvrant le disque du soleil, forme une alternative d'ombre et de lumière qui glisse sur l'hippodrome. A quelque distance du but, un rayon lumineux se trouve de front avec Eclipse ; on dirait d'un défi : ils s'élancent, et tous deux ont atteint le but en même temps.

« Le souvenir de ce poétique incident est demeuré dans la mémoire de tous les vieux sportsmen de l'Angleterre. Les triomphes inouïs qu'Eclipse obtenait, sa supériorité hors ligne, sans même qu'il y eût la moindre apparence de rivalité, frappèrent le public d'étonnement et d'admiration (1). »

Le surlendemain de la victoire dont nous venons de retracer les principales circonstances, Eclipse est engagé sur le même hippodrome, pour un prix du roi, contre *Ballet-Diane*, — *Chigger* et — *Pensionner*. Ce dernier, l'un des meilleurs chevaux de l'époque, fut distancé. Les paris avaient encore monté ; le capitaine les tenait à raison de vingt contre un.

Dans les mois qui suivirent, Eclipse gagna quatre prix du roi à Guildeford, à Nottingham, à Lincoln, à York, et, sur ce dernier hippodrome encore, les grands stakes, battant *Tortoise* et *Bellario*, chevaux en réputation. Dans cette course de 4 milles, l'une des plus importantes du turf, on paria dans la proportion de trente contre un.

A partir de ce moment, on se refusa d'engager aucun cheval contre ce lutteur invincible. Cependant, avant de clore sa carrière de course, M. O'Kelly ramena une dernière fois Eclipse à Newmarket, au mois d'octobre, pour y disputer le prix du roi. La veille de la course, il put le faire admettre dans un prix de souscription qui s'éleva à 150 guinées : il le gagna avec sa supériorité accoutumée. Les paris avaient encore monté dans une proportion désespérée ; ils étaient dans le rapport de 70 à 1. Mais, le lendemain, il parcourut seul la lice pour le vase du roi ; tous les chevaux

(1) Eugène Chapus, — *loco citato*.

engagés s'étaient retirés devant la certitude d'une défaite.

On prétend que, à son arrivée à Newmarket, un riche seigneur, lord Grosvenor, après quelques préliminaires financiers, avait offert au capitaine O'Kelly de lui acheter ECLIPSE moyennant la somme de 11,000 guinées, soit 286,000 francs de notre monnaie. M. O'Kelly fit ses conditions.

Il consentirait à vendre ECLIPSE à qui lui donnerait — 20,000 livres sterling (plus de 500,000 francs), argent comptant, — une rente viagère de 300 livres bien hypothéquée, et trois poulinières de pur sang.

Il conserva la propriété de son cheval.

ECLIPSE n'avait jamais été frappé, il n'avait pas même été menacé d'un coup de cravache; jamais il n'a senti le chatouillement de l'éperon, jamais la vitesse ou l'ardeur d'un rival n'a précipité son allure; toujours on le vit s'allonger, dépasser ou résister avec plus d'énergie et de constance que tous les chevaux qui lui furent opposés.

Ici s'arrête la carrière de course de ce cheval extraordinaire; elle se mesure par une durée de dix-sept mois, et, assure-t-on, par une somme totale de 625,000 fr., vaillamment et loyalement gagnée sur l'hippodrome.

Malgré cela, et à cause de cela, une rivalité jalouse conspirait sourdement contre le puissant coursier. La malveillance hurlait des menaces; la vie d'ECLIPSE était en péril. Le capitaine sut se résigner; il renonça aux courses et donna au noble animal une destination bien digne de lui; il le livra à la reproduction à partir du printemps suivant.

Ce fut en 1771 que le célèbre ECLIPSE, devenu étalon, commença sa carrière de reproducteur.

« O'Kelly, enfant gâté de la fortune, trouva, dans cette nouvelle voie, un nouveau filon d'or. On avait voulu la mort d'ECLIPSE, maintenant on aurait voulu multiplier en lui les principes de la vie.

«ECLIPSE, héros sans rival, couronné de toutes les palmes

de la victoire, avait passé tout à coup des mœurs austères et dures de la guerre aux luxueuses habitudes du sérail. C'était à qui rechercherait l'honneur de son alliance dans des vues d'amélioration ou de spéculation hippique. Le capitaine O'Kelly se montrait inexorable sur ce point ; il n'exigeait pas moins de 1,300 livres tournois de tous ceux que tentaient la beauté et les qualités si bien constatées de son cheval. Il était déterminé à se consoler par les gros bénéfices de son métier de propagateur.

« ECLIPSE n'avait pas été prédestiné à une seule et unique gloire, car il a laissé une progéniture immense, et il a été calculé que ses descendants directs, au nombre de trois cent quarante-quatre, ont remporté plus de huit cent cinquante-deux prix sur les hippodromes de l'Angleterre (1). »

La somme gagnée par les produits d'ECLIPSE s'élève, dit Low, à plus de 4,000,000 de fr., sans compter les coupes et pièces d'orfévrerie de toute espèce.

Mais tout finit dans ce monde. ECLIPSE, âgé de 25 ans, tomba malade à Epsom. M. O'Kelly fit construire, pour le transporter à sa résidence du comté de Hertford, une voiture vaste et commode, dans laquelle l'illustre animal fit le trajet qui séparait Epsom de Whitchurch. C'est là qu'il est mort et qu'il a été enterré, le 26 février 1789.

Une immense attention s'était attachée à l'existence de ce cheval ; sa mort excita une certaine curiosité scientifique. Le capitaine, dans l'intérêt de l'art hippique, laissa faire l'autopsie du cadavre. On trouva que son cœur pesait 15 livres ; — on constata à nouveau que, dans le cheval de pur sang, les os offraient la résistance, la condensation, la finesse du grain de l'acier le plus fin.

Telle est l'histoire d'ECLIPSE, telle est l'histoire des trois hautes illustrations chevalines qui sont venues après BIER-

(1) Eugène Chapus, — *loco citato*.

ley-Turk, Darley's Arabian et Godolphin-Barb, les grands-pères de la race, — *magna mater!*

Trois chevaux de tête, trois athlètes! Quelle place n'occupent-ils pas dans les annales physiologiques de l'existence du cheval de pur sang anglais! Du jour de la naissance de Matchem, en 1748, à la mort d'Eclipse, dont nous venons d'écrire la date, il y a quarante et un ans. Les premières années, celles qui ne sont point encore utilisées au profit de la race, mais pendant lesquelles l'animal pousse et fait sa végétation, se trouvent naturellement couvertes par les dernières années de puissance des pères. Ainsi Godolphin-Arabian ne disparaît qu'en 1755, sept ans après la naissance de Matchem, son petit-fils; Marske, le père d'Eclipse et de tant d'autres chevaux du premier mérite, vit jusqu'en 1779 (1).

Eh bien! que produisent ces trois chevaux? quels services rendent-ils à la race dont ils sont à la fois la plus brillante et la plus haute expression? — Ils donnent, nous l'avons dit, en chevaux qui ont marqué par leurs qualités dans la lice :

Matchem.	.	.	.	.	.	354
King-Herod.	.	.	.	.	397
Eclipse.	.	.	.	.	.	344

Soit 1,095 vainqueurs, parmi lesquels de grandes puissances se détachent, qui, à leur tour, auront mission de transmettre à d'autres, sans déchéance aucune, les qualités fondamentales de la race, celles qui résultent tout à la fois de la noblesse et de la pureté du sang, — de l'harmonie des formes et de la solide structure.

Au temps dont nous parlons, la race de pur sang anglais était confirmée; elle se montrait supérieure, dans son déve-

(1) Pendant les seules années de 1775 et 1776, quarante-sept produits de *Marske* ont gagné des prix montant ensemble à une valeur de 37,736 livres sterling ou près de 900,000 francs, sans compter des prix consistant en paniers de vin et coupe d'or (comte de Montendre, *Des institutions hippiques*, tome III).

loppement et sa force, aux animaux qui lui avaient donné naissance et dont les produits avaient grandi, s'étaient fortifiés à la faveur de soins spéciaux, d'une hygiène bien comprise, d'une alimentation plus riche encore et substantielle qu'abondante. Il semble qu'elle ait atteint le plus haut point de perfection auquel il lui soit donné d'arriver : ses producteurs n'ont plus qu'une tâche à remplir, celle de la préserver de toute dégénération. Ceci ne laisse pas que d'être encore d'une difficulté immense. Bien des écueils se trouveront dans la pratique.

Voyons ce qui est advenu.

V.

L'époque que nous venons de traverser peut être considérée comme l'âge d'or de l'hippodrome. On trouve parmi ses plus zélés champions le duc de Cumberland, les Devonshire, les Bolton, les Rutland, les Portmore, les Grosvenor, les O'Kelly, et, peu après, les marquis de Westminster, de Rockingham, lord Bolingbroke, les ducs de Lancastre, Cleveland, Kingston, Northumberland, le prince de Galles, et cent autres. La production du pur sang, son élevage judicieux étaient donc particulièrement aux mains de la haute aristocratie de l'Angleterre. Celle-ci comprenait à merveille, pratiquait avec intelligence et avec suite toutes les règles de la science nouvelle que nous cherchons à fixer, à traduire en théorie, parce qu'elle n'existe encore qu'à l'état latent parmi nous, parce que beaucoup, ignorants ou prévenus, ne savent pas les faits, les interprètent à faux, et font effort pour rendre à la routine ébranlée, aux doctrines erronées du passé la force et l'alliance qui ne devraient appartenir qu'à la vérité.

· Cependant, à côté de tous ces grands seigneurs qui rivalisaient de zèle et de sacrifices, qui possédaient les haras les plus importants, les mieux entretenus et les plus précieux,

il y avait des éleveurs d'un autre ordre, et bien plus nombreux, qui aidaient au résultat poursuivi. La production et
l'élève du cheval de pur sang n'étaient donc pas une affaire de
mode ou de caprice confinée dans les habitudes ou dans les
goûts des grands tenanciers du sol ; elles étaient tombées dans
le domaine de tous et s'y étaient implantées comme une industrie nationale.

En effet, tous les chevaux de pur sang destinés aux épreuves de l'hippodrome, avant d'être livrés, s'il y avait lieu, à la
reproduction de la race, étaient achetés alors comme aujourd'hui, élevés alors comme aujourd'hui, par des personnes
nes de toutes les classes de la société, « depuis l'entraîneur,
dit Low, le marchand de chevaux, le maître d'écurie, jusqu'au fermier, au gentilhomme campagnard, au chasseur de
renards, au marchand opulent, au banquier et au pair d'Angleterre. Tout le monde est admis à se procurer la réputation et les avantages pécuniaires résultant de la possession
d'un cheval de course. Il ne faut pour cela aucun titre qu'une
bourse bien remplie ; il n'y a aucune difficulté à s'approprier
un animal de cette caste privilégiée. »

C'est là sans doute une cause de succès, une espérance,
une garantie pour l'avenir. Toute production semblable, si
elle demeurait à l'état d'exception, resterait forcément im-
puissante ; elle ne peut donner de bons fruits qu'à la condition de s'appuyer sur les masses. C'est du grand nombre
seulement que sortent les chevaux de tête, les sujets bien
doués auxquels doit être dévolue la tâche de remonter toujours la race. Le gros de la reproduction, le renouvellement
de la population appartiennent à toutes les individualités qui
ne portent aucune tache ; mais le renouvellement des qualités, leur conservation et leur extension ne peuvent être que
le fait de quelques animaux d'élite, envers qui la nature s'est
montrée prodigue, et qu'elle a doués, comme à plaisir, des
qualités les plus élevées, des perfections les plus difficiles à
saisir dans l'œuvre mystérieuse de la reproduction des êtres.

Ici les moyens de conservation sont tout trouvés ; ils ne peuvent différer de ceux à l'aide-desquels on a fondé la nouvelle race.

On procédera en Angleterre, comme on avait procédé, comme on procède encore en Arabie. La vérité est une, et les lois de la nature sont immuables, malgré le jeu de ses combinaisons diverses.

. L'aspect du cheval noble, du cheval de pur sang doit toujours et partout éveiller en nous tout à la fois les idées de force, de rapidité, de souplesse, de résistance et de fonds, parce que celui-là seulement est dans son essence pure et primitive, celui-là seulement est le type de la création.

En Angleterre comme en Arabie, l'intégrité de ses attributs primordiaux sera maintenue, grâce aux meilleures conditions de nourriture et de soins, considérées comme les plus puissants auxiliaires des saines méthodes de reproduction et d'élève. Celles-ci ne livreront rien au hasard, elles s'étayeront toujours sur des faits positifs, elles seront constamment éclairées par des épreuves publiques et sérieuses. Le choix des reproducteurs n'a pas d'autre base solide.

A ce point de vue, nous l'avons dit en commençant ces études, le cheval pris à sa source est un moteur. En Arabie, c'est tout simplement la vapeur du désert, non rigide, toutefois, comme une puissance mécanique et matérielle, mais un moteur animé, essentiellement modifiable dans sa forme et dans ses actions en raison des différents milieux où il peut être transporté.

Les agents modificateurs dont l'influence pèse sur la vie, nous les avons tous étudiés ; nous en connaissons la nature et la force, nous en avons mesuré l'étendue. En Angleterre, dans toutes les contrées fertiles et humides, ces agents poussent à l'expansion, au développement de la taille, au grossissement de la fibre musculaire et des formes, au plus grand volume des os. Et, tandis que ce résultat insensible et lent se produit, d'autres modifications physiologiques peuvent être provoquées par l'effet seul du travail imposé de bonne heure aux produits. De là, comme conséquence nécessaire, inévitable, un déplacement plus ou moins considérable, plus ou moins heureux, dans l'harmonie des formes, dans les proportions des diverses parties de l'ensemble, — bien plus dans la pondération des qualités, dans la répartition des forces, — partout une conformation différente, des aptitudes nouvelles et, si l'on exagérait, un type distinct.

Lorsque ces conditions répondent aux besoins, aux exigences du temps, les efforts tentés pour les obtenir sont couronnés d'un plein succès. Ç'a été le cas particulier de la production du cheval de pur sang anglais à l'époque où nous l'avons laissé. Toutes ces influences, en effet, ont développé la vitesse du cheval arabe en Angleterre; sa taille s'est élevée, son compas s'est ouvert, les exercices de l'entraînement ont allongé toutes les lignes et donné plus de puissance à la machine entière.

Au désert, le cheval de pur sang couvrait dans son élan 10, 12 ou 14 pieds d'étendue ; en Angleterre, il embrasse de 18 à 28 pieds de surface à chacun des bonds qu'il produit pour déplacer son corps.

Le cheval arabe a donc moins de vitesse que le cheval anglais, et chez ce dernier la structure générale, la conformation externe et interne, l'agencement des diverses parties de l'organisme, en tout favorables à ce plus grand déploiement d'actions, répondent plus aux exigences actuelles, approprient mieux le moteur à sa destination présente.

Voilà le cheval anglais de pur sang au temps d'*Eclipse*.

A partir de cette époque, on le comprend, le cheval arabe, venant directement de l'Orient, fut à peu près abandonné de tous. Il n'avait plus assez de chances sur l'hippodrome pour tenter la spéculation des amateurs passionnés du turf; il n'offrait pas aux continuateurs sérieux de la race assez de certitude, quant à la pureté du sang, pour ne leur laisser aucune crainte sur le fait d'une mésalliance possible. Il n'allait donc plus ni aux idées d'amélioration ni aux calculs de la spéculation. Dès lors, il tomba dans le discrédit. Cependant, de loin en loin, quelques sujets d'élite apparaissent encore et rappellent au principe comme pour mieux confirmer les résultats obtenus. On sent que le bon cheval arabe produirait encore ce qu'ont produit les *Bierley-Turk*, les *Darley's Arabian*, les *Godolphin-Barb* et quelques autres. Le prototype de l'espèce est toujours là dans son essence primitive, il n'a rien perdu de ses premiers attributs; mais il est très-difficile à reconnaître, il n'apporte avec lui aucun fait authentique de race, de pureté de sang. On y serait trop aisément trompé, on risquerait trop en employant au hasard des reproducteurs sans autorité constatée dans l'ascendance, sans autre valeur individuelle que l'apparence, sans présomption fondée quant au pouvoir héréditaire.

Quelque prévenu que l'on soit en faveur du cheval d'Orient et contre les idées qui l'ont fait abandonner en Angleterre, il est impossible de ne pas convenir que ces idées ne manquent pas de logique, que le système des Anglais repose sur une pratique éclairée, sur des faits matériels qu'il faut bien subir puisqu'on ne peut pas les supprimer.

Nous ne recommencerons pas le travail qui précède; nous ne ferons pas l'histoire des successeurs d'*Eclipse*. Chacun peut entreprendre des recherches de cette nature, les appliquer à une célébrité quelconque — (elles sont nombreuses à la fin du xviiie siècle et dans la première moitié du nôtre), — et s'édifier sur le mérite de la race à ses différents âges, pendant les cent cinquante dernières années.

Mais nous nous arrêterons sur les points que voici :

Les Anglais, comme d'aucuns l'ont dit, ont-ils réellement introduit, par intervalles, du sang arabe dans les veines du cheval de pur sang modifié en Angleterre?

Quels sont les poids portés et les distances parcourues dans les épreuves publiques imposées aux chevaux de pur sang, du temps d'*Eclipse* et de nos jours?

Quelle influence ont exercée sur la valeur du cheval et le mérite de la race les exercices violents du training et les épreuves de vitesse prématurément imposés au cheval de pur sang ?

Quelle est enfin la situation actuelle de la race pure en Angleterre, et comment s'y reproduit-elle de nos jours ?

Dans l'examen de ces questions se trouve entière l'histoire des progrès ou de la décadence du cheval de pur sang anglais, produit postérieurement à la grande époque à laquelle *Eclipse* a appartenu par ses descendants immédiats.

Nous avons établi, dans de précédents chapitres, que la race arabe et le pur sang anglais avaient l'un et l'autre de chauds partisans et de violents détracteurs. Nous ne reviendrons pas sur ce débat. Pour être incessamment reproduits, les arguments et les objections ne changent pas ; c'est toujours le même ordre d'idées et de faits.

En ce qui touche le point en discussion ici, il suffit de rappeler que les partisans absolus du cheval d'Orient, comme principe générateur des races, appuient surtout leur doctrine sur le fait de la dégénération qui atteint le cheval de pur sang anglais, et sur la nécessité où se trouvent les éleveurs de la Grande-Bretagne de revenir au sang primitif, à l'étalon arabe, pour combattre avec énergie les progrès rapides de la décadence dont le cheval de pur sang est menacé.

Cette thèse a particulièrement été soutenue, dans ces derniers temps, par M. Hamont. « Les Anglais, a-t-il dit, ont toujours pris, sans être arrêtés par les dépenses, dans le pays de Nejd, les coursiers les plus nobles et les plus estimés. Cette première circonstance, des soins assidus, des aliments de choix, un traitement approprié, ont amené les résultats que vous admirez dans le cheval de pur sang. Quoi qu'on en dise, les Anglais ont beaucoup importé et importent encore chez eux des étalons *nejdis*. Or le cheval nejdi est d'une noblesse incontestée, d'une beauté dont on ne peut donner une idée. Son aspect produit une impression profonde de très-grande supériorité. L'expression de sa figure dénote une intelligence qu'on ne rencontre pas chez d'autres chevaux ; son regard fier semble dire à celui qui l'examine : Je suis le premier de l'espèce, le plus beau et le plus agile des coursiers. »

Des hommes de pratique ont répondu à ces assertions vagues. M. Hamont écrivait en 1842, nous pouvons bien opposer à ce qu'il avance l'opinion de John Lawrence, auteur d'une histoire du cheval anglais, publiée longtemps avant le mémoire du vétérinaire français.

« La grande renommée des arabes *Bierley*, *Darley* et *Godolphin*, dit l'hippologue anglais, a presque effacé celle de tous les autres ; nos meilleurs chevaux de presque toute la dernière centurie ont quelque mélange de ce sang, s'ils n'en sont pas entièrement. Ils ont donné des productions qui réunissaient à la taille, à la force des os et à la corpulence une telle rapidité à la course, en même temps qu'une telle faculté, jusqu'alors inconnue, de soutenir cette course, qu'il est probable qu'ils avaient atteint le point le plus extrême de la perfection. Les descendants de ces arabes ont rendu les coursiers anglais supérieurs à tous les autres, non-seulement dans leur propre race, mais encore pour donner de bonnes productions ; *en sorte que le pays n'a plus besoin de se fournir à l'étranger* : la race est fortement et suffisamment établie soit sous le rapport du sang, soit par rapport à la quantité d'individus dont elle se compose. Cette amélioration du produit du cheval arabe, naturalisé, a longtemps été, est encore une raison de défaveur contre les chevaux importés de l'étranger, et qui, depuis l'arabe *Godolphin*, ont toujours été inférieurs aux chevaux de pur sang nés en Angleterre. Il est de toute probabilité que ces étrangers ont été, pour la plupart, de race mêlée ; l'importation de pareils chevaux, pris au hasard, ne peut maintenant présenter aucune chance d'utilité. Cependant, semblable à un acheteur de billet de loterie qui court la chance d'un gain de 2,000 livres sterling, l'acheteur d'un cheval né en Orient peut avoir la pensée qu'il mettra la main sur un nouveau *Godolphin*. Cette espérance est bien faite pour tenter les plus hardis. »

Certes, ce passage du livre de John Lawrence mérite bien autant de créance que l'assertion émise par M. Hamont : il la repousse aussi formellement que besoin serait. Toutefois nous pouvons bien ne pas nous en tenir à ce seul témoignage, et nous empruntons à d'autres les réfutations directes, publiées à l'époque même où M. Hamont mettait au jour des études aussi peu approfondies, des opinions aussi hasardées et qui lui ont valu des leçons aussi sévères de la part d'hommes sérieux et consciencieux.

« Tout le monde sait fort bien, dit M. de L......., que, lorsque les Anglais ont voulu s'occuper sérieusement de l'amélioration de leurs races chevalines, ils ont cherché à se procurer des reproducteurs orientaux des meilleures races, et qu'ils ont pris partout où ils en ont trouvé, voire même en France, témoin *the Godolphin-Arabian*, dételé d'une charrette de porteur d'eau pour être le créateur de l'une des familles les plus nombreuses et les plus renommées de toute la Grande-Bretagne, et notez que ce célèbre étalon était barbe, et non arabe. Mais rien ne nous prouve que ces producteurs, dont le nombre n'est pas aussi grand qu'on pourrait le penser, fussent du *Nejd*; nous sommes, au contraire, certain que beaucoup étaient turcs et barbes, car les Anglais ont toujours eu grand soin d'indiquer au *Stud-Book*, et dans tous les ouvrages qui traitent de la régénération chevaline et de la formation de leur race de pur sang, l'origine des étalons et des juments employés par eux. Ainsi ils ont dit — *Barton-Bard*, — *Callen-Arabian*, — *Bierley-Turk*, — *Wellesley-Arabian*, — *Vernon-Arabian*, — *King-William's Black-Barb*, — *the King's Persian*, — *Selaby-Turk*, etc., ce qui nous donne la certitude qu'ils n'employaient pas les étalons du *Nejd* à l'exclusion de tous les autres, et ne les a pas empêchés d'arriver au point où ils en sont, en ce qui concerne la production du cheval.

« Ce point éclairci d'une manière incontestable, il s'agit de savoir si, comme le dit M. Hamont, les Anglais continuent à introduire chez eux des étalons orientaux pour verser du sang plus noble et plus pur dans leur race. Ce qui prouve qu'il n'en est rien, c'est qu'en Angleterre il se trouve quelques personnes qui, à tort ou à raison, prétendent qu'il serait grand temps de recourir à ce moyen pour arrêter la dégénération qu'ils croient reconnaître dans les races de la Grande-Bretagne, y compris, selon toute apparence, celle de pur sang anglais. Est-ce que ces hippologues donneraient de semblables conseils, si ce qu'ils demandent existait ?

« Mais il y a une bien autre preuve de l'erreur dans laquelle est tombé M. Hamont, lorsqu'il prétend que les Anglais importent encore des chevaux du Nejd et s'en servent toujours comme producteurs propres à régénérer et à entretenir leur race de pur sang. J'ouvre le *Stud-Book*, et, dans une période de plus de quinze années, je trouve que, sur mille vingt-sept juments pures, vingt-huit seulement ont été saillies par treize étalons orientaux, et qu'il est né de ces alliances quarante-neuf produits mâles ou femelles. Il est bon de faire observer que, sur les vingt-huit juments livrées aux chevaux d'Orient, seize appartenaient au même propriétaire, M. Attwood, qui était en même temps possesseur de deux étalons arabes et d'un cheval turc ou barbe.

« Voilà des faits irrécusables ; ils valent bien, sans doute, les simples suppositions de M. Hamont. Les assertions de ce dernier n'étaient rien moins que hasardées. M. Hamont a écrit au courant de la plume et au gré de son imagination. La science hippique est plus positive que ne l'a cru l'ancien élève d'Alfort ; elle repose sur des faits pratiques qui découvrent la vérité à qui la cherche avec sincérité, qui donnent de l'expérience à qui en manque, permettent de démasquer l'erreur, si soigneuse soit-elle à s'envelopper sous les fausses apparences du vrai.

« Et qu'on ne vienne pas nous dire que, si les étalons orientaux ne sont pas employés à des accouplements avec les juments de pur sang, ils servent à faire des croisements avec des juments de demi-sang, ou avec ces fortes poulinières du Yorkshire ou du Norfolk, car ce serait moins exact encore et tout à fait exceptionnel (1). Il peut y avoir quelques chevaux turcs, barbes, turcomans, etc., en Angleterre, mais un très-petit nombre y est employé à la reproduction. Chaque année, les journaux qui s'occupent d'hippologie et de sport donnent la liste des étalons qui feront la monte dans les différents comtés du royaume; rarement on y voit figurer les noms des chevaux orientaux. Et quand, par hasard, il arrive que, par suite d'un cadeau fait au roi ou à la reine par quelques souverains de l'Orient, un ou plusieurs chevaux arabes mettent le pied sur le sol de la Grande-Bretagne, ces mêmes journaux ont grand soin de l'annoncer et de faire sentir l'inutilité de ces importations au point de vue de la reproduction et de l'amélioration.

(1) On cite un certain M. Coll, qui, frappé des qualités d'un cheval arabe qu'il avait vu courir avec de grands succès dans l'Inde, eut l'idée de le ramener en Angleterre, pour l'employer, non pas à des alliances avec des poulinières de pur sang, mais à des croisements avec des carrossières du Cleveland et du Yorkshire. Revenu dans sa patrie, il s'établit à la campagne, acheta six magnifiques juments et commença ses expériences. Elles ne furent pas longuement répétées. N'ayant pu tirer plus de 10 à 12 guinées des chevaux sortis de l'accouplement de son arabe avec ces poulinières, il renonça bientôt à une aussi mauvaise spéculation. Mais toujours convaincu, entiché, écrit-on, du mérite de ce cheval, il persuada à son frère, lord E..., de lui livrer quelques juments pures. Ce second essai ne réussit pas beaucoup mieux que le premier, et aucun des produits nés de ces alliances diverses ne parut avec succès sur l'hippodrome, et ne put être vendu qu'à des prix très-minimes. On pourrait citer plusieurs autres faits semblables; tous ont eu les mêmes résultats. Si une ou deux personnes ont persévéré dans l'emploi du sang arabe, ce n'est qu'à la quatrième ou cinquième génération qu'elles sont arrivées à égaler le mérite et la valeur des descendants de sang anglais.

II.   11

« Autrefois le haras de Hampton-Court, appartenant au roi, renfermait toujours un ou deux étalons arabes, mais ils ne saillissaient presque jamais.

« Tous ces faits ne suffisent-ils pas pour démontrer et prouver que M. Hamont s'est trompé lorsqu'il a dit qu'en Angleterre on continuait à se servir des étalons arabes pour améliorer la population chevaline en général, et renouveler, en particulier, le sang de la race pure que s'est approprié cette partie de l'Europe (1)? »

La Société d'encouragement pour l'amélioration des races de chevaux en France a cru devoir opposer aux assertions erronées de M. Hamont l'autorité qu'elle peut avoir en pareille matière. La réfutation confirme et complète celle qui précède. Nous citons textuellement :

« C'est à tort, écrit-on au nom de la Société, que, dans une publication récente, M. Hamont a avancé ce fait : — La race de chevaux de pur sang anglais ne s'entretient à son état de perfection que par l'introduction continuelle de sang arabe. Une telle assertion dénote la plus complète ignorance de ce qui se passe en Angleterre. On peut y citer quelques personnes qui ont persisté à tirer race d'étalons arabes. M. Attwood, le colonel Angerstein sont les derniers qui aient persévéré, aux dépens de leur fortune, dans ce système. Si on parcourt les listes annuelles des étalons qui font la monte de 5 à 50 livres sterling, on n'y voit figurer, depuis une époque assez reculée, aucun cheval arabe.

« Voici un fait qui établit l'origine qu'on a de leur mérite en Angleterre. Après la mort de Guillaume IV, le célèbre haras de Hampton-Court, dont il était propriétaire, fut vendu; il s'y trouvait deux étalons arabes et plusieurs juments de même race qui avaient été offerts en cadeau au roi d'Angleterre par l'iman de Mascate. On ne saurait douter

(1) De L....., hippologue éclectique, — *Journal des haras*, tome XXX.

qu'ils eussent été choisis avec le plus grand soin, et on s'accordait à les considérer, en Angleterre, comme les plus parfaits qui eussent été introduits ; cependant, accouplés avec les juments de leur race aussi bien qu'avec des juments de pur sang anglais de premier ordre, ils n'ont rien produit qui ait pu, sous le rapport de la force, de la taille et de l'élégance, supporter la comparaison avec les poulains de pur sang anglais ; aussi l'un se vendit 400 livres sterling, l'autre 600. Le premier fut acheté par l'administration des haras et vint en France ; l'autre quitta également l'Angleterre. Mais *Acteon* et *the Colonel*, étalons anglais du même haras, furent vendus, l'un 950 livres sterling, et l'autre 1550. Il y eut une différence plus grande encore entre le prix de vente des poulains arabes et ceux des poulains de pur sang anglais. Enfin, depuis longues années déjà, aucun des chevaux célèbres en Angleterre n'a dans sa généalogie, en remontant jusqu'à la cinquième ou sixième génération, de mélange de sang arabe (1). » Passons à l'examen de la seconde question que nous avons posée :

Quels sont les poids portés, quelles sont les distances parcourues sur l'hippodrome aux jours des épreuves publiques ?

Ainsi formulée, la question répond à la thèse discutée par les détracteurs des courses. Cependant le sujet est plus vaste. Nous sortirons du cadre étroit dans lequel on le resserre, pour l'élargir à sa base, afin de lui donner une solution logique, telle que la dictent l'expérience et la vérité.

A la fin du siècle dernier, au commencement de celui-ci, les chevaux de course étaient plus chargés et parcouraient de plus longues distances que ceux de l'époque actuelle. Ce fait est produit en manière de preuve à l'appui de cette assertion : — le cheval de pur sang anglais de nos jours n'a plus la même valeur que les produits immédiats d'*Eclipse*,

(1) *Observations de la Société d'encouragement*, etc., Paris, 1842.

par exemple; il n'a plus ni la même puissance d'organes, ni la même ampleur du système osseux et musculaire, ni autant de force, ni autant de résistance; il est certainement en voie de dégénération. Au lieu de se montrer athlétique et gros, plein de vitalité, énergique, net dans toutes ses parties, il apparaît mince, enlevé, nerveux, étroit, plat dans sa structure, souvent taré, — *ficelle*, — pour dire le mot consacré.

Et ce résultat a été forcément produit par l'abus des courses. On y a soumis des animaux trop jeunes. Dès lors, il a bien fallu alléger les poids et raccourcir les distances, car les exigences, sous le rapport de la vitesse, restaient les mêmes. Bien faciles à prévoir étaient les conséquences de ce système. La machine a cédé à des efforts trop violents, excessifs; les membres se sont allongés outre mesure, le corps s'est élancé et développé de même dans le sens de sa longueur. L'équilibre entre les forces a été rompu. Les os ont perdu en épaisseur, la fibre musculaire s'est retirée, affaiblie, l'animal a offert des lignes plus longues, il a eu plus d'abatage et moins de puissance, moins de cette qualité qu'on appelle le fonds; il a conservé toute l'activité propre au cheval de sang, toute la rapidité d'allure désirable, mais son action est presque toute nerveuse, ses forces sont promptement épuisées; il n'a plus sa rusticité d'autrefois, la résistance que ses ancêtres montraient aux plus rudes travaux; on en a fait un animal à part; c'est maintenant une race artificielle, marquée du sceau de la dégénération; on l'a usée par l'abus; on a cessé de la produire dans un but utile; son unique aptitude est une grande vitesse acquise aux dépens du mérite d'une conformation régulière et solide. Toutes les proportions ont été renversées. Ce cheval ne ressemble plus en rien au prototype de l'espèce; il est l'antipode du cheval noble d'Arabie, et presque toujours déshonoré par des défectuosités si graves, que la véritable science, que la saine pratique les considèrent et les repoussent comme le poison.

Enfin il manque de souplesse et va tout d'une pièce; c'est la flèche, que l'on fait longue et roide afin qu'elle soit rapide.

Ces mots résument, croyons-nous, tous les griefs que certains hippologues articulent contre le cheval de pur sang anglais de ce temps-ci.

L'accusation n'est pas précisément d'hier. Si nous cherchions bien, nous la trouverions peut-être aussi renouvelée des Grecs. Nous remonterons moins haut dans l'histoire du cheval, et nous nous arrêterons à 1750, date inscrite à la première page d'une petite brochure publiée en Angleterre — « au sujet des courses de chevaux et des progrès qu'elles avaient faits.

« L'auteur fait observer que, sous le règne de la reine Anne, les gentilshommes élevaient des chevaux si fins, dans le but de les rendre légers, qu'ils étaient entièrement impropres aux autres services, quand un gentilhomme, mû de l'amour du bien public, qui avait reconnu le danger de la fausse voie dans laquelle avait été engagée la production du cheval noble, légua, par testament, 13,000 guinées pour être distribuées dans treize des lieux de course désignés par la couronne, à la condition que chaque cheval porterait un poids de 12 stones (1) dans une course de 4 milles (2). »

John Lawrence, à qui nous empruntons ce récit, le révoque en doute. Quelque gentilhomme de ce temps, dit-il, peut bien avoir parlé d'un pareil legs, mais il n'y a aucune preuve qu'il ait jamais été fait.

Et il poursuit en ces termes : « Par rapport à l'idée, souvent mise en avant, que, pour avoir des chevaux plus légers à la course, il faut avoir des chevaux fins et minces, elle ne peut venir que dans l'esprit des personnes qui ne connaissent rien

(1) La stone équivaut à 6 kilogr. 347 gram. ; — 12 stones donnent 76 kilogr. 764 grammes.

(2) Le mille anglais équivaut à 1,709 mètres 314 millimètres ; — 4 milles donnent 6,436 mètres 64 centimètres.

à la matière, et cette supposition n'est venue que de la comparaison qu'on faisait de la finesse des chevaux du Midi avec celle des autres races. Je crois, au contraire, qu'un éleveur de chevaux de course n'a jamais visé et ne visera jamais à avoir une race déliée, mais qu'il visera invariablement au but opposé. La finesse et la délicatesse ne sont pas des annexes de la légèreté de la course; et il arrive souvent, et peut-être même plus que souvent, que les chevaux les plus larges et les plus forts ont le plus de rapidité, et que les plus fins et les plus déliés en ont moins. Je ne pense pas qu'aucune des règles qui ont fixé le poids à porter par les chevaux de course ait jamais influé sur les plans des nourrisseurs, qui ont toujours cherché invariablement, indépendamment de tout stimulant, à avoir des poulains vigoureux et bien étoffés. Il est peut-être arrivé, dans le temps dont nous parlons, comme cela est arrivé souvent depuis, au grand désappointement des éleveurs, que plusieurs de leurs produits destinés aux épreuves de l'hippodrome, particulièrement parmi les femelles, aient été trop légers, n'aient pas eu les os assez gros. Ceux-ci, ne donnant pas d'espérance, ont sans doute été rejetés de l'entraînement et sont restés sans grande valeur; mais toute production a ses écarts; toutes les naissances ne peuvent arriver à bien, tous les produits n'atteignent pas à la perfection. Toutefois je n'ai jamais entendu dire que le public ait été généralement dans la pénurie de chevaux sous la reine Anne, et qu'il ait été obligé d'employer les rebuts trop déliés des chevaux de pur sang. Je crois, au contraire, que le petit nombre d'éleveurs de cette époque, comme de celle-ci, qui étaient instruits et expérimentés, ne voulaient élever d'autres chevaux que des coursiers, et qu'ils laissaient, en général, la propagation des races communes à ceux dont la connaissance de ces races n'avait jamais été d'un grand poids pour eux. »

Avant l'époque de l'introduction de *Godolphin-Arabian* en Angleterre, il ne paraît pas que les poids portés en course

aient été aussi élevés que du temps d'*Eclipse*. En effet, c'est
« dans la trentième année de Georges II qu'un acte fut passé
pour la suppression des courses de poneys ou des petits et
faibles chevaux. Par cet acte, il fut défendu de faire aucune course pour un prix moindre de 50 livres sterling ; et
chaque cheval, s'il avait cinq ans, devait porter 10 stones ;
s'il en avait six, 11 stones ; et, s'il en avait sept, 12 stones (1).

« Cette loi fut rendue dans le but d'obtenir un double
résultat, savoir d'empêcher le goût de la dissipation parmi
les classes inférieures, et d'ôter de l'intérêt à produire de
petits et faibles chevaux. C'est purement un acte inutile de
législation (2). »

En effet, postérieurement à lui, on trouve nombre de
courses dans lesquelles les poids portés étaient beaucoup
moins considérables. On cite, par exemple, celle qui fut
gagnée à Newmarket par *Flying-Childers* contre *Almansor*
et *Brown-Betty*. La distance à parcourir était de 6,129 mètres. Le fils de *Darley's Arabian* fournit brillamment la
carrière en 6' 42" ; il portait 58 kilogr., et ses concurrents
seulement 51 kilogr. 1/2.

Dans sa course fameuse contre *Bucephalus*, à Newmarket,
au printemps de 1770, *Eclipse*, comme son rival, ne portait
que 53 kilogr. 1/2 ; il avait alors six ans.

Au commencement de ce siècle, dit Low, la charge imposée pour courir les prix royaux était, suivant l'âge, de
65 kilogr. à 72 kilogr. 500 gr. Ces prix ont toujours été disputés en partie liée ; la distance variait de 4,800 à 6,400 mètres, suivant le terrain.

Trop lourds étaient ces poids, trop longues étaient ces
distances ; les courses faites en de semblables conditions ne

---

(1) Ces fixations équivalaient à — 63 kilogr. 470 gram., — 69 kilogr.
817 gram., — 76 kilogr. 764 gram.

(2) *Histoire du cheval anglais*, par John Lawrence.

permettaient que d'y appliquer des chevaux trop avancés dans la vie. On n'apprenait alors à connaître ceux-ci qu'à l'époque de leur plus grand rapport, à l'âge où il est très-important qu'on sache déjà à quoi s'en tenir sur leurs qualités vraies, sous peine de perdre une partie des services attendus.

M. Hankey-Smith, qui a écrit sur l'élève du cheval de pur sang en Angleterre, se déclare peu partisan de l'ancien mode des courses. Il trouve excessifs et le poids et la distance infligés aux anciens chevaux de pur sang; il ne croit pas à la complète efficacité d'un essai qui exige plus que de raison, et qui commence par éreinter les animaux que l'on se propose tout simplement d'éprouver.

Peut-être aussi, et il inclinerait à le penser, a-t-on été un peu trop loin dans la réforme qui s'est faite et a-t-on un peu trop raccourci les distances fixées pour un certain nombre de prix.

Les règlements modernes ont réduit les épreuves à une distance de 1,600 ou de 3,200 mètres, et le poids à 54 kil. à trois ans. Un ou plusieurs prix gagnés imposent une surcharge plus ou moins lourde; l'âge aussi apporte une différence dans les poids à porter, mais l'aggravation de la charge diminue et même cesse tout à fait à mesure que l'animal devient plus âgé. Enfin, à conditions d'âge égales, la femelle ou le cheval hongre portent 1 kilogr. 1/2, quelquefois 2 kil. de moins que le cheval entier.

Mais ces distances et ces poids varient à l'infini dans les courses autres que celles qui ont lieu pour les prix royaux et pour les prix publics consistant en pièces d'orfévrerie. On s'édifiera à cet égard en se reportant aux tableaux insérés aux pages 80 et 81 du tome III (première partie) de la *France chevaline*.

Sir Charles Bumbury, l'un des amateurs les plus passionnés du turf, fut principalement cause que l'on abandonna à Newmarket les courses de 4 milles (6,436 mètres); ce fut également lui qui accrédita la malheureuse innovation de faire courir des poulains de deux ans.

Nous venons de constater

— La réduction de la distance à parcourir ;

— La diminution du poids à porter ;

— L'application du système des courses au poulain de deux ans.

Ailleurs nous avons discuté — au fond — ces trois points de théorie appliquée. Nous ne devons pas nous répéter. Le lecteur voudra bien se reporter au volume où ces questions ont été examinées (1); toutefois nous compléterons l'étude déjà faite par des considérations spéciales, mais toutes comparatives entre le passé et l'époque actuelle.

Quand les distances étaient plus longues, les épreuves étaient moins multipliées; les chevaux rencontraient un moins grand nombre de compétiteurs; ils couraient sur des terrains moins variés; la multiplicité des essais forme un système d'épreuves complet. Le cheval qui se mesure sur des hippodromes différents, à des époques de l'année différentes, contre des rivaux différents, donne l'étendue réelle, positive de sa vigueur et de ses moyens. Il n'y a qu'un cheval d'élite puissamment organisé, fortement constitué, qui puisse tenir à un travail aussi rude et aussi longuement continué. Cette considération atténue singulièrement le reproche que l'on adresse aux distances réduites de chacune des épreuves imposées par les règlements modernes aux chevaux de pur sang de l'époque comparativement aux essais des temps antérieurs. Il est hors de doute, en effet, que la somme de travail produite par les chevaux de nos jours soit considérablement plus grande que celle qu'avaient à supporter leurs ancêtres. Ceux-là donc sont plus sérieusement et plus complétement éprouvés que ne l'ont jamais été ceux qui les

(1) *France chevaline*, tome III, première partie, page 27 et suivantes.

ont précédés. Nous dirions volontiers qu'ils le sont trop, qu'on dépasse la mesure, qu'ils le sont jusqu'à l'abus ; là est le mal, mais nous reviendrons un peu plus bas sur ce point.

La diminution du poids à porter est peut-être plus apparente que réelle. Au temps où l'on chargeait davantage les chevaux de course, il n'y avait pas entre les différents prix offerts la hiérarchie, logique en quelque sorte, qui depuis a été établie. La victoire était tout bénéfice ; celui qui l'avait remportée rentrait en lice avec tous ses avantages. Postérieurement on a cherché à rétablir l'équilibre entre la supériorité constatée et le mérite non encore éprouvé, entre les vainqueurs et les vaincus de l'hippodrome, en infligeant aux premiers une surcharge qui ajoute nécessairement aux difficultés de la lutte.

Cette surcharge est variable et peut, suivant la circonstance, être une aggravation notable du poids primitif. En fait, elle agit tout à la fois en protégeant les nouveaux venus dans la carrière ou ceux dont les forces ont jusque-là trahi l'ardeur, en permettant, lorsque l'épreuve est renouvelée, de mesurer plus juste les moyens et l'intensité d'action du cheval déjà vainqueur dans un ou plusieurs essais précédents. Enfin le poids actuel s'applique à des animaux moins âgés, travaillant plus rudement et pendant plus longtemps que ne travaillaient les chevaux d'une époque moins rapprochée ; il s'applique, ne l'oublions pas, à des animaux qu'une méthode d'élevage perfectionnée a mûris plus vite, plus heureusement et plus puissamment développés dès les premiers mois de l'existence.

L'entrée de la carrière, permise à des poulains de deux ans, nous l'avons déjà caractérisée ; ç'a été une innovation malheureuse. Le poulain n'envahit pas brusquement l'hippodrome ; il lui faut une préparation qui demande du temps. On l'enlève trop tôt à la vie libre, on le soumet prématurément à une discipline sévère qui substitue le régime de l'entraînement aux ébats du jeune âge et aux exercices naturels du poulain. Il est vrai qu'on atténue beaucoup les inconvénients du training en rendant celui-ci plus doux, en ne faisant porter qu'une *plume* au poulain, en modérant le travail, en réglant l'action, en ne dépassant pas la somme de labeur qu'il semble pouvoir supporter chaque jour, la somme de forces qu'il semble pouvoir dépenser dans chacun des exercices journaliers auxquels il s'est astreint. Malgré cela et quoi qu'on fasse, il est impossible qu'on n'aille pas au delà pour le plus grand nombre. Ceux qui résistent aux fatigues, à l'excès du travail se comptent aisément; ils ne forment que de brillantes exceptions, et l'on peut toujours supposer, non sans raison, que, parmi ceux qui se sont tarés ou dont la conformation a cédé, ou dont le développement a été arrêté, plusieurs, sinon la très-grande majorité, auraient pu faire des reproducteurs d'un certain ordre. Entre le cheval de tête et le beau cheval, il y a plus d'un degré. Les hautes illustrations de la race sont nécessaires à sa conservation ; mais, à côté d'elles, il y a encore une place considérable à prendre, d'utiles services à rendre à la reproduction générale. Eh bien, les courses de deux ans laissent de grands vides à remplir ; il y avait certes moins de degrés inoccupés sur l'échelle de la race quand on demandait moins aux produits, quand on n'avait pas, pour le jeune sujet, pour l'animal encore imparfait ou inachevé, des exigences déraisonnables et trop souvent nuisibles au développement des bons germes qui sont en lui.

« Ce système, écrit David Low, fait un tort immense à la race anglaise de pur sang; il use les facultés du poulain avant qu'il ait atteint toute sa croissance et son entier développement ; il altère, par une surexcitation extrême, la vigueur de l'économie animale, tend à créer beaucoup de maladies et abrége la durée de la vie. Non-seulement il affecte les individus, mais il agit aussi sur la race, en détruisant, chez les produits de ces animaux énervés, la vigueur, la santé et la rusticité naturelles. »

Ces quelques mots répondent à la troisième question que nous nous étions posée. Voyons quelle situation l'abus des courses a faite à la race entière.

Il en est de l'abus comme de l'erreur. Celle-ci masque la vérité et nuit essentiellement au bien qu'elle produirait par son rayonnement toujours fécond ; l'autre, par ses excès, étouffe le bien qui résulte du bon usage, de l'emploi raisonné. C'est ainsi que le mieux est l'ennemi du bien.

Les courses ont été, cela n'est point contestable, le moyen le plus efficace de naturalisation du cheval arabe en Angleterre. Pierre de touche irrécusable du mérite vrai, l'épreuve soutenue a permis de n'utiliser, au profit de la nouvelle race, que ses produits les mieux doués, que ses représentants les plus précieux, les plus purs, les plus capables.

Mais la course ne s'effectue pas sans préparation. Tout concours a ses exigences et nécessite ses préparatifs. On ne mène au feu le conscrit qu'après en avoir fait un soldat, qu'après l'avoir mis en état d'attaquer et de se défendre. On ne conduit le cheval au poteau qu'après l'avoir soumis au régime le plus favorable au complet développement des bons germes qui étaient en lui. De là un système général qui recommandait, avant tout, des alliances bien assorties, des soins judicieux pour la mère pendant toute la durée de la gestation et de l'allaitement, des soins non moins attentifs pour le produit, une nourriture choisie, riche et substantielle, capable de hâter sa maturité, de développer de bonne heure ses forces physiques. Ce système, on le voit, enveloppe, étreint la question chevaline tout entière ; il est devenu un art, il est une science.

Ici, comme en tout, l'expérience a donc été le fil conducteur ; c'est elle qui a séparé les bonnes pratiques des méthodes défectueuses. En la consultant avec sollicitude, on a appris à faire avec intelligence ce qui était utile et bon, ce qui pouvait profiter à la race ; on a donc été progressivement amené à réformer les mauvais usages, à adopter des idées

plus rationnelles. Le choix des reproducteurs a été plus attentif, les accouplements ont été mieux raisonnés, l'élève
s'est faite suivant des principes plus certains, l'éducation a
été plus complète, la préparation aux épreuves plus éclairée
et mieux dirigée.

Sous l'influence de cette pratique habile, le cheval de pur
sang anglais a'acquis une très-grande valeur et une réputation très-méritée; sa race s'est propagée, elle est devenue,
comme on l'a dit, — universelle.

En même temps qu'elle se multipliait, que l'attention se
concentrait toujours plus vive sur ses qualités et son développement, en même temps que, de toutes parts, on lui faisait de nombreux emprunts pour la reproduire ailleurs , —
les connaissances s'étendaient, les exigences devenaient plus
impérieuses, on la jugeait mieux et plus sévèrement tout à la
fois. Excités aussi par la passion du jeu , par le désir immo-
déré de jouir trop tôt, de cueillir les fruits avant leur maturité, les éleveurs ont devancé l'âge, oublié les règles les plus
élémentaires de la science de la vie, de la science pratique,
et livré à l'abus l'usage raisonnable et judicieux. Leur richesse fut d'abord leur excuse; mais, grâce à ce prétexte, ce
qui ne s'était montré que sous la forme d'exception s'étendit peu à peu au grand nombre et devint bientôt le fait général.

Il y aurait de la mauvaise foi à nier l'influence fâcheuse
qu'une pareille exagération de système exerce sur la race
entière. Les sommités qui la représentent n'ont rien perdu,
sans doute, des qualités constatées chez les meilleurs chevaux, à tous les âges de la race ; elles en sont toujours la
plus haute et la plus fidèle expression ; l'héritage leur en a
été transmis complet, sans détournement aucun, sans aucune déchéance. Cependant, comparé à l'importance numérique de la race, le nombre des animaux supérieurs est bien
moins considérable, aujourd'hui, qu'il ne pourrait et devrait être. C'est le gros de la population qui se trouve atteint,

qui succombe, victime de l'abus, sous des efforts excessifs. Telle est donc la situation actuelle.

La race est encore tout aussi belle, puissante et pure que jamais dans ses produits d'élite, dans ceux que la nature s'est plu à compléter et à parfaire, qu'elle a doués assez énergiquement pour leur permettre de résister aux travaux les plus rudes, aux épreuves les plus véhémentes, et d'affronter jusqu'à l'abus. Ceux-là réunissent toutes les perfections extérieures aux qualités intimes ; ils les résument de la manière la plus heureuse. Mais ils sont maintenant les uniques soutiens de la race ; ils n'ont plus, pour la reproduction des animaux de second ordre, ces auxiliaires utiles qui aidaient si puissamment, naguère, à la bonne reproduction, à la conservation des générations les plus nombreuses. Vierges de tous excès, ces dernières se présentaient comme une terre toujours reposée, toujours neuve et féconde ; elles étaient d'un secours immense à l'entretien même de la race, elles en formaient le fonds, la base large et puissante par ses assises.

Nous l'avons déjà constaté, les races vieillissent comme les individus. Avant de frapper une race, la dégénération, qui vient de la décrépitude, anticipée ou naturellement produite par les ans, pèse sur les familles qui la composent ; avant d'atteindre ces dernières par l'usure, c'est l'individu qui souffre, vieillit et tombe. En voyant donc les choses de haut, en étudiant les lois les plus constantes de la nature, il est facile de prévoir la fin plus ou moins prochaine, plus ou moins éloignée d'une race qui serait systématiquement abandonnée à des influences aussi contraires, qui vivrait forcément dans des conditions de déchéance aussi certaines dans leurs effets.

Considéré dans les animaux supérieurs de la race, le cheval de pur sang anglais est, jusqu'ici, sans aucune atteinte dans son principe comme dans sa conformation. Il n'en est plus de même lorsqu'on l'étudie dans les produits qui n'ont pas résisté à la violence du régime excessif auquel il est soumis. On le voit alors toujours puissant, toujours énergique dans l'action, toujours capable de prodigieux efforts; les qualités du sang sont bien toujours les mêmes ; le principe n'a rien perdu de sa force ; c'est bien le même feu et la même valeur. Mais cette médaille a son revers. Ce puissant jouteur, ce vigoureux athlète est trahi dans sa structure; les instruments de la vie n'ont pu résister à l'intensité d'action qui leur était demandée, à la somme d'efforts qui lui était imposée ; ils ont cédé, et l'animal qui porte les traces de cette usure prématurée ne représente plus qu'un reproducteur incapable ou nuisible ; c'est une mauvaise herbe qui souillerait, par son contact, les produits préservés jusque-là. Loin d'être une force, il n'est plus qu'une cause de destruction et de ruine.

Eh bien, le nombre de ces mauvais résultats est trop considérable aujourd'hui pour qu'on ne s'en préoccupe pas très-sérieusement. Il est hors de toutes proportions non avec la quantité des reproducteurs puissants, hors ligne, mais avec la multitude des poulinières qui réclameraient l'approche d'étalons fortement charpentés, réguliers, exempts de tares transmissibles, alors même qu'ils n'auraient pas pour eux la célébrité, la grande réputation que donnent les hauts faits de l'hippodrome. A chacun son rôle : aux illustrations du turf le mérite de parfaire la race ; aux animaux de second ordre le soin de préparer convenablement le sol appelé à recevoir et à faire fructifier cette magnifique semence qui prévient toute altération quelconque dans les qualités fondamentales de l'espèce.

Maintenant comment la race est-elle reproduite?

VI.

Comme la race arabe, celle de pur sang anglais se renouvelle et se conserve par la sélection bien comprise de ceux de ses produits qui montrent le plus de perfection, qui répètent au plus haut degré les qualités propres, inhérentes à la race elle-même. Elle se reproduit en dedans sans le secours d'aucune autre race et par de judicieuses combinaisons, des unions bien assorties entre les sujets les plus capables des diverses familles qui la composent.

C'est le mode de reproduction suivi par les Arabes, qui ont à se prémunir, comme les Anglais, de toute mésalliance, de tout contact avec des animaux dont la noblesse ne serait pas parfaitement reconnue, dont les qualités n'auraient pas été authentiquement constatées, dont la conformation ne présenterait pas tous les caractères de régularité et d'harmonie qui font la bonne et solide structure, qui sont aussi une garantie d'aptitude et de haute valeur.

Quoi qu'en disent certains hippologues, ceux qui ne veulent à aucun prix du cheval de pur sang anglais, trois conditions président à la reproduction de cette race :

— Le *pedigree*, c'est-à-dire la connaissance généalogique, l'illustration de la famille, la pureté du sang, la noblesse de l'origine ;

— Les *performances* ou l'histoire raisonnée des épreuves fournies sur l'hippodrome, les recherches sur les succès obtenus et sur les causes des défaites constatées ;

— La *symétrie* dans les formes et dans les proportions, c'est-à-dire la parfaite concordance entre toutes les parties du corps, les dispositions les plus heureuses de la charpente squelettaire, le développement convenable des systèmes musculaire et tendineux, l'agencement régulier et solide de tous les leviers, l'absence de toutes tares héréditaires.

C'est l'application constante de ces conditions qui assure la permanence de la race et la reproduction de toutes les qualités qui la distinguent.

La conservation d'une race, faut-il encore le répéter, ne s'effectue que par les animaux de tête. Point n'est besoin alors d'un grand nombre de reproducteurs ; les grandes célébrités suffisent à la tâche ; mais la production de ces dernières exige le concours d'une population considérable. En ne s'occupant pas de celle-ci avec toute l'attention nécessaire, en resserrant sa base dans des limites trop étroites, on atteindrait donc le sommet. C'est l'écueil qu'il s'agit d'éviter, sous peine de ruine imminente. Nous insistons à dessein sur ce point ; il est capital.

Nous ne trouvons nulle part le chiffre approximatif des existences de la race pure en Angleterre. En rapprochant les unes des autres certaines données numériques, nous avons tout lieu de supposer que le nombre de têtes ne s'élève guère au-dessus de trois mille cinq cents chevaux, juments et produits de divers âges. Sous ce rapport donc, la race n'a qu'une importance très-bornée.

En 1847, il est né, de cent soixante-quinze étalons, quatre cent quatre-vingt-six poulains et quatre cent quatre-vingt-onze pouliches, soit neuf cent soixante-dix-sept produits de pur sang.

L'Angleterre, croit-on, possède de trois cents à quatre cents étalons de pur sang. Si cent soixante-quinze seulement ont été admis à la reproduction de cette race, il en faut conclure que le choix des éleveurs ne tombe réellement que sur des étalons de mérite, sur des sujets vraiment dignes et capables. Ce fait témoigne certainement du soin scrupuleux avec lequel sont écartés les animaux médiocres ; il explique comment la race se maintient sans déchoir au point de perfection où l'intelligence et l'art l'ont élevée.

Quoi qu'il en soit, voici la liste alphabétique des étalons qui ont été appliqués, en 1847, à la monte des juments de pur sang. Nous mettons en regard le nombre des produits obtenus de l'emploi de chacun d'eux.

NOMS DES ÉTALONS.	NOMBRE des produits.	NOMS DES ÉTALONS.	NOMBRE des produits.
Accident.	2	Cleanthes.	1
Alfred.	1	Clarion.	1
Alpheus.	2	Colonel (the).	6
An-Lover, par Defence.	1	Comète (fils de Whale-	
Anti-Repealer.	1	bone).	2
Arundel.	4	Combat.	1
Archy.	3	Confederate (fils de Velo-	
Ascot.	4	cipede).	1
Astracan.	2	Conjuror (Irlande).	1
Y. Augustus.	3	Coronation.	9
Auckland.	3	Cotherston.	16
Bard (the).	2	Cregane (Irlande).	2
Ballenkeele.	18	Croton-Oil.	1
Bastion, par Defence.	1	Currier (the).	1
Bay-Middleton.	19	Dean (the).	1
Bentley.	2	Defence.	1
Birdcatcher.	13	Delirium.	2
Black-Prince.	1	Doctor (the).	12
Bolas.	1	Doctor-Sangrado.	1
Brethy (Irlande).	2	Don John.	6
Butzzard.	3	Dormouse.	1
Cæsar.	5	Drayton.	1
Camel (ex-Camel-Ju-		Dromedary.	6
nior).	7	Earle-of-Richmond (the).	2
Cardinal-Puff.	1	Elvas (Irlande).	3
Caster (the).	4	Emilion.	2
Caton.	1	Emilius.	5
Charles XII.	29	Envoy.	2
Cheviot.	2	Epyrus.	4
Chesnut-Alphège.	1	Equator.	3
Chatham.	3	Erymus.	8
Chevaux-de-Frise.	1	Falstaff.	4

— 179 —

NOMS DES ÉTALONS.	NOMBRE des produits.	NOMS DES ÉTALONS.	NOMBRE des produits.
Fermeley	1	Langar (Y.)	1
Frenay (Irlande)	11	Launcelot (Irlande)	9
Galaor	4	Lion	1
Galanthus	9	Little-Known	3
Gameboy (ex-Nelson)	1	Loadstone	1
Gaper	1	Longsight	2
Général-Pollock	1	Magpie (Irlande)	4
Gilbert-Gurney	2	Major (the), par Sheet-Anchor (Irlande)	2
Girafe	1	May-Boy (Irlande)	2
Gladiator	58	Melbourne	11
Glaucus-Horse (sorti de Cassandra)	1	Mango (fils d'Emilius)	3
Harkaway	5	Mercury (Irlande)	2
Harswick (fils de Gambol)	3	Morgan-Battler	6
Hermit (the)	1	Mulatto	3
Hetman-Platoff	10	Muley-Moloch	4
Hindoo	2	Mus	2
Hornsea	1	Mustapha-Muley	1
Hydra (the)	3	Nob (the)	5
Ion	4	Napier (Irlande)	4
Ithuriel	8	Newsmonger	1
John-O'Gaunt (fils de Taurus)	7	Normanby	1
Johng-Boy	1	Nutwith	6
Jacques	2	Old-Lamplighter	1
Jereed	2	Oppidam	3
Jeremy-Diddler	6	Pantaloon	11
Jerry	4	Picaroon	2
Knight-of-the-Whistle	1	Pincher	1
Kinf-of-Kelton	1	Plenipotentiary	1
Kremlin	8	Priam (Y.), fils de Seamew)	7
Lanercost	52	Prime-Warden (the)	5

NOMS DES ÉTALONS.	NOMBRE des produits.	NOMS DES ÉTALONS.	NOMBRE des produits.
Pridze-Fighter.	1	Squire (the).	7
Prior (the).	1	Saint-Benett.	2
Provost (the).	10	Saint-Francis.	11
Quid.	2	Saint-Martin.	11
Ratan.	16	Sultan-Junior.	1
Ratcatcher.	5	Sycophant.	3
Record.	4	Tearaway (Irlande).	9
Redshank.	1	Theon.	1
Retriever, par Recovery (Irlande).	8	Thirsk.	2
Riddlesworth.	1	Thistle-Whipper.	3
Robert de Gocham.	5	Torry-Bay.	1
Robin-Gray.	1	Touchstone.	23
Robin-Hood.	1	Ugly-Buck (the).	4
Robinson.	3	Velocipede.	9
Rossoul-Khan.	1	Verulam (Irlande).	1
Saddler (the).	9	Venison.	17
Safeguard.	1	Y. Walter.	1
Samarcand.	3	Voltaire-Junior.	1
Simoon (Irlande).	2	Voltaire.	6
Scroggings.	1	Vulcan (Irlande).	3
Scutari.	5	X. X. (par Liverpool, sa mère, par the Exquisite).	1
Sea (the) (Irlande).	2		
Shiek.	1	Yaxley.	2
Sir Hercules.	27	William-le-Gros.	4
Sir Isaac.	5	Wintom'an.	5
Slane.	24	Charles XII ou Ratcatcher.	1
Slane (H.), sorti de Mary-Ann).	1	Charles XII ou Saint-Martin.	1
Sleight-of-Hand.	31		
Smal-Hops (Irlande).	1	Freney ou Tearnway (Irlande).	1
Sordid (Irlande).	1		

NOMS DES ÉTALONS,	NOMBRE des produits.	NOMS DES ÉTALONS.	NOMBRE des produits.
Freney ou Elvas (Irlande)........	1	Mulatto ou Ballinkeele Irlande)......	1
Freney ou Magpie (Irlande)......	1	Mulatto ou Kossoukhan.	1
Lanercost ou Mango..	1	Ratan ou Saint-Benett.	1
Lanercost ou the Doctor.	1	Sleight-of-Hand ou the Caster.......	1
Mag-By ou Freney (Irlande)......	1	Sleight-of-Hand ou Dormouse......	2
		The Squire ou Yaxley..	1

L'examen de cette liste ne laisse pas que d'être instructif. Il fait découvrir trois ordres d'étalons, trois degrés si l'on peut dire dans la confiance accordée à tous ceux qu'on utilise au profit de la reproduction de la race pure.

Dans le premier ordre, composé de vingt et une têtes, on retrouve les noms les mieux connus, ceux qui ont des antécédents de race, de belles performances et une autorité déjà constatée par le mérite de leurs premiers produits. Les étalons de cette classe ont donné, par suite de la recherche plus active dont ils ont été l'objet de la part des éleveurs, depuis dix jusqu'à cinquante produits. *Gladiator* tient la tête.

Au second rang, composé des étalons qui paraissent devoir remplir plus tard les vides qui se produiront dans la première catégorie, et de ceux qui sont tombés d'un degré par insuccès ou par vieillesse, on peut compter vingt autres chevaux qui ont donné chacun de six à neuf poulains.

La troisième classe comprend le reste, soit cent trente-quatre têtes qui ont seulement d'un à cinq produits. Dans ce nombre, il en est soixante-seize qui n'en ont donné qu'un. Certes, on ne saurait se montrer plus circonspect dans la pratique. Cette prudence, il faut le reconnaître, est la meilleure garantie de la bonne reproduction de la race.

L'étalon est donc essayé en Angleterre à un double point de vue. D'abord éprouvé dans ses qualités effectives, il l'est encore plus tard dans son mérite comme père, dans son pouvoir héréditaire. C'est quand il a été bien confirmé dans l'opinion de tous qu'il obtient la faveur, qu'il est recherché avec beaucoup d'empressement, qu'il devient fashionable, cheval de tête. Alors les juments les plus distinguées, les poulinières les plus renommées lui sont envoyées de tous les points de la Grande-Bretagne, et la rétribution attachée à son service monte successivement au point d'atteindre à un taux vraiment considérable.

Tout ce qui regarde la bonne reproduction du cheval de pur sang anglais est l'objet de l'attention la plus suivie, de l'examen le plus approfondi. On sent bien qu'il ne faut ici laisser que le moins possible au hasard, qu'il faut supputer en connaissance de cause toutes les chances favorables qu'on peut avoir pour soi.

On établit donc des statistiques dont les données jettent encore quelque lumière sur la route à prendre. C'est un élément d'appréciation qui a son importance et son fondement lorsqu'on l'étudie tout à la fois dans le présent et dans les années antérieures, quand on sait interpréter les faits et leur donner une juste valeur, mais rien de plus.

La liste suivante, relevée comme celle qui précède pour l'année 1847, mettra sur la voie des renseignements qu'on peut puiser dans des recherches d'une nature analogue, à la condition de les étendre, cela demeure bien entendu, et de les compléter par le rapprochement entre les faits actuels et d'autres dont le souvenir a été fixé de la même manière.

Ainsi les cinq cent trente-neuf chevaux qui, en 1847, ont gagné les cinq millions de prix courus sur les différents hippodromes de l'Angleterre sont nés de cent soixante-quatre étalons. La part de chacun se trouve faite au tableau suivant :

NOMS DES ÉTALONS.	NOMBRE des produits.	NOMBRE des prix remportés	TOTAL des sommes gagnées.
Abbas-Mirza.................	1	3	51,875
Accident...................	5	14	16,050
Advance...................	2	4	4,450
Albemarle.................	1	3	6,875
Amurath..................	2	8	23,250
Argirio...................	1	1	2,500
Ascot....................	4	10	13,200
Assassin..................	1	3	7,125
Auckland.................	1	2	5,750
Bard (the)................	6	18	30,575
Bay-Middleton.............	11	23	165,050
Beiram...................	2	7	46,225
Bentley..................	2	3	5,600
Bizarre..................	1	3	3,300
Blankney.................	1	2	2,500
Bran....................	4	13	46,800
Bretbey..................	1	3	1,825
Caïn....................	3	7	5,775
Caliph...................	1	2	4,625
Camel...................	9	29	95,190
Cardinal-Puff.............	1	2	2,500
Carew...................	2	6	9,225
Charles XII...............	3	4	8,000
Chesterfield..............	1	10	67,500
Clarion..................	5	7	19,850
Clearwell................	3	6	15,125
Cæsar...................	3	11	11,825
Combat..................	1	3	2,700
Confederate..............	3	3	1,545
Colwick.................	8	13	31,075
Contest..................	1	3	3,375
Coronation...............	1	3	1,600
Count (the)...............	1	6	5,250
David...................	1	1	2,375
Defence..................	3	8	14,925
Defender................	1	5	4,475
D'Egville................	2	9	21,200
Dick....................	3	4	13,250
Doctor (the)..............	4	6	18,550
Don John................	14	18	63,325

NOMS DES ÉTALONS.	NOMBRE des produits.	NOMBRE des prix remportés	TOTAL des sommes gagnées.
Dromedary......................	1	1	2,750
Dulcimer......................	1	1	2,500
Earle (the).....................	1	1	550
Earle-of-Richmond (the)........	1	1	6,875
Elis...........................	8	15	33,150
Emilius.......................	4	16	91,625
Envoy........................	1	3	7,500
Epyrus........................	5	5	26,050
Erymus........	1	4	13,750
Euclid.........................	1	3	67,000
Firman........................	2	3	1,400
Frenay........................	1	5	45,000
Gatewood.....................	1	6	7,075
Gilbert-Gurney................	1	2	37,500
Giovanni......................	1	2	775
Girafe.........................	1	1	5,125
Gladiator....	4	11	44,750
Glaucus.....	5	12	14,640
Harkaway......................	1	3	2,650
Hampton......................	3	8	7,200
Heron.........................	4	8	7,400
Hetman-Platoff................	13	31	247,325
Honesty.......................	1	2	5,250
Hornsea.......................	3	6	49,500
Inheritor......................	8	20	58,092
Ion...........................	1	1 .	9,000
Irish-Birdcatcher...............	4	6	56,375
Ishmaël.......................	3	4	20,500
Jereed.........................	17	39	92,425
Jerry..........................	3	7	7,775
Kremlin.......................	3	5	4,250
Lanercost.....................	23	51	446,600
Langar........................	1	1	2,000
Launcelot.....................	2	5	36,000
Leander.......................	1	2	2,000
Leviathan.....................	1	1	14,000
Liverpool-Junior...............	1	2	3,000
Liverpool.....................	8	16	48,600
Lord de Tabley................	1	2	2,875
Lord Steafford................	2	3	10,175

NOMS DES ÉTALONS.	NOMBRE des produits.	NOMBRE des prix remportés	TOTAL des sommes gagnées.
Lot..........................	1	1	2,625
Loudon.......................	1	1	375
Magpe........................	1	1	2,750
Malcomb......................	1	1	2,075
Mapte........................	1	2	4,275
Marvel.......................	1	7	6,175
Master Henry.................	1	1	5,000
Master Richard...............	1	1	1,000
Melbourne....................	4	8	27,475
More (the)...................	1	2	2,175
Mourcal......................	1	1	1,875
Mulatto......................	2	4	6,350
Muley-Moloch.................	7	8	12,625
Meummy (the).................	1	4	7,375
Mus..........................	2	3	16,875
Nob (the)....................	2	6	15,425
Nonsense.....................	2	3	5,075
Obadiah......................	1	9	8,300
Pantaloon....................	5	6	19,550
Phœnix.......................	1	1	250
Physician....................	5	23	41,975
Picaroon.....................	3	12	49,675
Pincher......................	1	6	1,900
Pioneer......................	1	10	11,750
Plenipotentiary..............	11	30	87,905
Prime-Warden (the)...........	2	7	3,500
Provost (the)................	8	13	47,550
Quack (the)..................	1	1	250
Quid.........................	1	1	4,500
Ratcatcher...................	1	4	11,250
Record.......................	2	3	2,775
Recovery.....................	1	1	1,175
Redshank.....................	2	2	1,250
Retriever....................	2	3	13,750
Revolution...................	2	6	5,625
Robin-Gray...................	1	6	9,100
Rococo.......................	1	2	3,725
Royal-Oak....................	1	1	1,500
Royal-William................	1	1	500
Saddler (the)................	22	61	215,700

NOMS DES ÉTALONS.	NOMBRE des produits.	NOMBRE des prix remportés	TOTAL des sommes gagnées.
Safeguard..........................	1	1	450
Samarcand.........................	2	2	5,475
Saracen...........................	1	1	525
Saint-Benett......................	2	4	6,100
Scroggins.........................	2	2	7,625
Sea-Horse.........................	1	1	2,500
Seraglio..........................	1	2	1,250
Saint-Francis.....................	4	4	11,500
Shaver............................	1	1	2,125
Sheet-Anchor......................	18	37	66,750
Simoom............................	3	5	12,000
Sir Hercules......................	10	23	62,325
Sir Isaac.........................	1	2	26,125
Skylok............................	1	1	58,500
Saint-Martin......................	4	8	73,200
Saint-Nicolas.....................	1	1	3,000
Saint-Patrick.....................	1	2	5,000
Slane.............................	14	27	214,905
Smal-Hops.........................	1	2	1,425
Spence............................	1	4	1,725
Stockport.........................	5	15	38,200
Sultan............................	2	2	850
Sultan (Young)....................	2	6	17,625
Sycophant.........................	1	5	14,250
Talleyrand........................	2	3	2,575
Taurus............................	1	4	4,200
Tearaway..........................	1	2	5,250
Theon.............................	2	5	12,750
Tipple-Cider......................	2	8	18,775
Tom-Boy...........................	4	7	20,625
Torry-Bay.........................	1	2	6,125
Touchstone........................	20	41	421,425
Tulip.............................	1	4	4,125
Ulysses...........................	1	2	3,375
Velocipede........................	9	27	85,725
Venison...........................	26	77	519,075
Verulam...........................	1	6	12,500
Vigo..............................	1	1	1,250
Voltaire..........................	9	18	43,025
Wedge.............................	1	4	3,475

NOMS DES ÉTALONS.	NOMBRE des produits.	NOMBRE des prix remportés	TOTAL des sommes gagnées.
Wintoniam....................	3	7	7,750
Wizard-of-the-Nort...........	1	2	8,500
Young-Cadland...............	1	7	12,525
Young-Priam.................	2	8	16,125

On voit quelles études comporte une reproduction qui, en dehors des principes scientifiques que l'on n'enfreindrait pas impunément, a besoin d'éclairer la marche par la connaissance de faits aussi compliqués. Il faut avoir le jugement ferme, une grande expérience et un véritable savoir pour se retrouver au milieu de toutes ces données bien faites pour égarer les moins habiles; car, suivant qu'on les juge à faux ou sainement, elles écartent de la bonne pratique ou mettent dans une voie rationnelle.

Toutefois ce tableau ne présente qu'une partie des renseignements dont s'entoure le producteur intelligent. Celui-ci consulte l'âge des gagnants; il veut savoir à quels chevaux la victoire a été disputée, arrachée, et s'éclairer sur les mille circonstances qui ont précédé, accompagné ou suivi la lutte. C'est une science vaste, ne la possède pas qui veut. Il nous suffit d'avoir fait entrevoir son cadre.

Cependant nous compléterons le tableau par le renseignement relatif à l'âge des chevaux qui ont gagné en 1847. Voici cette petite statistique :

Chevaux de 2 ans.	85
— de 3 —	181
— de 4 —	115
— de 5 —	81
— de 6 —	24
— au-dessus de 6 ans. . . .	53

Ces proportions sont assurément logiques. C'est à trois et quatre ans que le cheval de pur sang hante réellement l'hippodrome et fait ses preuves. Les plus pressés de jouir risquent sans doute à deux ans les poulains tarés et quelques-uns de ceux dont le développement a été le plus rapide, mais le plus grand nombre, ceux qui donnent de grandes espérances ou dont le développement des forces a été fortuitement retardé n'entrent en lice qu'à l'âge de trois ans et prolongent rarement leur carrière de course au delà de leur quatrième année. Après cinq ans, le grand nombre est mis en service, ceux qui restent en traîne commencent une autre carrière, ils deviennent chevaux de *steeple-chase*.

Tout en blâmant avec énergie les courses pratiquées à deux ans, il faut pourtant reconnaître qu'à cet âge les exercices peuvent être dirigés avec une telle mesure et donnés avec de tels ménagements, qu'en fin de compte des écuries nombreuses trouvent certainement quelque avantage pécuniaire à sacrifier une partie de l'avenir en exposant même prématurément certains individus aux mauvaises chances d'un travail rude infligé trop tôt.

Il y a là sans doute une question de science fort intéressante, et nous l'avons déjà élucidée ; mais les renseignements offerts par la statistique seraient de nature à rendre moins absolus et moins exclusifs les principes de physiologie qui ont été posés et que, nonobstant, nous voulons maintenir. Les exceptions, toutes brillantes soient-elles, ne sauraient faire la règle ; cependant nous conviendrons volontiers que, dans les épreuves à faire subir aux athlètes de la race, il est nécessairement utile de dépasser parfois le but, afin d'être bien assuré quant aux résultats sérieux que l'on poursuit dans une pratique hérissée de difficultés et couverte d'écueils, car la nature se joue souvent de nos combinaisons les mieux assises.

VII.

Ce n'est pas seulement sous le rapport de la supériorité du sang que l'opinion des hippologues s'est partagée, est encore partagée aujourd'hui entre le cheval arabe de noble race et le cheval de pur sang anglais. La dissidence a porté, porte encore sur des points plus saisissables, sur des faits plus matériels. La discussion a envahi le domaine de la pratique; elle s'est étendue à l'emploi même du cheval, aux différents services, à l'usage auxquels il est propre, aux qualités dont il fait preuve dans sa constante application au travail de chaque jour.

On en est venu de la sorte à comparer entre eux le cheval arabe et le cheval anglais, sous les rapports de la vitesse et du fonds dont ils étaient l'un et l'autre capables.

Nous retrouvons ici un grand absolutisme dans les opinions. Il est bien entendu que, dans tout parallèle entre le cheval arabe et le cheval anglais, les sujets extrêmes des deux races seront seuls mis en présence. Les partisans du premier en feront toujours le portrait le plus flatteur et ne lui opposeront qu'une sorte de caricature du cheval anglais. Les amis de ce dernier ne demeureront pas en reste, ils le réhabiliteront aisément; mais, pour rendre la pareille à ses détracteurs, ils useront du même moyen, et feront du cheval arabe un animal de nulle valeur.

Il faut déplorer de telles exagérations; elles nuisent également à l'adoption des saines idées; elles obscurcissent la vérité, elles servent l'erreur. Cette manie ou cette injustice poussent droit à un double éloignement, à une exclusion absolue. L'opinion prend au sérieux ces critiques et, semblable au singe de la fable, elle ne croit plus à aucune des parties qui plaident devant elle. Dès lors se renouvelle ce jugement étrange qui n'absout personne et condamne tout le monde, l'innocent aussi bien que le coupable.

A qui la faute? aux plaignants, sans doute, qui s'attaquent sans mesure. Quand le public, pris à témoin et constitué juge, ne sait plus auquel entendre ni comment dénouer la question si fort embrouillée devant lui, il prétend

. . . . qu'à tort et à travers,
On ne saurait manquer condamnant un pervers.

Et de fait il repousse le principe d'amélioration le plus incontestable et les moyens de perfectionnement les plus accrédités par l'expérience. Sa décision devient fatale quand ce juge est — une assemblée législative, le pouvoir qui décide des choses par des votes d'argent.

Est-il vrai que le cheval anglais, doué d'une extrême vitesse, n'ait aucun mérite ou n'ait qu'un mérite très-mince comme cheval de fonds ? Est-il exact que le cheval arabe, très-inférieur à l'autre pour la vitesse dans des courses à courte distance, lui soit très-supérieur, au contraire, dans les travaux de longue haleine?

Nos lecteurs, s'ils ont étudié avec quelque attention les chapitres précédents, se trouvent fort en état de résoudre l'une et l'autre question.

Le cheval anglais a plus de vitesse que le cheval arabe. Ce point est hors de toute discussion ; nul ne conteste au premier ce genre de supériorité. C'est donc, comme on dit au palais, un fait acquis au débat. En résulte-t-il que le bon cheval arabe, que le véritable coursier du désert, convenablement préparé, ne montre pas dans les épreuves auxquelles il est soumis un degré de vitesse très-satisfaisant? non certes, et nous appuierons cette opinion sur des relevés extraits des *Annals sporting* de l'Inde, et recueillis, en 1829, par le *Journal des haras*, sous la responsabilité ou sous l'autorité du capitaine Gwatkin.

Ces relevés remontent à l'année 1807 et s'arrêtent à 1828 : ils comprennent, par conséquent, un intervalle de vingt-deux ans ; ils intéressent les vingt-deux chevaux de pur sang arabe qui ont montré le plus de supériorité sur les hip-

podromes indiens. Ces illustrations chevalines sont considérées au Bengale, comme l'ont été et le sont encore en Angleterre les chevaux les plus fameux de la race, les coursiers
les plus puissants et les plus rapides ; ce sont les *Flying-
Childers*, les *Eclipse*, les *Velocipede* de l'autre partie du
monde. En comparant la vitesse des premiers à celle des se-
conds, il y a sans doute un aventage très-marqué au bénéfice des chevaux anglais ; mais tous les produits de cette race
ne sont pas des célébrités. Il en est de même pour l'autre, et
tous les chevaux arabes sont loin d'égaler en mérite ceux
dont les noms ont pu figurer au tableau suivant.

*Relevé des plus grandes vitesses obtenues des meilleurs
chevaux arabes qui ont couru dans le Bengale de 1807
à 1828.*

ANNÉES.	NOMS DES CHEVAUX.	POIDS porté.	DISTANCE parcourue.	VITESSE.	
		kilos.	mètres.	min.	sec.
1807	Patrician.............	57	4572	5	34
—	Antelope.............	57	4426	6	04
1809	Patriot...............	60	5125	6	46
—	Sulky (1).............	57	5125	6	25
1818	Sir Lowry............	46	3219	4	»
1820	Nimrod..............	55	3219	4	06
—	Sultan...............	51	4828	6	16
1826	Paragon (1)..	70	3219	4	20
—	Esterhazi............	73	2816	3	42
—	Cavalier.............	54	3219	4	04
1827	Champion............	73	2816	3	44
—	Pyxamus............	57	3219	4	08
—	Slyboots.............	53	3219	4	02
—	Gaslight.............	57	4828	6	16
—	Creeper.............	53	3219	4	02
—	Harlequin............	53	4828	6	09
1828	Barefoot.............	53	4828	6	07
—	Chapeau de Paille......	52	2414	2	58
—	Redguntlet...........	57	4023	5	06
—	Botherem............	58	2414	2	58
—	Dragon..............	54	3219	4	04
—	Orelio...............	57	3219	4	»
		(2)			

(1) Envoyé en Angleterre.

(2) Il est très-regrettable que ce tableau ne fasse aucune mention
de l'âge des coursiers.

« Ces vitesses, dit le capitaine Gwatkin, seraient considérées, j'en suis certain, comme mauvaises en Angleterre,
même pour un cheval de troisième classe ; mais, comme je
l'ai déjà fait observer, il faut avoir égard à la petite taille de
ces chevaux. » Le capitaine nous paraît par trop sévère et
par trop exigeant. Un cheval d'aussi petite taille que celui
d'Arabie, portant un poids assez considérable et parcourant
une distance relativement suffisante, fait preuve d'énergie
incontestablement quand il déploie une pareille vitesse ;
nous ne croyons pas qu'on doive lui demander plus, et nous
considérons le résultat comme satisfaisant.

La supériorité du cheval anglais, sous le rapport de la vitesse, est positive, matériellement démontrée ; elle tient aux
modifications qu'a subies, en Angleterre, la conformation du
cheval arabe, dont les lignes ont été grandies, dont toutes
les proportions ont été accrues, parce que de nouveaux besoins, de nouvelles exigences imposaient une transformation considérable et d'autres conditions de structure. Ces
dernières étaient dans l'extension, dans l'heureux développement de la nature énergique et concentrée du cheval
père ; elles étaient dans le perfectionnement de la forme,
dans sa meilleure et plus complète appropriation à des services différents et plus pressés.

La question à résoudre maintenant est celle-ci : En développant ses allures, en devenant plus vite, le cheval arabe
a-t-il perdu la faculté de résister à des travaux de longue
haleine ? En d'autres termes, le cheval de pur sang anglais
a-t-il moins de fonds que le cheval noble et pur des diverses
familles équestres de l'Orient ?

Ce qui jette de l'incertitude sur ce point, c'est l'habitude
où l'on est de confondre le jeune cheval qui fournit ses preuves sur l'hippodrome, et le cheval fait, le cheval d'âge, capable de supporter les fatigues les plus prolongées.

Cette distinction est pourtant essentielle. Une épreuve
n'est concluante que lorsqu'elle a été exagérée ; mais l'exagéra-

tion est exclusive d'une trop longue durée. On ne renouvelle pas incessamment les épreuves auxquelles on soumet judicieusement les armes à feu, avant de les mettre en service.

On comprend bien, par exemple, que le canon, chargé au double ou au triple des besoins ordinaires, ne puisse supporter le renouvellement indéfini de telles épreuves. Le poids dont on charge un pont, avant de le livrer à la libre circulation, est bien autrement considérable que celui qu'il aura à supporter à toute heure de son existence; mais on reconnaît une limite à la durée même de cette épreuve. Plus celle-ci doit être violente dans un de ses résultats, moins son effet pourra être prolongé, et réciproquement, rien de plus élémentaire. L'objet éprouvé résistera donc d'autant plus longtemps à l'épreuve que celle-ci atteindra moins, par son intensité ou ses exigences, les limites mêmes de la résistance dont il est capable. Mais l'épreuve est d'autant plus sûre que, par la violence, elle a été le plus près d'atteindre les dernières limites de la résistance, que son exagération, pendant un temps fort court, a plus puissamment dépassé la moyenne de résistance que peut offrir l'objet éprouvé dans les meilleures conditions par l'expérience.

N'est-ce pas la double condition dans laquelle on place le jeune cheval pendant la durée de ses épreuves, et le cheval plus âgé, mis en état de rendre une quantité de travail journalière considérable? Il est évident que ce dernier donne plus d'efforts, dépense une somme de forces beaucoup plus grande en un jour, en dix jours de labeur qu'en quelques minutes d'essais. De même le canon supporte en cent charges ordinaires plus de fatigue que dans une charge triple, de même le pont résiste plus facilement aux poids comparativement légers, portés sans inconvénients pendant un siècle, qu'il ne supporterait la forte épreuve, l'excès excessif auxquels on le soumettrait, auxquels on le soumet pendant un temps relativement fort court.

Cette distinction établie, arrivons au fait en lui-même.

Les données qui vont suivre sont la contre-partie de celles qui précèdent.

On admet sans conteste la supériorité du cheval anglais sur le cheval arabe, quand il s'agit de la rapidité et de l'extension des allures, deux éléments également appréciables et qui constituent la vitesse. Nous n'avons en rien affaibli la vérité, nous n'avons point amoindri le mérite du cheval anglais, en rendant justice au cheval arabe, en montrant celui-ci plus rapide et plus vite qu'on ne le suppose généralement.

Nous ne porterons aucune atteinte aux qualités du puissant cheval d'Orient, en rappelant ce dont le cheval anglais de pur sang est capable au point de vue de la durée du travail, de sa résistance à des efforts considérables longtemps prolongés, en le réhabilitant comme cheval de fonds aux yeux de ceux qui ne lui reconnaissent pas ce mérite.

Un grand partisan du cheval arabe a parfaitement résumé la thèse qui nous occupe. Nous citerons textuellement, afin d'abréger.

« Pour revenir à la question de la supériorité du cheval arabe, je dirai d'abord que j'ai vu beaucoup de chevaux anglais dans ma vie ; j'en ai monté quelques-uns ; j'ai assisté à des courses à l'anglaise, en Russie et en Pologne, comme aussi à des courses de chevaux des Cosaques du Don, et je suis fondé à croire que ni les uns ni les autres ne seraient de force à lutter contre les chevaux arabes dans des courses de longue haleine, pour lesquelles il faut à la fois persistance à la fatigue et vitesse.

« Vous pouvez crier haro sur moi, messieurs les partisans du cheval anglais ; car telle est ma conviction !

« Je conviendrai volontiers avec vous que le premier élan du cheval anglais, sur un terrain élastique et dans une course à courte distance, aura toujours un avantage incontestable sur tous les autres chevaux, même sur le cheval arabe, avantage qu'il doit à sa taille et à ses formes élancées. J'ai donc

l'intime conviction que non-seulement le cheval arabe bien
conformé a une supériorité de fonds sur tout autre cheval
d'Europe, mais même que le premier, fût-il d'une conformation irrégulière, même défectueuse, qui le ferait juger, de
prime abord, impropre à rendre le moindre service pour lequel il faudrait quelque rigueur, supporterait des fatigues
incroyables, tandis que le cheval d'Europe, de même nature
ou à peu près, serait incapable d'en faire à peu près autant (1). »

Les faits, le raisonnement revêtent ici un caractère d'exagération très-prononcé; ils déplacent même la question en
l'étendant à toute espèce de chevaux quelconques, en sortant du domaine des races nobles et pures. C'est ainsi qu'on
tombe dans l'impossible.

Voyons pourtant ce qu'il y a de bien jugé et de bien fondé
en ceci.

Les partisans du cheval anglais n'ont pas laissé sans réponse des assertions aussi tranchées. On leur avait fait la
position assez belle. C'est l'un des rédacteurs du *Journal
des haras* qui a tenu la plume. Il s'est exprimé ainsi :

« Nous ne reviendrons pas ici sur les nombreux essais
qui ont été faits, dans les possessions anglaises des Indes
orientales, entre des chevaux anglais de pur sang médiocres
et des chevaux arabes de premier mérite, mais dans lesquels
le sang anglais a toujours eu le dessus. Nous ne citerons pas
de nouveau ces luttes entre des chevaux anglais, arabes,
cosaques, qui ont eu lieu à différentes époques, et naguère
encore en Russie, où elles n'ont servi qu'à donner de nouvelles preuves de la supériorité du cheval anglais, aussi bien
dans les courses de longue haleine que dans celles à courtes
distances. Nous ne rappellerons pas davantage les défis lancés
par des sportsmen du nord de l'Allemagne au prince Mus-

(1) *Un amateur.* Quelques mots à propos des chevaux du Nedjd.
— *Journal des haras*, t. XLI, p. 141.

kau ; par le jockey-club de Paris à quiconque le voudrait pour aller de Paris à Bordeaux, à qui arriverait le premier d'un cheval de pur sang anglais non désigné, mais à prendre parmi tous ceux des éleveurs français, et d'un cheval arabe au choix de celui qui tiendrait le pari ; par M. le colonel J. M., dont la proposition pour un pari et une course de telle somme, de telle distance et de telle durée qu'on le voudrait, en faveur des chevaux anglais de pur sang, quand bien même ils ne seraient pas de premier ordre, contre quelque cheval arabe que ce soit.

« Mais ce que nous dirons, c'est que, sans sortir de France, on pourrait très-facilement trouver de ces chevaux, semblables à ceux dont parle l'auteur des observations sur le Nedjd et ses nobles coursiers, qui, tout en ne présentant qu'une conformation irrégulière et même défectueuse, font les choses les plus extraordinaires, et donnent des preuves d'une vigueur, d'un fonds et d'une sobriété à toute épreuve. Que dire de ces chevaux du Nivernais qui, après le marché de Sceaux, retournaient, toujours sans s'arrêter autrement que pour rafraîchir, chargés du marchand de bœufs, leur maître, et de ses sacoches bien garnies, faisaient ainsi leurs 45 à 50 lieues, pour ainsi dire, d'une haleine ? Que penser des bêtes d'allure de la Normandie après leur course habituelle de Poissy à la vallée d'Auge, aux environs de Dozulé, de Troarn, de Lisieux, dans les mêmes conditions que les chevaux nivernais ? Croit-on que les épreuves faites, non pas une fois, mais tous les jours de marché aux bestiaux, pendant des siècles, par tous les marchands de bœufs et leurs montures, ne sont pas de nature à donner du cheval européen, et notamment du cheval français, même le plus médiocre sous le rapport de l'extérieur, l'idée la plus avantageuse ?

« Nous ne pensons pas que les chevaux d'Orient médiocres aient fait habituellement des choses beaucoup plus étonnantes ! Et *Black-Bess*, dont nous avons cité la course dernièrement, était-elle de force contre le meilleur des chevaux arabes? »

Or voici l'histoire de *Black-Bess :*

« Sur chaque hippodrome où je me trouve, j'entends dire que les chevaux de pur sang ne sont bons que pour une course rapide, mais de peu de durée, que, si on leur demandait une fatigue prolongée, ils seraient bientôt épuisés, et que des chevaux communs sont mieux organisés pour le service même du luxe. Je crois qu'en y regardant un peu l'on trouvera que le service de luxe est presque toujours le plus pénible. Voyez les chasses, les longues courses que l'on fait, et presque toujours à un train fort vite, de peur de s'ennuyer dans une mauvaise et sale auberge. J'ai entendu tout récemment une personne dire, en voyant une course en 4 kilomètres : Les chevaux de pur sang marchent pendant cinq minutes, une minute de plus serait leur mort. Une anecdocte fort intéressante pour tout amateur de l'élève du cheval (et en même temps utile pour nous donner une idée de ce que peuvent certains chevaux de race) se trouve dans une chronique anglaise *reconnue pour vraie* par tous nos voisins d'outre-mer. Je parle de la fameuse *Black-Bess.* Voici ce dont il s'agit :

« Richard Turpin, un voleur de grande route tel que nous n'en voyons plus depuis que les chemins de fer et les routes bien ferrées nous permettent de voyager autrement qu'à franc étrier, était au beau de sa carrière en 1737. Il est décrit comme étant bien fait, et de 5 pieds 5 pouces de hauteur. D'après cette taille, nous pouvons conclure qu'il devait peser environ 75 kilogr. Il possédait une jument noire de pur sang, nommée *Black-Bess,* issue d'un étalon arabe et d'une jument anglaise. Il paraîtrait que la jument ajoutait à une grande vitesse un fonds tellement extraordinaire que, plusieurs fois, quand on voulait poursuivre Turpin pour vol, il prouvait un alibi à une époque si rapprochée, que l'on ne pouvait croire à la possibilité de sa présence au lieu du crime. Une forte somme ayant été offerte en récompense à celui qui le mettrait entre les mains de la justice, on ne négligea rien pour le prendre. Un soir qu'il était à Londres, on le trahit, et un agent de police avec deux autres personnes, montés sur d'excellents chevaux, arrivèrent au lieu indiqué ; il eut le temps de sortir par une porte dérobée et de sauter sur sa jument, qui était prête dans une cour attenante à la maison. A l'instant où ses limiers le virent partir, ils jetèrent un cri et se lancèrent à sa poursuite, ne doutant pas qu'ils le prendraient bientôt, car ils savaient qu'il avait fait faire à sa jument une longue route la veille. La chasse se fit pendant 3 lieues sans que Turpin eût pris un parti. Après avoir réfléchi un instant, il s'écria : « Par Dieu ! je le ferai. » Il avait médité et résolu de se rendre à York, à une distance de 82 lieues de Londres : il était alors sept heures du soir, d'une belle nuit d'été, et voici à peu près comme les faits nous sont rapportés ; nous allons les suivre pas à pas. — Il est bon, dans cet endroit, de dire un mot sur le caractère de Turpin : il passait pour l'écuyer le plus hardi et le plus parfait de son temps, et même le danger avait pour lui un si grand attrait, que souvent on l'a vu se faire poursuivre et s'entourer de danger pour avoir le plaisir d'en sortir d'une manière peu commune. Mais revenons aux faits.

« Maintenant, mes amis, dit l'agent, poussons, il n'est pas à deux portées de pistolet de nous, il faut le saisir avant qu'il ait pu s'esquiver par un chemin détourné. » Mais ils ne se doutaient point que notre écuyer n'avait rien moins que l'idée de les perdre de vue ; ils approchaient dans ce moment de la bruyère de Hamps, grande plaine magnifique pour une chasse à vue, aussi la course prit un intérêt des plus grands. Turpin, sans éperons, encouragea de la parole sa jument, qui semblait voler, et on aurait supposé qu'elle connaissait le danger de son maître. — Les limiers étaient à peu de distance de lui, et on approchait d'une barrière qui traversait la grande route, barrière de péage que l'on trouve en Angleterre de 3 lieues en 3 lieues ; elles ont ordinairement 5 pieds 6 pouces à 6 pieds de hauteur, et sont garnies, sur le haut, de pointes de fer. On cria sur le portier, qui, voyant des chevaux arriver à bride abattue, ferma la barrière. Turpin lance sa jument, et la franchit sans toucher. — Jurant de ce contre-temps, ils lui crièrent d'ouvrir vite pour ne point arrêter la poursuite, mais celui-ci ne voulut point l'ouvrir qu'on ne lui eût payé le passage. Jetant une pièce de monnaie à terre, la porte s'ouvrit, et la poursuite recommença. Mais Turpin, loin de vouloir les devancer, fait respirer un instant sa jument, puis reprend sa course. — En vain l'on se mit aux fenêtres, aux cris répétés « d'arrêtez le voleur, » en vain on fait mille efforts pour le saisir, il continuait sa course tranquillement. Les agents avaient déjà parcouru une distance de 8 lieues, leurs chevaux étaient en nage, et, par leur respiration agitée, ils sentaient qu'ils ne pourraient plus lutter contre *Black-Bess*, qui était dans un état d'entraînement parfait. Ils décidèrent de s'arrêter à la première poste et de demander des chevaux frais. On envoya un postillon en avant, sur le meilleur cheval de l'écurie, pour commander des relais sur toute la route. Turpin, pendant ce temps, faisait respirer sa bête. On avait fait près de 9 lieues, et huit heures sonnaient. Un peu plus loin il rencontre un charretier, et il lui dit : « Si vous voyez de mes amis derrière, et qu'ils vous demandent si vous m'avez vu, dites-leur qu'ils me trouveront à York. » En effet, la commission leur fut faite, et, en se regardant l'un et l'autre, ils répétèrent de l'un à l'autre : « A York ! à York ! Que veut-il dire ? Dépêchons-nous ; en avant : nous savons qu'il est devant nous, et il n'y a pas de doute qu'avant peu il sera à nous. Le voilà ! le voilà ! » s'écrièrent-ils tous à la fois, et de nouveau ils poussèrent leurs montures. Mais Turpin continuait et ne paraissait pas s'inquiéter de leur présence. La nuit commençait à tomber, et l'on ne distinguait plus si bien qu'un instant plus tôt, lorsque l'un d'eux s'écria : « Par

la mère qui me porta, s'il n'allume pas sa pipe! Je vois les
étincelles qui tombent de son briquet, et voilà la fumée de
sa pipe! Il se moque de nous; mais nous le tiendrons sous
peu, et alors il pendra plus haut qu'un peuplier, et cela me
consolera du train dont il nous mène au prochain relais. Il
passa la ville au grand galop, et à 1 lieue de l'autre côté,
lorsque les autres arrivèrent à lui, on le vit à la porte d'une
auberge buvant de la bière. On questionna l'hôte sur la
raison qui l'avait empêché de l'arrêter : « Car ne savez-vous
pas que c'est le fameux Turpin, et qu'une bonne somme
attend celui qui le prendra. — Je ne le connaissais nullement, dit l'autre; il m'a demandé de la bière, je lui en ai
servi, et il en donna la plus grande partie à sa jument, et
m'a jeté une guinée au lieu d'un schelling. — Allons, par-
tons, mes amis; je soupçonne cet honnête homme-là d'être
un compère, mais je le signalerai de retour à Londres. » Ils
virent, à l'entrée d'un village au travers duquel il fallait
passer, un petit tombereau attelé d'un âne; on cria d'arrêter, et l'homme mit charrette et âne de manière à barrer la
rue. Turpin, d'un bond, franchit la charrette et continue son
chemin. Ils avaient déjà traversé 35 lieues de pays, et Turpin, qui avait l'intention de s'arrêter au dernier relais, avait
pris les devants; et, frappant à une petite auberge au bord
de la route, on le reconnut et on lui ouvrit. « Vite, mon
garçon, allez me chercher deux bouteilles d'eau-de-vie et un
bifteck. — Diable, dit le garçon, votre souper sera maigre;
mais vous ne vous faites pas faute du liquide, car je ne ré-
ponds pas que ma maîtresse se lèvera de son lit pour votre
bifteck. — Vite, je le veux cru. » Pendant ce temps, il gratte
sa jument et puis la bouchonne; ensuite, vidant les deux
bouteilles dans un seau d'eau, il en lave sa jument. Cela
fait, il enveloppe le mors de la bride avec le bœuf cru et se
prépare à repartir, lorsque les limiers se montrent à la porte.
« Nous le tenons, se dirent-ils. » Mais le garçon rentra vivement la jument dans l'écurie, et, montrant une porte de

l'autre bout, lui dit : « Vite, par cette porte. » Mais il y a
un ravin qu'il est impossible de traverser. On enfonce la
porte; l'écurie était vide; on ne voyait que les traces des
pieds d'un cheval qui avait glissé sur les bords du ravin. Ce
ravin conduisait sur des champs, et non sur la route; et, avant
que ceux qui n'osaient le suivre par ce dangereux passage
fussent revenus sur la route, ils virent Turpin, au clair de la
lune, qui galopait dans les prairies, franchissant les barrières
et obstacles, rentrer dans la grand'route. Ils ne doutèrent
plus, connaissant Turpin, que réellement il avait l'intention
de se rendre directement à York. Ils résolurent de l'y suivre,
et bientôt ils s'en réjouirent, car ils le virent qui se diri-
geait dans cette direction. Un peu plus loin, tout d'un coup,
la jument tombe, Turpin se relève, la croit morte; mais,
plus vite qu'un éclair, la jument est sur pieds. « Ce n'est
qu'une secousse, ma bonne femme; » et, lui relevant la
tête, lui verse quelques cuillerées d'une petite bouteille qu'il
avait à la poche. Aussitôt la jument hennit et témoigne le
désir de reprendre son vol. Néanmoins il s'était aperçu que
ses flancs agités annonçaient que les efforts inouïs qu'elle
avait faits commençaient à se faire sentir : « Je crois, ma
pauvre *Bess*, que je vais mal récompenser ta noble ardeur;
mais qu'importe? il vaut mieux mourir au champ d'honneur
et avoir un nom éternel que de mourir par le couteau du
misérable écorcheur. »

« Ils approchaient déjà du terme de leur voyage, lorsque
le postillon qui les conduisait leur dit : « Il est impossible
qu'elle aille plus loin; c'est une noble jument, mais il y
aura une fin à ses forces comme à tout autre cheval. » Cependant Turpin allait toujours, et déjà les clochers d'York
apparaissent à un demi-quart de lieue. La jument, depuis
quelques instants, soufflait horriblement; ses yeux sortaient
de sa tête; on sentait sa respiration forte et inégale. Elle
trembla un instant et tomba; elle avait rompu un vaisseau
sanguin. Turpin, désespéré, voit avec chagrin le résultat de

sa bravade; il a tué la meilleure jument qui ait jamais porté
une selle. A cet instant, une personne de sa connaissance
passe ; en peu de mots, il lui raconta tout. L'autre lui dit :
« Hâtez-vous, partez et entrez dans York; sans cela, vous
êtes pris. » Mais, immobile de douleur, il restait penché sur
sa jument. L'autre lui dit : « Mais, Turpin, qu'attendez-
vous donc? — Écoutez, dit Turpin, n'entendez-vous pas ces
sons? J'attendais cela. » Six heures du matin sonnaient. Et
il bondit par-dessus la haie et il disparut; il eut de la peine
à se rendre à la ville, car la fatigue avait presque réduit
l'homme à l'état de son cheval. Les autres arrivent et voient
la jument étendue à l'entrée de la ville; ils ont laissé Turpin
s'évader. Épuisés de fatigue, ils entrent dans la première
auberge qu'ils trouvent et y voient un paysan en blouse qui
déjeunait; ils se plaignaient de la fatigue qu'ils avaient
éprouvée et, après tout, de manquer de prendre Turpin.
« Turpin, dit le paysan, qu'y a-t-il de lui? Serait-il dans ces
parages? On dit que c'est un homme bien à craindre. » Et
les autres lui racontent la chasse qu'ils venaient de faire.
« Vous avez dû changer sept ou huit fois de chevaux, au
moins, dit le paysan, pour faire une route aussi longue? —
Sept ou huit fois! Nous avons changé vingt fois nos chevaux.
— Et moi, je l'ai fait avec un seul, » se dit Turpin, car
c'était lui; mais il était si bien déguisé, qu'il leur échappa
encore une fois.

« *Black-Bess* morte, Turpin se procura un autre cheval ;
mais on ne trouve pas tous les jours des *Black-Bess* : aussi
fut-il pris deux ans plus tard et pendu à York, où l'on voit
encore sa tombe, avec ces simples initiales :

R. T.

« Une mort honteuse fut la peine de sa cruauté et d'avoir
cherché à faire, par vanité, ce qui était en dehors de puissance de cheval. Voilà donc 82 lieues faites en onze heures
de temps par un homme qui devait peser 150 livres au
moins, et à une époque où les chemins n'étaient pas à l'état

de perfectionnement où ils le sont aujourd'hui, et nous devons supposer que les côtes n'étaient point nivelées. La jument n'avait point goûté de nourriture pendant le trajet, et, quoique cette excellente jument soit morte au bout de sa tâche, le fait est regardé, en Angleterre, comme le plus extraordinaire qui ait jamais été même tenté. Pour prouver la vitesse qu'il fallait suivre, on n'a qu'à regarder les conditions et résultats du pari fait, je crois, en 1823, par M. Osbaldeston, qui pariait de faire cette distance en huit heures, à cheval, en changeant comme il voudrait de chevaux de course, sur l'hippodrome de Newmarket, et gagna son pari de 20 minutes. Malgré sa force prodigieuse et son habitude du cheval, il eut bien de la peine à résister aux fatigues de son entreprise. Nous avons pensé que l'histoire de *Black-Bess* servirait à montrer ce que peut un cheval de race, et, nous espérons, à détourner des personnes d'abuser de la bonté de leur monture pour satisfaire ou leur vanité ou la soif du gain. »

À ce fait nous pourrions en ajouter cent autres, et nous n'aurions réellement que l'embarras du choix ; nous nous bornerons à lui donner un pendant.

« Une jument pure, appartenant à M. Garrad, propriétaire d'une ferme contiguë aux chemins de fer des comtés de l'est et à la station de Colchester, avait pénétré sur la ligne pendant la nuit, et le lendemain matin, à trois heures moins un quart, lorsque le convoi de la malle quitta Colchester, elle partit en avant de la locomotive. Comme il faisait tout à fait noir, le conducteur ne l'aperçut pas d'abord ; mais, quand le convoi fut parvenu à une certaine distance et eut atteint une assez grande vitesse, on distingua la jument galopant en avant sur la même voie, et d'un train qui semblait devoir mettre à l'épreuve la puissance de la machine. Le conducteur eut recours à son sifflet, dans l'espoir de l'effrayer et de lui faire quitter la voie, mais cet expédient ne servit qu'à accélérer sa course, sans en changer la direction ; elle semblait voler comme le vent, suivie par la locomotive, soufflant, gémissant et bruissant ; le convoi avait atteint une vitesse de 25 milles à l'heure, mais la bête était lancée avec une telle impétuosité, que le conducteur et le chauffeur la perdaient souvent de vue dans l'obscurité. Ils supposèrent d'abord qu'ils l'avaient dépassée ; mais, de temps à autre, ils l'apercevaient de nouveau, toujours courant sur la voie ; ils redoublaient alors leurs sifflements, et ces sons aigus, agissant avec plus de force que la combinaison de l'éperon, du fouet et de la voix, la chassaient avec une sorte de fureur bien loin en avant du monstre de fer. Il est difficile de conjecturer quel eût été le résultat de cette étrange course, si elle se fût prolongée beaucoup plus longtemps ; la jument ne manquait d'ardeur ni de fonds ; mais que peuvent, en définitive, la chair et le sang contre la puissance gigantesque de la vapeur ? Au fait, le pauvre animal soutint bravement la lutte pendant une distance de 5 milles ; mais, s'étant heurté tout à coup contre une pierre ou contre les rails, il fut culbuté et roula sur l'autre voie. La locomotive triomphante passait, l'instant d'après, à côté de lui en haletant et lançant ses bouffées de vapeur. — Quand le jour fut venu, on trouva la jument, qui ne paraissait se ressentir ni de sa course ni de sa chute, et on la ramena chez son maître. »

Ces faits témoignent assurément d'un grand fonds. Mais l'exemple le plus extraordinaire qu'on cite de vitesse soutenue dans un cheval engagé sur l'hippodrome est celui de *Quibbler*, qui parcourut, en 1786, à l'âge de 6 ans, à Newmarket, 23 milles anglais ou 37 kilomètres en 57′ 10″.

La question de fonds ne peut être jugée seulement par la durée de l'épreuve ; le poids porté est certainement aussi l'un des éléments essentiels de la solution. Eh bien ! ce moyen d'appréciation n'a pas fait défaut à l'expérience ; car, il faut bien qu'on le sache, l'expérience a été, pour les Anglais, dans cette institution des courses, un guide toujours consulté et jamais abandonné. C'est ainsi que l'utilité et la nécessité des épreuves ont été démontrées de la manière la plus irrécusable par les faits et la bonne pratique.

Avant de renoncer au sang arabe, auquel ils devaient leur cheval de pur sang, les Anglais ont poursuivi parallèlement la reproduction judicieuse, éclairée de l'une et l'autre race. Ils pouvaient rencontrer un nouveau *Flying-Childers*, un autre *Eclipse*, un second *Herod*, un riche filon qui eût ajouté ses trésors à ceux dont on était déjà en pleine possession, qui eût accru les richesses acquises, et pour la conservation desquelles on ne reculerait plus devant aucun sacrifice.

« On avait donc établi à Newmarket une course spéciale pour les chevaux arabes ; mais l'expérience ne réussit pas, parce que la vitesse de ces animaux, inférieure à celle des chevaux anglais, ne put exciter assez d'intérêt parmi les spectateurs. Le produit immédiat d'un cheval anglais et d'un cheval oriental est toujours inférieur en qualité. D'après les règlements de la course pour le prix de *Goodwood cup* (la coupe de Goodwood), les produits immédiats des chevaux arabes, turcs et persans ont, en leur faveur, une réduction de poids de 8 kilogrammes, et, quand leur père et leur mère sont tous deux arabes, persans ou turcs, ils en ont une de 16 kilogrammes (1). »

La question est donc bien résolue.

VIII.

Dans le rapide examen qui va suivre, nous trouverons plus d'un enseignement pratique. Cette revue sera certainement fort incomplète ; mais il s'agit ici de science bien plus que de la situation des principaux établissements de production et d'élève existant en Angleterre. Tous, on le sait, appartiennent à des particuliers.

(1) David Low, *loco citato*.

STOCKWELL. — Non loin de Londres, à Stockwell, dans une situation heureuse d'ailleurs, M. Théobald entretient un haras que le mérite de plusieurs étalons célèbres ont mis en très-grande réputation au delà du détroit.

La liste de ces reproducteurs précieux s'ouvre par le nom illustre de SMOLENSKO, né en 1810 et mort en 1829, à l'âge de dix-neuf ans.

SMOLENSKO, fils de *Sorcerer* et *Wowsky*, avait, par son père, du sang de *Matchem*, petit-fils de *Godolphin-Arabian* ; il descendait, par sa mère, tout à la fois de ce dernier et de *Bierley-Turk* par *Herod*.

Au-dessous de ce nom, on en trouve d'autres qui ont eu de la renommée, et, par exemple, ceux — de *Tarare*, vainqueur du Saint-Léger en 1826, contre vingt-six concurrents, parmi lesquels se trouvait *Mulatto* ; — de *Mameluke*, qui a gagné — aisé — le *Derby* en 1827, contre vingt-deux compétiteurs, et qui est arrivé second au *Saint-Léger* de la même année, battant vingt-quatre chevaux, dont la plupart étaient déjà familiers avec la victoire ; — de *Rockingham*, vainqueur aussi du Saint-Léger en 1833, et l'un des meilleurs coursiers de son temps.

Ces trois étalons n'obtinrent pourtant pas une grande vogue en Angleterre. Ils prouvent, contrairement aux assertions erronées des détracteurs du système de reproduction suivi pour la race pure, que les performances et le pedigree de l'étalon ne sont pas les seuls éléments en cause ; que le mérite de la conformation, l'autorité, le pouvoir héréditaire sont principalement des motifs de faveur et de recherche.

L'origine et les précédents individuels de ces trois étalons ne laissaient rien à désirer ; comme développement et régularité des formes, il y avait peu à redire, et cependant ils ne furent essayés qu'avec beaucoup de réserve. Leurs premiers produits ne les ayant pas mis en relief, ils furent écartés de la reproduction et vendus au continent. La France

a possédé les deux premiers ; le troisième est allé en Allemagne. Sans ce débouché, quelles pertes n'eût pas essuyées
le propriétaire?

Comme éleveur, on ne voit pas que M. Théobald ait jamais été très-heureux. Les produits nés à Stockwell même
n'ont jamais obtenu de très-éclatants succès de course,
bien que plusieurs aient donné, dans le jeune âge, les plus
belles espérances.

En continuant les recherches, on trouve le nom du vieux
CYDNUS, de la branche d'*Herod*, propre frère du célèbre
Euphrater, et producteur précieux à tous égards ; puis Ex-
QUISITE, par *Whalebone* et *Fair-Ellen*, celle-ci fille de
Wellesley-Gray-Arabian.

EXQUISITE, né en 1826 et petit-fils d'arabe, a été l'une
des raretés de l'Angleterre. Bien qu'il fût, assure-t-on, un
fort joli et fort agréable animal, bien qu'il ait été acheté par
M. Théobald pour un prix très-élevé, après quelques succès
d'hippodrome, on ne lui a donné que des juments de
deuxième ordre ; ses produits ne se sont pas encore révélés
bien haut, et la réputation du père n'en a point été grandie.

Voici venir CAMEL, l'une des plus belles illustrations de
la race, cheval aussi agréable à voir dans son paddock que
sur le turf en un jour de lutte. CAMEL est né en 1822, chez
lord Egremont, de *Selim-Mare* et de *Whalebone* ; il a été le
cheval le plus vite de son époque, et le reproducteur qui a
donné le plus grand nombre de chevaux réunissant la vitesse
à la vigueur, la rapidité au fonds. CAMEL a obtenu une faveur bien méritée et toujours croissante.

A *Rockingham* a succédé MULEY-MOLOCH, célèbre par ses
succès de course et remarquable encore par l'ampleur et la
régularité des formes. Ses produits nombreux et distingués
lui promettent la continuation de la vogue dont il s'était si
justement emparé dès son entrée dans la carrière comme
étalon. MULEY-MOLOCH est né en 1830, chez lord Cleveland.

Nous aurions dû mentionner déjà Orville, grand-père de *Muley-Moloch*, qui, né en 1799, a vécu jusqu'en novembre 1826, c'est-à-dire pendant vingt-sept ans. Orville a certainement été le meilleur cheval de son temps. Il avait gagné le Saint-Léger de 1802 avec une merveilleuse facilité. Bien que sa carrière comme cheval de course ait brillamment commencé à deux ans, il montra une grande supériorité dans vingt courses successives.

Eleanor, la grand'mère de *Muley-Moloch*, vainqueur dans la même année, en 1801, du Derby et des Oaks, gagna ensuite vingt-sept autres courses dans lesquelles étaient engagés les meilleurs chevaux du moment.

Il y avait, dans *Muley-Moloch*, un reproducteur du plus haut mérite, un de ces chevaux d'élite dont la nature se montre trop avare.

Citons enfin le vieux Laurel, dont les exploits sont encore présents à la mémoire des *sportsmen* d'un certain âge.

Par ces détails, on le voit, l'établissement de Stockwell est une station d'étalons, remarquablement pourvue toujours, bien plutôt qu'un haras de production et d'élève renommé pour ses produits. On comprend que l'État ne se mette pas en peine de fournir à l'industrie privée des reproducteurs de choix, quand les particuliers savent se les procurer et les offrir au public. C'est là, sans doute, l'un des faits les plus considérables de la reproduction du cheval en Angleterre.

Eaton. — Il y a bientôt cinquante ans que M. le marquis de Westminster compte au nombre des amateurs et des éleveurs les plus zélés et les plus distingués. Personne n'a exercé une plus heureuse influence sur la reproduction du cheval de pur sang ; nul n'a joui d'une meilleure réputation sur le turf anglais.

Le nom de Grosvenor est donc en honneur sur tous les hippodromes de la Grande-Bretagne ; il occupe une large place dans le *Stud-Book* et le *Racing-Calendar*. Dans cette famille, les bonnes traditions sont anciennes ; les connaissances et le goût sont, en quelque sorte, héréditaires ; on y poursuit avec un grand art, avec une expérience consommée la science difficile des accouplements, l'œuvre toujours inachevée de la perfection absolue. Ici la question d'argent est toute secondaire. Aucun sacrifice ne coûte pour réunir à Eaton les poulinières du plus grand mérite, de la plus haute distinction, les plus capables de pousser au but.

A toutes les époques de son existence, le haras d'Eaton obtient de brillants succès.

En 1805, c'est METEORA qui gagne les Oaks. En 1806, BUCKLE et VIOLANTE étaient en possession d'une grande célébrité. Plus tard, c'est MARIA-DAY, qui était sans rivale dans les Oaks. Le même prix passait encore à lord Grosvenor, en 1841, par la supériorité de GHUZNEE, fille de *Pantaloon*.

Eaton remporta trois fois le Saint-Léger : en 1834, avec TOUCHSTONE ; en 1840, avec LAUNCELOT ; en 1841, avec SATIRIST.

Une magnifique et riche collection de vases, coupes et pièces d'argenterie de toutes sortes témoigne du nombre immense de prix gagnés par les chevaux du marquis de Westminster sur tous les hippodromes de la Grande-Bretagne.

En 1843, le haras d'Eaton possédait, en animaux de pur sang,

> 2 étalons très-précieux ;
> 12 poulinières parfaitement choisies ;
> 14 poulains et pouliches en entraînement ;
> 7 produits de l'année.

En tout. . 35 têtes de haute distinction et d'espérance.

PANTALOON et TOUCHSTONE, les deux sultans de ce harem, avaient, — le premier, dix-neuf ans ; — le second, douze ans.

PANTALOON, né en 1824 chez M. Giffard, a couru avec assez de succès pour mériter de prendre place à Eaton. Sa conformation était puissante, belle et symétrique. Comme étalon il a fait ses preuves. Ses produits l'ont fortement recommandé par la distinction avec laquelle ils ont paru sur l'hippodrome. Parmi eux, on cite particulièrement CARDINAL-PUFF, — PANTOMIME, — SIR ROLPH, — LORD MAYOR, — SLEIGHT-OF-HAND, — GHUZNEE, — VAN HAMBURG, — SATIRIST, et plusieurs autres.

TOUCHSTONE n'a pas une réputation moins bien établie. Né, en 1831, chez lord Grosvenor, de *Boadicea*, acheté à lord Wilton, il a fort bien couru et donné, plus tard, des produits qui ont marqué sur le turf, entre autres *Auckland*, — *Bluc-Bonnet*, — *Jach*, — *Cotherstone*, — *Dilbar*, — *Celia*, — *Rosalind,* et d'autres.

La liste des juments mérite d'être reproduite. La voici :

BANTER, par *Master Henry* et *Boadicea*, mère de *Launcelot*, second dans le Derby et le Saint-Léger, en 1840, de *Lampoon* et *Retort*, chevaux qui ont eu de la réputation. C'est, sans contredit, l'une des meilleures poulinières de l'époque.

DECOY, par *Filho da Puta;*	MAID-OF-HONOUR, par *Champion;*
GHUZNEE, par *Pantaloon;*	PASQUINADE, par *Camel;*
LAMPOON, par *Camel;*	RETORT, par *Camel;*
LANGUISH, par *Caïn;*	ISABEL, par
SARCASM, par *Teniers;*	SHIRAZ, par
LAURA, par *Champion;*	

Les vingt et un produits, en traîne ou en élevage, sont tous fils de PANTALOON, TOUCHSTONE et CAMEL.

Les noms des pères de ces juments et de plusieurs produits disent assez qu'à Eaton les poulinières ne sont pas indistinctement livrées aux étalons du haras; ils accusent, au contraire, le soin avec lequel les accouplements sont faits et la recherche judicieuse des reproducteurs qui paraissent devoir le mieux réussir avec telle ou telle jument de l'établissement.

Ceci est très-remarquable en effet, et prouve tout à la fois le profond savoir de l'éducateur et sa haute intelligence des principes mêmes de la science. En France, l'étalon le plus capable n'a guère de valeur qu'en raison du peu de dérangement qu'il occasionne à qui peut lui envoyer ses poulinières. Nous avons bien des progrès à faire, bien des choses à apprendre, bien des exemples à imiter.

Eaton est, en quelque sorte, l'antipode de Stockwell. Ici l'étalon, livré à la serte publique, forme la spéculation importante du propriétaire; là c'est la production la plus élevée, la plus perfectionnée, qui est le but essentiel des efforts les plus soutenus.

Il est bon de peser ces considérations et de voir tout ce qu'elles valent au point de vue de la conservation de la race pure au plus haut degré de l'échelle.

DANNEBURY. — Voici un établissement d'un autre ordre. A Dannebury, il n'y a ni étalons ni poulinières, mais seulement de jeunes animaux en exercices et en entraînement. C'est là que John Day, l'habile jockey et l'entraîneur expérimenté, a construit ses écuries d'entraînement.

Pour en faire bien connaître l'importance, nous copierons ce qu'en a dit le comte de Montendre dans le tome III des *Institutions hippiques*.

« L'établissement de John Day, l'un des meilleurs jockeys et des plus célèbres entraîneurs de l'Angleterre, est placé à environ 2 milles de Stock-Bridge, dans une très-belle situation, et tout ce qui le compose, écuries, boxes, paddocks et enclos sont parfaitement organisés pour le but dans lequel ils ont été construits et établis. Les bâtiments forment un carré au milieu duquel se trouve la maison d'habitation de l'entraîneur, qui peut exercer sa surveillance sur tous les points, de ses fenêtres, et se porter, au besoin et à l'instant, dans toutes les parties de son établissement au moyen d'un couloir conduisant de son parloir aux écuries, et cela sans se mouiller les pieds le moins du monde.

« Les terrains environnant Dannebury sont excellents pour l'entraînement des jeunes chevaux ; le fond en est crayeux et recouvert de sable, et un gazon élastique en forme la superficie, de telle sorte que le sol n'est pas trop dur et trop sec pendant l'été, ni trop humide et mou dans la saison des pluies.

« L'endroit destiné aux exercices est circulaire et un peu montueux pendant environ 3/4 de mille ; le reste de la carrière, c'est-à-dire 1 mille, est plane et en ligne directe, ce qui est très-suffisant pour donner la mesure des qualités des jeunes chevaux entraînés et essayés par John Day.

« L'écurie de cet habile jockey, qui, l'année dernière, était très-nombreuse et très-forte, avait alors les chevaux de lord Bentinck, qui, par suite d'un malentendu et de mésintelligence, ont été placés depuis à Goodwood, chez M. Kent, est moins remplie cette année, mais elle n'en promet pas moins d'avoir quelques beaux succès.

« Cependant John Day doit regretter les chevaux de lord Georges Bentinck, et sa seigneurie, de son côté, doit quelquefois penser aux succès obtenus par John Day, qui a remporté plus d'une victoire pour lui sur les hippodromes, car ils ne peuvent avoir oublié ni l'un ni l'autre les hauts faits de *Grey-Momus*, d'*Egville*, *the Drummer*, *Château-d'Espagne*, *Crucifix*, etc., etc., qui leur ont fait obtenir honneur et profit.

« Quelques personnes n'approuvent pas le mode sévère d'entraînement adopté et pratiqué par John Day ; mais, si un assez grand nombre de poulains n'y résistent pas, on peut être certain que ceux qui le supportent sont bons et de force à lutter contre quelque coureur que ce soit. Je pourrais citer à ce sujet des exemples anciens et récents qui prouveraient le fond qu'on peut faire sur les chevaux entraînés à Dannebury. Je rappellerai seulement *Little-Red-Rover* en 1838, *Venison* en 1836 et en 1837, avec lesquels John Day ramassa un si grand nombre de prix.

« Il est bien reconnu que, comme entraîneur de poulains de deux ans, John Day est sans rivaux. Nul n'amène aussi constamment ses jeunes chevaux en bonne condition au poteau; et, si l'on veut se donner la peine d'ouvrir et de parcourir les huit ou dix derniers calendars, on verra ce que cet entraîneur a fait avec des poulains de deux ans.

« Il nous suffira de citer *Château-d'Espagne*, avec lequel il gagna, en 1836, le criterium-stakes de 750 guinées, et un stakes de 175 guinées à Honghton; un frère de *Marpessa*; une sœur de *Wareste, Westonian*, etc.

« En 1837, nous voyons encore les chevaux de John Day s'illustrer sur les hippodromes de la Grande-Bretagne, et les noms d'*Arrian, Bulwark, Wapiti* et *Westonian* sont là pour l'attester. *Wapiti* surtout mérite une mention toute particulière : à Goodwood elle gagne un prix de 730 livres, battant *Deception* et plusieurs autres; dans le même lieu elle reçoit 100 livres et en gagne encore 350, et termine par remporter le prix de Malecomb, d'une valeur de 575 livres, battant encore *Deception*.

« L'année suivante, *Wapiti* est seconde dans le Derby, on croit même qu'elle le gagna, et fut vainqueur des Oaks d'une manière brillante, contre un champ nombreux et bien composé. Cette excellente jument est en ce moment infirme, ses membres sont perdus; et ce qui doit étonner, c'est la manière avec laquelle John Day a su la ménager et la faire courir aussi longtemps. Mais, malgré toute son habileté, il ne put la faire aller jusqu'à la fin de ses engagements des chevaux de trois ans.

« En 1839, John Day fut encore heureux avec *Crucifix*, surnommée *l'aérienne*, dont le souvenir est bien cher aux parieurs, car elle en ruina plusieurs et en enrichit d'autres. Ses hauts faits sont tellement connus, que je puis me dispenser de les citer ici; je dirai seulement qu'après avoir gagné tous ses engagements de poulains de deux ans, à l'exception d'un seul, dans lequel elle rendait 9 livres à *Gibral-*

tar, et disputa chaudement la victoire; elle se lança dans l'arène à trois ans et débuta en gagnant les 2,000 guinées, et l'un des paris de 1,000 guinées dans le premier meeting du printemps, puis les Oaks à Epsom.

« En 1840, *Thistlewhipper* et *Wahab* enlevèrent quelques bons prix; le premier fut malheureusement arrêté dans sa carrière de courses par un accident avant d'avoir pu courir à trois ans.

« En 1841, *Wiseacre* se montre avec avantage en gagnant 2,450 livres à Goodwood, et le pendregast-stakes, évalué 500 livres.

« Les espérances de la famille Day étaient concentrées sur *Coldrenick*, qui échoua au moment où l'on croyait à la certitude du succès.

« John Day entraîne pour lord Palmerston, MM. Biggs, Etwall, Wreford, W. Wyndham et Trelawny; et, quand je visitai l'établissement de Dannebury, les écuries contenaient les chevaux dont voici les noms et origines :

M. WREFORD.

Wardan, par *Glencoe* et *Margellina*, cinq ans.
Wahab, par *Sultan* et la même, quatre ans.
Franchise, par *Taurus* et *Escape*, trois ans.
Wiseacre, par *Taurus* et *Victoria*, trois ans.
Pouliche, par *Camel* et *Wadrasta*, deux ans (engagée pour les Oaks, 1843).
Poulain, par *Bay-Middleton* et *Margellina*, deux ans (engagé pour le Derby).
Poulain, par le même et *Mouche*, deux ans (engagé pour le Derby).
Poulain, par *Sultan-Junior* et *Victoria*, deux ans (engagé pour le Derby).
Poulain, par *Camel* et *Westeria*, deux ans (engagé pour le Derby).

Poulain, par le même et *Monimia*, deux ans (engagé pour le Derby).

M. R. ETWALL.

Cheval, par *Mulatto* et *Melody*, cinq ans.
Thistlewhipper, par *Beagle* et *miss Malthy*, quatre ans.
Pèlerine, par *Tomboy* et *Mantilla*, quatre ans.
Palladium, par *Defence* et *Mantilla*, trois ans.
Passion, par *Elis* et *Pet*, trois ans.
Poulain, par *Defence* et *Saldier's Joy*, deux ans.
Venatrix, par Venison et *Mopsa*, deux ans.

M. BIGGS.

Eleus, par *Elis* et *miss Badsley*, trois ans.
Elissa, par *Elis Whisk*, trois ans.

LORD PALMERSTON.

Iliona, par *Priam* et la mère de *Galopade*, cinq ans.
Pouliche, par *Defence* et sa mère par *Laurel*, trois ans.

M. TRELAWNY.

Coldrenick, par *Plenipo* et *Frederica*, trois ans.

« Le poulain de *Monimia* promet beaucoup pour le Derby prochain (1843), et des paris ont été déjà faits dans la proportion de 25 à 1 ; et, malgré le départ des chevaux de lord Georges Bentinck, on peut supposer, avec raison, que l'établissement de John Day soutiendra sa réputation et se montrera avec honneur à la saison prochaine : ce qui me le fait croire, c'est que j'ai rarement vu un plus beau lot de poulains de deux ans que celui que possède M. Wreford, qui, du reste, peut se vanter d'une continuité de bonne fortune assez rare parmi les éleveurs pour les courses. Chez lui tout n'est pas bonheur ou hasard, car personne n'est plus judicieux dans ses croisements entre les familles et plus soigneux pour ses élèves que M. Wreford.

« M. Biggs est un vieux maître en fait de sport et de turf; il ne regarde pas à la dépense et sait semer pour recueillir. En 1831, cet éleveur donna à John Day la commission de lui acheter un bon cheval pour les courses de la province, et fixa le prix à 1,000 guinées ou environ. Quelque temps avant le premier meeting du printemps, le brave John écrivit à M. Biggs qu'il avait trouvé son affaire et acheté un bon petit cheval, mais qu'il avait un peu dépassé le prix indiqué; le sportsman paya sans mot dire et n'eut pas à le regretter, car le cheval en question était l'excellent *Little-Red-Rover*, qui lui gagna un si grand nombre de prix et, par suite, tant d'argent. M. Etwall a eu de très-bons chevaux chez John Day pendant les douze dernières années, et son nom a été placé plusieurs fois sur la liste des vainqueurs. Parmi les chevaux qui se sont disingués avec ses couleurs, on doit citer *Revenge, Alumnus, Palladium, Pèlerine* et *Passion*.

« Lord Palmerston avait ordinairement un assez grand nombre de chevaux dans les écuries de Dannebury : on y a vu tour à tour *Luzborourg*, cheval qui ne fut jamais connu; *Grey-Leg* et *Conquest*. Depuis la retraite de John Dilly, le noble lord s'est contenté de faire entraîner deux ou trois chevaux seulement qu'il place sous la direction de John Day, et s'en trouve bien, notamment l'année dernière, lorsque *Eleona*, monté par cet habile jockey, lui gagna le *cæsare-witch-stakes* de 1,245 guinées à New-Market.

« M. Trelawny n'élève qu'un très-petit nombre de poulains, et n'en envoie qu'accidentellement à Dannebury. La manière de monter de John Day n'est pas goûtée de tout le monde, et, pour ma part, je la goûte fort peu : on me dira qu'elle a souvent réussi, cela est vrai; mais je répondrai qu'elle peut être bonne avec les chevaux entraînés par lui, lorsqu'il les connaît bien, mais non avec les autres qu'il connaît moins. John Day laisse, en général, prendre trop d'avance à ses rivaux, et fort souvent il a de la peine, quel que soit le mérite des chevaux qu'il monte, à regagner le terrain perdu ; je citerai à ce sujet *Revenge*, qui fut battu en 1834 ou 1835 à Ascot, courant contre un cheval sorti des écuries de sir Gilbert Heathcote, qui lui était inférieur sous tous les rapports, le tout pour avoir attendu trop longtemps.

« Le jeune John Day, fils de l'entraîneur, a plus de grâce et d'aisance dans sa pose que son père, et son coup d'œil est excellent ; ce sera et c'est déjà un jockey des plus habiles. Il a fait ses preuves, notamment en montant *Vulcan*, pour la coupe de Liverpool.

« En résumé, je dois dire n'avoir jamais visité un établissement de course mieux organisé, et dans lequel j'aie trouvé moins à critiquer que dans celui de M. John Day à Dannebury. »

DURDANS. — Cet établissement offre la réunion de toutes les branches de productions et d'élève chevaline. A Durdans, chez sir Gilbert Heathcote, il y a des étalons, des poulinières, des écuries destinées aux poulains pendant leur premier âge, et, à quelque distance de celles-ci, à Epsom même, des écuries d'entraînement où les produits du haras reçoivent la préparation nécessaire pour les courses.

Sir Gilbert est l'un des amateurs les plus connus et les plus populaires du turf. Ses couleurs sont en grande faveur sur les hippodromes d'Epsom, Ascot, Hampton, Egham et Goodwood. Bien rarement, le digne baronnet s'éloigne de son voisinage ; il se tient d'ordinaire dans le rayon que nous venons de tracer, et fait bonne guerre aux voyageurs qui viennent l'attaquer sur son terrain.

L'une des plus brillantes victoires qu'aient remportées les produits de Durdans, c'est le glorieux Derby de 1838, resté à *Amato*, bien qu'il ne fût pas *favori*, car la cote des paris s'était maintenue contre lui dans la proportion de 30 à 1.

Il battit néanmoins vingt-deux concurrents, parmi lesquels on comptait *Jon, Grey-Momus, Cobham,* d'*Egville, Phœnix, Albermole* et *Dormouse.*

En 1845, le haras de Durdans se composait de

    2 étalons de haute distinction ,

  20 poulinières du meilleur sang de toute l'Angleterre ,

  10 poulains et pouliches de l'année.

Les écuries d'entraînement renfermaient, en outre,

  15 sujets de différents âges, et

    7 poulains ou pouliches de deux ans.

En tout 52 têtes.

En voici le catalogue.

Étalons.

Samarcand, cheval alezan, né en 1850, par *Blacklock,* et *Jane* par *Moses.*

Astracan, cheval bai, né en 1850, par *Château-Margaux,* fils d'*Oleander* par *sir David,* dont la mère, une *Whiskey,* était la grand'mère des célèbres étalons *Emilius* et *Acteon.*

Poulinières.

Jane-Shone, par *Woful* et la mère d'*Amato.*

Jane, par *Moses* et la mère de *Valentissimo, Samarcand, lady Mary* (pleine de *Velocipede*).

La *Fille-mal-gardée,* par *Lottery* et la sœur de *Sheet-Anchor* (pleine d'*Amato*).

Nannette, par *Partisan* et la sœur de *Glaucus* (pleine de *Hetman-Platoff*).

Zenobia, par *Whalebone* et la mère de *Bokhara* (pleine de *Samarcand*).

Carolina, par *Velocipede* et *Nannette* (pleine de *Liverpool*).

Lady Sarah, par *Tramp* (pleine d'*Amato*).
Miss Wilfred, par *Lottery* (idem).
Lady Geraldine, par *the Colonel* (pleine de *Glaucus*).
Bertha, par *Reveller* (pleine de *Hetman-Platoff*).
Emilius-Mare, fille de *Nannette* (pleine de *Velocipede*).
Larnaca, par *Château-Margaux* et *Lyrie* (idem).
La *Bellizza*, par *Emilius* et *Jane*.
Partisan-Mare, fille d'*Elisabeth*, par *Orville*.
Cythera, par *Camel* et *lady Slipper* (pleine d'*Amato*).
Cantatrice, par *Comus* et la mère d'*Amato* (pleine de *Samarcand*).
Gibsiana, par *Tramp*, poulain par *Velocipede* (mort).
Carnation, par *Blacklock* et *Norna* (poulain par *Liverpool*) (mort).
Countess, par *the Colonel* et *Jane* (pleine d'*Amato*).
Damascene, par *Reveller* et *Oleander*.

Chevaux et poulains en traîne sous la direction de Sherwood.

Valentissimo, cheval alezan, âgé, par *Velocipede*, et *Jane* par *Moses*.
Bokhara, cheval bai, six ans, par *Samarcand* et *Zenobia*.
Dark-Susan, jument bai br., quatre ans, par *Glaucus*, et *lady Sarah* par *Tramp*.
Pannakeen, jument alezane, quatre ans, par *Velocipede* et *Zenobia*.
Hydaspes, cheval alezan, quatre ans, propre frère de *Valentissimo*.
Amorino, poulain bai, trois ans, par *Velocipede* et *Jane-Shore* (engagé dans le Derby, 1845).
Sirikol, poulain bai br., trois ans, par *Sheet-Anchor* et *Nannette* (idem).
Khorassan, poulain alezan, trois ans, par *Samarcand* et la mère de *Bokhara* (idem).

Moscow, poulain bai, trois ans, par *Muley-Moloch* et la mère de *Valentissimo* (*idem*).

Aurungzebe, poulain bai, trois ans, par *Velocipede* et *lady Slipper* (Derby).

Pouliche bai br., deux ans, par *Amato* et *Zenobia* (dans les Oaks, 1844).

La *Stimata*, pouliche alezane, trois ans, par *Velocipede*, et *lady Sarah* par *Tramp* (Oaks, 1843).

Pouliche alezane, deux ans, par *Velocipede* et *Countess*.

Poulains de deux ans seulement.

Akbar, poulain alezan, par *Rockingham* et *Stately* (Derby, 1844).

Amantissimo, poulain bai, par *Amato* et *Paradigue* (Derby, 1844).

Poulain alezan, par *Velocipede* et *Carolina*.

Poulain bai, par *Glaucus* et *Shirine*.

Poulain alezan, par *Rockingham* et *Carolina* (Oaks, 1844).

Pouliche, par *Velocipede* et *miss Wilfred*   (*idem*).

Pouliche alezane, par *Samarcand* et *Bertha*   (*idem*).

Poulains d'un an.

Poulain, par *Samarcand* et *Zenobia*.

Poulain, par *Liverpool* et *Canopy*.

Poulain, par *Muley-Moloch* et *Carolina*.

Poulain, par *Rockingham* et *Jane*.

Poulain, par *Mulatto* et *Bertha*.

Poulain, par *Muley-Moloch* et *Shirine*.

Pouliche, par *Velocipede* et *Jane-Shore*.

Pouliche, par *Velocipede* et *Nannette*.

Pouliche, par *Liverpool* et *Cantatrice*.

Pouliche, par *Samarcand* et la *Fille-mal-gardée*.

« Toutes les personnes un peu versées dans la connais-sance des généalogies et du mérite des familles chevalines de l'Angleterre penseront, comme moi, qu'il y a peu de haras et d'établissements de course supérieurs à celui de sir Gilbert Heathcote. »

Nous ne pousserons pas plus loin cette revue, qui nous prendrait trop d'espace, et nous terminerons en constatant que sir Gilbert étudie avec soin, pratique avec intelligence et avec succès l'art d'appareiller judicieusement les sexes et de marier opportunément entre elles les meilleures familles de la race. Il ne craint donc pas d'envoyer au loin ses poulinières chercher l'étalon qui leur convient le mieux ; il sait réformer à temps, pour les remplacer par leurs filles ou par des produits étrangers au haras, les juments qui ne réalisent pas les espérances qu'on avait pu fonder sur les précédents.

Y a-t-il lieu de s'étonner de la perfection de la race anglaise, quand de tels soins sont appliqués à sa reproduction éclairée, quand des sacrifices aussi intelligents sont faits à la conservation entière de toutes ses qualités.

RIDDLESWORTH. — M. Th. Thornhill possède, dans le Norfolk, un haras fort bien placé dans l'estime de tous. M. Thornhill a le goût et l'amour du cheval ; il a la passion raisonnée des courses. Ses connaissances sont réelles, son expérience est grande, et l'on peut dire avec justice que peu d'hommes, en Angleterre, rendent de meilleurs services à la bonne reproduction du cheval de pur sang.

Au haras de Riddlesworth, la production est plus active que l'élève. C'est un autre mode encore. Tout ce que renferme l'établissement est toujours à vendre ; mais le haras est monté de manière à tirer parti convenable de tout ce qui reste invendu.

Beaucoup de produits nés chez M. Thornhill et élevés par ses soins ont figuré avec honneur sur les hippodromes de l'Angleterre. M. de Montendre en a parlé dans les meilleurs termes ; nous citons textuellement.

« En 1818, M. Thornhill gagna le Derby avec *Sam*, qui battit, ce jour-là, quinze concurrents.

« En 1820, ce fut encore cet éleveur qui fut vainqueur du même prix avec *Sailor*, courant contre un champ de quatorze coursiers. Cette course mémorable fut surnommée *le furieux Derby !*

« En 1819, *Shoveller*, pouliche favorite de M. Thornhill, gagna brillamment les Oaks contre neuf pouliches, parmi lesquelles il s'en trouvait de très-bonnes.

« En 1839, le brave *Euclid* ne fut battu que d'une tête tout au plus, dans le Saint-Léger, par *Decision*.

« En débutant dans la carrière des courses, M. Thornhill fut un excellent patron pour Samuel Chifney, et n'eut qu'à s'en louer. Aujourd'hui cet éleveur confie ses chevaux en entraînement à M. Petit, de Newmarket, et n'a pas à s'en repentir ; car fort peu d'entraîneurs amènent leurs chevaux au poteau en meilleure condition. M. Petit a la réputation d'être très-heureux, dans les courses, avec ses poulains de deux ans.

« Comme éleveur, M. Thornhill tient le premier rang en Angleterre, et est très-renommé dans l'art du croisement des familles entre elles. Fidèle au noble et excellent sang d'*Orville*, *Merlin*, *Whisker*, etc., on ne le voit jamais se fourvoyer dans les voies incertaines tracées par la mode et basées sur des succès éphémères à deux ans, trop souvent suivis d'une chute à trois ans.

« Le célèbre et admirable étalon *Emilius* est la perle du haras de Riddlesworth. Ce noble animal est toujours frais et dispos. Je l'ai trouvé en très-bon état, et cependant, né en 1820, il a maintenant vingt-trois ans.

« Un bien petit nombre d'étalons présentent d'aussi brillantes *performances* qu'*Emilius*. Chacun sait qu'en 1823, il y a de cela vingt ans, il gagna le Derby au petit galop, battant dix concurrents, dont plusieurs étaient des poulains de grand mérite. Il fut aussi vainqueur dans beaucoup d'autres courses assez importantes ; mais c'est surtout comme reproducteur que cet étalon a justement acquis une immense réputation. Je citerai parmi ses descendants :

« *Priam*, vainqueur du Derby en 1830; *Plenipotentiary*, vainqueur du Derby en 1834; *Mango*, vainqueur du grand Saint-Léger en 1837; *Oxigen*, vainqueur des Oaks en 1851; *Mouche, lady Emily, Coriolanus, Egeria, Preserve, Confusoinnee, Barcarolle, Euclid, Morella, E. O., Eringo*, etc.

« Les succès de *the Castor, Extempore, Pompey* et *Wild-Duck*, en 1842, lorsqu'ils n'avaient encore que deux ans, prouvent qu'*Emilius* est encore aussi heureux dans sa progéniture qu'il le fut jamais.

«*Albermale*, par *Young-Phantom* et la mère d'*Hornsea*, est un étalon de tête par tout pays; il serait difficile de trouver dans les veines d'aucun autre un sang plus pur comme cheval de course. Bien que sa carrière individuelle fût courte, il n'a pas laissé que d'avoir des succès assez brillants, et M. Thornhill, qui s'y connaît, lui a donné souvent plusieurs de ses meilleures poulinières.

« *Albermale*, d'une conformation osseuse et musculaire, est un joli cheval bai, qui a maintenant huit ans.

« *The Commodore* est un bel étalon bai, né chez M. Blacklock en 1836, fils de *Liverpool* et de *Francy*, par *Osmond;* il est le propre frère du plus grand favori du Derby de 1843, *the British-Yeoman*. A deux ans, *Commodore* gagna ses trois engagements, battant les meilleurs poulains de son âge, entre autres *Lightfoot, Malaulia, Kremlin, Chatterer* et *Zoroaster*. A trois ans, il gagna plusieurs courses et était l'un des favoris du Derby, lorsque, par suite d'un accident, on fut obligé de le retirer des courses, mais *invaincu*. Les descendants de *Commodore* promettent, et son sang est réputé très-bon.

« *Euclid*, surnommé *Little-Euclid*, par *Emilius* et *Mona*, par *Whisker*, est l'un des plus jolis étalons qu'on puisse voir; sa manière de courir est parfaite, et, s'il fut battu dans le Riddlesworth, il est bien prouvé que sa défaite ne peut lui être attribuée, mais le résultat d'ordres données mal à propos. *Euclid* courut très-bien dans le Derby gagné par *Bloomsbury*, et fut troisième, n'ayant avant lui que le vainqueur et *Deception*. A Doncaster, il lutta à mort avec *Charles XII*, et ne fut battu que d'une tête seulement. On prétend même que ce cheval doit avoir gagné, ce qui prouve que, en Angleterre tout comme ailleurs, les juges des courses sont sujets à erreur.

« En tout cas, je suis convaincu, avec un grand nombre d'amateurs, qu'*Euclid* se distinguera comme étalon.

« Le haras de M. Th. Thornhill renferme donc, en ce moment, les animaux dont voici la liste.

Étalons (quatre) :

Emilius,	*The Commodore*,
Albermale,	*Euclid*.

Poulinières (trente-quatre) :

Variation, vainqueur des Oaks en 1830 ; *Tarentella*, *Merganser*, *Sancta-Agatha*, *Exotica*, *Victoire*, *Maria*, *Exclamation*, *Ophelia*, *Eloisa*, *Mangel-Wurzel*, *Mustard*, *Surprise*, *Mercy*, *Earwig*, *Mendizabal's Dam*, *Erica*, *Castafide*, *Fortitude*, *Moor-Hen*, *Apollonia*, *Egeria*, *Empress*, *Print*, *Lantern*, *Emetic*, *Santa-Ursula*, *Chincilla*, *Elphine*, *Receipt*, *Bay-Middleton-Mare*, *Messene*, *Saint-Columb*, *Priam-Mare*.

« En faisant un choix, ces poulinières sont bien sûrement les plus belles que j'aie vues en Angleterre; dix-sept avaient été saillies par *Emilius*, treize par *Commodore*, deux par *Albermale*, et une par *Colwick*. La plupart de leurs produits seront vendus ; au surplus, tout est toujours à vendre. J'ai compté au haras, en poulains et pouliches nés en 1842, trente et une têtes, parmi lesquelles il s'en trouve treize par *Albermale*, seize par *Emilius*, et deux par *Liverpool*. Ces jeunes animaux promettent beaucoup.

« Les poulains de deux, trois et quatre ans étaient, à Newmarket, en entraînement. Plusieurs sont engagés dans le Derby et dans les Oaks de 1843.

« Maintenant je dois dire que l'organisation et la direction du haras de M. Thornhill sont parfaites ; aucune dépense n'est épargnée pour que cet établissement soit digne d'être placé en tête des plus remarquables de la Grande-Bretagne ; aussi peut-on le regarder comme un modèle.

« M. Th. Thornhill est un des membres les plus influents du jockey-club de Londres, et son opinion a un très-grand poids parmi les membres de cette société.

« Suivant un usage excellent adopté généralement en Angleterre, un prix est fixé sur chaque animal, et on peut obtenir sur-le-champ tous les renseignements désirables, qu'on veuille acheter ou non, en s'adressant au groom du haras, qui est parfaitement au fait et s'acquitte à merveille des devoirs qui lui sont imposés par son maître, auprès des nombreux étrangers et nationaux qui viennent visiter ce bel établissement, dans lequel on peut facilement se procurer des sujets appartenant au meilleur sang d'Angleterre. »

Nous aimons à penser que ces renseignements sur ce qui se passe en Angleterre ne seront pas sans utilité pour le développement de l'industrie chevaline en France, où les haras particuliers n'ont pas assez d'importance, où le nombre des producteurs, des éleveurs ou des amateurs de courses n'est point assez considérable.

Il est fort à désirer que les diverses branches de cette industrie y soient exploitées avec une égale entente et seulement dans la mesure raisonnée des ressources et de la situation de chacun. Tel qui fait naître et élève devrait s'arrêter à l'une des deux spéculations pour lui donner plus de force, de soins et d'extension ; tel autre, au contraire, trouverait plus d'avantage à acheter des produits tout élevés pour les mettre en traîne et les éprouver sur l'hippodrome.

La production et le bon élevage du cheval de pur sang ne

peuvent réussir ni jeter de profondes racines qu'à la condition d'être intelligemment répartis et conduits à fin. Sans des haras-souches, en l'absence de pépinières bien tenues, il n'y a rien à attendre des efforts généraux. En Angleterre, l'aristocratie sait recueillir, dans ses établissements, les individualités brillantes, les hautes illustrations qui apparaissent éparses; elle les recueille, les conserve précieusement et les fait servir avec sollicitude à l'entretien de la race, au renouvellement des types, à la conservation de toutes les qualités qui font la richesse, la renommée, la valeur, l'utilité vraie du cheval de pur sang pour tous ceux qu'un sens droit éclaire, que la partialité ou l'ignorance n'égarent pas dans les divagations de l'esprit.

Aussi la masse des éleveurs anglais recueille-t-elle toujours avec un extrême regret, un sentiment de peine très-réel toute annonce indiquant la dissolution prochaine, la mise en vente d'un établissement ancien, de l'un de ces haras-souches qui constituent le fonds même de la race, qui en sont la plus haute et la plus solide expression, la garantie la plus certaine contre toute déchéance.

Cette observation nous conduit à mentionner, en passant, la ruine du haras de Hampton-Court, consommée à la mort du dernier roi, en 1837, au grand scandale des sportsmen et des amis les plus dévoués de la prospérité chevaline de l'Angleterre.

Quand Guillaume IV monta sur le trône, le haras de Hampton-Court avait acquis une immense réputation. Le prince de Galles, depuis Georges IV, était un amateur fort éclairé et fort expérimenté du turf. Dans l'espace de vingt années qu'il a paru comme sportsman actif, dit le comte de Montendre, il gagna cent treize prix d'une valeur de 1,440,600 fr., avec cent vingt-trois chevaux presque tous nés à Hampton-Court.

Parmi les plus célèbres on cite :

Anvil, par *Herod ;*   *Selim*, par *Buzzard ;*
Rockingham, par *Highflyer;*   *Fleur-de-Lis*, par *Bourbon;*
Pegasus, par *Eclipse ;*   *Rebel*, par *Trumpator ;*
Escape, par *Highflyer ;*   *The Colonel*, par *Whisker ;*
Don Quixote, par *Eclipse ;*   *Barbarossa*, par *sir Peter ;*
Albion, par *John-Bull ;*   *Maria*, par *Waterloo ;*
Orville, par *Benigbrough ;* *Traveller*, par *Highflyer.*
Haphazard, par *sir Peter ;*

Guillaume IV était peu sportsman ; il conserva le haras de Hampton-Court dans toute sa pureté ; mais il le réduisit aux proportions d'un haras de production exclusivement.

Les produits en étaient vendus chaque année, et souvent à des prix fort élevés.

En 1830, il renfermait :

    2 étalons, — *Dunsinane* et *Waterloo ;*
    23 poulinières, dont 2 arabes ;
    36 poulains et pouliches de différents âges.

En tout 61 têtes.

Sept ans plus tard, à l'époque de la vente, le haras possédait :

    2 étalons de pur sang anglais, — *the Colonel* et
       Acteon;
    2 — de pur sang arabe ;
    43 poulinières pures ;
    31 produits de l'année.

Total, 78.

Hampton-Court était le seul établissement royal qui existât en Angleterre. « Il consistait, dit M. de Montendre, en un grand parc divisé en trente-deux compartiments d'une étendue égale, mais ne dépassant pas 1/2 hectare. Ces compartiments étaient entourés d'assez hautes clôtures en planches peintes à l'huile en couleur foncée. Dans chacun des compartiments se trouvait un hangar ouvert garni de mangeoires et de râteliers. Les pâturages ne se composaient pas de prairies naturelles, mais d'herbes semées et cultivées; on les retournait, quand on le jugeait convenable, pour les semer de nouveau. Il y avait ordinairement deux poulinières et leurs poulains dans chaque enclos. On pense bien qu'une aussi petite étendue de terrain servait beaucoup plus à leur exercice qu'à leur nourriture.

« Dans d'autres compartiments, on voyait ensemble deux ou trois pouliches; plus loin, deux ou trois poulains. Ces jeunes animaux, qui venaient d'être sevrés, attendaient le moment de leur vente.

« Le haras de Hampton-Court n'offrait rien de remarquable sous le rapport de sa tenue, tout y était bien, mais sans luxe et même sans beaucoup de recherche du confortable, et rien d'inutile, même d'élégant, comme dans beaucoup d'autres haras appartenant à de simples, mais riches particuliers; car, quoi qu'en aient dit quelques voyageurs hippologues, et entre autres M. de Knobelsdorf, il y a un assez bon nombre de haras en Angleterre renfermant de douze à vingt-cinq poulinières et leurs produits de plusieurs âges. J'en ai cité quelques-uns dans une autre partie de cet ouvrage; je dirai encore quelques mots de celui qu'entretient le duc de Rutland à Cleveley-Park, non loin de Newmarket, et dans lequel se trouvent environ soixante-dix têtes de chevaux, étalons, poulinières, poulains et pouliches, et où tout est parfaitement disposé pour l'élevage des jeunes chevaux. »

En effet, M. de Montendre avait dit précédemment :

« Parmi les autres possesseurs de haras dont on cite les noms, et dont les produits figurent, chaque année, sur les hippodromes de la Grande-Bretagne, je ne dois pas oublier lord Exeter, lord Egremont, lord Westminster, lord Orford, lord Chesterfield, le duc de Cortland; M. Attwood, célèbre par sa persévérance à n'élever que du sang arabe et à ne se

servir que d'étalons orientaux, ce qui ne lui réussit guère ;
lord Lowther, lord Tawistok ; lord Grosvenor, qui dépense
plus pour ses haras que le gouvernement français pour les
siens ; le duc d'Autland, lord Fitz-William, duc de Grafton,
lord Jersy, lord Cavendish, lord Londonderry ; M. Yurforth,
zélé partisan du sang de *Comus* ; M. Vautillart, M. Sadler,
lord Durham, M. Peel, le duc de Cleveland, lord Sligo ; et
cent autres qui sont là pour démentir cette assertion, si
souvent répétée, qu'il n'y a en Angleterre ni haras entretenus par l'Etat ni haras particuliers, tandis qu'on ne peut
faire un pas sans rencontrer des établissements dans lesquels
sont entretenus de douze à vingt-cinq poulinières et plus,
et leurs produits de différents âges. La plupart des grands
seigneurs anglais ont un haras et un équipage de chasse
parfaitement montés, c'est de rigueur ; mais, indépendamment de ces établissements dignes des rois, il en existe un
grand nombre d'autres créés et entretenus sur une plus
petite échelle, et enfin des milliers de petits propriétaires,
de fermiers possédant une ou deux juments de pur sang et
s'occupant à élever les uns pour les courses, d'autres pour la
chasse, et cela avec la certitude de trouver un débouché
pour leurs produits. Étonnant et admirable pays, surtout si
on l'envisage sous le rapport de l'élevage du cheval ! »

Avec de telles richesses, la conservation de la race de pur
sang anglais paraît assurée pour longtemps.

REPRODUCTION DES RACES PURES DANS LES PRINCIPAUX ÉTATS DE L'ALLEMAGNE.

—

Sommaire.

I.

Dans les principales contrées qui se trouvent au nord et à
l'est de la France, on accepte assez généralement les données
économiques et scientifiques résumées, condensées en un petit nombre de lignes, publiées en 1844 par le *Journal des
haras*, sous ce titre : L'AUTRICHE ET SES CHEVAUX, *souvenirs d'un palefrenier.*

Nous abrégerons en rapportant textuellement.

« Le cheval arabe est le cheval de la création, le cheval
type. On fait avec lui, par l'acclimatation, dans toute l'Europe,
les chevaux de toutes les espèces, de toutes les tailles, de
toutes les conformations.

« Les résultats de l'acclimatation sont favorables aux chevaux quand le sang arabe est apporté avec fréquence, maintenu avec soin dans les espèces.

« Ces résultats sont diamétralement opposés ; ils sont contraires aux chevaux, quand ce sang n'est pas apporté, quand
il n'est pas judicieusement employé.

« Les différentes espèces de chevaux ont besoin, pour se former et s'établir, d'une longue succession d'années ; elles ont besoin du continuel emploi, aux mêmes lieux, des mêmes moyens d'accouplement, de nourriture : elles acquièrent et possèdent la célébrité, quant à la beauté, quant à la bonté, lorsqu'elles sont anciennes, pures ; elles possèdent cette célébrité, en proportion de leur ancienneté et de leur pureté.

« On ne doit chercher, dans aucun pays, à faire un beau cheval ou quelques chevaux beaux et bons ; il faut partout chercher à faire des espèces différentes qui aient les qualités, les mérites de la bonté, de la beauté du pur sang.

« Les chevaux arabes ne sont pas les meilleurs chevaux en Hongrie, ils ne sont pas les plus convenables ; ces deux conditions sont remplies par les chevaux hongrois, issus de sang arabe et arrivés, par l'acclimatation, aux formes, à la taille réclamées par les usages, par les besoins.

« Le talent et l'utilité ne consistent pas uniquement à répandre, à renfermer le sang arabe dans les veines de quelques individus isolés dans les diverses parties d'un pays ; ils consistent à répandre, à circonscrire le sang dans les veines des individus d'une famille formant race, sans changement, sans mésalliance, sans admission d'*intrus*.

« Les chevaux sont nombreux, beaux, bons dans les pays où les mœurs se propagent d'âge en âge religieusement, sans altération, où les enfants restent dans la condition de leurs pères, où ils conservent ce qu'ils trouvent établi par eux.

« Les chevaux ont encore ces qualités dans les pays dont les institutions sont féodales, dont le sol n'est pas morcelé, divisé à chaque génération.

« Dans les pays où ces conditions ne sont pas remplies, les chevaux sont mauvais et en petit nombre, toutes les fois que les gouvernements ne donnent pas à la production de ces animaux les soins, les éléments, les secours dont elle a besoin pour prospérer, savoir : emploi continuel et long, dans les mêmes lieux, 1° des mêmes espèces de juments, 2° des mêmes soins de régime et d'entretien, 5° des mêmes espèces d'étalons.

« La situation des divers pays de l'Europe, quant aux chevaux, donne lieu à ces observations, elle les confirme. Cette situation est favorable, prospère dans tous les lieux où on a suivi les principes qui viennent d'être indiqués comme nécessaires à la prospérité chevaline; elle est mauvaise dans tous les lieux où ces principes ont été méconnus ou négligés. »

Ces principes avaient été fidèlement suivis par le duc Christian lorsqu'il prit la résolution de fonder au haras de Deux-Ponts une race pure mieux appropriée que l'arabe aux exigences de l'époque. Une fois confirmée, la nouvelle race devenait la cause efficace d'une amélioration générale qui eût envahi toute la population chevaline de la Bavière, qui eût élevé celle-ci à un degré d'aptitude et de valeur qu'elle n'avait point eu jusque-là.

Dans un volume précédent (1), nous avons dit comment a été formée la race ducale et comment elle a disparu même avant d'avoir été complétement édifiée. L'exemple de cette décadence prouve bien ceci :

Sang et noblesse sont les premières conditions, la base fondamentale de toute reproduction utile du cheval.

La perfection et la valeur se trouvent plus grandes dans une race importée, à mesure que la noblesse est plus anciennement établie au lieu d'importation.

La durée, la stabilité sont indispensables aux familles de chevaux que l'on cherche à naturaliser loin de la terre natale. Sans ces conditions, les races pures ne conservent pas, dans leurs migrations diverses, les avantages inhérents à leur noblesse, le bénéfice même de la pureté du sang.

Quoi qu'il en soit, la création de la race anglo-arabe deux-pontoise témoigne d'un autre fait encore, à savoir que le

_____

(1) *France chevaline*, tome I de la deuxième partie, page 171.

cheval arabe était trop petit pour les besoins de la Bavière ;
c'était pour le grandir qu'on l'avait judicieusement mêlé au
cheval de pur sang anglais.

En opérant ainsi, on avait sans doute en vue de favoriser
la naturalisation du cheval anglais, lequel pouvait perdre
sous l'influence d'agents nouveaux, de facteurs de race autres
que ceux à la faveur desquels il avait été créé en Angleterre.
Il semblait alors qu'en le rapprochant du type même d'où il
était sorti il dût être plus facile à acquérir, à développer.
Il pouvait paraître utile aussi de le fortifier, dans cette mi-
gration, en le retrempant à la source originelle.

Le succès avait couronné des efforts intelligents et une
pratique judicieusement ordonnée. Voyons ce qui advint à
partir de 1815, comment on chercha à réparer les ruines
qu'avait faites la guerre.

C'est au cheval arabe que l'on s'adressa. Quelques bons
étalons orientaux furent conduits à Deux-Ponts, entre autres
Cyrus, cheval persan d'une grande distinction, et *Empereur*,
arabe, envoyé de Munich.

Les produits de ces étalons restèrent petits ; ils ne rem-
plirent pas le but qu'on s'était proposé, la production d'un
cheval plus fort, plus puissant.

En 1824, on se décida à demander à l'Angleterre des juments de pure race. On espérait en obtenir des chevaux plus
amples, moins éloignés du modèle qu'on réclamait de toutes
parts ; car, en même temps qu'on produisait au haras le cheval de sang pour la remonte de son effectif, il fallait donner
au pays les reproducteurs nécessaires au renouvellement et à
l'amélioration de la population indigène.

L'importation de 1824 ne paraît pas avoir été complète-
ment fructueuse. Il en est pourtant sorti trois étalons de pur
sang venus dans le ventre de la mère, et qui ont rendu des
services réels. Mais une opération aussi restreinte ne saurait
avoir des résultats bien importants, surtout quand on ne voit
pas où est l'étalon pur, éprouvé, qui doit servir à la conti-

nuation de la race, à son acquisition féconde. On n'avait mis en œuvre ici qu'une bien faible partie des éléments nécessaires indispensables au succès ; on n'employait, pour ainsi dire, qu'un seul doigt pour faire ce qui eût exigé l'application intelligente des deux mains. On avait semé avec une extrême parcimonie ; la récolte fut presque nulle. N'est-ce pas dans l'ordre des choses?

Un convoi de cinq chevaux arabes arriva en 1828. L'un d'eux, *Chouéiman*, a, dit-on, produit d'une manière tout à fait remarquable et de façon à laisser d'impérissables souvenirs. On l'a cité comme l'un des plus beaux et des plus vigoureux chevaux de sang oriental qui soient jamais venus en Europe.

La Bavière en a sans doute tiré bon parti, car dix ans plus tard un écrivain disait : — « Deux-Ponts possède aujourd'hui une réunion de chevaux arabes ou fils d'arabes, telle qu'il n'en existe probablement pas une plus belle en Europe ; et, quoique le mérite des étalons anglais y soit bien apprécié, l'étalon arabe est pourtant considéré comme le type améliorateur le plus convenable à la race du pays. »

C'est fort bien ; mais, avec le système qu'elle suit, la Bavière ne reconstituera pas sa précieuse race ducale. Elle produit au hasard, car elle ne connaît pas le mérite des reproducteurs qu'elle applique à la conservation de sa famille de chevaux de pur sang. Elle n'en soumet les produits à aucun essai ; elle marche à tâtons et avec toute l'ignorance de l'aveugle. Ce mode ne conduit à rien de durable. A-t-elle seulement le nobiliaire de la race, des tables généalogiques? Nul ne le sait, nul ne le dit. Ce n'est point ainsi qu'on arrive à des résultats utiles. La Bavière est donc arriérée ; elle se traîne péniblement dans l'ornière du passé. On voit qu'elle s'est procuré du sang anglais et du sang arabe. Reproduit-elle séparément, distinctement l'une et l'autre famille, ou bien les marie-t-elle l'une à l'autre pour obtenir de cette alliance une race mixte, pure également, et se rapprochant, par les formes et les qualités, de l'ancienne race dont les fondements avaient été jetés avec tant d'art par le duc Christian? Voilà ce que le public ignore complétement. La science n'a donc aucun renseignement à tirer de ce qui se pratique au haras de Deux-Ponts.

C'est chose fort regrettable, assurément; mais que faire à cela?

II.

Si nous avions à rendre compte de la reproduction générale du cheval en Wurtemberg, nous serions dans un extrême embarras, les données qui sont en notre possession étant fort contradictoires; mais il s'agit seulement des efforts tentés pour reproduire le cheval de pur sang appelé à régénérer ou à améliorer la population chevaline du Wurtemberg.

Bien qu'il règne encore sur ce point beaucoup d'incertitude, une grande obscurité, il est positif qu'à partir de 1810 le roi de ce petit royaume s'est occupé, avec le plus grand zèle, de nationaliser chez lui la race arabe, d'en faire la précieuse conquête en l'appropriant aux besoins de l'époque. C'était recommencer l'œuvre entreprise et déjà conduite à bonne fin par les Anglais; c'était, tout en imitant ce peuple, continuer les traditions bien plus anciennes de l'arabe.

Il est évident que le cheval arabe, extrait de la terre natale, pouvait se reproduire entier, sans déchéance, sur d'autres points du globe. L'exemple de l'Espagne, celui de l'Angleterre, un troisième plus prochain, celui de Deux-Ponts ne permettaient aucun doute sur les résultats à attendre.

Le but était donc bien défini lorsque la résolution fut prise d'importer en Wurtemberg une colonie de chevaux d'Orient et de travailler à la reproduire dans sa pureté primitive, tout en la modifiant dans ses caractères extérieurs pour en faire sortir un moteur plus développé, mieux adapté aux exigences d'une civilisation autre que la civilisation arabe. Le produit obtenu, le résultat, cela va de soi, devait être appliqué à la production améliorée du cheval wurtembergeois. L'étalon arabe, que ceci reste bien entendu, ne devait servir à l'amélioration que par ses fils ; c'était une production à deux degrés, si l'on veut bien nous permettre l'usage de cette expression.

C'est à Scharnausen, à 8 kilomètres de sa capitale, que le roi Guillaume fonda l'établissement qu'il destinait à la reproduction du cheval arabe. Là furent réunis, avec une grande sollicitude et un zèle fort éclairé, les étalons les plus précieux et les meilleures poulinières qu'il fût possible de se procurer. On s'attachait tout à la fois à la perfection des formes et à la noblesse de l'origine, deux points essentiels auxquels il ne faut ajouter que la constatation du mérite individuel pour embrasser le système en son entier. On le complétait, d'ailleurs, par l'attention scrupuleuse qu'on apportait au mariage des sexes, par une application judicieuse de toutes les règles d'une hygiène bien entendue, par une alimentation choisie, saine et substantielle, par la précaution enfin de ne pas abuser trop tôt des forces naissantes chez les produits. Les meilleures pratiques étaient donc en œuvre.

Voici le revers de la médaille :

Malgré ses efforts tentés pour n'avoir que des reproducteurs d'un véritable mérite, du sang le plus pur, beaucoup d'indignes, paraît-il, se sont glissés dans la masse et ont compromis tout d'abord les bons résultats qu'on avait espérés, qu'on avait peut-être crus plus faciles à réaliser. On a bientôt compris en Wurtemberg, comme précédemment en Angleterre, que *tout ce qui reluit n'est pas or*, que tout cheval arrivant d'Arabie n'est pas un étalon précieux, un reproducteur vraiment digne de ce nom, un véritable fils du désert, un descendant noble et pur de l'une de ces nobles familles de l'espèce qui en représente le type le plus ancien et le mieux caractérisé. Combien de soi-disant arabes ne sont que des produits dégénérés, des chevaux de sang mêlés de l'Asie

Mineure, de la Syrie, de la Mésopotamie, que sais-je? pour
lesquels les maquignons de l'endroit fabriquent avec complaisance des certificats d'origine sans valeur, des généalogies qui ne méritent aucune créance!

Ce fait est assurément très remarquable et doit donner à
réfléchir à ceux qui ne voient de salut que dans l'application
du reproducteur oriental au perfectionnement de toutes les
races, à l'amélioration directe de toutes les espèces.

Le résultat poursuivi était double en Wurtemberg. On
avait voulu y créer une famille de chevaux nobles, propres à
la contrée, et se servir des produits de cette création pour
améliorer l'espèce locale. On est loin du but qu'on s'était
proposé.

Et d'abord, nous croyons qu'on s'était fait illusion sur le
mérite des étalons et des juments arabes introduits. On ne
les avait soumis à aucune épreuve capable de révéler leur
mérite propre; leurs produits ont été élevés suivant les
vieilles méthodes, sans que de rudes travaux, eu égard à
leur âge, aient confirmé, chez eux, les qualités de leurs ascendants, aient développé même une partie des facultés dont
la loi d'hérédité avait pu déposer en eux le germe. Ce n'est
pas ainsi que l'on reproduit, que l'on conserve le pur sang.
Ce qui constitue la pureté d'une race, ce n'est pas seulement
le fait de sa non-mésalliance, mais la constatation certaine
de sa non-déchéance. Les tables généalogiques assurent
contre les souillures qui pourraient résulter d'un indigne
mariage; le registre des épreuves subies en public, sous
l'influence d'un intérêt de rivalité sérieux, sous l'autorité
d'un contrôle effectif, peut seul rendre raison du degré de
force physique et de valeur morale existant chez le sujet
éprouvé. Ces deux livres du sang, que les Anglais ont nommés
Stud-Book et *Racing-Calendar*, sont une nécessité, une
obligation impérieuse pour qui veut travailler avec utilité à
l'édification d'une race nouvelle, à la solution d'un problème
difficile, mais toujours matériellement impossible, si les ter-

mes n'en sont pas convenablement posés, heureusement compris.

En Wurtemberg, il n'y a jamais eu d'épreuves publiques. Ceci n'est qu'un fait trop avéré. Il n'y a pas non plus de *Stud-Book*; rien même ne prouve d'une manière bien certaine que les livres, les registres du haras conservent avec exactitude la généalogie de chacun des produits qu'on y obtient. L'ordre intérieur, la disposition des lieux ou tout au moins le logement mêlé des animaux qualifiés purs et de ceux qui ne sont pas de pur sang témoignent du médiocre intérêt qui s'est attaché à cette distinction essentielle.

En étudiant de près tout ce qui s'est fait dans ce grand haras du roi Guillaume, on voit que, à côté de la colonie arabe que nous avons, nous, pris le soin d'isoler, de séparer du reste du troupeau, il y a non-seulement des juments de races très-différentes, mais encore des étalons de types bien divers. Ainsi les races mêlées de la Hongrie, du Limousin, de la Normandie, du Yorkshire et d'autres contrées encore prirent place au milieu du haras et y reproduisirent accouplées tantôt avec le pur sang arabe, d'autres fois, bien que plus rarement, avec le pur sang anglais, ou avec des reproducteurs d'un ordre moins élevé sur l'échelle de l'espèce. Il en est résulté des croisements bizarres et sans cesse renouvelés dont le sang oriental, malgré tout, était comme le centre, le pivot, le lien commun. Ce système a conduit à la confusion des races, sans produire le cheval fort et puissant, celui dont on avait rêvé la création utile, l'heureux développement. Pour obvier à ce résultat complétement opposé à celui qu'on s'était proposé, pour sortir d'une situation fâcheuse, on s'est jeté, assure-t-on, à partir de 1842, dans une voie toute différente; on a eu recours au croisement par le fort cheval anglais de pur sang et de demi-sang. Si le fait est exact, on ne peut disconvenir qu'il ne soit aussi fort instructif.

Quoi qu'il en soit, plusieurs importations successives eurent lieu à Scharnausen. Par l'intermédiaire du général russe Achwertoff, commandant à Tiflis, dix belles juments persanes arrivèrent en 1817, et quinze autres l'année suivante. A la même époque à peu près, l'établissement reçut cinq nouvelles poulinières qui avaient été choisies avec beaucoup de soin dans le haras du comte Huniady, en Hongrie, et quatre juments achetées au prince Rostopchin, en Russie. C'est déjà un total de trente-quatre têtes arabes. Le roi ne s'en tint pas à cette collection; il l'augmenta, en 1819, d'une importation directe de douze magnifiques juments du désert, ramenées d'Arabie par le comte polonais Rzewusky, chargé d'une mission qui paraît avoir été remplie avec un certain succès, car ces poulinières étaient accompagnées d'un nombre égal d'étalons de la plus grande distinction. Plusieurs des juments arrivèrent pleines ou suitées. En la même année, le haras s'accrut encore de huit belles poulinières du même sang et provenant du haras du comte Orlow. En 1821, deux autres juments de pur sang arabe entrèrent encore à Scharnausen; et, en 1822, la réunion s'augmenta de deux poulinières achetées en Nubie. Ce dernier convoi avait introduit deux étalons de la même race.

Le haras du roi du Wurtemberg se composait alors de soixante-quatre poulinières de sang oriental et de quatre-vingt-dix-sept produits de même origine.

Dans les années suivantes, de nouvelles importations enrichirent le haras sans que le nombre d'animaux de la race pure augmentât par suite des vides que produisaient nécessairement la mort et la réforme. On était scrupuleux à acheter tout cheval ou jument arabe que le hasard ou d'heureuses circonstances faisaient découvrir. Les choses allèrent ainsi jusqu'en 1838, époque à laquelle un vétérinaire habile, M. Dambly, reçut la mission d'aller chercher en Orient, dans le Liban, quelques chevaux de la race de l'émir Beschir.

M. Dambly ramena quatre étalons précieux, — *Abou-Ar-*

Une jument accompagnait ce petit convoi.

Lors de la vente du haras de Hampton-Court, à la mort du
dernier roi d'Angleterre, le haras royal de Scharnausen fut
doté de deux étalons arabes qui obtinrent quelques succès
en Wurtemberg, bien qu'ils eussent été fort peu recherchés
par les éleveurs anglais. Ces étalons s'appelaient — *Sultan*
et *Padischah*.

Enfin M. de Taubenheim, écuyer commandant du roi de
Wurtemberg, fut encore expédié en Orient. Malgré des pou-
voirs illimités et les puissantes recommandations dont il
était muni, il ne put ramener que deux chevaux de haute
origine : — *Seham*, superbe étalon alezan, plein de vigueur
et de noblesse, — et *Balbeck*, jument arabe pure de robe
grise.

Cet insuccès confirma ce que, précédemment, M. Dambly
avait dit touchant les difficultés de se procurer des chevaux
de mérite en Arabie. D'abord le nombre n'en est pas, à beaucoup près, aussi considérable qu'on se l'imagine, et puis les
Arabes ne s'en défont pas volontiers lorsque ce sont des animaux d'une très-grande valeur. Le comte Rzewusky, dont
nous avons parlé il n'y a qu'un instant, ayant offert à un
Bédouin de misérable apparence 30,000 fr. pour sa jument
de trois ans, ne reçut pour toute réponse qu'un regard de
mépris; après quoi il partit au grand galop de sa monture...,
qui court encore.

Ici s'arrêtent les documents que nous possédons sur la
reproduction du cheval arabe en Wurtemberg. Il ne paraît
pas que l'expérience ait été poussée plus loin ni qu'elle ait
été couronnée d'un succès bien éclatant.

Nous ne sachions pas, en effet, que ce royaume possède
une race qui lui soit propre, ni même qu'il ait produit des
animaux dignes d'une bien grande attention ou d'envie.

III.

Nous passons en Hanovre. L'industrie chevaline y est aux mains de la petite propriété. C'est à elle que le paysan est en grande partie redevable du bien-être dont il jouit ; aussi possède-t-il de magnifiques poulinières que leur distinction et leur mérite placeraient, en tous lieux, fort haut dans l'estime des connaisseurs les plus difficiles.

Ce petit État du nord de l'Allemagne ne livre à la reproduction que quarante-cinq mille poulinières environ ; un tiers est donné, chaque année, aux étalons entretenus dans les dépôts provinciaux ; les trente mille autres sont desservies par des étalons particuliers, préalablement soumis à un examen assez rigoureux qui interdit l'emploi des reproducteurs défectueux.

A quelle espèce appartient la tête des étalons de l'État? Cette question seule rentre dans la spécialité du chapitre que nous écrivons.

Bien que l'institution des dépôts d'étalons provinciaux remonte à 1756, les renseignements manquent pour établir, d'une manière exacte, l'histoire des importations qui se sont faites à diverses époques, sur ce point, en chevaux arabes ou autres. Il ne paraît pas douteux, cependant, que le Hanovre ait suivi l'exemple des petits États au milieu desquels il est situé, et qu'il ait longuement essayé l'emploi du reproducteur oriental.

Nous savons mieux ce qui se fait depuis une vingtaine d'années seulement, dans cette province, où le cheval anglais a pris une grande faveur et rendu d'immenses services à l'amélioration bien comprise, fructueuse, par conséquent, de l'espèce indigène.

Des étalons et des juments de pur sang anglais ont été introduits en nombre relativement très-considérable. L'Etat a donné l'exemple, ouvert la nouvelle voie à suivre, nette-

ment posé les principes qu'il fallait adopter et appliquer
pour atteindre promptement le but. Cela ne dit-il pas qu'à
la suite du cheval de pur sang, naturalisé anglais, les saines
méthodes de production et d'élève sont entrées dans la province de Hanovre et qu'elles y ont provoqué le succès qui
les accompagne partout où elles font la base des opérations
de l'industrie chevaline?

Ici, les particuliers étant impuissants, l'État, avons-nous
dit, a ouvertement pris l'initiative du progrès. En même temps
qu'il adoptait une direction nouvelle, il annonçait officiellement ses vues, marquait la route à prendre, disait franchement où il voulait en venir. Son manifeste, nous qualifie-
rons ainsi l'acte publié à cette occasion par le gouvernement,
est un document considérable, un exposé lucide et formel
sur la situation différente que l'on entendait faire à l'industrie du cheval.

« Dans ces derniers temps, écrivait le ministère, on a généralement senti que l'amélioration du cheval était une nécessité; on en a poussé le progrès avec un grand zèle et on
a reconnu avec bonne foi que les principes suivis jusqu'ici,
à cet égard, étaient insuffisants au but. On est à peu près
unanimement fixé aujourd'hui sur ce point, que l'amélioration positive d'une race ne peut être poursuivie avec succès,
obtenue d'une manière durable qu'au moyen d'étalons et
de juments appartenant eux-mêmes à une race distinguée,
conservée pure et sans mélange de sang étranger, et se re-
nouvelant exclusivement par des reproducteurs d'élite, ayant
donné, dans une série d'épreuves satisfaisantes, la mesure
de leurs qualités individuelles. On a pensé, on pense qu'en
employant des chevaux de pur sang éprouvés l'éleveur était
beaucoup plus certain de produire des animaux répondant à
ses désirs et aux besoins généraux de la consommation; mais
pour obtenir des chevaux de cette nature et d'une telle valeur
il est nécessaire de les choisir parmi cette race qui possède
au plus haut degré connu les qualités les plus éminentes :

vigueur, durée et vitesse jointes à une bonne conformation.

« La preuve de ces qualités doit être acquise par des épreuves publiques auxquelles seront soumis les individus qu'on serait disposé à choisir, et en outre ils seront d'une race pure.

« Parmi toutes les races de chevaux connues, le cheval anglais de pur sang se distingue le plus par les qualités précitées et par la facilité avec laquelle il les transmet à sa postérité; les individus de cette race sont éprouvés par les courses, et la pureté de leur sang, constatée par les institutions existantes, est hors de doute. C'est pour cela que non-seulement beaucoup de particuliers et de sociétés privées, mais aussi plusieurs gouvernements allemands et autres ont employé le cheval anglais de pur sang à l'amélioration de l'élève du cheval, ou en ont du moins favorisé l'emploi autant qu'il leur a été possible.

« Il n'est pas nécessaire de donner les développements aux thèses scientifiques qui viennent d'être posées. Leur justesse ne saurait être contestée, puisqu'elles s'appuient sur l'opinion des plus célèbres connaisseurs et sur l'exemple de plusieurs gouvernements. Avant tout, l'état brillant de l'élève du cheval en Angleterre prouve la vérité des principes dont il est le résultat. Il est patent que, par suite de l'application de ces principes, jointe à des soins et à une nourriture convenables, le cheval anglais a surpassé même ses aïeux, les chevaux orientaux.

« De semblables effets ont été produits en Allemagne par l'emploi des mérinos dans l'élève des moutons, et partout le choix éclairé des animaux destinés à la propagation a élevé les descendants au-dessus de leurs parents, bien que la pureté de la race ait été conservée aussi parmi ces derniers. Cela prouve en même temps que la conservation de la pureté de la race ne suffit pas pour en assurer le perfectionnement. Il est donc positif que ce résultat ne peut être obtenu que par des animaux qui possèdent à un très-haut degré les meilleures qualités de leur race soit sous le rapport de la conformation, soit sous celui de la bonne qualité ou quantité de certains produits, tels que la laine et le lait, soit enfin sous celui de la force supérieure, et cela prouve, de plus, que la manière de soigner les animaux est d'une grande importance pour l'amélioration de leur race. Il s'ensuit que, quand il ne s'agit pas seulement de qualités visibles, mais de forces dont l'existence ne peut être prouvée avec certitude par une certaine conformation, on doit s'en rapporter aux preuves faites par ces animaux avant de les employer pour en tirer race. Quand on néglige ces preuves, il est inévitable que la race ne se détériore et qu'elle ne reste en arrière de celles qui sont traitées avec plus de circonspection, d'intelligence et de discernement.

« En Allemagne et dans tous les pays où l'on employait à la propagation les descendants d'étalons distingués sans s'être assuré de la pureté de leur sang, cette négligence a entravé les progrès de l'élève du cheval, malgré tous les soins qu'on a prodigués en vain et toutes les dépenses faites en pure perte.

« Une autre raison qui doit militer en faveur de l'emploi des chevaux anglais de pur sang à l'amélioration du cheval de ce pays, c'est que les descendants d'étalons anglais sont très-recherchés et bien payés. Cette circonstance rend indispensable l'emploi d'étalons anglais, car l'éleveur doit amener au marché des animaux recherchés, s'il ne veut en être exclu ou réduit à un profit inférieur.

« Nous croyons donc nécessaire que le gouvernement favorise, autant que possible, l'emploi de bons étalons anglais de pur sang, sans quoi l'élève de chevaux de ce pays resterait en arrière de celui des États allemands voisins et tomberait même de plus en plus en décadence. Il paraît qu'une grande partie des éleveurs de chevaux de notre pays partagent cette opinion, car on a amené aux étalons de pur sang

anglais du haras de Celle un assez grand nombre de juments,
bien que le prix de la saillie ait été considérablement augmenté pour des raisons particulières. De tous côtés on
exprime le désir de voir fonder des établissements semblables.

« . . . .

« On ne peut pas se résigner à dépendre toujours de l'é-
tranger pour l'achat d'étalons de pur sang, d'autant moins
que souvent ces circonstances en élèvent le prix. En outre,
on ne se trompera pas en attribuant à beaucoup d'éleveurs
de ce pays le vif désir d'élever eux-mêmes des chevaux de
pur sang, et l'on aurait tort de ne pas mettre à profit ce
désir. On ne fait pas venir à présent de l'Espagne des béliers
mérinos, parce qu'on n'a pas besoin d'en faire venir, et on
ne sera plus obligé de faire venir des chevaux de pur sang de
l'Angleterre, quand les éleveurs du pays auront un intérêt
suffisant à en élever eux-mêmes.

« L'élevage de chevaux distingués ne peut se maintenir,
si l'on n'emploie pas, pour en tirer race, les meilleurs chevaux dont les qualités sont éprouvées par des prestations.

« L'éleveur particulier ne peut prouver les excellentes
qualités de son cheval qu'au moyen des épreuves publiques,
et ces mêmes épreuves doivent déterminer le choix des individus destinés à la propagation.

« On ne peut vouloir se résigner à acheter toujours de
l'étranger, à hauts prix, des étalons éprouvés, et on doit
avoir pour but de s'en procurer par l'élève de chevaux de
pur sang dans le pays.

« La première condition de l'accomplissement de ces
vues est l'établissement des institutions nécessaires pour
éprouver les chevaux et surtout l'établissement des courses
de chevaux qu'on a partout reconnues un excellent moyen
pour y réussir. C'est là le vrai but des courses, car, sans
elles, une amélioration durable de l'élève du cheval et la concurrence, en ce point, avec d'autres pays sont impossibles.

« Si, d'un autre côté, on a supposé aux courses un autre but entouré d'abus, parce que les prix proposés offrent un profit immédiat, c'est une erreur provenant d'une connaissance imparfaite de la matière. Tous les gouvernements, toutes les sociétés particulières qui se sont intéressés et ont agi pour l'amélioration de l'élève du cheval n'ont nullement douté de l'utilité et de la nécessité des courses.

« Partout des hippodromes ont été établis, et les gouvernements ou les maisons régnantes ont proposé des prix considérables pour leur assurer une assistance dont ils ne peuvent pas se passer avant que l'élève de chevaux de pur sang ait pris une certaine extension.

« De plus, les courses sont utiles en cela que les prix proposés encouragent à acheter et à élever des chevaux distingués, en offrant aux particuliers la chance de se voir récompensés de leurs soins et de leurs frais; résultat qui donne aux gouvernements le meilleur moyen d'encourager l'achat et l'élève d'excellents chevaux de pur sang. En dernier lieu, les courses, et surtout les courses de chasses (steeple-chases), procurent à l'éleveur l'avantage de pouvoir prouver les qualités de ses chevaux destinés à l'usage, de s'en assurer un prix raisonnable et d'empêcher qu'il ne soit tout à fait à la merci d'une appréciation vague d'après l'extérieur.

« Il y a donc deux raisons importantes pour que le gouvernement de ce pays s'attache à favoriser ou établir des courses de chevaux, savoir :

« Parce qu'elles sont nécessaires à l'amélioration radicale et durable de l'élève du cheval;

« Parce que la proposition de prix convenables encourage les propriétaires de chevaux à en acheter et à en élever de plus distingués.

« Quant au premier point, l'expérience d'autres pays a démontré que, jusqu'à ce que des propriétaires et des sociétés aient fondé des prix suffisants (comme il a été fait en Angleterre), les courses ont besoin du secours du gouvernement, et qu'il ne leur suffit pas des souscriptions et des mises des intéressés. Les dernières suffisent d'autant moins dans ce pays, que la fondation de plusieurs sociétés pour les courses dans le nord de l'Allemagne diminue le ressort de la société et en paralyse le mouvement, aussi bien que dans plusieurs États voisins, dont les gouvernements, par leur intervention, ont remédié à cette circonstance fâcheuse.

« Les États du royaume n'ignorent pas que bon nombre de gouvernements allemands et autres ont fondé des prix de courses considérables, et que, naguère, les États d'un pays voisin ont voté d'assez grandes sommes pour de tels établissements.

« Le second point, l'encouragement à l'achat et à l'élève de chevaux distingués, n'est pas moins important que le premier. Il faut y mettre d'autant plus d'empressement que, dans plusieurs autres pays, l'élève du cheval prend un grand essor et menace de devancer celui du Hanovre.

« C'est pour ces raisons que nous jugeons à propos que le gouvernement propose des prix de courses aux éleveurs indigènes, ou que, selon les circonstances, il rehausse ceux qui sont déjà établis.

« Mais, si les courses de chevaux sont indispensables pour l'amélioration de l'élève du cheval, les établissements sans lesquels il ne peut y avoir de courses ne sont pas moins nécessaires. Cela s'entend surtout d'un établissement pour l'entraînement des chevaux destinés à l'hippodrome. Là où il y a de grands haras, les propriétaires de ceux-ci fondent des établissements d'entraînement à leurs dépens, et, moyennant une rétribution, en accordent l'usage à d'autres éleveurs. Mais, dans ce pays, l'élève du cheval se fait principalement par les petits propriétaires, fermiers et autres, et l'intérêt qu'on prend aux courses n'est pas encore assez grand pour qu'un établissement d'entraînement puisse être fondé aux dépens de particuliers. Il sera donc nécessaire que le gouvernement vienne en aide à l'établissement d'entraînement fondé par la Société pour l'amélioration de l'élève de chevaux du royaume, jusqu'à ce que cet établissement puisse se maintenir au moyen de ses revenus et des contributions des sociétaires. »

Nous recommandons la lecture réfléchie de ce document à tous les hommes sérieux. C'est un résumé très-remarquable des questions de science et de pratique chevalines.

Les États de Hanovre ont accordé les subsides demandés, et le gouvernement ne s'en est pas tenu à de vaines paroles, il a agi, agi largement et puissamment.

En pareille matière s'arrêter aux petits moyens, ne prendre que des demi-mesures, c'est compromettre pour long-temps les meilleures doctrines et les résultats les mieux assurés ; c'est ajourner sans cesse une solution que chacun sollicite, exciter l'impatience des uns, réveiller toute l'hostilité des autres, rester sur place quand il y a obligation de marcher; c'est faire qu'une expérience commencée, toujours poursuivie, n'arrive jamais à fin ; c'est un triste et bien triste système, car il ne satisfait à aucune des exigences qui se produisent partout autour de lui.

Les vues du ministère de Hanovre, une fois traduites en faits palpables, saisissables pour tous, ont trouvé des contradicteurs. L'opposition qui leur a été faite n'a servi qu'à les fortifier. La vérité n'entre pas autrement dans les esprits.

Quoi qu'il en soit, voici la liste des étalons de pur sang anglais placés, en 1844, dans les stations desservies par les dépôts provinciaux. Elle comprend quarante-neuf noms seulement et répond au chiffre des poulinières du royaume par la proportion suivante :

1 étalon pour 918 juments.

Le même calcul, appliqué aux six cent mille juments employées en France au renouvellement de la population chevaline, établit que le nombre des étalons de pur sang anglais est à celui des poulinières dans le rapport de

1 étalon pour 5,120 juments.

*État des étalons de pur sang anglais qui ont fait la monte
dans le Hanovre pendant l'année 1844.*

Aaronides, par Aaron et la mère d'Interprète.
Alexander, par Plenipotentiary et Bodice.
Antar, par Emilius et Bec-in-a-Bonnet.
Bacchus, par Whalebone et Aladina.
Brunswicker, par Figaro et Maniac.
Burlington, par Godolphin et Mouse.
Colombus, par Robin-Hood et la mère de Blücher.
Y. Confederate, par Confederate et Conviction.
Coriander, par Rubello et Venom.
Crab, par Stratherne et Donna-Maria.
Dan-Dawson, par Clinker et Minos-Mare.
Drum-Major, par the Colonel et la sœur de Cactus.
Emigrant, par Inculius et Gulistan.
Emil, par Emilius et Sal.
Ephemeron, par Emilius et Mercy.
Flare-Up, par Lamplighter et Butterfly.
Fright, par Y. Phantom et Wisker-Mare.
Harold, par Brutandorf et Wisker-Mare.
Helios, par Predictor et Aurora.
The Hermit, par M. Lowe et la mère de Soothsayer.
Hocus-Pocus, par Morisco et Bartonia.
Hyderabad, par Helenus et Arbis.
Jacob-Faithful, par Langar et lady Easby.
Ibrahim, par Emilius et Pera.
Langdford, par sir Hercules et Calista.
Leonidas, par Memnon et Pucelle.
Mambrino, par Rubello et Alecto.
Marshall, par Camel et la mère de Loutherbourg.
Morpeth, par Acteon et Grecian-Queen.
Mulberry-Wine, par Margrave et Château-Margaux-
Mare.

Oronoco, par Camel et Bertha.

Othello, par Muley et Y. Mignonnette.

Oscar, par Oscar et Shedam.

Polydorus, par Priam et Trajedy.

Rattle, par Langar et Wisker-Mare.

Ratsbane, par Muley et Nancy.

Regulator, par Figaro et Darioletta.

Sam-Weller, par Margrave et Wisker-Mare.

Scavola, par Woful et Corea.

Sir Geoffley-Peverill, par Walebona et Y. Wisker-Mare.

Sirius, par Predictor et Incest.

Sir Thomas, par Catton et Raphaël-Mare.

Slashing-Harry, par Voltaire et Arinette.

Y. Snap, par Snap et Alarm.

St. Swithin, par Velocipede et Saint-Nicholas.

Traveller, par Morisco et la mère de Rubens.

Wanderer, par Figaro et Belvidera.

Wasa, par Gustavus et la mère de Mazeppa.

Gew, par Laurel et la mère de Wallow.

Qu'on décide maintenant entre la pratique suivie en Bavière et en Wurtemberg et le système adopté dans le pays de Hanovre. L'expérience est faite; la trouvera-t-on concluante?

IV.

Nous voici dans une partie de l'Allemagne où l'opinion des hommes de cheval est radicalement opposée à l'emploi de l'étalon oriental, toute dévouée, au contraire, à l'importation du cheval anglais de pur sang et à sa naturalisation par tous les moyens capables de l'assurer.

La science hippologique, en Holstein, est aux mains d'un amateur puissant par le rang et la fortune, puissant aussi par l'autorité que donnent toujours le véritable savoir et l'expérience.

Chrétien-Auguste, duc du Schleswig-Holstein-Sonderburg-Augustenburg, fait école et pousse énergiquement à l'application judicieuse de l'hippologie rationnelle.

Il a commencé par établir ceci :

Les hommes d'autrefois, les représentants des vieilles idées, les praticiens routiniers et les haras d'État ont fait partout un mal incalculable à l'industrie de la production et de l'élève du cheval en Europe. Il semblerait qu'ils fussent ignorants de cette vérité : — le monde marche, marche toujours. Ils ont fait dépenser des millions en pure perte, tant qu'ils ne se sont proposé, comme « but unique, que de produire, au moyen de prétendus étalons orientaux, de petits chevaux d'une jolie conformation, mais dont la taille diminuait de génération en génération, et qui étaient incapables de satisfaire ce que, en temps de paix et de guerre, notre siècle s'est accoutumé à exiger... »

« Le cheval de pur sang anglais n'a été produit que pour créer un moteur qui réunît la plus grande vélocité possible à la plus grande vitesse.....

« Des expériences séculaires prouvent que l'emploi du pur sang, joint à l'usage des courses, est le seul moyen, le moyen infaillible d'améliorer utilement une race de chevaux.....

« Sous ce rapport, on l'a depuis longtemps constaté, il n'y a rien de mieux à faire qu'à suivre exactement l'exemple des Anglais, qui connaissent si bien leurs intérêts et qui ont su, en formant la meilleure race de chevaux qui existe au monde, se rendre tout le pays tributaire. Ils ont obtenu ce résultat en suivant, pendant deux cents ans, tout simplement la règle de ne tirer race que du meilleur sang, et de reconnaître pour le meilleur sang celui qui fait preuve, ainsi qu'il a déjà été dit, de la plus grande vélocité et de la plus grande durée..... »

Imbu de ces idées, pénétré de ces principes, le duc Chrétien-Auguste se mit hardiment à l'œuvre. Répudiant le passé, dont il faisait table rase, il importa, dans l'île d'Alsen, une colonie considérable d'animaux de pur sang anglais, mâles et femelles, de bon choix, et s'appliqua, avec un zèle très-louable, d'en faire la conquête, c'est-à-dire de la nationaliser dans l'île. D'autres importations suivirent, par conséquent, la première, qui avait eu lieu en 1821.

Vingt ans plus tard, en 1840, le haras d'Alsen était l'un des mieux composés et des plus considérables du continent. Il renfermait, en animaux de pur sang anglais, savoir :

Étalons. 16
Poulinières. 30
Poulains et pouliches en traîne. . 15

Et un nombre proportionné d'élèves de l'année, d'un an et de deux ans.

Le régime du haras est, en tout, calqué sur les principes les mieux assis de la science et sur les méthodes de pratique les plus judicieuses. Un grand succès récompense des efforts aussi complets et aussi bien entendus. La race anglaise de pur sang s'est aisément implantée sur ce nouveau point et s'y reproduit avec des qualités incontestables; elle est seule en possession du haras. Aucun cheval non tracé, aucune poulinière de sang mêlé ne déparent plus, aujourd'hui, cette riche et belle collection d'animaux, qui n'a rien à redouter du contact impur d'une autre race.

Les étalons que le duc ne réserve pas pour les poulinières du haras sont généralement mis par lui à la disposition des petits propriétaires du pays. Dans les premières années de l'application du système, les paysans étaient en méfiance et ne se risquaient pas. De 1822 à 1828, il ne venait du dehors, chaque année, que de soixante à soixante-dix juments. Les premiers résultats furent tellement heureux, que le nombre s'accrut rapidement jusqu'à six cents par an, et qu'à présent « on ne trouverait pas un seul étalon de demi-sang dans tout le ressort du haras d'Augustenburg. » C'est là, sans doute, un témoignage irrécusable de la puissance

— 253 —

reproductive du cheval anglais de pur sang et des avantages réels que l'éleveur a trouvés dans son emploi raisonné.

Après cela, il faut le dire, le duc a été très-heureux dans ses choix et très-favorisé par les circonstances. Ces premières acquisitions portèrent tout d'abord sur des animaux d'un mérite très-réel sous les rapports de l'origine et de la conformation ; elles lui donnèrent — POT8O's, par *Waxy* et *Oliveira*, fille de *Vermin* ; — HAPHAZARD, fils de *Haphazard* et de *Quiz-Mare*, dont la mère est aussi celle de *Selim*, — et *King-Herod*, par *Waterloo*, l'un des plus forts étalons de pur sang qui soient jamais sortis, dit-on, de l'Angleterre. Celui-ci était spécialement destiné au croisement; il devait produire, avec la poulinière indigène, des chevaux d'attelage puissants par la taille, la corpulence et les allures.

Les juments qui accompagnèrent ces étalons à Alsen formaient un précieux noyau. On peut citer, par exemple, ZORAIDE, par CORIOLANUS ; MISS BLUCHER, fille de la précédente et de BLUCHER ; MOMENTILLA, sortie de *Zodiac* ; TIPPITIWITCHET, par *Woful* ; ZORA, etc., etc.

D'autres animaux vinrent plus tard. A cette condition seule, nous l'avons dit, une race s'acquiert et se naturalise au nouveau milieu dans lequel on la place.

Pour ne parler que des étalons, nous en donnerons une liste qui s'arrête à 1840 ; les renseignements nous font défaut pour les dix dernières années.

Voici donc cette liste, qui ne répète pas les trois noms déjà écrits :

1° *The Barber*, par Shaver et Topsy-Turvy-Mare ;
2° *Belus*, par Emilius et Babel (Lillias) ;
3° *Bivouac*, par Partisan et Sister-to-Nectar, par Walton;
4° *Blythe*, par Catton et sa mère Raphaël ;
5° *Bob-Logic* (d'abord Tom), par Walton et Louisa, par Orville ;
6° *Bravo*, par Emilius et Bravura, par Outery ;

7° *Brother-to-Margrave*, par Muley, sa mère, par Election ;

8° *Capo-d'Istria*, par Herod et miss Blücher ;

9° *Cassio*, par Whalebone et Tredille, par Walton ;

10° *Cigarr*, par Brutandorf et madame Saqui ;

11° *Cloudesley*, par Emilius et Scud ;

12° *Cockup*, par Riddleworth et Imprudence ;

13° *Codrington*, par lord Cochrane et Maid-of-Kent, par Soothsayer ;

14° *Comet* (d'abord Young-Cobadil), par Bobadil (fils de Rubens) et Clarinet ;

15° *Compton*, par Humphrey-Clincker et miss Fox ;

16° *Dandy*, par Wisker ou Cetus et Blacklock-Mare ;

17° *Diamond*, par Moses et Cosa-Rara ;

18° *Fra-Diavolo*, par Moses et Phantom-Mare ;

19° *Don Pedro*, par Walton et Election-Mare, la mère de Chatam-Margrave, etc. ;

20° *Egbert*, par Morisco et Ina, par Smolensko ;

21° *Erymus*, par Moses et Eliza-Leeds, par Comus ;

22° *Fortunatus*, par Fortunatus et Babel ;

23° *Goliath*, par Woful et Breeze, par Soothsayer ;

24° *Gomez*, par Emilius et Varennes, par Selim ;

25° *Grand-Falconer*, par Merlin et Active, par Partisan ;

26° *Hadji-Baba*, par Pot8o's et Zoraïde ;

27° *Hazard*, par Waverley et Camilius-Mare (Sister-to-Orphon) ;

28° *Hector*, par Priam et Miniature, par Rubens ;

29° *Hercules*, par Catton et Trajedy, par Smolensko ;

30° *Hokee-Pokee*, par Muley et Nancy, par Dick-Andrews ;

31° *Incubus*, par Phantom et Katherine, par Soothsayer ;

32° *Lion*, par Wisker et Phantom-Mare ;

33° *Logic*, par Selim et Piquet, par Sorcerer ;

34° *Lord Cochrane*, par King-Herod et Momentilla ;

35° *Martello*, par Defenk et Jewess, par Moses ;

36° *Moses*, par Whalebone et Gohonna-Mare ;

37° *Nimrod*, par Logic et Momentilla ;

38° *Pandurang-Harry*, par Pot8o's et Momentilla ;

59° *Peru*, par Catton et Laoochoo, par Peruvian ;

40° *The Philosopher*, par Filho-da-Puta et Selena, par Nicolo ;

41° *Protocol*, par Partisan et Hambletoniam-Mare ;

42° *Soliman*, par Logic et Tippitiwitchet, par Woful ;

43° *Young-Camel*, par Camel ;

44° *Young-Moses*, par Moses et miss Muley ;

45° *Zampa*, par Logic et Cosa-Rara ;

46° *Zumala-Carreguy*, par Waterloo et Phantom-Mare.

Beaucoup de ces noms sont célèbres par eux-mêmes ; tous se rattachent, à divers degrés, aux plus grandes illustrations de la race anglaise de pur sang.

Tout ce qui précède peut aussi bien s'appliquer au Mecklenbourg : ce sont le même système et les mêmes résultats ; aussi la réputation des produits de ce petit duché, déjà ancienne, s'est-elle de beaucoup accrue à partir du moment où l'introduction de la race anglaise de pur sang, l'établissement régulier des courses, l'adoption de toutes les bonnes méthodes d'élève ont changé, multiplié et perfectionné les éléments mêmes de la production. Le fait est tellement saillant, qu'il y a à peine trente ans, par exemple, on ne comptait qu'un seul étalon de pur sang anglais dans le haras du grand-duc, un dans celui du comte de Plessen, et un troisième dans l'établissement du baron de Biel, tandis qu'aujourd'hui il s'en trouve une centaine au moins, disséminés sur la surface du pays, dont l'étendue ne dépasse pas celle de deux départements français. A la même époque, on n'aurait pas rencontré au delà de cinq à six juments de pur sang anglais ou arabe ; le Stud-Book du Mecklenbourg en contient maintenant de deux à trois cents (1).

(1) Nous croyons ces chiffres exacts. Ils s'écartent un peu, néan-

De tels progrès font, à bon droit, l'admiration et l'envie de toutes les personnes qui explorent ou étudient de près la question chevaline dans le duché de Mecklenbourg ; on ne peut que les rapporter à l'accord qui existe, en fait de matière hippique, entre tous les riches personnages de la contrée, au zèle éclairé dont chacun d'eux fait preuve dans la pratique, aux soins qui entourent celle-ci, aux sacrifices qu'on lui fait, et enfin au large essor, à la puissante émulation que les courses ont imprimé à la bonne production et à l'élève judicieuse.

A ce point de vue et toutes proportions gardées, il y a de nombreux points de contact ou de similitude entre l'Angleterre et le Mecklenbourg ; aussi l'industrie privée suffit-elle à tous les besoins, à toutes les exigences. Ce sont les deux seules contrées de l'Europe où ce résultat puisse être observé et se reproduise.

Comme en Angleterre, nous trouvons ici des haras particuliers importants par le mérite des animaux de pur sang qu'on a su y réunir, considérables par le nombre des produits qui y naissent chaque année, utiles enfin au public, à la masse des petits producteurs par la facilité qu'ils donnent à ceux-ci d'y trouver des étalons de pur sang éprouvés et capables.

Nous ne pouvons donner la nomenclature de tous ces établissements ; nous ne saurions davantage en établir l'inventaire, ce sont choses essentiellement mobiles et variables ;

moins, de ceux que M. le comte du Val de Beaulieu donnait au sénat belge, dans la séance du 31 décembre 1835, à l'occasion de la discussion du budget des haras. « En 1821, disait-il, se trouvaient, en Mecklenbourg seulement, vingt-six chevaux de pur sang ; dans l'année 1835, s'y trouvent à peu près quatre à cinq cents chevaux de pur sang. C'est en partie aux courses que cela est dû.

« On trouve en Mecklenbourg environ vingt haras de particuliers, et plus de trois cents propriétaires qui élèvent quatre à six chevaux par an. » (*Moniteur belge.*)

mais nous donnerons une idée du tout par les quelques citations suivantes :

Le haras du comte de Hahn-Basedow renfermait, en
1845, en animaux de pur sang anglais,

24 poulinières,

15 produits en traîne,

6 étalons de bon ordre;

C'est un effectif de 70 têtes.

A la même époque, il existait, chez le comte Henkel,

5 étalons,

16 poulinières,

11 sujets en entraînement,

18 poulains et pouliches d'un et deux ans;

Soit 48 têtes de pur sang anglais.

Chez M. d'Osten, le haras comptait 47 têtes de tout âge
et de toutes conditions.

Chez M. le baron de Biel, l'effectif était de 49, dont
10 poulains et pouliches en traîne.

Sans pousser plus loin cette revue, nous ajouterons ceci :

Depuis que la race mecklenbourgeoise a été touchée par
le cheval de pur sang anglais, ses qualités se sont tellement
améliorées ou élevées, que les hommes riches du pays, ceux
qui chassent, par exemple, avouent, proclament bien haut,
à chaque épreuve sérieuse, qu'aucun cheval au monde ne
saurait lutter avec la moindre chance de succès contre les
chevaux de pur sang anglais.

Bien que les hippodromes d'Augustenburg, Hambourg,
Celle, Brunswick, Magdebourg, Berlin, Stralsund, etc.,
soient ouverts aux éleveurs du Mecklenbourg et les convient libéralement à des luttes énergiques et décisives, le
grand-duché a ses courses propres, où sont éprouvés les produits qu'il voit naître. C'est à Gustrow, Doberan et Neubran-
denbourg que sont situés, établis les lieux de courses du
Mecklenbourg. L'entrain y est considérable, et chacun,

bêtes et gens, y fait convenablement et vaillamment son devoir.

V.

Nous mettons le pied sur un terrain brûlant. La question du pur sang et celle de savoir auquel du cheval arabe ou du cheval anglais l'intérêt commande d'accorder la préférence n'ont, en aucun lieu, soulevé de plus violents orages qu'en Prusse. La polémique a été vive, pressée, ardente ; elle a duré pendant des années. De part et d'autre, les arguments ont été épuisés ; aucun n'est resté dans l'ombre ; il a été répondu à tous. N'ayant plus rien à voir dans ce débat, la discussion a fini par céder le pas à la pratique, et bien elle a fait. Expérience passe science, dit-on. Un peu de patience alors, et les adversaires loyaux, ceux qui composent avec les faits et l'enseignement de chaque jour, seront bientôt d'accord. Ici comme en toutes choses, croyez-le bien, la vérité triomphera, par cela seul que la raison est toujours la raison.

Pour abréger et ne pas nous répéter, nous éviterons de rentrer dans cette polémique close ; aussi bien ne nous apprendrait-elle plus rien. En effet, dans plusieurs des chapitres précédents, nous avons écrit par anticipation ce qui, à la rigueur, aurait pu trouver place ici. Nous nous bornerons à constater deux points qui résument parfaitement la longue discussion qui s'était établie, active et passionnée, parmi les hommes de cheval des différents États de la confédération germanique.

« La race anglaise de pur sang, ont dit les partisans exclusifs de l'amélioration par le sang arabe, malgré son mérite reconnu, n'atteindra jamais la perfection désirable, si on ne la débarrasse pas de tant d'individus inférieurs par l'adoption des principes vrais les plus constants en matière de bonne reproduction, c'est-à-dire en ne destinant à celle-ci que les sujets les plus capables et les mieux doués, en sépa-

rant les diverses nuances d'une race les unes des autres.
Cela accompli, l'idéal du cheval parfait, réunissant les plus
belles formes aux qualités les plus utiles, sera réalisé. »

Cette recommandation est étrange lorsqu'on l'applique à
la reproduction du cheval de pur sang anglais, dont l'existence est tout entière dans la saine et judicieuse application
de ce principe fondamental. En effet, que l'on cesse d'unir
entre eux les reproducteurs d'élite, les athlètes de la race
même, qu'on mêle au sang de celle-ci, homogène et pur, le
sang d'une autre race, et c'en est fait du cheval anglais; il disparaît sans retour. Il disparaît, car la cause première, essentielle de son existence, la source même à laquelle il puise sa
raison d'être, c'est l'attention, systématiquement pratiquée,
de le préserver de tout mélange qui serait une déchéance ;
or la déchéance serait inévitable, si l'on s'écartait un instant
des méthodes qui la combattent, des lois de reproduction
qui la repoussent. La recommandation que l'on a faite ici
s'est donc égarée ; il est évident qu'elle va mieux à l'adresse
du cheval importé d'Orient qu'à celle de la famille anglaise,
entretenue depuis deux cents ans dans son état de pureté
native, et maintenue avec succès au plus haut degré de perfectionnement auquel ait encore pu atteindre l'espèce du
cheval en Europe.

« Il ne faut pas oublier, continue-t-on, que le pur sang
anglais n'était pas, dès le commencement, une race toute
faite, ayant les avantages qui la distinguent aujourd'hui,
car elle a été créée peu à peu, au moyen d'excellents chevaux arabes et de poulinières de sang oriental. On a donc
tort de réprouver aussi légèrement les chevaux arabes de
l'époque, parce qu'ils ne produisent pas, dans les premières
générations, des chevaux irréprochables en tout semblables
à ceux du pur sang anglais. De tels jugements sont pronon-
cés cent ans trop tôt, et encore ils seraient plus fondés, si
on s'était occupé de la vitesse aussi exclusivement qu'en Angleterre.......

« Imitons les Anglais; choisissons, parmi les descendants des chevaux arabes, les animaux les plus vites pour en tirer race; exerçons avec soin les produits de ces derniers, et continuons ainsi pendant vingt ou trente générations, et nos chevaux parviendront à la fin à égaler le cheval de pur sang anglais. »

Il n'y a rien à répondre à cela. Si l'aveu est précieux à recueillir, la proposition est peut-être moins bonne à accueillir. Peu de gens, sans doute, se sentiront le courage de jeter les bases d'un résultat qu'il faudra attendre pendant cent ans, lorsque ce résultat, obtenu par les travaux et les sacrifices de nos devanciers, est depuis longtemps un fait accompli, une conquête dont la possession peut être immédiatement réalisée.

Nous avions bien raison de dire que la discussion est toujours utile à la vérité. C'est de nos adversaires que nous vient le triomphe. Sous la plume des partisans du cheval anglais, l'argument avait passé inaperçu; il mérite d'être précieusement relevé quand il se produit sous cette forme par l'un des plus chauds partisans du noble cheval d'Arabie, M. M...

Les amis du sang anglais trouvent d'autres auxiliaires parmi les détracteurs de la race qui obtient tous leurs suffrages, qui a leur préférence à peu près exclusive.

Écoutons le chevalier d'Erichsen :

« Les anglomanes ont pris l'habitude de condamner tout à fait les chevaux arabes et de crier anathème sur celui qui ose en plaider la cause. Ne reculons pas devant ces opinions exclusives, n'admettons pas davantage l'objection que l'élève de chevaux au moyen d'étalons arabes n'a presque jamais réussi; car, abstraction faite des doutes qu'on est fondé de concevoir sur leur généalogie et leur noblesse (on sait qu'il faut être très-heureux pour se procurer de nobles chevaux arabes, et qu'ils coûtent des sommes énormes), on ne les a plus employés à la propagation dès que leurs descendants, après les

premières générations, ont diminué de taille et n'ont plus
couru aussi vite..... »

Voilà donc, bien constatés, deux effets de dégénération.
N'est-il pas prudent de les prévenir? N'est-il pas sage de
n'employer qu'avec la plus grande circonspection des reproducteurs dont l'influence conduirait à ce résultat double : —
diminution de la taille réclamée par les exigences des services divers, — diminution de la vitesse comme indice de
force, d'énergie, de durée, qualités essentielles chez le cheval, à quelque usage qu'on le destine?

M. d'Erichsen poursuit : « En Allemagne, on n'a pu donner aux chevaux arabes qu'un très-petit nombre de nobles
juments; on n'a donc obtenu que des produits imparfaits,
et d'ailleurs, sous le régime du jeûne qui était en vogue
alors, les poulains ne pouvaient prospérer. Je suis donc convaincu que, si l'on accouplait de bons étalons arabes avec
des juments fortes et ramassées, on obtiendrait des produits
qui ne laisseraient rien à désirer, comme chevaux de chasse,
pour des cavaliers de taille médiocre. Il est vrai que, dans
les premières générations, ils ne parviendraient pas à une
taille aussi haute que la mode l'exige; l'éleveur qui veut
suffire à toutes les exigences de notre temps ne doit donc
pas se servir du cheval arabe. D'un autre côté, l'élève des
chevaux de pur sang anglais est parvenue à ce point, que
nous trouvons maintenant parmi eux des individus en état
de satisfaire à tous les besoins, et, qui, en ce sens, sont très-
supérieurs aux arabes. Recommencer par les arabes ne serait donc autre chose, selon l'expression irlandaise, qu'avancer en arrière. Je n'approuve donc pas qu'aujourd'hui encore on fasse venir exprès des chevaux de l'Orient; cela me
paraît superflu, vu le grand nombre de chevaux de pur sang
que nous avons, et de plus c'est une mauvaise spéculation.
Nous pouvons, à l'avenir, nous passer de chevaux arabes,
pourvu que nous conservions pur le noble sang, et on
ne saurait craindre que cela n'eût pas lieu, puisque les

avantages de pur sang sont généralement reconnus. »

La lecture réfléchie de ce passage est vraiment instructive. C'est le procès fait au cheval arabe par l'un de ses prôneurs les plus fervents. Voilà ce noble sang dépouillé de tous ses attributs. Il était sobre, on lui enlève ce mérite; on reconnaît que, pour développer ses fils, il convient de les soustraire à l'influence d'une hygiène pauvre, d'un régime insuffisant; — ses premières générations n'atteignent pas à une taille élevée, et pourtant, si l'on avance davantage, la taille diminue. — Donné à des poulinières puissantes, il produirait des chevaux de chasse capables de porter des cavaliers d'un poids modéré; — quiconque veut remplir les exigences du temps doit le repousser de la reproduction; — enfin c'est une mauvaise opération que de recommencer avec lui ce qui est tout fait, que de poursuivre, à grande perte de temps et d'argent, un résultat tout trouvé, la réalisation d'un perfectionnement acquis.

Jamais anglomane n'a mieux dit, jamais l'utilité et la perfection du cheval de pur sang anglais n'ont été mises en relief d'une manière plus évidente ou plus heureuse.

Passons dès lors, et voyons ce qui s'est fait en Prusse dans l'intérêt de la reproduction des races pures.

En 1788, un hippologue français, Préseau de Dompierre, publiait un *Traité de l'éducation du cheval en Europe*. Ce livre, remarquable à tous égards, passa complétement inaperçu en France. Il fut très-bien accueilli en Prusse, au contraire, y fixa l'attention du gouvernement, et devint le point de départ des institutions hippiques dont cette partie de l'Allemagne a été dotée au moment même où l'administration des haras de France était emportée dans la tourmente.

L'idée fondamentale du système mis en lumière dans le traité spécial de Préseau de Dompierre, c'était la formation de haras de pépinière, comme il les nomme.

Ces haras consistaient en la réunion d'un certain nombre d'étalons et de juments de race pure. Il s'agissait de natu-

raliser ceux-ci aux lieux où on les plaçait, afin de reproduire sur place les germes précieux destinés à la régénération de toute la population chevaline de la contrée. Pour
arriver sûrement au but, cela coule de source, ces établissements ne pouvaient admettre que des sujets très-voisins de
la perfection ; leur composition devait être assez large pour
que, dans le grand nombre des individualités réunies, il fût
possible de rencontrer l'ensemble des qualités de la race,
lesquelles, trop ordinairement, sont éparses alors qu'il serait si désirable de les trouver à l'état d'assemblage chez les
mêmes sujets.

La Prusse s'appropria cette pensée d'organisation. « Les
hommes éclairés qui furent consultés alors s'accordèrent
pour dire qu'il fallait, dès le principe, travailler en grand,
réunir les éléments les plus nobles des races connues, entretenir la pureté de sang par des alliances judicieuses, et créer
ensuite, avec les produits qui en naîtraient, des établissements secondaires qui pussent répandre l'amélioration dans
le pays, en mettant à la portée et à la disposition des particuliers des étalons de mérite qu'ils n'auraient pu ni faire
naître chez eux ni se procurer à leurs frais.

« Une fois le principe admis, rien ne fut épargné pour
son application. Des haras-pépinières, — *haupt gestut* (le
nom leur est resté), furent libéralement créés..... »

Pour peupler ces établissements, le gouvernement envoya
chercher en Angleterre des étalons et des poulinières de pur
sang anglais ; à Deux-Ponts, des reproducteurs mâles et femelles de la race ducale, et, en Arabie, treize étalons des plus
nobles familles : on réunit à ceux-ci deux chevaux de la même
race, célèbres l'un et l'autre, *Armidor* et *Turk-Main-Atty*,
qui se trouvaient alors à Vienne. Les juments arabes ne vinrent que quelques années après.

Ceci se passait en 1790.

Tel fut le point de départ des efforts tentés par la Prusse
pour s'approprier le cheval de pur sang. Elle le prit partout

où elle le trouva, et dès' le début elle se vit en possession des diverses familles pures qui existassent, — famille arabe, — famille anglaise, — famille anglo-arabe ; car le cheval de Deux-Ponts était le produit mêlé, combiné des deux premiers éléments cités.

On n'avait pas eu l'attention de réunir ces trois types pour les abandonner à eux-mêmes ; on en a poursuivi la reproduction avec un soin et un zèle intelligents, tantôt dans la famille même, afin de la conserver indépendante des autres ; le plus souvent, toutefois, en mariant entre eux les sujets des deux familles et leurs produits combinés. Dans ce fait, il faut voir la nécessité de modifier dans sa taille et dans ses formes, dans son aptitude par conséquent, le cheval arabe qui restait, quoi qu'on fît, au-dessous des exigences ; il faut voir aussi le besoin de ramener vers le premier type de l'espèce les produits exclusifs du cheval de pur sang anglais dont les signes ont été, pour certains usages, allongés, étirés outre mesure. C'est donc un moyen terme qu'il s'agissait d'obtenir. Si la nature du cheval arabe apparaît sous une forme un peu trop concentrée, il y a, chez le cheval anglais, quelque chose de trop échappé. Retenir, contenir, condenser celui-ci ; développer l'autre, au contraire ; accroître sa force d'expansion, tel était le double problème à résoudre.

On y a sérieusement travaillé. La race ducale a forcément disparu des haras de Prusse, puisqu'elle s'est éteinte au foyer même de sa production ; mais on cherchait à la faire revivre dans un produit analogue, dont les éléments étaient entretenus et renouvelés avec beaucoup de sollicitude.

On ne s'en tint donc pas aux premières importations ; on en fit beaucoup d'autres, et l'on accrut successivement le nombre des animaux de pur sang dont la destination était l'amélioration de la population entière. Les importations de 1808 et de 1817, entre autres, ont eu une grande importance ; elles introduisirent concurremment une colonie d'animaux arabes et anglais, mâles et femelles, d'un très-bon choix, à ce que l'on assure.

Les résultats de ces travaux, de ces efforts ont été fort diversement jugés, appréciés.

Les progrès obtenus furent exclusivement attribués, mais avec une égale exagération, tantôt à l'emploi du cheval arabe, tantôt aux qualités plus étendues du cheval de pur sang anglais. Par contre, les insuccès, qui se comptent toujours nombreux dans une grande production, furent de même et tour à tour, avec un sentiment de partialité non moins fâcheux, ramenés exclusivement aussi aux qualités négatives de l'arabe, ou bien aux imperfections, aux défectuosités sans nombre du cheval anglais.

Ce thème, nous l'avons déjà établi, fut le prétexte d'une immense querelle. Nous ne rentrerons pas dans l'arène. Les deux partis étaient l'un et l'autre dans l'exagération, dans le faux, disons le mot, parce qu'il est juste. En effet, chaque race avait eu son genre d'utilité, sa part de succès. La famille anglaise, entée sur son aînée, avait donné les meilleurs fruits; mais l'on ne s'apercevait pas que les alliances alternatives, tout en interrompant l'ordre d'hérédité qui se fût manifesté si l'accouplement avait été continué sans mélange dans le sang, — reprenaient et rendaient tour à tour, de manière à prévenir les inconvénients contre lesquels chacun voulait se mettre en garde par l'exclusion, par la proscription de celui des deux éléments qui ne trouvait pas faveur dans l'esprit des opposants.

Malgré tout ce bruit, les faits se multiplièrent, le progrès devint appréciable; la lumière se fit. On reconnut qu'après la transition nécessaire, ménagée par l'emploi raisonné du cheval arabe et du cheval anglais, l'avantage restait naturellement à ce dernier, parce que son développement et ses formes l'appropriaient mieux aux exigences de l'époque, parce qu'il était plus prochain et plus facile à trouver que son compétiteur, dont les tribus sont éloignées, peu nombreuses, peu aisées à rencontrer; parce que lui-même a besoin d'être modifié dans ses fils pour donner, dans l'avenir seulement, les résultats que le cheval anglais produit immédiatement, par cela seul qu'il offre, toute réalisée, la transformation que le cheval arabe doit subir, en Europe, avant d'être, au moins pour la généralité des cas, le reproducteur usuel, utile, profitable à qui se livre à la production et à l'élève du cheval de la civilisation actuelle.

Une fois acquis, ces faits avancèrent rapidement la question. On abandonna un peu le cheval arabe au profit du cheval anglais, ou plutôt on usa plus largement des facilités que le voisinage de l'Angleterre donnait de se procurer un nombre plus considérable des reproducteurs de pur sang anglais.

Dès lors, les importations d'Angleterre prirent un grand développement. Mais, partout où le cheval anglais s'implante, tout un système de reproduction l'accompagne. Qui dit pur sang dit tout de suite— Stud-Book,— entraînement, — hippodrome, — organisation régulière des courses destinées à éprouver le mérite de chaque individualité.

La Prusse est entrée franchement dans cette voie pour en suivre toutes les issues. Elle a ouvert et publié le nobiliaire de la race; elle a créé des hippodromes, institué des prix, sollicité le concours actif de l'industrie privée, dont les idées n'étaient pas encore faites, dont la pratique n'avait point encore été éclairée par tout ce que l'expérience peut offrir de plus décisif à l'esprit observateur de l'homme de cheval.

Le livre d'or d'une race est le précieux dépôt des archives qui la concernent. En le consultant, on peut aisément mesurer les progrès de l'accroissement ou de la diminution de son effectif dans la contrée; il révèle aussi exactement les forces de la population chevaline que les registres de l'état civil tenus dans les mairies indiquent le mouvement ascensionnel ou descendant de la population humaine.

C'est en 1852 seulement que le premier volume du Stud-

Book prussien a paru. Depuis lors, cinq autres publications ont suivi. Voyons quelles richesses, successivement accrues, chacun de ces volumes accuse pour chacune des années auxquelles il se rapporte.

Tableau comparatif des existences en chevaux, juments et produits de pur sang, d'après les inscriptions aux cinq volumes du Stud-Book prussien.

ANNÉES.	CHEVAUX.	JUMENTS.	PRODUITS de différents âges.	TOTAUX.	OBSERVATIONS.	
1832.	103	112	226	441	C'est une augmentation de	» 431 têtes.
1835.	201	304	365	870		311 —
1837.	230	384	567	1181		465 —
1839.	344	496	806	1646		250 —
1841.	430	589	877	1896		
1844.	589	750	1240	2579		683 —

Ce tableau montre avec quelle rapidité la population de la race pure augmente en Prusse. Il est évident que les existences en mâles ne se traduisent pas par le mot *étalons*, que toutes les femelles ne sont pas non plus livrées à la reproduction. Un certain nombre d'animaux sont répartis entre divers services ; ceux-là seulement sont employés à la multiplication, qui s'en montrent dignes et par leurs qualités et par la pureté des formes. Dans le chiffre de 2,579, par exemple, formant le total de la dernière année, il y a seulement trois cent vingt et un étalons et huit cent soixante-cinq poulinières.

Un fait très-remarquable, c'est l'accroissement considérable du nombre des chevaux de pur sang anglais concordant avec un abaissement numérique correspondant de la population arabe. Par contre, le produit mixte résultant de l'alliance de ces deux races entre elles, la famille anglo-orientale commence à prendre de l'importance. La chose est facile. En effet, l'accouplement a lieu entre l'étalon arabe et la poulinière anglaise. Ce croisement est en tout conforme aux prescriptions de la science ; il s'opère dans les meilleures conditions physiologiques. Il réussirait moins bien et moins fréquemment, s'il se faisait à l'envers, si on livrait la jument arabe à l'étalon anglais.

Voyons maintenant où en sont les courses dans cette partie de l'Allemagne.

Leur institution n'est pas très-ancienne, elle remonte seulement à 1828 ; leur commencement n'a pas été vu sans prévention ni critique. Elles ont eu quelque peine à s'établir ; puis, mieux comprises, elles se sont bien vite propagées, imposées, profondément implantées dans les habitudes des éleveurs. Aujourd'hui le nombre est considérable, et leur dotation ne laisse pas que d'être puissante.

Les courses de Dusseldorf sont en première ligne ; elles occupent même une place toute particulière dans l'histoire de l'institution sur le continent, en ce qu'elles forment, dit un document officiel que nous avons sous les yeux et qui émane de la Société d'encouragement de Berlin, « le commencement de l'union ou de la lutte (comme on voudra la nommer) entre l'Allemagne, la Belgique, la Hollande et la France, union qui ne sera possible que par la grande et forte action du temps, aidée par la confection rapide des chemins de fer, union qui mérite d'être prise en considération pour l'élevage des chevaux de tous les pays pouvant y prendre part; car, tandis qu'elle donnera la mesure des progrès obtenus sur divers points, elle contribuera à établir des relations amicales et plus fréquentes entre ces mêmes contrées.

« La concurrence établie ici, continue le même rapport, a obtenu un développement notable. Les sommes accordées par S. M. pour l'essai des chevaux d'attelage (zug-kraft) ont permis de fonder des épreuves de dressage (dressur-pro-ben) et des courses pour les chevaux de la landwehr. Quoi-que les courses de paysans puissent paraître peu convena-bles et désavantageuses, cependant ces institutions provo-queront des améliorations dans l'élevage et le dressage. On peut donc désirer qu'elles se répandent sur tous les hippo-dromes du royaume.

« La direction des courses de Hamm, qui, la première, a introduit la concurrence des chevaux de la landwehr, a rendu un service éminent. Si le véritable but de cette création est bien compris de toutes les associations et qu'elle soit soutenue par une dotation suffisante, il en résultera, pour la propagation du cheval, le progrès le plus essentiel qui puisse être réalisé pour le moment. C'est que même le petit éleveur acquerra la conviction que les peines et les dé-penses qu'occasionne un étalon noble et distingué pour la saillie de sa jument seront bien employées et lui donneront un bénéfice proportionnel. Ce progrès est doublement im-portant : par lui, nous obtiendrons le véritable fruit du pro-grès déjà réalisé dans la reproduction du pur sang ; les ré-sultats doubleront de valeur en même temps qu'ils seront plus recherchés, et plus l'élève du cheval de pur sang sera fructueuse, plus elle prendra d'extension et mieux sera de tous points assurée sa pleine et entière réussite, à laquelle est si étroitement lié le perfectionnement de la population chevaline tout entière. »

Cette digression nous a fort éloigné ; on nous la pardon-nera. A cette question du sang et des courses tous les dé-tails de la science hippique aboutissent comme à un centre commun. Il est bien difficile d'échapper aux excursions..... Nous revenons sur nos pas.

Trente-deux prix ont été disputés, en 1845, sur l'hippo-drome de Berlin. Les courses y ont duré six jours pleins. Mais il en existe beaucoup d'autres dans différentes parties de la Prusse. Nous citerons ceux d'Anclam, de Gardelingen, de Prenzlau, de Stralsund, de Dusseldorf, de Munster, de Breslau, de Magdebourg, de Kœnigsberg, etc.

Et ces courses ont de l'importance ; le gouvernement les patronne et les subventionne largement ; les villes les dotent très-convenablement, puis les associations privées poussent à leur développement en servant de centre et en stimulant le zèle des éleveurs.

Le *produce-stakes* de 1848 avait réuni quarante souscripteurs à 40 louis d'or chaque, moitié forfait ; il conviait à la lutte les produits de tout le continent à naître en 1845. La liste des souscripteurs est instructive ; nous la copions plus bas. Elle confirme en tout point ce que nous avons dit jusqu'ici de la situation de la reproduction du cheval anglais de pur sang dans plusieurs parties de l'Allemagne ; la chose vaut bien qu'on la prouve. Voici donc cette liste, sur laquelle nous regrettons de ne trouver les noms que de deux éleveurs français.

M. AL. AUMONT, de Victot.

1. *Destiny*, par Centaur et Pawn-Junior, saillie par M. Wags.

M. CALENGE D'ÉCOVILLE.

2. *Princess-Edwis*, par Emilius et Katherina, saillie par Physician.
3. *Shirine*, par Blacklock et Y. Rhoda, saillie par M. Wags.

M. le comte DE CORNELISSEN, à Spa.

4. *Maid-of-Melrose*, par Brutandorf et une Wisker-Mare, saillie par sir Hercules.
5. *Saracen-Mare*, et la mère de Pawn-Junior, saillie par Elis.

M. FRAY, à Bruxelles.

6. *Cérès*, saillie par Campeador.
7. *Dansomanie*, saillie par Campeador.

La Société de VERVIERS.

8. *Margareth*, par Edmund et Medora, saillie par Camel et Muley.

M. le prince ALEXANDRE DE NIDERLANDE.

9. *Rhodope*, par Sultan et Prudence, saillie par Redshank.

M. DE BERSCHUER, de Hartckamp (près Haarlem).

10. *Memoir*, par Hornsea et Legend, saillie par Redshank.

Son Altesse le duc régnant DE BRUNSWICK.

11. *Cinderella*, saillie par Flashing-Harry.
12. *Glenare*, saillie par Glaucus.
13. *Miss Melville*, par Priam, saillie par Glaucus.

Son Altesse le duc DE SCHLESWIG-HOFFTEIN.

14. *Cosa-Rara*, mère de Zampa, par Pot8o's, saillie par Taurus.

Le haras de S. M. le roi de Prusse.

15. *J. Wish-You-May-Get-It*, par Defence et Euryone, saillie par Elis.
16. *Y. lady Ern*, par Muley et lady Ern, saillie par Touchstone.
17. *Sea-Nymph*, par Elis et Nanine, mère de Glaucus, saillie par sir Hercules.

M. le baron DE BIEL-ZIEROW.

18. *Clare*, par Marmion, saillie par Taurus.
19. *Esmeralda*, par Phantom, saillie par Acteon.
20. *Galopade*, par Reveller, saillie par Glaucus.
21. *Partisan-Mare*, par Partisan et Pomona, saillie par Morisco.

M. le comte GNEISENAU-SOMMER-SCHENBURG.

22. *Miss Orville*, par Pendulum et Misery, saillie par Saint-Nicholas.

M. le comte DE GOLDSTEIN-BREILL.

23. *Aurora*, par Emilius et Farce, saillie par Musulman et the Drummer, fils de the Colonel.

M. le comte DE HAHN-BASEDOW.

24. *Agesha,* saillie par Glaucus.
25. *Thérèse,* saillie par Glaucus.

M. le comte DE HATZFELD-CALCUM.

26. *Langolée,* par Langar et Apollonia, saillie par Amphion.
27. *Mary-Anne,* par Mulatto et Sevilla, saillie par Amphion.
28. *Veronica,* par Velocipede et Charity, saillie par Amphion.

M. le comte HENKEL DE DONERSMARK.

29. *Bodice,* par Whalebone et Soothsayer-Mare, saillie par Empise.
30. *Surprise,* par Cacus et Concealment, saillie par Fergus.

M. DE LANDSBERG-STEINFURT.

31. *Miss Glencoe,* par Glencoe et Mandoline, saillie par Alzira.

M. le chambellan DE MALTZAHN-CUMMEROW.

32. *Hoax,* sœur de Monscule, par Bedlamite et Zora, saillie par Acteon.
33. *Mermaid,* par Whalebone et miss Emma, saillie par Taurus.
34. *Queen-Bess,* par Château-Margaux et la mère de Queen-of-Trumps, saillie par Taurus.
35. *Wisker-Mare,* par Wisker et mis Fanny, saillie par Acteon.
36. *Yorkshire-Hass,* par Cervantes, saillie par Acteon.

M. MATHUSIUS-HUNDESBURG.

57. *Lady le Gros*, par Y. Phantom et la mère d'Hornsea, saillie par Saint-Nicholas.

M. D'OSTEN-PLATHE.

58. *Gulistan*, saillie par Brutandorf.

M. le comte LEWIN DE WOLFF-METTERNICH.

59. *Vesper*, par Velocipede et Crazy-Jane, saillie par, Musulman.

M. le comte YORK DE WURTEMBERG.

40. *Danoise*, saillie par Flambeau.

La même course, pour 1849, a compté quarante-trois engagements, dont quatre seulement sont partis de France. Cette tiédeur a été fort remarquée en Allemagne, et l'on s'y est inquiété de savoir quelles modifications pourraient être introduites dans les conditions générales du *produce-stakes* de Dusseldorf, en vue de décider les éleveurs français à occuper, dans cette lutte continentale toute pacifique, une plus large place que par le passé. En ce moment, il y aurait sans doute peu de combinaisons de nature à exciter le zèle et l'intérêt de nos amateurs ; ils seront d'avis que le temps est peu favorable aux engagements à long terme.

Quoi qu'il en soit, nous copions la seconde liste. En la comparant à la première, on y puisera encore quelques enseignements utiles.

Le prince A. de Galitzin (Russie), gouverneur de Smolensk.

1. *Calmet*, par Camel et Fyldener-Mare, saillie par Ibrahim et Alteruter.

M. Aumont, à Victot, près Dozulé (France).

2. *Destiny*, par M. Wags.
3. *Zarha*, par Reveller et Rubens-Mare, saillie par M. Wags.

M. le baron Nathaniel de Rothschild (Paris).

4. *Flighti*, par Young-Phantom, saillie par Physician.
5. *Sarcasm*, par Teniers, saillie par Auckland.

Le comte de Cornelissen, à Spa (Belgique).

6. *Eloïsa*, par Emilius et Camillia, saillie par Maroon.
7. *Appollonia*, par Wisker et Milady, saillie par Saint-Francis.

M. Fray (Bruxelles).

8. *Cérès*, saillie par Amphion.
9. *Dansomanie*, saillie par Campeador.

M. G. Sherwood, à Mazy, (Belgique).

10. *Juliana*, par Partisan et Clinker-Mare, saillie par Maroon.
11. *Mathilde*, par Mangon et Zafra, saillie par Maroon.

S.A. le prince royal Alexandre (Hollande).

12. *Lady Howe*, par Ismaël et Elisa Leeds, saillie par Saint-Francis.
13. *Rhodope*, saillie par Carionet et Abbas-Mirza.

S. A. le prince royal de Prusse pour le haras royal de Frédéric-Guillaume.

14. *I-Wish-You-May-Get-It*, saillie par Rockingham.

S. A. le prince Charles de Prusse *idem*.

15. *Yorkshire-Lady*, par Voltaire et Yorkshire-Lass, saillie par Bay-Middleton.

Le haras royal de Frédéric-Guillaume.

16. *Firebrand*, par Lamplighter et la mère de Camarine, saillie par Emilius.
17. *Jouvou*, par Taurus et Plaything, saillie par Harkaway.
18. *Sprat*, par Partisan et Scribe, saillie par Sheet-Anchor.

S. A. le duc régnant de Brunswick.

19. *Miss Melville*, par Priam, saillie par Sheet-Anchor.

S. A. le duc de Schleswig-Holstein.

20. *Clotilde*, par Logic et Mathilde, saillie par Amurath.

Le comte d'Avensleben-Errleben.

21. *May-Fly*, par Middleton, saillie par Saint-Nicholas.

Le baron de Biel-Zierow (Mecklenbourg).

22. *Esmeralda*, par Phantom, saillie par Sheet-Anchor.
23. *Galopade*, par Reveller, saillie par Taurus.
24. *Héloïse*, par Phantom, saillie par Taurus.
25. *Maid-of-Honor*, par Champion, saillie par Touchstone.

S. A. le prince Peter-Biron de Courlande.

26. *Antigua*, par Mulato et Alice, saillie par Scamandre.
27. *Balustrade*, par Defence et Europe, saillie par Sheet-Anchor.

Le comte de Furstenberg-Nerdringen.

28. *Bona*, par Sheet-Anchor et Poung-Phantom-Mare, saillie par Venison.
29. *Ermine*, par Wisker et miss Emma, saillie par Ratcatcher.

Le comte de Golstein-Breil.

30. *Hability*, par Elisondo et Aurora, saillie par Calembourg.

M. le comte de Hahn-Ba-sedow.	31. *Ayesha*, par Sultan et Marinella, saillie par Glaucus. 32. *Eminah*, par Sultan, saillie par Glaucus. 33. *Trickery*, par Whalebone, saillie par Glaucus.
M. le comte de Hatzfeldt-Calcum.	34. *Cardinal-Cape*, par Sultan et Dulcinea, saillie par Amphion. 35. *Langolie*, par Langar et Appollonie, saillie par Amphion. 36. *Mary-Ann*, par Mulato et Sevilla, saillie par Amphion. 37. *Veronica*, par Velocipede et Charity, saillie par Amphion.
M. le baron de Maltzahn-Cummerow (Prusse).	38. *Kedge*, par Wisker et miss Fauny, saillie par Satirist. 39. *Mermaid*, par Whalebone et miss Emma, saillie par Satirist. 40. *Velocity*, saillie par Acteon. 41. *Yorkshire-Lass*, par Cervantes, saillie par Taurus.
M. Meyer-Rienberg.	42. *Muley-Mare*, saillie par Taurus.
M. le comte York de Wurtemberg.	43. *Danoise*, saillie par Taurus.

Bien que les haras particuliers commencent à se montrer nombreux et bien pourvus en Prusse, le gouvernement n'en continue pas moins à entretenir, aux frais de l'État, quatre établissements aux larges et puissantes proportions.

Les haras royaux de la Prusse sont situés à Trakenhen, Neustadt, Graditz et Wessra.

Le haras de Trakenhen existe depuis 1730 ; il est dans la Lithuanie prussienne. En 1830, cent ans après sa fondation, il nourrissait une population de mille deux cent quatre-vingt-huit chevaux, juments et produits de différents âges.

La race pure forme caste et vit séparément ; elle se compose des animaux de pur sang oriental ou de pur sang anglais, et de la famille qui dérive de l'alliance de ces deux races entre elles. En 1830, le nombre des poulinières pures n'était que de soixante-dix. Cet effectif a été considérablement accru depuis.

Le fait qui domine ici, on voudra bien nous permettre de le rappeler, c'est le mélange du sang arabe et du sang anglais. Ne prouve-t-il pas que le cheval arabe est insuffisant tout à la fois par l'exiguïté de ses formes et par la difficulté qu'on éprouve à se le procurer ; que la race anglaise est propre à modifier l'autre, à la rapprocher d'elle et à la rendre plus immédiatement utile?

Le haras de Neustadt, fondé par le roi Guillaume II, est situé dans la province de Brandebourg, à 11 milles de Berlin. Sa population, qui ne dépasse guère le chiffre de deux cent cinquante têtes, se compose des familles les plus nobles.

A Neustadt, on avait d'abord exclusivement opéré sur le sang arabe ; plus tard, on étendit la mission confiée à cet établissement, et l'on s'y occupa de la production d'une famille anglo-arabe. Dans ces dernières années enfin, on s'est encore plus écarté du point de départ, et la race anglaise prend le dessus pour le nombre. Ce fait seul indique la plus grande utilité qu'on se promet en changeant de direction, en modifiant les idées du passé.

Quoi qu'il en soit, parmi les cent poulinières qui vivent en ce moment au haras de Neustadt, on en trouve encore des trois familles distinctement.

Au nombre des étalons arabes qui ont le plus marqué sur ce point de la Prusse, on cite *Hoylan*, directement importé du désert, *Rufus*, descendant du fameux *Turk-Main-Atty*, *Talma*, *Dorilas*, *Djedran*, *Ossian*, *Antiparos*, et quelques autres moins célèbres toutefois.

Comme dans tous les haras prussiens, la généalogie des produits qui naissent à Neustadt est soigneusement conservée. En l'étudiant, on retrouve l'histoire physiologique de la production de l'établissement à ses différents âges. C'est un travail à la fois curieux et instructif ; il nous conduirait au delà des limites que nous sommes bien forcé de nous imposer.

Le haras de Graditz faisait autrefois partie des domaines de la Saxe ; il est à 30 lieues de Berlin, dans le cercle de

Torgau. Sa population totale est d'environ six cents têtes ;
le petit nombre seulement appartient aux familles pures.

Comme Graditz, Wessra est tombé, en 1815, en partage
à la Prusse. Avant Luther, c'était un couvent célèbre. Le
duc Maurice de Saxe en changea la destination.

La Prusse a conservé le haras ; elle y entretient un effectif de deux cents têtes environ. Elle y procède d'après le
système et les errements adoptés et suivis dans les trois établissements que nous avons fait connaître sommairement.

En allant au fond des choses, en examinant de près les
résultats produits en Prusse par l'administration générale
des haras, on arrive à cette conclusion que l'emploi du cheval arabe a eu pour utilité principale de modifier la race
anglaise par son accouplement judicieux avec la poulinière
de cette race, et que l'ampleur, la riche nature de la jument
de pur sang anglais a permis de tirer avantage du grand
nombre d'étalons orientaux plus ou moins précieux importés
à diverses époques dans les Etats prussiens.

A côté de ceux dont nous avons déjà écrit les noms viennent se placer quelques reproducteurs d'un mérite réel, et,
par exemple, *Perser, Bassa, Benesacher, Turk-Main-Atty,*
Rayan, Yemen, Armidor....., leurs descendants, ont marqué
surtout quand ils ont été le fruit d'une alliance raisonnée
avec des juments anglaises de pur sang bien choisies, à conformation large et régulière, aux belles allures, aux os forts
et nets, aux attaches solides et puissantes.

Telles étaient, de 1792 à 1798, les poulinières dont les
noms figurent sur cette liste :

CHESTES, par *Orpheus* ;
CLOIS, par *Tandem* ;
FANCY, par *Eclipse* ;
MINCHLY, par *Ruler* ;
RACHEL, par *Highflyer* ;
ROSE, par *Marske* ;

SPENSTER, par *Orpheus;*

THELIE, par *Diomed;*

CAMILLA, par *Anderby;*

KITTY, par *Marske;*

LADY MARY, par *Jupiter*, fils d'*Eclipse ;*

FLORIZELLE, sœur de *Hisgreen*, la mère de *Snap ;*

HIPPOLYTE, par *Budro* et *Conductor-Mare ;*

LADY ANNE, par *Assassin* et *Eclipse-Mare ;*

LADY BETTY, par *Herod* et *Regulus-Mare ;*

MIDGE, par *Highflyer* et *Euphrosine ;*

MISS CROOK, par *Anvil* et *Eclipse-Mare ;*

ECLIPSE, par *Eclipse ;*

STATIRA, par *Ureyles* et *Lochen ;*

LAURA, par *Budro* et *Gentle-Kitty ;*

WUFIDE, par *Ureyles* et *Bonduki ;*

FIDGET, par *Satrach*, fils d'*Herod ;*

LITTLE-SALLY, par *Diomed* et *Dorimond-Mare ;*

ÉLÉONORE, par *Seltram* et *Tartar-Mare ;*

ÉLISA, par *Turf* et *Herod-Mare ;*

CLEMENTINE, par *Richard-Vernon* et *Florizel-Mare ;*

CANDARA, par *Dunganna ;*

CRICKET, par *Herod ;*

LÉDA, par *Dungannon ;*

VIOLET, par *Eclipse* et *Matchem-Mare.*

Passons maintenant en Autriche.

VI.

La reproduction des races pures n'a rien encore de bien
arrêté en Autriche et en Hongrie. Vue à vol d'oiseau, la
question chevaline est bien moins avancée là qu'ailleurs ;
elle y est au berceau, c'est-à-dire pleine d'obscurité pour
tous, même pour ceux qui lui impriment une direction.

Naguère encore toutes les vieilles idées en hippologie

trônaient puissantes dans tous les esprits et étaient en possession pleine et entière de la pratique.

On ne reconnaît là qu'un type, — le type arabe ; il est le point de départ unique pour le bon comme pour le mauvais cheval. Ce qui fait sa force, c'est l'ancienneté de sa race, sa noblesse à nombreux quartiers. L'Allemand est ainsi fait ; la mousse des vieux âges, les souvenirs des aïeux, l'antiquité des familles, les vieux, — vieux — parchemins, pour lui tout est là.

Auprès du coursier du désert, lequel descend en droite ligne des haras de Salomon, le pur sang anglais n'est qu'un *vilain*; or les chevaux *vilains* sont *rosses*. Il n'y a qu'un bon cheval au monde, le cheval noble et pur d'Arabie.

« A force de temps et de persévérance, dit-on en Autriche, nous sommes parvenus à naturaliser, à stabiliser la race arabe, admirable type avec lequel nous avons créé, par d'utiles croisements, toutes les espèces de chevaux nécessaires au pays et à l'armée. Ces espèces se montrent distinguées, nobles, riches en sang pur d'Orient; elles sont de toutes les tailles et propres à tous les services. »

En effet, il existe en Autriche et en Hongrie des variétés si nombreuses et si bigarrées, qu'il est impossible de ne pas reconnaître qu'un système de croisements irrationnels sans cesse renouvelé a tout mêlé, tout confondu.

Cependant quelques établissements ont échappé aux effets de ce malencontreux système, et là le cheval arabe a été reproduit sans mélange.

Nous ne sommes pas en mesure de faire l'histoire de cette reproduction. Jamais la question n'a été serrée d'aussi près, et les renseignements que nous avons s'en tiennent à des généralités qui ne présentent rien de satisfaisant, rien de positif.

C'est aux haras de Mézoehegyès et de Babolna que le gouvernement a réuni, entretient et renouvelle les éléments de sang arabe destinés à fournir aux dépôts d'étalons disséminés sur les divers points de l'empire *les principes de reproduction* nécessaires au pays.

Ces deux établissements ont une réelle importance sous le rapport de leur étendue et de l'immense quantité d'animaux de toute espèce qu'on pourrait y entretenir. A Mézoehegyès seulement, on avait eu l'intention de produire et d'élever la totalité des chevaux de remonte à faire entrer annuellement dans les rangs de la cavalerie. Cette idée folle reçut un commencement d'exécution; la population du haras compta, pendant quelques jours, vingt mille têtes de chevaux. Jupiter sut bien empêcher les Titans d'escalader le ciel. Ici le roi de l'Olympe n'eut rien à voir, mais des maladies de toutes sortes, — et entre autres la morve, — envahirent ces immenses troupeaux et les décimèrent. En six années, de 1809 à 1814, douze mille têtes succombèrent au fléau.

L'avertissement valait bien la peine qu'on y prît garde. On revint bientôt à des proportions moins gigantesques et moins compromettantes. La population de Mézoehegyès fut limitée au chiffre de trois mille têtes; celle de Babolna est inférieure d'un tiers environ. Aucune race pure ne peut recevoir une semblable extension. Chacun des deux haras de l'empire consacre donc exclusivement l'un de ses vastes domaines à la reproduction et à l'entretien d'une famille de pur sang. C'est le cheval arabe qui est en possession de ce petit haras dans chacun des grands établissements dont nous parlons.

Toutefois il n'y est pas établi de très-ancienne date. Bien qu'il ait toujours été en honneur en Autriche, le reproducteur oriental y est longtemps resté mêlé à la foule; il n'a été que tardivement produit, conservé dans sa pureté native. Encore le système ne reçoit-il ici aucune sanction. Les accouplements ont lieu conformément aux idées d'autrefois; la connaissance des formes extérieures en constitue toute la science, elle en forme et la base et le sommet. Nous savons tout ce qu'un pareil mode donne et abandonne au hasard.

S'il peut, jusqu'à un certain point, suffire aux races de demi-sang produites par des pères d'une origine connue, éprouvés dans leurs qualités essentielles, il ne peut rien pour la conservation des races pures, lesquelles n'admettent pas la médiocrité, lesquelles exigent, au contraire, l'emploi des sujets les plus parfaits, l'alliance raisonnée de ces natures d'élite toujours rares, même parmi les races les plus nobles, les mieux établies et les plus nombreuses.

Il ne semble pas qu'en Autriche la race arabe ait eu ses tables généalogiques, son nobiliaire. Il est dès lors impossible de se fixer, même par approximation, sur le mérite apparent ou réel d'une individualité quelconque, impossible de connaître ses précédents physiologiques. On s'est contenté de distinguer des familles en les désignant par le nom de l'étalon qui leur a donné naissance, et l'on est arrivé ainsi à une complication étrange qui n'a ni but ni portée tout en s'enlevant un moyen de succès qu'il est bon de ne pas négliger, — le mariage des sexes entre sujets de même race, mais de familles distinctes.

Précisons les faits.

On reconnaît, au haras de Mézoehegyès seul, dix-sept familles de chevaux. Voici leur classification d'après un rapport officiel, remis en 1840 à l'administration des haras, par un inspecteur général qui avait été chargé d'une mission en Autriche et en Hongrie :

1° La famille SEGLAWI, arabe, etc., qui porte le signe S, se distingue par sa noblesse, la netteté de ses membres et l'harmonie de ses formes.

2° La GUIDRAN, arabe, signe G, autant de noblesse que la précédente, mais un peu moins de taille ; elle a de fort belles allures.

3° La DURZI, arabe, signe D, très-noble et très-belle, a des membres plus forts ; mais le corps est un peu plus long.

4° La KOHEL, arabe, signe K, conserve sa race presque

pure malgré les croisements; elle reste un peu fine de membres.

5° La Feridjan, arabe, signe F, un peu petite, mais conserve aussi son type arabe.

6° La Mesrur, arabe, signe M, très-prolifique, donne des membres prodigieux, une taille élevée, des allures magnifiques, mais peu de distinction; les têtes sont fortes et les yeux petits.

7° Coquer, arabe, signe C, a aussi beaucoup de race et la montre; elle ne devient pas très-grande en général.

8° La Massoud, signe M, assez commune de forme, mais solide et dure.

9° La Baba-Turck, signe T, forte et commune, donne de bons chevaux de paysan.

10° La Acorn, anglaise, signe A, haute sur jambes; c'est la seule qui ait des jardons.

11° La Buttsher-Boy, anglaise, signe B, a les mêmes défauts; les têtes sont longues.

12° La Young-Muley, même origine, signe Y, plus de force de membres, mais commune et des éparvins.

13° La Othello, anglaise, signe O, énormes carrossiers communs et tarés.

14° La Generale, kladrap, signe CT, beaucoup de taille; cette race fournit les *porte-harnais* de Gala pour la cour d'Autriche; ils sont énormes et laids, mais lourds et forts.

15° La Maestoso, espagnole, signe M; bons chevaux de poste et de carrosse en les croisant avec des arabes.

16° La Sacramoso, italienne, improprement appelée *Sacramor* par M. le duc de Raguse, signe S, donne aussi de grands chevaux de voiture avec de vilaines têtes.

17° Enfin la trop fameuse Nonius, signe N, qualifiée à tort de normande (1).

---

(1) Le créateur de cette famille, — Nonius, était un cheval anglo-normand, né en Normandie, élevé au dépôt des étalons et de poulaines du

Cette nomenclature n'est pas faite pour donner une grande confiance dans la pureté et le mérite des animaux ainsi classés en familles séparées. L'appréciation qui en a été faite, cela est facile à voir, a été toute bienveillante, au moins pour la race arabe; mais qu'y a-t-il de fondé dans tout cela? où est la preuve matérielle du mérite de ces familles? on ne la saisit nulle part, et le système de reproduction adopté nous dispose médiocrement à l'admettre sur la foi des traités, sur une simple allégation que tout tendrait, au contraire, à infirmer.

Babolna, plus encore que Mézoehegyès, paraît être le foyer de la reproduction de la race arabe en Autriche. C'est là qu'en ont été réunis les sujets les plus précieux. On cite, en les estropiant sans doute, les noms de quelques-uns des plus fameux. Nous copions : *Shaklavi* et *Gédéan* ; *Gédran*, fils de ce dernier et de *Fizle*, jument arabe; *Fédran, Nilus, Aly, Anaze, Durze, Abechy, Nedsched-Baba, Sanihan, Wehaby*, un autre *Shaklavi*, *Abubeilé*, *Nedschdi*, *Nedschidi*, *Gazal, Bozok, Kuby;* enfin ceux qui proviennent des achats faits en 1836 par le major Herbert et dont voici la liste :

Dahali, Nedged, Schaga, Arial, Enelbas, Kader, Fachan, Tschelchi, Nader, Anis.

Ces dix étalons ne sont pas tous restés à Babolna, plusieurs ont été envoyés à Mézoehegyès et à Radautz. Cinq poulinières provenant de la même source faisaient partie du même convoi et ont été placées à Babolna et à Mézoehegyès; c'étaient les juments *Faride, Faese, Hadame, Hadbanie* et *Leria.*

Babolna et Mézoehegyès sont en Hongrie. Radautz est en Buckowine. La Bohême, la Carinthie et la Styrie possèdent aussi leur haras impérial, situé à Nemoschitz, Ossiak, Biber.

Bec-Hellouin (Eure), envoyé plus tard à Deux-Ponts, ramené ensuite à Kasière, où il fut pris par les Autrichiens, lors de l'invasion étrangère.

Radautz entretient quatre cents poulinières, il n'y en a que cinquante au haras de Biber; la population femelle des deux autres établissements est de cent têtes pour chacun d'eux.

Malgré la faveur dont il a joui parmi les hippologues et les éleveurs, le cheval arabe n'est pas resté seul maître du terrain en Autriche. Les idées nouvelles ont pénétré dans l'empire, et avec elles sont entrés le cheval de pur sang anglais, la nécessité de lui ouvrir un Stud-Book, celle non moins impérieuse de constater, par des épreuves publiques, que les produits ont hérité de la noblesse et des qualités de leurs ascendants.

L'administration publique a fait quelques tentatives dans ce sens; mais elle a procédé avec une excessive réserve. Il ne paraît pas que les résultats obtenus l'aient beaucoup encouragée à donner à l'emploi du cheval anglais une bien grande importance. Il semble, au contraire, que ces résultats lui aient donné de nouveaux motifs de persévérer dans la préférence qu'elle a jusqu'ici accordée au sang arabe.

Les partisans du sang anglais ont recherché les causes de cet insuccès. Ils ont pensé que les reproducteurs de cette race dont on s'était servi n'étaient pas heureusement doués, qu'on les avait introduits en trop petit nombre, qu'on avait renoncé trop vite à des essais qui exigent beaucoup de temps, que les qualités d'une race nouvelle ne peuvent s'acquérir que lentement, une à une pour ainsi dire, et à la condition d'être judicieusement poursuivies, que toutes les attentions nécessaires avaient été négligées dans les haras de l'empire où l'élève du cheval était moins civilisée, moins domestique que sauvage. Les amis du cheval arabe ont riposté; leurs arguments n'auraient rien de neuf pour nous.

De cette discussion est pourtant sorti un examen utile. On n'aurait pas innové sans motifs : si le sang arabe avait donné le cheval de tous les besoins, on ne voit pas pourquoi on aurait tenté d'établir à côté de lui des reproducteurs d'une autre race; s'il avait complétement rempli toutes les exigences, nul n'aurait songé à lui amener un rival. Le seul fait de l'introduction du cheval et de la jument de pur sang anglais en Autriche est donc une présomption défavorable qui pèse sur le cheval arabe.

En effet, si l'on médite sur les raisons qui ont conduit à essayer de la race anglaise, on reconnaît bientôt qu'en la mêlant aux races indigènes on s'était proposé de développer et de fortifier ces dernières. C'est donc que la somme des exigences des différents services avait dépassé, avec le temps, la somme d'aptitude donnée par le cheval d'Orient à ses produits. Partout le même fait s'est reproduit; partout, à l'exception de l'Arabie, où la civilisation n'a pas bougé, le cheval arabe et ses dérivés immédiats, restés petits, ont perdu de leur utilité, ont cessé de satisfaire aux besoins plus pressés de l'époque, ont dû céder la place au cheval anglais, si exactement défini : « le cheval arabe approprié aux exigences de ce temps-ci. »

Et donc, malgré l'opposition qui lui a été faite, et après une sorte d'abandon temporaire ou plutôt apparent, le cheval anglais a été repris; son élève, mieux entendue, se poursuit maintenant avec une certaine activité et non sans succès sur quelques points de l'empire d'Autriche. Les haras de l'État ont renouvelé leurs premières importations; de riches particuliers, dont l'exemple avait entraîné l'administration publique, ont agrandi et développé le cercle de leur élevage. De toutes parts on s'est familiarisé avec cette nouvelle nature, et les produits commencent à se montrer pourvus de qualités que l'on apprécie mieux. L'expérience sera profitable, si elle se maintient dans des limites rationnelles. Il ne s'agit point ici de substituer une race à une autre, mais de faire concourir deux races également précieuses à un résultat nouveau, lequel ne serait ni aussi complétement ni aussi promptement atteint par l'emploi exclusif de l'un ou de l'autre des éléments dont la fusion constitue le mérite et la valeur, dont la réunion fait la force, c'est-à-dire l'utilité pratique.

Il ne faut pas oublier que l'Autriche et la Hongrie sont au midi de l'Allemagne, que cette situation a ses exigences de sol et de climat, ses conditions particulières de fertilité de la terre et de richesse nutritive des aliments. Déjà nous avons constaté ce fait, que toutes les parties méridionales d'une contrée déterminée offraient des ressources alimentaires moins générales que les autres parties de cette même contrée; que, par conséquent, le cheval se montrait plus grand, plus fort, plus corpulent dans celles-ci, plus petit et plus mince dans les premières. Cette observation est tout aussi fondée pour l'Autriche que pour les autres parties du monde, et, à cet égard, ce dernier royaume, considéré par rapport à toute l'Allemagne, est absolument dans une situation analogue au Midi et à plusieurs départements du centre de la France comparés aux autres divisions du pays. Les conditions que nous venons de rappeler, que nous ne voulons pas laisser oublier un instant dans cette question de supériorité d'un sang sur l'autre, n'impliquent aucune différence dans les services divers, dans le mode d'emploi du cheval, dans l'aptitude de ce dernier, par conséquent, à donner la somme d'efforts exigée par son application à la même nature de travail. De là la nécessité de modifier sa conformation, de la grandir et de la développer, pour la mettre au niveau de besoins plus étendus. Le nœud, les difficultés de la question sont là : obtenir sur un sol insuffisant, avec des moyens d'alimentation insuffisants et des poulinières d'un développement insuffisant, des produits de beaucoup supérieurs à ceux que peuvent donner les éléments appelés à concourir à cette production. Les mécomptes sont nombreux alors, et l'on accuse un système qui n'est pas coupable. Il n'a qu'un tort, celui d'être en avance sur les circonstances générales auxquelles on l'applique, de même que le produit qu'il donne a le tort d'être en arrière sur les exigences qui, par rapport à lui, se sont hâtivement développées.

L'Autriche et la Hongrie, considérées au point de vue de l'industrie chevaline, sont dans la situation que nous venons de définir. Trop arriérées pour supporter l'adoption sur une large base, l'emploi généralisé de la race anglaise, elles commencent pourtant à ne pouvoir plus s'accommoder exclusivement du cheval arabe. Une lacune s'est manifestée dans l'état de la production qui impose de recourir à d'autres moyens. Il s'agit déjà de réaliser, d'obtenir le cheval des usages d'une civilisation nouvelle, d'élever un moteur qui ait tout à la fois de la taille, de l'étoffe, des membres, de la vigueur, des allures allongées et rapides ; un moteur qui réponde aux besoins actuels, et que, malgré tous ses mérites, le cheval arabe ne produit que rarement et exceptionnellement, ne peut donner qu'à la longue, après un certain nombre de générations dirigées avec art.

En de telles conditions, le concours du cheval anglais devient une nécessité, une force ; mais il ne doit point être absolu ; il ne doit entrer que pour partie seulement dans le fait de la production et venir alternativement avec l'arabe. De la sorte, on combat d'une manière profitable l'élément ancien, dont la raison d'être forme obstacle, et l'élément nouveau, qui ne peut se fonder, s'établir, prendre racine qu'en s'imposant peu à peu, graduellement, sans secousse, avec l'autorité du temps.

A côté des haras d'Etat, il y a, en Autriche, de nombreux haras particuliers. Les principales maisons de la noblesse en entretiennent dans leurs terres. Cette circonstance maintient les races ordinaires à une certaine élévation de l'échelle. Là les anciennes traditions sont respectées : les reproducteurs les plus capables reçoivent les meilleures femelles ; celles-ci restent volontiers indépendantes les unes des autres, par suite de l'isolement dans lequel sont tenus tous ces établissements privés. Dès lors, l'ancienneté devient une puissance ; mais cette force, n'ayant pas pour elle la pureté du sang, ne donne qu'un mérite très-secondaire et d'une valeur contestable aux animaux qui la possèdent.

L'un des haras particuliers les plus importants de la Hongrie a été fondé par le comte Unyady, à Keffel, situé à 54 lieues de Vienne environ. Il fut d'abord exclusivement consacré à la reproduction d'une race arabe que l'on s'accorde à considérer comme très-pure et très-noble par le sang, très-supérieure aussi par le mérite des formes. On le comprend quand on sait que le haras appartenait à un homme de cheval fort habile, qu'il était aux mains d'un homme spécial dont les preuves étaient faites, qu'on n'admettait à l'établissement que des reproducteurs sévèrement choisis, que les accouplements étaient médités, judicieusement combinés, que l'élevage des produits était soumis aux méthodes les mieux entendues. Toutes ces conditions mènent droit au succès.

« Le sang arabe, dit M. de Montendre, est celui que l'on employait de préférence comme producteur dans le haras du comte Unyady; il possédait cinq étalons de la plus haute noblesse et de la plus grande pureté. D'abord destinés à ne servir que des juments de leur race, ces étalons ont été depuis employés à saillir d'autres juments plus fortes, et dont les produits ont formé, par suite, un genre de chevaux de voiture doués des plus hautes qualités. Les robes que l'on cherche à propager sont le gris pommelé, le bai et l'alezan; tous les individus d'une autre robe, ou bien tous ceux qui se trouvent trop marqués de blanc, sont réformés.

« Pour éprouver les chevaux qu'on destine à la selle, le comte a cru devoir imiter les Anglais et introduire chez lui l'usage des courses. La chasse à courre est également pour lui une épreuve à laquelle il soumet les chevaux pour apprécier leurs moyens, leur souplesse et l'aptitude qu'ils peuvent avoir pour franchir les haies, les fossés et tout autre obstacle.

« Les chevaux destinés à la voiture subissent des épreuves d'un autre genre et plus conformes à ce dernier usage : elles consistent en voyages longs et difficiles, et pendant lesquels ils ne reçoivent que peu ou point d'aliments, et où on ne leur donne que de l'eau pour les rafraîchir. Le feu comte parcourut souvent, avec des attelages composés de chevaux de cette espèce nés et élevés dans son haras, les 40 lieues qui séparent Urmeny de Pesth en treize ou quinze heures, et franchissait en onze et douze heures les 54 lieues que l'on compte de Vienne à Urmeny. S. A. R. l'archiduc palatin ainsi que beaucoup d'autres grands seigneurs possédaient des attelages sortis de ce haras et qui étaient doués de qualités tellement éminentes, que, si l'on en excepte ceux du comte Carozy et Esterhazy, il n'en est point que l'on puisse leur comparer.

« L'étalon le plus remarquable qu'ait jamais possédé le haras de M. le comte Unyady est, sans contredit, *Tajar*. Ce producteur mérite une description particulière, autant à cause de la haute noblesse dont on découvre le type en lui que par suite des qualités étonnantes qui le distinguent. »

Suit la description un peu longue de *Tajar* (le rapide), dont on fait un splendide éloge. Il a été payé, à Trieste, 16,500 francs par le comte Unyady; il offrait, dit-on, le modèle le plus accompli de son espèce; tout en lui décelait la force et la vigueur, la vélocité et la résistance au travail : c'était un cheval parfait.

« S'il eût été donné à l'Angleterre et qu'on l'eût marié à des juments de pur sang, nul doute que *Tajar* ne fût devenu aussi célèbre par sa descendance que *Darley's Arabian* ou *Godolphin-Barb*. »

Il était difficile de rien dire de plus complétement élogieux. Nous n'avons pas l'intention de nous inscrire en faux contre un tel enthousiasme; mais nous ferons observer que ces derniers mots sont un certificat de supériorité donné à la race anglaise; ils disent que toutes ces poulinières, issues d'arabes, n'ont que la valeur de celles qui, sorties de la même souche, ont été conservées pures en Angleterre, malgré les modifications de formes qui les séparent profondément aujourd'hui du prototype de l'espèce.

On aura remarqué, dans la citation qui précède, le mode d'élevage appliqué aux produits du haras du comte Unyady. Ce n'est pas encore la course à l'anglaise, c'est-à-dire un ensemble d'épreuves sérieuses, mais ce n'est plus le système de fainéantise qui a été pendant si longtemps en honneur dans les haras publics et privés. Encore un pas, et nous nous trouverons en plein dans la pratique raisonnée des idées nouvelles, les seules qui soient fondées. .

Le comte Stephan Szechenyi a franchi la distance qui séparait les méthodes adoptées à Keffel du système plus sévère qui préside, en Angleterre, à la reproduction de la race pure. Une première tentative était restée infructueuse : une importation de quelques chevaux et juments de pur sang anglais avait échoué de la manière la plus absolue ; la petite colonie avait péri misérablement de la morve. Un autre eût renoncé à l'élève du cheval anglais et serait revenu, comme à de premières amours, à cette précieuse et noble race arabe, dont les actions eussent manifestement haussé après l'échec de sa rivale. Il n'en fut rien ici. En 1815, le comte Stephen alla en Angleterre et ramena à Zinkendorff des étalons et des poulinières de pur sang bien choisis et de haut prix. Le convoi était remarquable. La nouvelle race fut convenablement installée au haras, à 20 lieues de Vienne.

A cette importation en succéda une autre. Un second transport suivit de près celui-ci. Il se composait de quatre étalons, deux poulains et quinze juments de bon ordre ; en tout vingt et une têtes. En 1837, l'effectif du haras s'élevait à soixante. Tous les habitants étaient de pur sang anglais.

Quelques étalons ont marqué, voici leurs noms :

MANCHESTER, par *Thunderbolt* et *Olive-Brauch ;*

PAWDY, par *Peruvian* et *Bérénice ;*

SCHRECKHORN, par *Skiwdow* et *Margaretta*;
PARTISAN, par *Partisan* et *Wawsky*.

L'emploi des étalons du haras de Zinkendorff n'est pas limité au service des juments du comte Stephen; ils y sont à la disposition du public moyennant rétribution, et celle-ci, faible d'abord, s'est élevée successivement jusqu'au chiffre de 90 fr. par jument. Ce prix témoigne de l'empressement des éleveurs voisins à utiliser des animaux de mérite; il ne dit pas que le croisement de la jument du pays par l'étalon de pur sang anglais donne des résultats fâcheux ou médiocres.

Le comte Szechenyi est animé d'un grand zèle pour tout ce qui touche à l'amélioration du cheval. Il ne s'est pas borné à introduire chez lui la race anglaise, il a voulu l'y naturaliser d'une manière utile en étendant son emploi et en faisant ressortir sa supériorité aux yeux de tous. Il a donc poussé à l'établissement de courses publiques à l'instar de celles qui se font en Angleterre.

Depuis lors, cette institution a pris un grand essor. Son heureuse influence n'a pas été seulement appréciée par les seigneurs du royaume, les cultivateurs l'ont également comprise. Les uns et les autres, aujourd'hui, font effort pour arriver au résultat possible.

Il y a maintenant des courses très-importantes à Prague, à Vienne, à Pesth (1).

A Keffel et à Zinkendorff, le système adopté, bien que très-différent, puisque là c'est le sang arabe, ici le sang anglais qui est reproduit, le système adopté est fixe, parfaitement

(1) « L'institution des courses sera, est déjà, pour l'Autriche et la Hongrie, une source nouvelle de prospérité. Elles attirent un grand concours d'amateurs et de spectateurs; leur influence sur l'amélioration de l'espèce indigène ne peut manquer de se faire sentir Les prix sont distribués en plusieurs classes, ainsi que les chevaux appelés à les disputer.....

« L'espace à parcourir pour chaque prix est beaucoup plus considé-

déterminé; on sait où l'on tend, le but qu'on se propose.

Voici un autre établissement d'une très-grande importance pour un particulier (il réunit trois cents têtes environ), mais nous n'apercevons pas le fil conducteur. On ne voit pas, en effet, ce qu'on veut y faire. Sa population, très-bigarrée, résulte des alliances les plus étranges, des croisements les plus hétérogènes. Tous les sangs y ont été introduits et mêlés. C'est donc pour mémoire seulement que nous le mentionnons, et pour constater, en passant, qu'au milieu de reproducteurs de toutes races on retrouve des étalons et juments arabes et anglais de pur sang, enfants perdus dont on ne tirera pas grand profit.

La fondation du haras dont il s'agit remonte à plus de cent trente ans; il appartient au prince Esterhazy et se trouve à Ozora, dans le district de Tolna (1).

rable que celui que les chevaux parcourent ordinairement en Angleterre. Les paris sont assez nombreux entre les spectateurs.....

« Les courses de la Hongrie, créées par des amateurs à l'aide de souscriptions, ont une existence bien assurée; une dotation considérable leur est affectée... » (COMTE DE MONTENDRE, *Institutions hippiques*, tome Ier.)

(1) Parmi les documents dans lesquels nous puisons, nous ne trouvons rien sur le haras de Kopschan, que M. Huzard fils a fait connaître dans une notice publiée en 1823.

D'après cet hippologue, le haras de Kopschan, de vieille fondation, avait complétement changé son personnel en 1814 et 1815. Les écuries, devenues veuves de tous leurs produits de sangs mêlés, auraient ensuite été exclusivement repeuplées d'étalons et de juments de pur sang anglais. « C'était, dit M. Huzard, une véritable colonie de reproducteurs anglais de race pure transplantés en Hongrie. Elle était composée de soixante poulinières environ, et de six étalons, dont un surtout était remarquablement beau. Cette colonie ne devait pas être mélangée avec un autre sang; elle était destinée à rester toujours pure. A cet effet, le propriétaire du haras se promettait d'acheter, aussi souvent qu'il en serait besoin, en Angleterre, quelques étalons de tête pour la rajeunir et l'empêcher de déchoir. »

Les résultats promettaient une réussite complète.

Il en est ainsi de beaucoup d'autres établissements plus ou moins considérables. Il faut en conclure que partout on est en travail, que la production et l'élève du cheval sont en ce moment à l'état de transition, à une époque de transformation difficile; mais les exigences du temps l'emporteront sur la routine; ou bien la race arabe, malgré la faveur dont elle est encore en possession dans les esprits plus que dans les faits, se modifiera dans le sens des besoins, ou elle cédera le pas au cheval anglais dans un avenir assez prochain. La préférence qu'obtient ce dernier dans toutes les contrées où l'industrie chevaline est importante n'est certainement point un effet du hasard, une affaire de mode; c'est tout simplement la nécessité qui entraîne vers la production d'un moteur plus puissant et plus complet. Là est la véritable raison de sa recherche plus active et plus générale, parce que là est toute son utilité au temps où nous sommes.

Avant de clore nos études sur ce qui s'est fait dans le midi de l'Allemagne pour la reproduction des races pures, nous devons une mention toute spéciale au haras exclusivement arabe du baron de Fechtig.

Situé dans le voisinage de Vienne, cet établissement a acquis une grande réputation en Allemagne; il la doit au soin avec lequel la race orientale a été conservée sans mélange. La population du haras est nombreuse, des ventes annuelles le constatent; mais la direction de l'élève, fortement attachée aux anciennes traditions, ne met en relief aucun des produits qu'elle obtient et qu'elle livre aux haras nationaux et étrangers. La famille arabe du baron de Fechtig me semble pouvoir être comparée à du vin éventé. La liqueur est restée sans mélange, mais elle a perdu son parfum, ce quelque chose qui en faisait la valeur, qui en constituait le prix, qu'un défaut de soin a laissé s'échapper sans retour. L'éducation vicieuse des produits de M. de Fechtig a fait tomber, chez lui, la race arabe au-dessous d'elle-même; elle n'y a plus ce je ne sais quoi que l'on nomme *sang*, et qui est le principe générateur de toutes les qualités de l'espèce; au vin sans fumet nous opposons la vie sans chaleur. L'arabe du haras de Lengyelthoty est un animal éteint qui ne peut rien pour l'amélioration des races inférieures, qui n'a plus aucun titre pour soutenir sa propre race.

Il eût été facile au baron de Fechtig de conserver à sa colonie orientale son caractère, son cachet, sa valeur : il n'avait qu'à adopter, comme moyens, les méthodes de reproduction et d'élevage qui laissent le moins possible au hasard, qui éclairent toutes les opérations d'un haras par la constatation des faits, par la judicieuse interprétation des données générales de l'expérience.

Nous parlons ainsi de la famille arabe entretenue par M. de Fechtig parce que nous en avons connu de près les produits; nous les avons vus à l'œuvre, et notre conviction à leur endroit est complète. La réputation du haras de Lengyelthoty est usurpée. De cet établissement on a pu dire avec justice : bonne renommée *équivaut* à ceinture dorée. En effet, le baron ne donnait pas pour rien ses coquilles; malheureusement ses coquilles étaient vides. Avis donc à ceux qui pourraient être tentés d'aller puiser à cette source : *Experto crede Roberto.*

VII.

Il faudrait avoir des renseignements plus complets et plus précis que ceux qui se trouvent en notre possession, pour retracer fidèlement l'histoire de la reproduction des races pures dans les différentes parties de l'empire russe. A cette distance de la France, les faits sont mal vus, mal étudiés, mal appréciés, et l'on ne trouve rien, absolument rien de satisfaisant dans les vagues récits des quelques voyageurs que cet objet a plus ou moins préoccupés. Le lecteur voudra donc bien se contenter de ce qu'il nous aura été donné de lui mettre sous les yeux.

Aussi bien, la condition chevaline de la Russie, du moins

en ce qui concerne la reproduction du pur sang, se rapproche beaucoup de la situation des principaux États de l'Autriche. De temps immémorial, depuis des siècles, des étalons et des juments d'Orient ont été introduits dans les haras impériaux; mais le sang de cette noble race, loin d'y être conservé dans sa pureté, a toujours été mélangé au sang indigène et ne s'est pas reproduit sous le bénéfice d'une naturalisation habile.

Dans des temps plus rapprochés, les mêmes faits se sont répétés; cependant la science a marché. On attache depuis quelques années une importance réelle à conserver pures les familles nobles, dont de récentes importations ont enrichi les nombreux haras publics et privés qui existent en Russie.

Le cheval anglais a plus anciennement pénétré ici qu'en Autriche. Il avait pris droit de bourgeoisie dès la fin du XVIIIe siècle; il y était tellement goûté, qu'il se répandit avec une rapidité extraordinaire dans les haras des grands seigneurs de l'empire. La guerre de 1808 et le système continental suspendirent le courant d'importation continue qui s'était établi entre l'Angleterre et la Russie. Cette interruption ramena à l'emploi du cheval arabe.

Il faut rendre cette justice aux Russes, qu'ils se montraient fort exigeants dans leurs choix, mais qu'ils n'hésitaient point à payer à grands prix les chevaux de valeur qui leur étaient offerts (1). Aussi, et bien que la fraude parvînt à attacher de brillantes généalogies à des chevaux qui en étaient incapables, un certain nombre de reproducteurs de premier ordre passa en Russie, tandis que l'Allemagne et la France, moins faciles sur la question d'argent, n'introduisaient que des sujets d'un mérite très-secondaire.

(1) Le fameux *Diomède*, acheté en 1793 par M. Murawief, fut payé la somme considérable de 67,500 francs; *Simmetry*, fils de *Delpini*, fut acheté 45,000 fr.; *Trumpator* fut également payé fort cher. De semblables prix étaient souvent demandés et acceptés avec succès. La France ne faisait pas *de ces folies*; ses races ne s'en portaient pas beaucoup mieux.

La conséquence de ce fait est bien simple. Le cheval anglais, meilleur, importé en Russie, y donnait des résultats plus satisfaisants que le cheval anglais, moins bon, n'en donnait en France et en Allemagne. Logiquement aussi, on éleva ici mille plaintes contre le sang anglais, tandis qu'on se louait là de son utile emploi. Les rôles eussent été tous différents dans une situation inverse.

A la suite du cheval anglais, cela va de soi, le stud-book et les courses s'établirent en Russie ; c'est la loi commune. L'empire ne songea pas à s'y soustraire. On y voulait la fin, on y accepta les moyens. Mieux que cela, le système des épreuves fut étendu à la création de races spéciales de chevaux trotteurs, et l'on peut dire avec raison que ces races lui ont dû leur plus haut degré de perfectionnement, le bien-fondé de leur immense réputation.

Le gouvernement, lui aussi, est entré dans cette voie ; tout en régularisant ce qui s'était fait jusque-là en dehors de son action, il a ajouté aux ressources privées et imprimé un rapide essor à l'institution.

« L'un des résultats les plus importants de cette sollicitude, écrivait-on en 1845 au *Journal des haras* (tome XXXIX), a été d'introduire les épreuves (*prüfungen*) pour les chevaux dans presque toutes les parties de l'État, de les systématiser, de les uniformiser de manière à obtenir une chaîne non interrompue dans tout l'empire.

« Il est bon de remarquer que, même en Russie, parmi les personnes auxquelles les vrais principes de l'élevage du cheval sont inconnus, l'opinion prédominante est que les épreuves, et principalement les courses, sont le seul but de l'élève du cheval ; que les courses ne sont pas créées pour les chevaux, mais les chevaux pour les courses. Cette opinion aurait quelque fondement, si l'on n'envisageait que les abus qui ont pu se glisser nouvellement sur quelques hippodromes en Angleterre, où le turf, en s'éloignant de son utilité propre, a plus particulièrement pris les caractères du jeu. Mais en Russie, où toutes les institutions sont dirigées suivant ce principe : — profiter de l'expérience des autres, emprunter à leurs pratiques tout ce qu'elles offrent d'utile, en écarter, au contraire, tout ce qui est hasardé ou dangereux,—le gouvernement saura bien prévenir les abus ou tout au moins les réprimer, si quelqu'un tentait de les introduire; et, en effet, il surveille avec une scrupuleuse attention l'exécution des épreuves pour les prix impériaux dont les conditions paraissent d'ailleurs avoir été fort judicieusement combinées jusque dans les moindres détails. Ainsi les époques ont été fixées de manière que les chevaux qui ont couru sur un hippodrome puissent, sans obstacle, arriver à temps pour concourir sur un autre. »

Le gouvernement a fait plus encore; il a pris sous son patronage éclairé et bienveillant une publication périodique dont la mission est d'éclairer le pays sur toutes les questions de science proprement dite et d'économie spéciale applicable à l'industrie chevaline. A l'occasion des mesures adoptées en faveur des courses, ce recueil, intitulé, — *Journal de l'élève du cheval et des chasses*, s'est exprimé en ces termes :

« L'exécution régulière et consciencieuse de ce système est le seul et indispensable moyen d'éprouver la force et la vitesse des chevaux de sang, de connaître leurs bonnes qualités, et de choisir avec connaissance de cause parmi eux les meilleurs pour la reproduction, *parce que le pur sang seul peut améliorer la race des chevaux et leur donner la noblesse de ses formes, sa vitesse, sa force et son fonds.* La preuve la plus incontestable de cette vérité se trouve dans la race des trotteurs du comte Orlow, en Russie. Pour faire naître cette race, un cheval de pur sang (l'étalon arabe *Smetanka*) fut choisi pour être croisé avec une race commune. Il résulte de cela qu'il ne faut pas considérer le cheval le plus précieux, le reproducteur de pur sang pour son utilité générale seulement, mais encore comme *indispensable pour l'amélioration des races inférieures, le perfectionnement de certaines qualités et la création d'aptitudes spéciales.* Il faut, en un mot, une fois pour toutes, être bien convaincu que, sans propagateur de pur sang, on ne peut obtenir d'amélioration, ou le maintien au même degré dans l'élève du cheval.

« Le sang est de l'or qui ennoblit le restant des races, perfectionne et surtout conserve; ceci est un axiome dont la justesse ne peut être contestée. »

Tels sont les principes admis par l'administration des haras de la Russie; ils sont aussi les nôtres et ceux de tous les peuples qui ont quelque peu médité sur le sujet.

Les principaux chefs-lieux de courses de la Russie sont Lebedjan, Tula, Moscou et Zarskoe-Selo.

Les prix impériaux sont de 2,000 roubles en argent.

Les produits de pur sang du haras-pépinière de Scopin, après avoir été publiquement essayés sur l'hippodrome du haras, se produisent sur celui de Zarskoe-Selo et se mesurent contre tous les chevaux de la Russie.

C'est par l'adoption de pareilles mesures et l'application de principes aussi sûrs dans leurs effets que la Russie travaille à sortir de la situation confuse que les vieilles idées lui avaient faite à elle, tout aussi bien qu'à l'Angleterre, dans un temps fort éloigné, à la France et à toute l'Allemagne à une époque plus prochaine. Ce vaste empire a toujours possédé, il possède encore des espèces particulières dont le type devient de jour en jour plus rare et moins distinct; mais de profondes déviations dues à des croisements multiples les ont altérées dans la forme, modifiées dans l'aptitude, effacées dans le caractère.

Voilà pour les masses. Au-dessus s'élèvent les efforts et les sacrifices des grands seigneurs, des riches boyards du pays. Chez eux, dans leurs établissements, les choses sont autrement entendues et conduites. Des reproducteurs arabes de la plus noble race, des chevaux et juments de pur sang anglais du meilleur choix sont entretenus avec art, soustraits avec soin aux influences contraires à leur conservation, à leur utile reproduction. Les pedigrees sont maintenant établis avec un ordre extrême ; ils permettent qu'on se retrouve dans cette question si obscure des alliances des diverses familles d'une même race entre elles. Cette attention avait été pendant longtemps négligée : l'expérience l'a imposée comme une condition *sine quâ non* de succès, comme une nécessité absolue ; elle a montré que les connaissances extérieures, isolées de celles qui sont relatives à l'origine et indépendantes de la constatation des qualités individuelles, sont tout à fait insuffisantes.

« Un bel animal, disent les hippologues de ce pays, que le hasard a fait naître de père et de mère inconnus, donne rarement des êtres qui lui ressemblent ; il transmet plus sûrement les défauts, les imperfections des ascendants qu'il ne lègue à ses produits ses qualités propres. Il est donc de principe fondamental de s'occuper, avant toute chose, de la généalogie des animaux qu'on songe à unir dans des vues de bonne production et de perfectionnement raisonné. »

Cette doctrine est irréprochable.

On fait maintenant en Russie, aux produits des chevaux orientaux, le même reproche que partout ailleurs, celui de manquer de taille, de rester, par conséquent, au-dessous des besoins que le cheval est appelé à remplir dans un état de civilisation avancée ; et l'on dirige la production générale dans des vues qui auraient pour effet de grandir et développer la population indigène.

On le voit, le même problème se reproduit sur tous les points dans les mêmes termes, et partout la même solution est préparée. Il y a plus d'ensemble qu'on ne le suppose ou qu'on ne feint de le croire dans les exigences des services divers, dans les idées qui se font jour, dans les pratiques que l'on cherche à mettre en lumière. Cette tendance à l'unité, en quelque sorte, est un fait extrêmement remarquable ; nous ne devions pas le laisser passer inaperçu.

Mais, en Russie comme ailleurs, la vérité a souvent été

méconnue. Le renoncement à l'emploi exclusif du sang oriental a rencontré des opposants. La routine a partout des adeptes ; partout les idées justes ont à livrer bataille à l'erreur, ou tout au moins au passé. Le terrain sur lequel nous sommes en ce moment n'a pas été exempt de discussion. Ici la lutte s'est établie entre le cheval anglais et le cheval indigène. Les détracteurs du premier lui accordaient beaucoup de vitesse et peu de durée. L'expérience a prononcé. « De nombreux essais ont été faits, toujours ils ont été à l'avantage du cheval anglais. Le *Journal des haras* a publié les détails de maints paris considérables, engagés pour des courses de longue haleine, entre des chevaux orientaux, tatares, cosaques, etc., et des chevaux anglais, dans lesquels il ne s'agissait rien moins que de parcourir 60, 80 et 100 verstes, et où les chevaux anglais ont été vainqueurs, sans être jamais battus. Pareil résultat a été obtenu fort souvent dans l'Inde, où se trouvent pourtant d'excellents chevaux arabes (1). »

VIII.

Peut-être aurions-nous dû commencer ce chapitre par le peu de mots que nous avons à dire de la reproduction des races pures en Belgique et en Hollande. Qu'importe, cependant, le lieu où se placeront ces études ? nous n'avons attaché aucun intérêt à l'ordre hiérarchique.

Voyons alors sans autres préoccupations ni préliminaires.

Les idées et les pratiques anglaises ont été importées dans les Pays-Bas et la Belgique, non par les gouvernements de ces États, mais par un petit nombre de propriétaires éclairés et dévoués à l'œuvre de la régénération chevaline.

Des étalons et des juments ont ainsi passé d'Angleterre en Belgique et en Hollande, pour y être reproduits dans

(1) *Journal des haras*, tome XXXVII ; *Souvenirs hippologiques de la Russie*, par Renner.

toute leur pureté. Ces efforts, tout louables qu'ils sont, restent isolés ; ils ont pourtant une importance relative qu'il eût été bon de pouvoir exposer avec détails. Pour cela, les renseignements nous manquent. Les hommes qui provoquent de telles améliorations, qui leur font des sacrifices considérables mériteraient d'être signalés à la reconnaissance de tous. Au point de vue de l'art, de l'avancement des idées justes et de l'adoption des bonnes pratiques, les entreprises les plus modestes en apparence, les résultats les moins saillants ne sont pas toujours les moins utiles au développement de la science. Tout ce qui reste dans l'ombre, tout ce qu'on ne peut étudier, expliquer, donner à connaître aux autres est donc perdu pour le progrès. C'est de l'expérience enfouie.

En pénétrant en Belgique et en Hollande, le cheval de pur sang anglais y a, comme partout, introduit les saines idées de reproduction et de conservation de la race. Les étalons servent à d'utiles croisements avec la race indigène, mais la poulinière n'est pas mésalliée, mais ses produits sont élevés suivant les méthodes perfectionnées que l'Angleterre a prises à l'Arabie et données à l'Europe entière. Le Stud-Book retrace leur filiation, le Calendrier des courses constate leur valeur individuelle. Il y a donc un entraînement pour les produits et des épreuves publiques pour éclairer sur les résultats obtenus; des sociétés d'encouragement qui prennent l'initiative de toutes choses, stimulent l'ardeur et dirigent le mouvement.

Le système est complet.

La Belgique a quatre hippodromes : — Mons, — Gand, — Spa, — Bruxelles. Ce dernier a deux réunions dans l'année. Toutefois l'intérêt offert aux éleveurs de cette contrée ne s'arrête pas là ; d'autres chefs-lieux ont organisé des luttes publiques, et les produits de la Belgique vont cueillir des palmes à Aix-la-Chapelle, dans le grand-duché du Bas-Rhin et sur plusieurs points de la Hollande. Les sociétés d'encouragement de ces diverses contrées montrent, dans la rédaction de leurs programmes, un esprit de libéralité très-large; elles appellent les bons exemples; elles convient tout le continent à de certaines luttes dont les résultats tournent toujours au profit de l'émulation générale.

Le gouvernement belge a fini par intervenir; il a publié un règlement général, accordé des subsides. Nous remarquons que les poids sont moins élevés et que les distances sont, en général, plus courtes qu'en France; il en a été ainsi partout au début. C'est en grandissant que l'institution porte ses fruits; dans ses commencements, il y a nécessité de la traiter avec ménagement. Au surplus, les premières dispositions ont déjà été modifiées dans le sens du progrès, c'est-à-dire que les poids à porter ont été augmentés, que les distances ont été allongées quand elles devaient être parcourues par des chevaux de pur sang.

Le règlement, on le comprend, distingue les différentes classes de chevaux susceptibles d'être engagés dans des épreuves publiques. Le gouvernement ayant voulu pousser au croisement de la jument indigène par l'étalon de pur sang anglais, une position spéciale, appropriée à sa nature, a dû être faite au produit de ce croisement. C'était encourager les éleveurs à tenter l'expérience sur une plus large échelle et faire que le résultat cherché pût se produire dans un laps de temps plus court.

Dans l'impossibilité où nous sommes d'indiquer la situation actuelle des haras particuliers de la Belgique, nous nous bornons à relever les noms des chevaux de pur sang qui ont figuré sur les hippodromes de ce royaume en 1844 et 1848. Nous n'avions aucun motif pour donner la préférence à une année plutôt qu'à une autre; ce choix était fort indifférent; il n'a donc été soumis à aucun calcul; seul le hasard a décidé. C'est à dessein, néanmoins, que nous avons posé un intervalle de quatre années entre les deux époques.

Les relevés suivants mettront sur la voie de ce qui se fait

en Belgique ; ils diront à quelles familles chevalines de l'Angleterre les amateurs ont fait des emprunts et dans quelles mesures ils ont opéré.

Le Calendrier des courses pour 1840 porte les noms de trente-trois poulains et pouliches, chevaux et juments, mais sans qualification de race, de degré de sang. Nous ne pensons pas que, dans ce nombre, les sujets de race pure entrent pour plus de moitié ; ce n'est là pourtant qu'une appréciation vague, arbitraire.

Nous pouvons être plus explicite pour deux autres années. Les listes qui suivent sont officielles.

Poulains et pouliches, chevaux et juments de pur sang anglais appartenant à des éleveurs belges, qui ont pris part aux courses publiques de Belgique en 1844 et 1848.

Année 1844.

Poulains et chevaux entiers, — 20.

ALBERT, par Windcliffe et Zitella ;
GERFAUT, par Royal-Oak et Contrition ;
COMTE-DE-FLANDRE, par Airy et Cérès ;
BIZARRE, par Logic et Cérès ;
HERCULES, par Roi-de-Rome et Lixe ;
METEOR, par Mango et FRAED ;
SAPHIR, par Mango et Wisker-Mare ;
LEADER, par Windcliffe et miss Tandem ;
CALCUM, par Augustus et Maid-of-Melrose ;
VILEDI, par Augustus et Elisabeth ;
CAMELEON, par Camel et Margareth ;
RATLIN-THE-REESER, par Rowton et Novelty ;
ELISONDO, par Elisondo et Farce-Mare ;
HAWK-EGE, par Saint-Patrick et Elisabeth ;
LITTLE-ARTHUR, par Y. Saint-Patrick et Veronian ;
MUFFARD, par Mango et Corinne ;

BRILLANT, par Chapman et Wyfe ;
EOLIAN, par Airy et Emilia ;
VAMPIRE, par Mango et Vespertilio ;
PALOMO, par Pigeon et Elisabeth.

Pouliches et juments, — 19.

MONA, par Elisondo et Saracen-Mare ;
MATHILDE, par Mango et Zafra ;
CLIO, par Mango et mis Kershaw ;
FILLE DE PLENIPO, par Plenipotentiary et Vespertilio ;
VICTORIA, par Morotto et Elvire ;
KABYLE, par Pigeon et miss Kershaw ;
BELVEDERE, par Morotto et DRAB ;
PALMYRO, par Carthusian et Emma ;
ANGELINA, par Bizarre et Anne Grey ;
ECONOMIE, par Royal-Oak et Etrennes ;
JULIA, par Camel et Juliana ;
FALGORA, par Pigeon et Fraed ;
LUCY-LONG, par Camel et Minikin ;
CAPRICE, par Reveller et Fairegame ;
ZERRIE, par Smolensko et Aglaé ;
MISS APIE, par Sheet-Anchor et mistriss Fry ;
MISS ROSE, par Amphion et Rose ;
BADINAGE, par Mango et Drab ;
URRACA, par Airy et Repentance.

Année 1848.

Poulains et chevaux entiers, — 18.

AS-DE-COEUR, par As-de-Carreau et Fanny ;
FÉTICHE, par Mango et Fée ;
BLITZEN, par Taishteer et Drab ;
ADONIS, par Maroon et Zobéida ;
ALL-RIGHT, par the Taddler et Langolee ;
HAMPDEN, par Maroon et Aricia ;

FOURLAND, par Augustus et Magdalena ;
KARNAC, par Bay-Middleton et Thèbes;
ARRIERO, par Grey-Ambleton et Wisker-Mare ;
BRIGAND', par the Brigand et Vos ;
MULETIER, par..... ;
MORO, par Erymus et Elisa ;
HAWKESBURY, par Liverpool et Corumba;
SALADIN, par Maroon et Wisker-Mare ;
GALGO, par Maroon et Elisa;
PADGER, par Maroon et Verveine;
HANNIBAL, par Maroon et Y. Actress.
CARNERO, par sir Hercules et Maid-of-Melrose.

Pouliches et juments, — 10.

PHYSICIENNE, par Royal-Oak ou Physician et Pendulum-Mare;
ADELA, par Maroon et Châtaigne;
DAHTLESS, par Y. Reveller et Y. Gantoise;
ANNETTA, par Mango et Ada;
COMMERCE, par Liverpool et miss Pollio;
POMME-DE-CHÈNE, par Royal-Oak ou Cedar et Burden.
MARY-ANN, par Jerry et Nameless;
BRUYÈRE, par Y. Saint-Patrick et Amora;
LIA, par Challenger et Vénus;
JULIA, par Camel et Juliana.

Trente-neuf chevaux en 1844 et seulement vingt-huit quatre ans plus tard, — tels sont les chiffres. Nous ne chercherons pas à les interpréter. Les secousses politiques n'ont certainement pas été sans influence sur les courses de 1848 en Belgique, quand elles ont porté une perturbation si profonde en France et dans toutes les parties de l'Allemagne au sein de la même industrie.

Ce qui doit frapper dans l'examen et le rapprochement de ces deux listes, c'est la différence et la nouveauté des noms des sujets mis en course. C'est une preuve incontestable d'activité dans la production et de succès dans l'élève.

Nous n'avons aucune donnée sur le nombre des poulinières pures que possède en ce moment la Belgique. Nous ne sommes pas mieux renseigné sur le nombre des étalons de pur sang livrés au service public de la serte. Il est fort regrettable que des publications officielles ne tiennent pas le monde hippique mieux au fait de ce qui se passe sur ce point.

Le gouvernement belge n'entretient pas une seule poulinière; il ne possède qu'un petit nombre d'étalons de pur sang anglais au dépôt de Tervueren. En 1844, il y en avait quinze parmi lesquels plusieurs jouissaient d'une certaine réputation.

En voici la liste :

Maroon,	Abercromby,
Seventy-Four,	Challenger,
Emerald,	Eclipse,
Roi-de-Rome,	As-de-Carreau,
The Brigand,	Camillus,
Good-Wood,	Acteon,
Grey Ier,	Chapman.
Paris,	

L'Etat donne gratuitement le service des reproducteurs qu'il met à la disposition de l'industrie. Maroon seul fait exception à la règle; pour lui, le prix du saut est fixé à 45 francs.

Faisons remarquer, en terminant, quelque chose d'assez bizarre; en effet, c'est qu'ici nul ne songe au cheval arabe, nul n'en parle et n'en réclame l'emploi. La race ardennaise a pourtant là son siége, et beaucoup de gens, en France, seraient assurément disposés à penser que l'étalon oriental serait le plus apte à lui rendre ses anciens caractères, à rani-

mer les qualités qui lui ont valu jadis une si grande renommée.

De toutes parts, en Belgique , et sans conteste , on a accepté le cheval de pur sang anglais et ses dérivés les plus
immédiats, les chevaux de sept huitièmes, de trois quarts et
de demi-sang. L'étalon de gros trait est le seul concurrent
donné au reproducteur de sang anglais, à ses divers degrés
de race.

REPRODUCTION DE LA RACE ARABE PURE EN FRANCE.

—

Sommaire.

I. Données générales. — II. Arabe et anglais. — III. Le cheval arabe
à Gueures, à Saint-Cloud et dans les haras de l'État. — IV. Nicbab
et ses quinze produits. — V. Importations d'étalons arabes ; — quelques états de service ; — Massoud ; — Young-Massoud ; — Marmot ;
— Camash.

I.

Nous rentrons en France, « *ma patrie que j'aime,* »
comme dirait M. de Montendre. Tous, tant que nous sommes, efforçons-nous d'en être les dignes enfants. Encore y
a-t-il dans ce vœu plus d'égoïsme que de véritable amour de
la patrie. En songeant au pays, nous travaillons surtout pour
nous. En cherchant à développer la richesse publique, c'est
notre propre intérêt qui nous préoccupe et nous excite. A
l'œuvre donc, puisqu'en songeant à tous c'est à nous d'abord
que nous pensons.

L'acquisition des races pures par la France est maintenant un fait accompli. Elle a demandé bien des années ; elle
a coûté bien des efforts. De combien de livres, de brochures,
d'articles de journaux, de mémoires, de discours ce sujet
n'a-t-il pas été le thème favori, sans compter les disserta-
tions à venir? C'est une mine inépuisable ; c'est une source
intarissable. Il serait temps de mettre un terme à ce flux de
paroles, d'arrêter ce débordement d'écrits. La presse n'a que
trop gémi. Des études sérieuses doivent enfin commander la
réserve à tous ces hippologues de hasard qui, sans examen

préalable, sans connaissance aucune, ont la prétention de discuter les points de doctrine les plus ardus, d'imposer leurs vues, d'ajuster la science, une science à eux et de pure fantaisie, à leurs petits calculs, à leur ignorance de la matière.

En aucun pays la race arabe n'a eu de plus chauds partisans qu'en France. Les anciens hippiatres, les vieux écuyers, tous nos chefs d'école en ont parlé avec enthousiasme. Pour avoir vieilli, leurs idées n'en ont pas moins encore de profondes racines dans l'opinion. La croyance au sang d'Orient est inné chez le Français; c'est une tradition qui le pénètre par tous les pores et lui ôte plus tard jusqu'à l'indépendance pour juger sainement. De là cette opposition aveugle, cette résistance systématique à l'emploi du cheval de pur sang anglais, et cette confusion étrange qui a régné, qui règne encore dans notre pays sur toutes les questions de science relatives à la production améliorée du cheval.

Ce culte voué au sang arabe, il faut le dire, avait son fondement dans le passé. Tout ce que nous savons de nos plus anciennes races se rapporte aux importations nombreuses et souvent renouvelées du cheval d'Orient en France. Or il est convenu, et il y a nécessité de passer condamnation sur ce point, que pendant longtemps la France a eu sur la plupart des nations d'Europe une réelle supériorité chevaline. Le sang arabe allait donc à merveille à la situation faite au cheval français dans une grande partie de notre territoire, dans le Midi, dans les contrées montagneuses du Centre, sur plusieurs points de la Bretagne et de la Normandie, dans nos Ardennes et en Lorraine.

Mais les temps sont changés; les conditions d'autrefois ne sont plus celles d'aujourd'hui. Il faut être de son temps; il faut obéir à la loi du monde, à la nécessité de marcher toujours dans le sens d'une civilisation qui ne s'arrête pas.

La valeur morale, la puissance productive du sang arabe ne se sont point affaiblies. En lui est toujours le germe, le principe générateur de toutes les qualités dévolues à l'espèce ; mais ceux-là méconnaîtraient sa richesse et sa force, l'admirable flexibilité de sa nature, qui s'arrêteraient à le reproduire tel quel, qui n'essayeraient pas d'en modifier la forme, qui ne sauraient pas l'approprier aux usages multiples et toujours changeants que le cheval est appelé à remplir chez tous les peuples, à tous les âges de leur existence, à chacune des grandes époques de leur civilisation.

Nous ne saurions demeurer éternellement en face du même cheval quand nos besoins se déplacent sans cesse, quand nos exigences se multiplient, s'étendent toujours. Ne nous arrêtons plus au passé. Regardons enfin l'avenir. Reporter nos pensées, nos souvenirs vers des temps qui ont fui sans retour est au moins inutile. Ces regrets ne peuvent aboutir et n'aboutissent qu'à l'impuissance.

Ces vérités ne sont pas précisément d'aujourd'hui ; elles étaient déjà d'hier. Plus nous avancerons, mieux elles saisiront les esprits. C'est, d'ailleurs, un progrès fort désirable ; il n'a été que trop longtemps retardé dans sa marche.

Nous en trouvons la preuve dans le passage suivant, extrait d'une lettre écrite, au commencement de 1828, au *Journal des haras* par le comte de Lastic Saint-Jal, l'un des inspecteurs généraux de l'administration. Ce passage a trait à la question du sang.

« L'ouvrage publié en 1804 par ordre du gouvernement, dit M. de Lastic, dans le but de préparer la restauration des haras, présentait le cheval arabe comme la source de toute amélioration ; à en croire l'auteur (M. Huzard père), l'introduction du sang arabe dans toutes les races, quelque éloignées qu'elles fussent du type originaire, devait leur communiquer ce feu, cette vigueur, cette agilité qui distinguent le cheval du désert, comme on prétend que, dans l'espèce humaine, la transfusion d'un sang étranger peut, dans certains cas, rendre la vie à un mourant.

« Ce système prévalut. Non-seulement on plaça des étalons arabes dans toutes les contrées où la race indigène offre avec eux quelque analogie, mais on en envoya dans toutes les parties de la France sans exception.

« Donnant suite à ce système, on employa dans le même sens les plus belles productions mâles de ces animaux.

« On sait quel fut, dans certains pays, le fâcheux résultat de ces opérations.

« C'est ce résultat qui a dégoûté tant de propriétaires de l'élève des chevaux de selle (1). »

Il ne faut accuser personne de l'insuccès que l'on constate ici. La pratique a été conforme à l'état de la science, aux recommandations des hommes les plus compétents de l'époque. On les a crus dans le vrai, ils n'étaient qu'à côté du vrai ; ils restaient stationnaires dans les idées du passé alors que tout se modifiait autour d'eux avec une étrange rapidité.

Les reproducteurs arabes, ou soi-disant tels, n'étaient pas tous d'un grand mérite. Ceux qui avaient de la valeur et qui se trouvaient utilement placés ont rendu de réels services. Ainsi que nous le disions un peu plus haut, ce ne sont pas les qualités du cheval qui ont été affaiblies, c'est la forme même de sa race, qui n'a plus été appropriée à la nature des besoins, à la multiplicité des exigences nouvelles. On eut recours alors à un autre type ; mais l'emploi de celui-ci était une innovation pour tous : or qui dit innovation dit nécessairement incertitude, inexpérience, résultats inachevés, incomplets, presque toujours défectueux au début.

Telle est, en raccourci, l'histoire de l'introduction du pur sang anglais appliqué à la reproduction ou à l'amélioration de nos différentes races.

Nous passerons rapidement sur ces commencements ; aussi bien regardent-ils plus encore l'amélioration des espèces secondaires que le fait de l'acquisition du pur sang et

(1) *Journal des haras*, tome Ier, page 72.

de sa conservation à l'état de race indépendante, à l'état de conquête.

Pendant longtemps, tout aussi bien que les divers États dont nous avons parlé jusqu'ici, la France a marché au hasard, sans règle fixe et sans se rendre compte ni de ses richesses ni de ce que celles-ci pouvaient lui rendre de véritable utilité et de force vive. Puis, après bien des années, après bien des tâtonnements, elle est entrée largement dans les voies tracées par l'Arabie et l'Angleterre; elle a suivi leur exemple et réalisé, d'une manière relative au moins, des progrès considérables.

On la voit alors importer des étalons et des poulinières de race anglaise sans abandonner le sang noble d'Arabie; encourager les particuliers à se livrer à de plus grands sacrifices en faveur de cette branche de la production nationale; publier le catalogue des animaux de races pures et en faire la base, le fond même de la science nouvelle; régulariser l'institution des courses, laquelle se mourait d'inanition; imprimer une vigoureuse impulsion à tout ce qui touche à ce grand intérêt, se mettre avec résolution, avec une soif ardente à la tête du mouvement.

Cette adoption des idées et des pratiques anglaises jeta tout d'abord une immense perturbation dans les esprits; elle suscita une violente opposition aux haras du gouvernement. Ceux-ci furent chargés d'imprécations de toutes sortes. On se demande avec surprise aujourd'hui, quand on songe à tous les assauts qu'ils ont essuyés, comment ils ont pu résister à des coups aussi multipliés, à des attaques aussi vives et persistantes. C'est que la vérité est une grande force. Il semblerait qu'elle ne peut s'établir et se propager qu'à la condition d'être toujours niée ou calomniée. S'il en est ainsi, on en conviendra, les moyens de développement ne lui ont jamais fait défaut.

Laissant de côté ce qui appartient aux siècles antérieurs, voyons ce que la France a possédé en sujets des races pures, arabe, — anglo-arabe — et anglaise, année par année, de 1801 à 1850.

Nous en avons dressé les tableaux qui suivent. Ils sont curieux à examiner sous plus d'un rapport; ils accusent les forces virtuelles et respectives des deux races mères; ils montrent quel parti on a su en tirer, quelles ont été, dans cette œuvre lente, difficile et coûteuse, la part de l'administration publique et la part de l'industrie privée. Les résultats sont officiels; les contrôlera qui voudra. Ce n'est qu'une affaire de patience. Les éléments du travail étant aux mains de tous, la récapitulation que nous avons faite est au pouvoir de tous. Il ne s'agit que d'ouvrir le Stud-Book et de procéder avec un peu d'attention et quelque méthode pour retrouver soi-même les résultats que nous constatons plus bas.

Nous avons présenté deux tableaux, l'un pour les mâles et l'autre pour les femelles. Le cadre est ainsi devenu plus simple, plus clair, plus facile à comprendre ou plutôt à saisir dans ses détails. De la sorte il n'exige plus aucune explication.

TABLEAU A. — ÉTALONS.

Relevé des existences annuelles d'après les inscriptions au Stud-Book français, de 1801 à 1850 inclusivement.

ANNÉES.	NOMBRE D'ÉTALONS		TOTAL.
	de races arabe et anglo-arabe.	de race anglaise.	
1801.	1	1	2
1802.	2	1	3
1803.	3	1	4
1804.	5	1	6
1805.	7	1	8
1806.	8	1	9
1807.	13	1	14
1808.	16	1	17
1809.	16	1	17
1810.	16	1	17
1811.	24	2	26
1812.	34	2	36
1813.	46	2	48
1814.	49	3	52
1815.	51	4	55
1816.	52	4	56
1817.	52	5	57
1818.	53	15	68
1819.	63	21	84
1820.	76	23	99
1821.	98	22	120
1822.	102	20	122
1823.	100	22	122
1824.	91	23	114
1825.	81	28	109
1826.	73	32	105
1827.	63	32	95
1828.	58	41	99
1829.	53	43	96
1830.	50	44	94
1831.	50	49	99
1832.	51	52	103
1833.	37	51	88
1834.	43	65	108
1835.	43	79	122
1836.	47	90	137
1837.	49	110	159
1838.	54	121	175
1839.	55	124	179
1840.	61	143	204
1841.	62	146	208
1842.	75	175	250
1843.	83	189	272
1844.	103	195	298
1845.	113	198	311
1846.	120	194	314
1847.	127	203	330
1848.	121	204	325
1849.	133	208	341
1850.	140	192	332

FAMILLES ARABE ET ANGLO-ARABE. — A aucune époque, ce relevé le constate, la France n'a possédé un plus grand nombre de reproducteurs arabes et anglo-arabes de pur sang qu'en 1850. L'élevage, dans les haras de l'État, a notablement contribué à l'accroissement successif que l'on remarque à partir de 1833. — Nous reviendrons sur ce point.

Malgré cela, toutes ces existences, quand on cesse de les ajouter l'une à l'autre pour les totaliser, se limitent individuellement au chiffre de trois cent soixante-treize têtes : c'est une moyenne qui n'atteint pas tout à fait huit années de service. Le fait est considérable. Il est bon de faire observer, en effet, que la plupart des chevaux arabes introduits en France comme reproducteurs n'y arrivent qu'à un âge déjà avancé. Il est très-remarquable même que le plus grand nombre parvient à une grande vieillesse.

Quoi qu'il en soit, les trois cent soixante-treize animaux qui figurent dans cette statistique se classent de la manière suivante :

Étalons importés....	par les particuliers (1)...... 108	ci....	222
	par les haras nationaux...... 114		
Étalons nés en France.	chez les particuliers........ 31	ci....	151
	dans les haras nationaux..... 120		

Égal.. 373

Sur ce nombre 373, il y a :	Étalons de pure race orientale. 285	même chif-	
	— de pure race anglo-arabe. 88	fre.. 373	

FAMILLE DE PUR SANG ANGLAIS. — En ce qui concerne le cheval de pur sang anglais, le même tableau présente les données que voici ; réduites à la moyenne des services rendus par chaque étalon, ces existences se limitent au nombre de quatre cent vingt-huit têtes, ainsi classées :

(1) Les neuf dixièmes de ces étalons ont été donnés par l'empereur Napoléon ou ont appartenu à Louis XVIII, Charles X et Louis-Philippe.

Étalons importés....	par les particuliers.........	36	ci.... 182
	par les haras nationaux.....	146	
Étalons nés en France.	chez les particuliers........	168	ci.... 246
	dans les haras nationaux.....	78	

Égal.. 428

Pour cette classe de reproducteurs, la durée moyenne des services ne s'est étendue qu'à un peu plus de sept années. Il en devait être ainsi dans les commencements de la race, car alors on a, de toute nécessité, appliqué à la reproduction des sujets d'un mérite quelquefois douteux. La réforme les a donc atteints dès qu'il a été possible de les remplacer par des animaux d'un choix plus sévère.

En somme, depuis cinquante ans la France a possédé huit cent un producteurs de pur sang. Ils ont donné six mille quatre-vingt-dix-neuf années de service, — un peu plus de sept ans et demi en moyenne.

TABLEAU B. — POULINIÈRES.

Relevé des existences annuelles d'après les inscriptions au Stud-Book français, de 1801 à 1850 inclusivement.

ANNÉES.	NOMBRE DE JUMENTS		TOTAL.
	de races arabe et anglo-arabe.	de race anglaise.	
1801.	»	»	»
1802.	»	»	»
1803.	»	»	»
1804.	»	»	»
1805.	»	»	»
1806.	»	»	»
1807.	2	»	2
1808.	2	»	2
1809.	3	»	3
1810.	3	»	3
1811.	3	»	3
1812.	2	»	2
1813.	3	»	3
1814.	4	»	4
1815.	3	»	3
1816.	8	»	8
1817.	3	»	3
1818.	4	3	7
1819.	6	7	13
1820.	10	10	20
1821.	11	14	25
1822.	12	17	29
1823.	13	19	32
1824.	13	23	36
1825.	15	31	46
1826.	14	39	53
1827.	15	42	57
1828.	16	50	66
1829.	16	65	81
1830.	18	73	91
1831.	15	81	96
1832.	18	79	97
1833.	26	91	117
1834.	30	107	137
1835.	32	135	167
1836.	37	156	193
1837.	42	189	231
1838.	43	219	262
1839.	52	261	313
1840.	58	278	336
1841.	60	291	352
1842.	62	297	359
1843.	69	293	362
1844.	67	309	376
1845.	69	330	399
1846.	70	342	412
1847.	75	362	437
1848.	74	350	424
1849.	71	284	355
1850.	84 (1)	283	367

(1) Ce chiffre se décompose ainsi :

       Juments de pur sang arabe. 23

       —   de pur sang anglo-arabe. . . 61

Familles arabe et anglo-arabe. — Le tableau B montre et notre pauvreté d'autrefois en juments de race pure orientale ou anglo-arabe, et l'accroissement successif des existences pendant une période qui remonte aux quarante-quatre dernières années seulement.

Additionnant en un seul chiffre la durée de tous les services rendus à la reproduction par les cent quatre-vingt-trois juments arabes et anglo-arabes qui ont existé depuis quarante-six ans, nous trouvons un total de mille deux cent quarante-huit années, soit une moyenne qui n'atteint pas tout à fait le chiffre sept.

Les cent quatre-vingt-trois têtes se répartissent comme ci-après :

Juments importées...	{ par les particuliers.........	13 } ci....	31
	{ par les haras nationaux.....	18 }	
Juments nées en France.	{ chez les particuliers.........	39 } ci....	152
	{ dans les haras de l'État......	113 }	
		Égal..	183
Sur ce nombre 183, il y a :	{ Juments de pure race orientale.	84 } même chif-	
	{ — de pure race anglo-arabe.	99 } fre...	183

Famille de pur sang anglais. — Les existences individuelles donnent le chiffre de six cent dix-huit têtes. Les services cumulés élèvent le nombre des années d'emploi à quatre mille vingt et une, soit une moyenne de six ans et demi.

Il n'échappera à personne que ces moyennes n'ont rien de vrai au fond, qu'il convient de leur donner seulement la valeur qu'elles ont. Pour les trouver, il faudrait prolonger par la pensée la durée de toutes les existences actuelles jusqu'au terme de la vie ou de la cessation de la destination présente. Ce travail est tout simplement impossible.

Toutefois, si on les complète par les années de non-fécondations, d'avortements et de pertes de produits, les données qui précèdent laisseront soupçonner toutes les lenteurs que la nature même des choses apporte à la multiplication d'une

race spéciale, quand surtout cette race ne peut être reproduite que par l'élite des sujets qui la composent.

Les six cent dix-huit poulinières se trouvent classées comme
ci-dessous :

Importées.......... { par les particuliers......... 213 } ci.... 255
.... { par les haras nationaux...... 42 }

Nées en France..... { chez les particuliers,....... 243 } ci.... 363
..... { dans les haras de l'État..... 120 }

Égal.. 618

Les deux catégories de juments réunies donnent un total
de huit cent une têtes employées à la reproduction des races
pures en France, à partir de 1807.

Ce chiffre, par un singulier hasard, est absolument le
même que pour les étalons ; nous en reproduisons à dessein
les nombres composants.

Ainsi :

Étalons arabes.................. 285 }
— anglo-arabes............. 88 } ci............... 801
— anglais................. 428 }
Juments arabes................. 84 }
— anglo-arabes............. 99 } ci............... 801
— anglaises............... 618 }

Total général..... 1602

Il est d'autres rapprochements plus intéressants que
celui-ci :

Tandis que les haras nationaux importaient 132 étalons
ou juments de race orientale,
et que les rois de France en possédaient. . . 97
les particuliers ne parvenaient à s'en procurer
que. 24

Total. . 253

Les proportions restent les mêmes quand on examine les
faits au point de vue de la reproduction de la **même race en**
France.

Les efforts des particuliers atteignent alors le chiffre 70 contre 233, nombre des étalons et juments nés dans les établissements de l'administration des haras pendant un laps de temps égal ; — en tout, 303.

Nous compléterons ces données par celles qui touchent à l'importation et à la reproduction de la famille de pur sang anglais.

Les importations se sont élevées, par les particuliers, à 249 têtes, et par les haras nationaux à 188.

Ces chiffres se divisent comme suit :

Par les particuliers..	Étalons........ 36	ci...... 249
	Poulinières... 213	
Par les haras de l'État.....	Étalons......... ... 146	ci... 188
	Poulinières... 42	

Total... 437

Les termes sont renversés. Les particuliers importent peu de reproducteurs mâles ; quand ils les ont introduits, c'est pour les vendre à l'administration des haras. Ils importent, au contraire, des poulinières en nombre et ils les conservent en vue de la reproduction de la race pure. Cette direction des opérations entreprises par l'industrie privée trace à l'administration la marche qu'elle doit adopter et qu'elle a toujours suivie. Après avoir donné l'exemple, elle a cessé d'introduire des juments de pur sang anglais ; mais elle concentre son action sur l'importation des mâles que les particuliers ne recherchent qu'accidentellement et seulement en vue d'une spéculation à courte échéance.

Voyons, pourtant, quel parti les haras nationaux ont su tirer du petit nombre de poulinières de pur sang anglais qui soient entrées dans les établissements entretenus aux frais de l'État, et d'autre part quels résultats simplement numériques ont obtenus des leurs, — ensemble, — nos sportsmen et nos éleveurs.

Il est né, dans les haras, 198 produits mâles et femelles,

qui sont devenus, ceux-ci des étalons, celles-là des poulinières. Chez les particuliers, les naissances réussies ont été de 411 têtes.

Ces chiffres se répartissent comme ci-après :

Nés chez les particuliers... { Étalons.......... 168 } ci....... 411
                              { Poulinières....... 243 }

Nés dans les haras de l'État. { Étalons.......... 78 } ci....... 198
                              { Poulinières....... 120 }

Total.... 609

Ajoutées les unes aux autres, ces diverses catégories d'étalons et de poulinières reforment, recomposent le chiffre posé d'autre part ; savoir :

Familles arabe et anglo-arabe.... { Importations........ 253
                                   { Naissances en France... 303

Famille de pur sang anglais...... { Importations........ 437
                                   { Naissances en France... 609

Total pareil..... 1602

A quelques lecteurs légers ces détails paraîtront oiseux ; les hommes d'étude les jugeront différemment : inutile, par conséquent, de nous arrêter à en justifier l'insertion au commencement de ce chapitre.

Aussi bien mettront-ils à néant le reproche injuste adressé aux haras par des adversaires malveillants ou mal renseignés (car il y a des uns et des autres), d'avoir peu fait pour multiplier en France la famille arabe, d'avoir tout sacrifié, au contraire, à la propagation du sang anglais. Les chiffres officiels sont là, que chacun pèse et juge en face des assertions contradictoires.

II.

Dans le passé, bien plus que dans le présent encore, l'opinion a été favorable à l'application du cheval arabe au perfectionnement de la race chevaline en France.

Ceci, par exemple, a toujours été admis sans conteste :

l'Arabie est le pays du monde où l'on a le plus anciennement produit et élevé des chevaux de haute noblesse. Depuis un temps immémorial, il est reconnu que cette partie de l'Orient possède une race pure restée sans mélange; et l'histoire des temps anciens et modernes témoigne que ces chevaux, par la distinction de leurs formes et la nature de leurs qualités intimes, ont toujours été supérieurs à ceux de toutes les autres races.

« Bien des faits prouvent, de la manière la plus incontestable, que le pur sang est originaire d'Arabie, que ce pays est le seul qui ait pu fournir au monde entier les moyens d'améliorer et de parfaire les diverses races devenues indigènes à chaque point du globe. Plus on s'éloigne du cheval arabe, de la pureté du sang qui le fait le premier de l'espèce, plus la dégénération se montre sensible; plus on s'en rapproche au contraire, meilleurs et plus satisfaisants sont les résultats que l'on obtient. »

Tel est, en quelques mots, le fond même de la science hippique, tel est le principe qui domine toute la question chevaline.

C'était donc pour s'y conformer que la France avait recours à des importations directes. Mais tout n'est pas dit quand on est parvenu à se procurer quelques exemplaires d'un type plus ou moins précieux; reste alors un double problème à résoudre, — celui de la reproduction sans déchéance, — celui de la complète appropriation des produits aux services divers.

A la rigueur, on avait pu croire que la conservation de la race arabe dans son état de pureté native serait assurée par le fait seul de la reproduction sans mélange avec un autre sang. C'était une grossière erreur, l'erreur venait d'ignorance. On était bien peu renseigné, bien mal renseigné alors sur le système rationnel que suivent les Arabes (1); on ne

(1) Il existe un livre intitulé LE NACÉRI; — c'est un traité d'hippo-

connaissait pas bien les pratiques adoptées en Angleterre; on s'était mis en marche plein de bon vouloir, mais chargé d'imprévoyance. Ignorant tout, on ne soupçonnait rien, et cependant on ne doutait de rien. C'est bien là notre nature; c'est ainsi que nous sommes faits.

Mais à côté de cette question, déjà si importante, il y en avait une autre tout aussi capitale, celle de savoir quelles modifications de formes il faudrait imposer à la structure du cheval arabe afin d'en rendre les produits utiles, afin d'en approprier l'usage à nos besoins si variés et si différents de ceux en vue desquels le cheval arabe a été créé, produit par ceux-là mêmes qui l'emploient.

Cette face de la question n'a pas même été examinée. On a poursuivi la reproduction pure et simple du cheval arabe sans y parvenir, bien entendu, et sans se dire qu'un animal

logie en neuf chapitres.

L'un d'eux porte ce titre : IDMAR. Ce mot signifie : *Préparation des chevaux par le régime aux courses.*

Cette préparation, dit l'auteur, consiste à faire perdre au cheval de la graisse au profit de l'affermissement de la fibre musculaire.

Il y a à considérer, pour cela, la conformation extérieure, l'âge, l'époque convenable dans l'année, la durée de l'entraînement, le lieu où le cheval a été élevé, herbagé, nourri ; les détails de soins donnés par le palefrenier, les exercices de chaque jour, la tenue de l'écurie, sa propreté et son aération, etc., etc., signes qui annoncent le succès d'une bonne préparation. Il faut considérer encore les poids dont il faut charger le coursier, la manière de le conduire pendant les joutes à la course, la carrière à fournir.

Ce chapitre est terminé par l'indication de quelques courses dans lesquelles le Prophète fut vainqueur.

Voilà tout le système anglais. Les éleveurs de l'Angleterre n'ont rien inventé ; ils se sont bornés à imiter leurs maîtres avant de devenir les nôtres.

L'administration des haras a accepté l'offre qui lui avait été faite de supporter les frais très-considérables de la traduction de cet ouvrage, qui comporte trois forts volumes in-octavo.

Cette traduction nous promet de curieuses révélations sur la science de la reproduction et de l'élève du cheval noble par les Arabes.

formé en vue d'une destination unique, spéciale, exclusive ne pouvait être qu'un élément dans le fait si éloigné d'une reproduction multiple par la nature et la variété des exigences auxquelles elle doit répondre.

De loin en loin, cependant, on constatait l'insuffisance des produits immédiats du cheval arabe, et l'on parlait de la nécessité de les modifier dans le sens des besoins plus pressés de l'époque. On revenait alors vers l'Angleterre, et l'on se demandait pourquoi la France n'entreprendrait pas de créer une race qui lui fût propre, ne travaillerait pas à constituer, chez elle et pour elle, un type supérieur qui pût prendre le nom de *pur sang français*.

C'est ainsi, disait-on, que les Anglais ont procédé pour se délivrer d'un fâcheux recours à l'étranger, si bien qu'ils possèdent, depuis deux cents ans, une spécialité de race qui satisfait à toutes les exigences de la production du cheval en Angleterre. Et l'on ajoutait : Pour obtenir le même résultat, il faut imiter l'exemple qui nous a été donné, créer nous-mêmes, par les mêmes moyens, les éléments nécessaires à notre régénération chevaline. Envoyons des hommes habiles en Arabie; introduisons chez nous, en les choisissant parmi les meilleures races, des étalons et des juments de la plus grande distinction et de la plus vieille noblesse; créons à force de soins, par des accouplements judicieux entre les premiers sujets importés et ceux qui les suivront (car ces importations doivent être souvent renouvelées), ces améliorations et ces modifications qui ont élevé si haut, avec son utilité, la renommée du cheval de pur sang anglais.

Ce résultat n'est certainement pas sorti des premiers essais tentés chez nos voisins; il leur a fallu beaucoup de temps, de sacrifices et de science, parce que leur œuvre était sans précédents et qu'ils marchaient à tâtons, au hasard, attendant que l'expérience eût éclairé leurs pas et donné plus de certitude à leurs travaux. Plus heureux, forts de leurs connaissances, nous ferons moins d'écoles, nous mettrons moins d'années pour parcourir le même espace, nous arriverons plus sûrement au but, parce que les circonstances générales du climat, qui tiennent de si près dans leur dépendance toute la production animale, sont beaucoup plus favorables en France. La réussite est donc assurée.

Ce plan si simple a suscité des objections.

Il est très-vrai, a-t-on dit, qu'un pays quelconque finit par s'approprier à la longue et nationaliser dans son sein, avec des précautions continuelles et d'énormes dépenses, ce qui paraissait devoir le moins prospérer sur son territoire. Voilà, par rapport à sa race chevaline de pur sang, la situation de l'Angleterre.

Mais à quoi bon recommencer l'œuvre qui est toute faite et parfaite? pourquoi revenir au cheval arabe, dont la transformation nécessaire demandera un siècle peut-être, quand, empruntant à nos voisins la race que nous chercherions à constituer, que nous mettrions cent ans à produire, nous pouvons gagner tout le temps employé par eux à l'obtenir et à la fixer? Les besoins de notre civilisation sont les besoins de la civilisation anglaise. Dans les deux pays, le cheval doit remplir la même destination; il doit avoir les mêmes aptitudes pour des usages absolument identiques. Pourquoi, lorsque deux routes se présentent pour arriver au même point, se déciderait-on à prendre la plus longue, la plus difficile, la moins sûre?... Le sens droit, un intérêt strict et bien entendu veulent précisément que nous nous arrêtions au parti contraire.

Alors recommençait l'interminable querelle entre les partisans et les détracteurs du pur sang anglais et du pur sang arabe. .

En Angleterre, arguait-on, les esprits ont changé de direction. Le cheval de pur sang n'est plus, comme autrefois, produit exclusivement en vue de la conservation et du perfectionnement de sa race, en vue aussi de l'amélioration progressive des espèces secondaires; il n'est plus qu'un objet de spéculation effrénée. Or cette spéculation a été la source d'altérations rapides qui doivent maintenant la faire repousser de toute production intelligente; d'ailleurs la forme actuelle du cheval anglais ne répond pas mieux à nos exigences que la forme si différente du cheval arabe. Il y a, dès lors, nécessité de refaire à notre usage un cheval qui ne soit plus précisément ni l'arabe ni l'anglais, mais qui, sans perdre aucune des qualités propres au premier, acquière la puissance, l'ampleur, le développement du second, sans rien garder, toutefois, des vices de formes ni des tares qui imposent son exclusion de nos haras.

En matière de transaction, une troisième opinion avait surgi. Celle-ci proposa d'utiliser, au profit de la création conseillée d'une race française de pur sang, les bons éléments de production qu'il serait possible de se procurer en Angleterre et en Arabie. Le croisement de la poulinière anglaise par l'étalon oriental devait conduire plus hâtivement et plus sûrement au but, si dans le choix de la jument on savait éviter les inconvénients de sa race. Dans ce système, les produits mâles résultant de l'alliance des deux races pouvaient servir à des améliorations secondaires, les femelles seules pouvaient être utilisées dans un intérêt bien compris de continuation de l'œuvre commencée. Les pouliches anglo-arabes devenaient donc les racines, le fondement de la nouvelle race; elles ne devaient produire qu'avec l'étalon arabe.

Enfin quelques hippologues, qui s'intitulaient éclectiques, demandaient qu'on ne repoussât systématiquement aucune race, aucune individualité; qu'on employât, autant bien que les circonstances le permettraient, et la race arabe et la race anglaise, l'une et l'autre ayant du bon et pouvant être utiles. Ceci n'est point un système et réduit la pratique à des faits isolés ne conduisant à aucune solution, ni éloignée ni prochaine.

Voyons ce qui a été tenté dans l'ordre d'idées différent

des partisans des races orientales, du cheval anglais et de la famille anglo-arabe.

III.

Jusqu'en 1820, aucune tentative sérieuse n'a été faite en France en vue de la reproduction et de la naturalisation des races pures. Les relevés des existences, d'après les instructions au Stud-Book, ne permettent aucun doute à cet égard. Avant la publication du nobiliaire de l'espèce, on n'avait pas d'idée faite sur l'importance de la population des races de pur sang en France; on n'attachait même qu'un très-médiocre intérêt à la constatation de la pureté de la race. On n'y voyait pas très-clair dans la question. La science n'était pas née, car on ignorait jusqu'à ses premiers éléments. Beaucoup d'animaux soi-disant arabes avaient été introduits qui n'avaient aucun mérite au point de vue de l'origine; leurs produits ne les ont pas sortis de la foule, la naturalisation du pur sang n'était point en cause ici.

L'introduction des mâles a précédé l'importation des femelles. Les étalons de races orientales pures étaient au nombre de soixante-seize en 1820, alors que celui des poulinières du même sang n'était encore que de dix. C'est la proportion inverse qui eût été désirable pour des résultats plus prompts, pour une fondation plus large, mieux assurée dans ses résultats.

Mais personne n'ignore de quelles difficultés, de quels dangers même sont entourés l'acquisition de chevaux et surtout de juments de haute distinction, dans les différentes contrées de l'Arabie, et leur transport en France. Tous les voyageurs qui ont parcouru, exploré le Levant s'accordent sur ce point. Beaucoup affirment qu'à « aucun prix on ne décide un Arabe à se défaire d'une jument de premier sang; » les hommes spéciaux officiellement chargés, à diverses époques, du soin d'aller en Orient faire des achats pour le compte de plusieurs gouvernements d'Europe ont tous confirmé la plupart des écrits des voyageurs, résumés en quelques lignes publiées, en 1829, par M. le duc de Guiche.

« Se procurer deux ou trois beaux et bons étalons arabes et quelques juments de même race, dont les qualités auraient été éprouvées par les habitants du pays, est une entreprise qui exige du temps, des frais, beaucoup de patience, de connaissance, et une intelligence toute spéciale qui aide à reconnaître, au premier coup d'œil, les nombreuses variétés de races arabes. Sans ces précautions, on est séduit par les apparences extérieures, et on n'obtient des naturels de la contrée que des animaux de race très-médiocre dont les prix sont cependant assez élevés, impropres à fonder une race et dont proviennent la plupart des chevaux arabes envoyés depuis longtemps en Europe. »

Ce peu de mots renferment toute l'histoire des importations faites par la France. Quand on croyait cette dernière richement dotée, il s'est trouvé que, à un très-petit nombre d'exceptions près, elle ne possédait que des reproducteurs d'un mérite fort mince, incapables de rien fonder de durable.

L'insuccès qui a frappé nos tentatives, lorsque le point de départ était aussi incertain et aussi défectueux, a converti les hommes de science et les observateurs consciencieux à la théorie du sang. Une longue expérience prouve, en effet, que dans le sang pur seulement réside, pour un ancêtre, la faculté de transmettre ses qualités et ses imperfections à ses descendants, à un degré de parenté même très-éloignée.

Maintenir la race de pur sang dans toute son homogénéité, dans toute sa puissance héréditaire, dans toute sa pureté était donc une première nécessité, une condition *sine quâ non*, puisque chaque altération dans sa nature détermine inévitablement une altération correspondante chez le produit.

C'est pour faire obstacle à cette loi de dégénération toujours menaçante, que la connaissance exacte de la généalogie complétée par la constatation des qualités individuelles devient une autre nécessité à laquelle on ne se soustrait pas dans la pratique sans la certitude d'une non-réussite absolue.

Tel est le système dont la judicieuse et savante application a créé et conservé les races pures en Arabie et en Angleterre. Partout où ces principes, méconnus, sont restés inappliqués, on n'a pu conquérir, naturaliser le pur sang.

On ne conserve pas ce qu'on n'a pas.

Avant de chercher à conserver le pur sang, il faut s'attacher à le posséder.

Depuis quand la France est-elle entrée dans cette voie avec la conscience de ce qu'elle voulait, de ce qu'elle faisait?.....

Laissons en dehors tous les essais qui ne rentrent pas exactement dans ce cadre, et voyons où nous en sommes.

Le seul propriétaire français qui ait établi en de bonnes conditions un haras de reproducteurs arabes sur ses terres est M. Victor de Tocqueville, qui s'était proposé la solution de ce problème :

« Prouver par les faits, par une pratique heureuse parce qu'elle serait intelligente, qu'il serait *extrémement facile*, en acclimatant le sang arabe en France, de doter le pays d'une *race française de pur sang* égalant ou même dépassant la race de pur sang anglais, créée depuis deux cents ans en Angleterre par l'alliance raisonnée d'étalons arabes et de juments asiatiques. »

L'objet de cette création était de constituer le principe générateur de nos diverses races indigènes.

Les termes mêmes du problème posé témoignent d'un enthousiasme plus étendu que réfléchi. Quoi qu'il en soit, l'œuvre conçue reçut un commencement d'exécution. Les difficultés en suspendirent bientôt la continuation et vinrent prouver à l'ardent amateur que les choses vont souvent

moins vite que l'imagination, que le dénoûment d'une affaire est souvent tout autre que celui qu'avait rêvé, complai-
samment caressé la folle du logis. Parti à fond de train, M. de
Tocqueville, exigeant trop de lui-même, s'est dérobé à très-
peu de distance du point de départ et n'est pas arrivé.

C'est, croyons-nous, vers 1825 que M. de Tocqueville s'est
mis en marche. Quelques années après, en 1831, son haras
cessait d'exister ; le gouvernement en recueillit les restes
qui n'ont point été perdus pour la reproduction du pur
sang arabe en France.

L'établissement de M. de Tocqueville était situé à Gueures,
près Dieppe, département de la Seine-Inférieure. En 1826,
il se composait, en chevaux arabes, de trois étalons et huit
poulinières dont on ju tifiait de la noble origine par des actes
généalogiques authentiquement établis.

Les étalons SHAKLAVUE-AMDAN, ANAZETH et SELIM appartiennent, — le premier à la famille *Kaïlan* des *Shaklavue-Amdan* (1) ; — le second à la famille de *Nadgi ;* — le
troisième, venant d'Autriche, où il avait été élevé, était fils
aussi d'un étalon *shaklavue.* Cette origine donne à penser
que le dernier était plus ou moins proche en parenté de la
famille de SHAKLAVUE-AMDAN.

ANAZETH, élevé dans la tribu des Arabes anezés, avait été
ramené de Constantinople par M. le duc de Rivière. Sa taille
n'était guère que de 1^m,49 ; mais il offrait, a-t-on dit, dans
son ensemble les plus belles proportions, un accord parfait
dans tous les détails de sa conformation.

Le cheval de tête, l'étalon supérieur était SHAKLAVUE-AM-
DAN. Il avait quinze ans en 1828 ; sa taille s'élevait jusqu'à
1^m,52.

SHAKLAVUE-AMDAN, acheté plus tard par les haras et placé
au dépôt d'étalons de Tarbes, est une de ces natures d'élite,
exceptionnelles, dont le passage laisse des traces pour ainsi

(1) Il est évident que l'orthographe de ces noms est défectueuse.

dire ineffaçables. Il s'est fait, dans les Pyrénées, un grand nom comme père; il a justifié, à tous égards, les bons renseignements qui avaient décidé M. de Tocqueville à le placer au milieu de ses poulinières.

La distinction des formes, d'ailleurs très-accusées; l'ampleur des membres dont l'appui était remarquablement beau; la netteté des articulations et la force de leurs attaches; la puissance des systèmes osseux et musculaire; le bon air et l'intelligence de la physionomie, tout annonçait une haute extraction. Il avait eu, en Arabie, une réputation d'extrême vitesse; il en avait donné les preuves à la chasse de la gazelle et à plusieurs attaques de caravanes. Il avait appartenu au pacha de Mossoul, qui en faisait le plus grand cas et le regardait comme le plus précieux de ses chevaux. Proscrit par le gouvernement turc, ce pacha s'était réfugié à Alep, où il avait amené son cheval favori. Poursuivi de nouveau, il se défit de son coursier au profit de M. de Lesseps, alors notre consul général dans cette partie du Levant. Peu après, M. de Lesseps envoya *Shaklavue-Amdan* à M. le duc de Luxembourg, en France.

A peine arrivé en Europe, *Shaklavue* fit une maladie très-grave; pendant longtemps il en ressentit les atteintes et fut menacé de ne recouvrer jamais ni ses forces ni sa beauté. M. de Luxembourg donna ordre de le vendre. En quelles mains a-t-il passé? à quels travaux a-t-il été condamné? on ne le dit pas. Après bien des vicissitudes, il devint cheval de cabriolet, à Paris. C'est là qu'un amateur le découvrit et l'acheta pour le revendre à M. de Tocqueville.

Il y a plus d'un rapprochement à faire entre l'histoire de SHAKLAVUE-AMDAN et celle de GODOLPHIN-ARABIAN, rappelée dans un précédent chapitre. Ce précieux reproducteur transmettait avec certitude ses qualités et ses caractères. Racheté à M. de Tocqueville en 1831 par l'administration des haras, il a fait la monte au dépôt de Tarbes pendant les dix dernières années de sa vie. Il est mort en 1842, à l'âge de

vingt-cinq ans. Sur trois cent quatre-vingt-seize juments
qu'il a saillies dans cette partie des Hautes-Pyrénées, peuplée
d'une si brillante famille équestre , deux cent vingt - quatre
ont produit et mené à bien leur fruit. Nous reviendrons sur
cette production spéciale quand nous nous occuperons de la
création des chevaux de demi-sang en France.

Voyons maintenant quelles étaient les poulinières.

Elles appartenaient à deux familles distinctes, celle des
Shaklavue et celle des *Nagdi*. Il faut lire, selon toute apparence , SHAKLAWIE et NEJDI , car c'est ainsi que ces mots
ont le plus communément été écrits dans notre langue.

La première était représentée par trois sujets de grande
distinction :

GHANDOURA (bien faite), jument gris blanc de 1ᵐ,55, achetée par le consul d'Autriche à Alep, envoyée en France, où
M. de Tocqueville en fit l'acquisition du révérend M. Way.

Cette poulinière est inscrite au Stud-Book français sous le
nom de *Candour*. On ne trouve que trois produits à sa suite,
savoir deux de *Shaklawie-Amdan*, — un de *Claude*, étalon
de pur sang anglais. CANDOUR est morte en 1834, à dix-sept
ans, dix ans après son arrivée en France.

WARDA (Rose), jument baie, même taille que la précédente, née en Autriche, au haras du comte de Wartenleben,
comme *Sélim*, et du même père que celui-ci. Arrivée en
France en 1824, on perd ses traces à partir de 1532. Sur
trois produits inscrits au Stud-Book, il en est un, fils de l'é-
talon anglais *Dominechino*, qui appartenait également à
M. de Tocqueville. Le premier, *Reine-d'Yvetot*, provenait
de *Selim*, demi-frère de *Warda*.

DURSIE (beauté vendue), sous poil gris truité, l'un des
caractères extérieurs les plus certains d'une origine élevée ;
elle accompagnait *Ghandoura* ou *Candour* dans son émigration. On connaît d'elle trois produits seulement, dont un
venu dans le ventre de la mère. — Morte en 1819, dans la
onzième année de son importation ; elle avait dix-neuf ans.

La famille *Nagdi* comptait cinq têtes au haras de Gueures; elle y avait donc le gros lot. Mais, sur les cinq, trois seulement ont été tracées, — SBE-HAT, NAZIFÉE et BADAWIE ; — *Kadra* et *Nissa* n'ont point eu l'honneur d'une inscription au nobiliaire de la race.

On a dit du bien de *Kadra*, directement importée d'Asie pour le compte de M. de Rothschild. *Nissa* venait du haras de Stuttgard ; elle avait été donnée par le roi de Wurtemberg à un officier français qui la vendit à M. de Tocqueville. Si ces juments étaient de race pure, leurs fruits ont été perdus pour la reproduction, puisqu'il n'en est pas resté de traces.

SBE-HAT ou SBAHAT, ainsi que porte le Stud-Book, signifie *étoile brillante*. Ce nom avait été donné à une jument gris truité, de petite taille, 1^m,45 environ, mais d'une construction admirablement belle et vraiment athlétique.

Sbe-Hat avait été achetée en Syrie, à l'âge de deux ans, par un gentilhomme polonais, qui l'importa en Autriche. Elle devint la propriété du prince de Lichtenstein, qui la paya 19,000 francs. Elle passa ensuite en d'autres mains, puis fut dirigée vers la France, où elle finit sa carrière.

L'état de cette poulinière, au Stud-Book, n'offre que deux produits, dont un par le célèbre *Rainbow ;* le second était sorti de *Selim*.

Sbe-Hat avait de magnifiques allures ; elle était, dit-on, extrêmement vite. Elle est morte en 1829, à l'âge de quinze ans.

NAZIFÉE, traduction du nom GENTILLE. Le Stud-Book n'a enregistré que ce dernier, le seul qui doive être conservé par conséquent.

GENTILLE portait une robe d'un beau bai-cerise ; elle mesurait 1^m,47 environ. Elle arriva d'Alep en France en l'état de gestation. Elle avait alors huit ans. Elle fut achetée pour le compte de S. A. R. M. le Dauphin, placée au haras de Meudon et vendue plus tard à M. de Tocqueville. Elle a donné six produits, — trois de pur sang arabe et trois anglo-arabes sortis de *Truffle* et *Knigt-Errant*. A partir de 1829, les renseignements manquent. *Gentille* était depuis neuf ans en France quand on a perdu ses traces ; elle avait alors dix-sept ans.

BADAWIE (bédouine) était bai brun, haute de 1ᵐ,55 ; elle venait d'Autriche, où elle était née ; elle fut la compagne d'émigration de *Warda*, de *Sbe-Hat* et de *Selim*, dont elle était la petite-fille.

Badawie a laissé en France quatre produits : — deux de *Selim* résultant d'accouplements consanguins, — un anglo-arabe par *Dominechino*, — et un autre par *Shaklawie-Amdan*.

Cette jument a passé en Angleterre en 1831.

Si nous additionnons toutes ces existences de poulinières, nous trouvons un nombre total de quarante-neuf années et quinze produits de pur sang arabe. Que si, poussant plus loin les recherches, nous voulons savoir ce que sont devenus ces quinze produits, nous voyons que deux seulement ont laissé quelques souvenirs : le premier, *Zélia*, venue d'Alep dans le ventre de la mère ; le second, *Candour-Amdan*, recueillie par l'administration des haras à la vente de l'établissement de M. de Tocqueville.

Nous dirons bientôt ce qu'a été cette poulinière. L'autre, achetée à Meudon par M. le duc d'Escars, a été exclusivement vouée à la production du pur sang anglo-arabe. Elle a vécu dix-neuf ans et donné sept produits par *Truffle, Trance, Carbon* et *Deucalion*. Aucun n'a marqué.

Tel a été le haras de Gueures. Que l'on pèse, d'une part, les difficultés de sa formation, et d'autre part les résultats obtenus, que l'on mesure le temps employé par son ardent fondateur à en réunir les éléments épars et la facilité avec laquelle tout cela s'est trouvé bientôt dispersé, et l'on reconnaîtra toute l'impuissance des particuliers, demeurant isolés, à édifier une œuvre comme celle de la création d'une race française.

C'est à dessein que nous nous sommes autant arrêté à Gueures. Son histoire est celle de tous les établissements privés en France ; mieux que cela, elle est celle encore des établissements publics qu'on y entretient aux frais de l'État. En effet, ils n'ont jamais eu ni sécurité ni durée. Combien est différente, sous ce rapport, la situation des haras chez les autres peuples. Leur existence est ancienne, à l'abri de toutes secousses. Ceux qui se fondent à nouveau s'ouvrent devant des siècles, en face d'un horizon sans limites. Le succès n'est possible qu'à ce prix. Il n'y a point de semence qui puisse germer sur des sables mouvants ; il n'y a point de progrès qui puisse naître et grandir au milieu des incertitudes et de la mobilité incessante des hommes et des choses.

Le haras de Gueures s'était établi dans les meilleures conditions. A côté de la race arabe, on avait placé la famille anglaise. Des expériences comparatives auraient pu être faites avec un égal intérêt, au double point de vue de la théorie et de la pratique. Le temps leur a manqué, tout a disparu au moment même où les cent voix de la renommée disaient partout les bons résultats qu'on espérait. Cependant, et malgré la bienveillance avec laquelle était prodigué l'éloge, on sentait poindre le reproche du défaut de taille et d'ampleur chez les premiers produits obtenus. On cherchait des circonstances atténuantes et l'on en trouvait ; mais le fait était là, incontestable, irrécusable.....

Aussi bien, avant M. de Tocqueville et en même temps que lui, M. le duc de Guiche s'était livré à des essais pareils au haras de Meudon. Or voici comment il les appréciait luimême dans son compte rendu à S. A. R. le duc d'Angoulème :

« Depuis dix ans, disait-il en 1819, que j'ai commencé à recueillir le fruit de ma persévérance, j'ai essayé les croisements des différentes espèces. Un seul a, jusqu'à présent, donné des symptômes non équivoques de dégénération, c'est celui du cheval arabe avec nos races indigènes; tandis qu'au contraire les améliorations obtenues dans les races anglaises nouvellement importées, ainsi que celles qui résultaient de leur croisement avec des juments normandes, sont marquées, dans les premières, par une augmentation de taille, par des nerfs plus détachés et par une douceur de caractère rarement alliée à la vigueur; et, dans les secondes, par la légèreté, le fonds et un système tendineux plus sec et plus vigoureux, ainsi que par une précocité qui n'a pas encore été le partage de la race normande. D'où je suis disposé à conclure qu'en France, comme en Angleterre, la race arabe ne peut être utilisée avant d'avoir été naturalisée et d'avoir subi sur elle-même plusieurs croisements, sans aucune espèce d'alliage, ce qui exige la perte de beaucoup de temps. »

Cette question reviendra bientôt. Nous tenions seulement à rapporter la demi-conclusion tirée par M. le duc de Guiche après dix ans d'essai ; elle est moins absolue que ne l'étaient les espérances prématurées de M. de Tocqueville. L'expérience a toujours été notre maître à tous ; la présomption n'est que bien rarement un préjugé légitime ; elle est bien plus souvent un composé d'ignorance et d'orgueil.

A son haras, M. de Tocqueville avait annexé un hippodrome. Dans sa pensée, les produits de race arabe, comme ceux de pur sang anglais, devaient subir des épreuves capables de le faire juger sainement dans leurs qualités essentielles. Mais, nous l'avons vu une fois de plus, si l'homme propose, Dieu dispose. Il n'a été donné à M. de Tocqueville de réaliser aucune de ses vues ; tous ses projets ont avorté. Ceci est arrivé à beaucoup d'autres. La vie est semée d'obstacles et d'écueils ; notre impuissance n'est que trop bien constatée à nos propres yeux.

Nos lecteurs ne trouveraient aucun intérêt à nous suivre chez les amateurs qui ont possédé quelques rares sujets de pur sang arabe. Des individus isolés ne constituent pas une race. Les essais d'une certaine importance doivent seuls nous arrêter. Après le haras de Gueures, avant d'entamer ce qui regarde les haras de l'État, nous ne voyons plus qu'un seul établissement à mentionner, celui de Saint-Cloud, créé par le roi Louis-Philippe dans des circonstances toutes particulières.

Voyons donc.

Par acquit de conscience et pour n'être pas taxé d'ignorance, nous indiquerons, en passant, que l'empereur avait déjà formé un haras arabe à Saint-Cloud ; que la restauration y avait aussi entretenu quelques animaux de la même race. Ces deux tentatives n'ont point eu, n'ont pas mérité d'avoir beaucoup de retentissement ; elles ne furent qu'un essai en petit, et d'ailleurs de courte durée. Personne ne nous querellera donc pour ne parler du haras de Saint-Cloud qu'à partir de l'époque où le dernier roi y avait réuni des étalons et des juments dans le but très-marqué d'acclimater et de reproduire, en France, la race arabe pure, parallèlement à la reproduction et à l'élève du cheval de pur sang anglais qui se faisaient à Meudon, au compte de la liste civile également, mais dans des vues très-différentes et sous une tout autre inspiration.

Des circonstances particulières, avons-nous dit, avaient mis S. M. en possession d'étalons et de juments de race arabe. Parmi ces animaux se trouvaient quelques sujets de grand lignage et d'un mérite rare, exceptionnel au point de vue de la conformation. Il en est même dont la venue avait été précédée d'une immense réputation, protégée par des récits qui portaient haut leur valeur et illustraient par avance leurs descendants.

Cette précieuse collection provenait de dons faits tout à la fois par le vice-roi d'Égypte et l'iman de Mascate. Malheureusement, au lieu de l'isoler avec soin, de la conserver à l'état de souche, de la maintenir dans une situation tout à fait indépendante et d'attacher à sa conservation un livre d'écurie, un nobiliaire qui lui fût propre, on la mêla, on la confondit avec des animaux de toutes races et de toutes provenances, si bien qu'elle n'eut jamais son existence à elle, qu'elle fît tout simplement partie d'une sorte de colonie de transfuges, hétérogène au dernier chef.

La pensée du roi n'avait sûrement pas été comprise ; la direction du haras n'y répondait en rien. Saint-Cloud était devenu une manière de mosaïque étrange. Il y avait de tout dans les écuries, dans les herbages de cet établissement et dans ceux de la ménagerie, à Versailles. On n'y pénétrait, du reste, qu'avec de grandes difficultés. Nul ne savait au juste ce qu'on y faisait, ce qu'on se proposait d'y faire. Le haras était fermé à l'étude et à l'observation. On ne le connut qu'après février 1848, après que la révolution l'eut fait tomber dans le domaine public.

La liste des animaux qui le composaient alors fut dressée ; en voici le résultat :

Étalons arabes de race pure.............................	8
Juments arabes ou mascates, qualifiées de pur sang...	10
Poulinières du Maroc, non susceptibles d'être tracées.	4
Juments limousines ou tout au moins classées sous cette dénomination.............................	9
Juments anglaises, dont une seulement de pur sang...	5
— anglo-normandes................	4
— hanovriennes...........................	6
— mecklenbourgeoise et hongroise...........	2
Poulains et pouliches de trois ans, sans autre distinction.	9
— — de deux ans, —	14
— — d'un an, —	16
— — de l'année, —	17
Total de l'effectif.....	104

Juments etc. : 40
Poulains etc. : 56

Évidemment c'est là une singulière composition pour un haras arabe. Et notez qu'en entrant à Saint-Cloud ou à la ménagerie plusieurs juments avaient été déclassées, débaptisées, qu'on nous pardonne l'expression, et que les produits de pur sang étaient fort difficiles à retrouver dans ce pêle-mêle, dans ce capharnaüm d'un nouveau genre.

Cette statistique est pleine d'enseignements ; l'homme spécial s'y reconnaîtra aisément. Ces chiffres lui diront ce qu'on pouvait attendre du haras de Saint-Cloud, ainsi livré au hasard, ainsi abandonné quant à l'idée féconde qui doit avoir présidé à son installation.

Deux ventes faites en 1848 et 1849 ont éloigné de Saint-Cloud un grand nombre des animaux étrangers à la race arabe. On semble être revenu à la pensée du roi, qui a dû être celle-ci : — reproduire, avec les éléments de pur sang réunis au haras, pure et sans mélange, perpétuer, sans tache ni vice de conformation, — la race arabe, afin de nous l'approprier, d'en faire la conquête et d'en former le point de départ d'une race de pur sang français.

Une loi de finance a mis à la disposition du gouvernement une somme de 100,000 fr., destinée à l'acquisition des animaux que renfermait le haras au moment du vote, en décembre 1849.

A cette époque, l'effectif présentait des chiffres bien différents ; nous les relevons dans les pièces officielles soumises à l'assemblée nationale.

Étalons de pur sang arabe................	4	
Poulinières de pur sang arabe ou mascate....	6	ci..... 17
Pouliches de même sang.................	4	
Poulains —	3	
Juments de races diverses et de sangs mêlés.	5	
Pouliches — —	7	ci..... 18
Poulains — —	6	
En tout........		35

Le but de l'assemblée, en allouant le crédit nécessaire à l'acquisition du haras de Saint-Cloud, a été d'y faire produire et élever des chevaux de pur sang arabe à l'exclusion de ceux de toute autre race. L'effectif de l'établissement devra donc être réduit au nombre des animaux de pur sang. En dehors de cette pensée, l'entretien du haras n'aurait plus d'objet; cela est incontestable.

Les quatre étalons sont — HAMDANI-BLANC, — HADJAR, — DURZI — et TACHIANI. Les trois premiers sont âgés; l'autre a dix ans.

· HADJAR vient des îles Mascates; ses trois compagnons ont été offerts par le pacha d'Égypte.

HAMDANI-BLANC est un cheval hors ligne; c'est un type très-élevé dans sa race, une exception, une rareté, une individualité très-précieuse. Il eût été possible d'en tirer grand parti; quels services a-t-il rendus? quels services va-t-on encore le mettre à même de rendre dans un haras composé de six poulinières arabes?

On a dit des merveilles d'*Hamdani-Blanc*, et c'est justice. Ce n'est pas nous qui nous inscrirons en faux contre tous les panégyriques dont il est devenu le sujet; nous serions bien plus disposé à renchérir encore. Mais nous ferons observer que cette unanimité d'éloges ne peut qu'accroître tous nos regrets de ne pas voir utiliser plus largement et surtout d'une manière plus profitable aux véritables intérêts du pays l'un de ces reproducteurs d'élite comme on n'en rencontre pas toujours dans une longue carrière d'homme. On comprendra la faute quand *Hamdani-Blanc* ne sera plus. Le père de la race anglaise, si l'on se borne à considérer le portrait conservé de *Godolphin-Arabian*, était loin, bien loin d'*Hamdani-Blanc* pour la perfection des formes et la distinction de la race. *Hamdani-Blanc*, à peu près voué au célibat, ne prendra jamais, dans l'histoire physiologique de la race arabe reproduite en France, la place élevée, considérable que *Godolphin-Arabian* occupe dans les annales hippiques de la Grande-Bretagne.

Depuis huit ans qu'il appartient au haras de Saint-Cloud, par quelle illustration s'est-il révélé? Par crainte de le fatiguer, on a ménagé ses forces jusqu'à ne les point employer.

Le grand art d'un maître de haras, ce n'est pas de mettre un reproducteur de tête dans une boîte à coton, ni de lui créer une existence de chapon, mais bien de le tenir habituellement à un régime si complet et si rationnel, que ses forces en soient doublées et ses facultés stimulées, qu'on puisse en obtenir des résultats beaucoup plus nombreux que ceux du commun des martyrs. Cette utilisation large, hardie, nous le verrons plus tard, est toujours possible avec les animaux d'un mérite exceptionnel. Nous prouverons, par des faits, que la nature a si bien doué ces athlètes de l'espèce, que leur longévité est grande et leur postérité très-nombreuse.

HAMDANI-BLANC est de la famille de *Seklawi-Ghidan*; son histoire serait quelque peu intéressante à raconter. Voici ce qu'en dit un hippologue dans un article à propos des chevaux du Nedjd, publié dans le *Journal des haras*, tome XLI, page 36 :

« J'ai vu dans les écuries d'Ibrahim-Pacha, dans son haras de Couba, un étalon blanc de lait argenté, tirant sur le bleu, dont le poil était tellement fin, qu'il était insaisissable aux doigts les plus mignons et les plus jolis. Ce cheval, appartenant à la famille de *Seklawi-Ghidan*, qui commence à devenir très-rare au désert, avait été longtemps refusé au vainqueur de Konich par le cheik auquel il appartenait, malgré les offres les plus brillantes. Bien qu'en lutte avec la Porte, contre laquelle l'assistance des tribus arabes lui était nécessaire, Ibrahim n'hésite pas; il se jette sur la tribu, la disperse et s'empare du cheval. »

Ce cheval, c'était HAMDANI-BLANC.

La supériorité de HAMDANI-BLANC est telle, que ses compagnons perdent nécessairement beaucoup à lui être comparés. On n'est que juste, cependant, en déclarant qu'ils ne sont pas sans mérite. Ils ne sont pas mieux utilisés que leur chef de file ; mais à qui la faute? Il y avait de bons services à en attendre. Pour cela, il ne s'agissait que de les placer au sein de populations chevalines pressées et appropriées. En ce moment, ils vivent en retrait d'emploi, au milieu d'une espèce très-dégradée; si on les rendait à l'activité, ils ne couvriraient guère que des juments de charbonniers! On en a fait des non-valeurs.

Les poulinières envoyées par le vice-roi d'Égypte sont arrivées à Saint-Cloud en août 1845. Il en reste trois : — *Kenhlan-Hamdani*, — *Kenhlan-Yemani*, — *Nedjdi-Yemani*; toutes trois sont âgées.

Fatima II, *Zeilah* et *Mascate* viennent du souverain des îles Mascates, et sont entrées au haras du roi le 1er octobre 1846; elles sont jeunes.

On juge très-diversement ces poulinières. Nous croyons qu'on en a dit et trop de mal et trop de bien. On serait plus vrai, moins partial en n'exagérant pas leur mérite, en recherchant avec moins de sévérité leurs imperfections. Au surplus, nous l'avons déjà fait remarquer, ce n'est pas avec des juments de premier ordre que les Anglais ont commencé leur magnifique race. Aucune des *royales-mares* n'a laissé un grand nom. Soyons plus indulgents, devenons juges plus judicieux et plus savants, faisons plus équitablement la part du bien, ne rêvons pas d'atteindre tout d'un coup à la perfection. L'échelle a des degrés; il faut passer successivement de l'un à l'autre avant d'arriver au plus élevé. La création d'une race pure française n'est pas l'affaire d'une ou deux générations; elle ne peut être, elle ne sera jamais que l'œuvre du temps.

Pourquoi?.......

Chacun répondra aisément à ce point d'interrogation.

Utilisons les ressources que les circonstances mettent en nos mains; si nous la voulons sérieusement, ne craignons pas de lutter contre les difficultés inhérentes à une création de ce genre. Il faut avoir conscience de ce que nous entreprenons et nous dire ouvertement, déclarer hautement que nos successeurs seuls pourront en recueillir les fruits, à la condition de continuer avec intelligence, avec suite et persévérance les travaux que nous aurons commencés non pour en avoir l'honneur et le profit, mais pour en léguer tous les avantages à ceux qui viendront après nous.

Voilà ce qu'on n'a jamais su établir ni s'avouer en France. Telle est pourtant la seule chose vraie et pratique. N'entrez pas dans cette carrière vous tous qui supposeriez devoir atteindre le but ; le point d'arrivée ne peut être touché que par la génération d'hommes qui vous suivra. Les Anglais ont mis plus de cent ans à parcourir l'espace qui nous sépare du terme proposé. Vous ne ferez pas plus vite que les Anglais. Les faits ne sont pas comme les morts, ils marchent avec mesure; mais cette mesure est la condition, la raison même du succès.

Jusqu'ici l'utilité, l'importance du haras de Saint-Cloud sont bien plus dans la bonne organisation qu'il peut recevoir, dans la judicieuse direction qui doit lui être imprimée que dans les services rendus et la nature même des éléments qu'ils renferment : c'est un établissement à peine ouvert ; sa marche ne sera sérieuse que lorsqu'il aura été ramené à la pensée féconde du fondateur.

Chose étrange! cette pensée n'a jamais reçu d'application, et pourtant elle a créé le haras en 1842, elle l'a sauvé de la ruine après la révolution de 1849; elle plane encore sur l'établissement dont elle est comme l'ange gardien. Malgré cela, on le dirait, nul n'a souci de lui rester fidèle. Tout au moins, les faits sont-ils complétement opposés au but.

Voici ce qu'en écrivait, en juin 1846, un hippologue allemand qui a publié plusieurs lettres sur la situation chevaline de la France à cette époque :

« Le roi des Français possède un haras dans le parc de Saint-Cloud ; ce haras est sous la direction de M. le premier écuyer. On y entretient des étalons et des juments de race orientale offerts par le pacha d'Égypte au roi, et un assez grand nombre ds poulinières de tous les pays du monde. C'est bien le plus étrange salmis qu'on puisse s'imaginer. Je serais curieux de voir, dans quelques années, les résultats de ces croisements hétérogènes pratiqués au haras de Saint-Cloud. Deux ou trois de ces étalons venus d'Égypte ne sont pas sans mérite, tant s'en faut ; mais que veut-on faire des produits de ces petits chevaux avec des juments de même nature, à la porte de Paris, ou avec d'autres juments anglaises, françaises, allemandes, etc.?

« Si ce sont des expériences, elles ont été faites et refaites cent fois ; on en connaît les résultats.

« Si c'est dans le but de remonter les écuries du roi et des princes, elles courent de grands risques d'être fort mal remontées, bien qu'il y ait, en ce moment, une centaine de têtes dans le haras du roi, à Saint-Cloud. »

Cette appréciation ne manque ni de sévérité ni de justesse. En visitant Saint-Cloud, on ne saisissait pas le fil conducteur qu'il eût été désirable d'avoir dans la main ou devant les yeux, pour se retrouver au milieu du chaos qu'on y avait fait.

Les étrangers n'étaient pas seuls à se questionner sur le but poursuivi à Saint-Cloud. L'un des fonctionnaires du haras, M. Villate, vétérinaire des écuries du roi, a laissé percer tous ses doutes dans une brochure qui porte la date de 1847 et ce titre, — *Quelques mots sur la question chevaline.*

De courtes citations mettront le fait en lumière. « Nous avons besoin, dit M. Villate, pour obtenir une race, de recourir, avant tout, à des mâles et à des femelles de cette race, qui, au moyen de la génération, nous donneront des êtres semblables à eux..... »

M. Villate ne comprenait pas qu'on appliquât des juments de toute origine et de toutes provenances à la fondation d'une race qui devait prendre le nom de « *race pure arabe-française.* »

Plus loin, il ajoute : « Les raisonnements physiologiques et l'expérience prouvent que la pureté de la race tient autant du mâle que de la femelle, et qu'elle exerce une influence supérieure dans les croisements. Pour propager et conserver les races pures, il faut donc des juments et des étalons de ces mêmes races. A quoi serviront des étalons purs, sans tache, si vous les donnez à des juments de tous genres, qui ne feront de longtemps que de pauvres chevaux sans caractères d'origine? Ayez donc des juments pures en grand nombre..... »

Tels sont les conseils donnés à la direction du haras de Saint-Cloud par le vétérinaire des écuries du roi. Bien qu'elles fussent produites sous une forme plus générale que directe, ces recommandations n'en allaient pas moins à leur adresse ; elles arrivaient droit au but, pesaient sur ceux qui, dans l'exécution, avaient détourné l'idée saine à laquelle était dû l'établissement de Saint-Cloud.

M. Villate disait encore : « Voici ce que je voudrais.....

« Le cheval et la jument arabes seront alliés et leurs productions seront conservées sans mélanges, sans souillures, en sorte que cette race se perpétue sans taches, et qu'après un certain nombre d'années nous ayons, chez nous, grâce à notre roi, une race arabe pure, acclimatée et élevée dans des conditions tellement favorables qu'elle n'aurait rien à désirer de sa haute origine. Nous pouvons l'appeler — *race pure arabe-française.* »

Il faudra bien des années, sans doute, pour arriver à ce résultat, puisqu'en ce moment, après huit ans de marche, on ne fait encore état que de sept produits, savoir :

Une jument de quatre ans, *Fatima Ire*, par Hamdani-Blanc ;

Une pouliche d'un an, *Ethone*, par Hadjar ;

Deux pouliches de l'année, *Hémone* et *Iranée*, par Hadjar et Durzi ;

Deux poulains de trois ans, *Tamanour* et *Morbal*, par Hamdani-Blanc ;

Un poulain de l'année, *Al-Sakabe*, par le même.

Maintenant, que valent ces produits? quelles qualités vont les recommander aux producteurs en général, aux continuateurs de la famille en particulier? Ils sont élevés suivant les méthodes d'autrefois ; la fainéantise est la première règle du mode d'éducation suivi jusqu'à présent à Saint-Cloud.

Ici encore M. Villate donne des conseils judicieux et rappelle les principes d'élève adoptés par les maîtres de l'art, pratiqués, de tous temps, par les peuples qui ont le plus marqué par l'excellence de leurs races de chevaux. Il prescrit donc l'exercice raisonné, le travail intelligemment imposé; comme sanction, il veut des épreuves publiques. Le travail développe les bons germes, perfectionne les qualités et grandit la race ; il est utile, indispensable à tous les points de vue pour la production et la conservation d'une race pure.

On a beau faire, quand on examine de près toutes ces questions, on revient forcément aux lois posées par l'expérience. La science du cheval est plus avancée et plus certaine qu'on ne feint de le croire dans les rangs, fort éclairés maintenant, des hommes d'opposition aux saines doctrines, aux pratiques épurées par l'observation et le temps.

M. Villate n'est assurément pas un de ces anglomanes qui donnent la fièvre et le cauchemar aux détracteurs du cheval de pur sang anglais ; il a, au contraire, montré une grande prédilection pour la race arabe : celle-ci lui offre bien le prototype de l'espèce. Voyons pourtant quelle part il fait à l'une et à l'autre.

« Je ne crains pas qu'on me traite d'anglomane, dit-il, si je viens placer, comme le cheval arabe, le pur sang anglais en première ligne. Quoiqu'il soit né en Angleterre, il n'est véritablement, pour les hommes consciencieux, qu'un cheval arabe. La race *pur sang*, accoutumée depuis trois

siècles au climat, à la nourriture, au sol de la Grande-Bretagne, transplantée, pour ainsi dire, dans cette nouvelle patrie, qui, par des soins bien entendus, en a fait un cheval à
part, ne dément encore aujourd'hui sa noble et ancienne
origine ni par le caractère ni par les formes.

« . . . .

. . . .

« D'après ce que j'ai dit plus haut, le cheval arabe aurait
d'abord toute mon affection, et sa supériorité serait incontestable pour former *une race pure, une race type* que nous
pourrions acclimater; mais il y a des restrictions à faire en
nous en servant, maintenant, comme d'un étalon pour nos
races indigènes.

« Le cheval arabe est malheureusement d'une taille peu
élevée; il ne peut, en s'alliant avec nos races indigènes,
nous donner immédiatement les produits que nous désirons
et qui conviennent au commerce. Ce n'est qu'après plusieurs
générations de source pure, sans tache, que ses descendants,
ayant été acclimatés, pourraient servir d'une manière utile
aux croisements, et qu'ils nous donneraient des productions
telles que nous les voudrions aujourd'hui. L'expérience a
partout démontré ce que j'avance...

« . . . . . Avant d'arriver à obtenir une *race type*, un
cheval *pur sang arabe français*, il nous faut des chevaux qui
réunissent, jusqu'à un certain point, les exigences du moment, pour les services qui les réclament. Je conseille de
recourir, pour cela, aux étalons anglais de pur sang et de
trois quarts de sang, qui ont servi à faire les nombreuses
sortes de chevaux qui se voient en Angleterre. »

La solution est donc toujours la même pour qui étudie
les faits en dehors de tout esprit de parti et d'idées pré-
conçues.

Mais des croisements très-divers ont été faits à Saint-
Cloud; M. Villate en a observé les résultats; lisons et médi-
tons ce qu'il en a dit.

« Dans le haras royal, il y a aussi des juments anglaises pur sang nées en France ou en Angleterre, des juments normandes et hanovriennes croisées anglaises, des juments algériennes, etc. Voyons ce qu'elles ont produit.

« Les poulains issus de père et mère arabes en ont conservé le type; *mais ils ne paraissent pas devoir acquérir plus de taille qu'eux.*

« Les juments anglaises nées en France ou en Angleterre, saillies par l'étalon arabe, ont donné des poulains superbes qui promettent plus de taille que le père : le sang y est pur et se reconnaît au premier coup d'œil. *Ada*, jument de pur sang anglais, née au haras de Meudon, a donné des poulains admirables.

« Les juments nées dans le Limousin, mais pur sang ou croisées arabes et anglaises, ont jeté des produits de grande espérance.

« Les poulinières d'Afrique ont des produits très-inférieurs à ceux dont je viens de parler : ils sont plus minces, plus grêles, ils ont moins le cachet du sang. Elles n'ont point été saillies ni par *Hamdani-Blanc* ni par le *Durzi*, seuls étalons qui me paraissent véritablement arabes.

« Les poulinières hanovriennes croisées anglaises ont donné des poulains qui font espérer qu'on peut obtenir beaucoup avec l'étalon arabe et des juments déjà croisées anglaises.

« Une grosse poulinière percheronne a fait une pouliche qui a dans l'avant-main plus de distinction que la mère; la croupe est matérielle et commune. Je ne crois pas qu'elle ait jamais beaucoup de taille; ce produit laisse à désirer.

« Certes, nous ne pouvons pas encore tirer des conclusions de ces simples essais qui sont en très-petit nombre et ne datent que de quelques années; mais cependant nous voyons jusqu'à présent

« 1° Que les produits purs arabes ressemblent en tout à leurs pères et mères;

« 2° Que l'étalon arabe, avec les juments françaises et anglaises pur sang, a donné des produits magnifiques ;

« 5° Que l'étalon arabe a fait d'autant mieux que les juments poulinières ont du pur sang anglais et qu'elles sont acclimatées.

« Ceci nous amènerait à penser qu'avec des soins bien entendus on pourra conserver le type pur arabe et renouveler encore, rafraîchir, retremper, au besoin, le pur sang né en France ou en Angleterre.

« Le haras de Saint-Cloud, auquel le roi fait donner beaucoup d'extension, pourra devenir une pépinière de chevaux de race type, en ayant le plus grand soin de s'opposer aux mélanges ou mésalliances, qui ne tarderaient pas à souiller la race et à en amener la dégénérescence. »

Les hommes versés dans les connaissances hippologiques sont depuis longtemps fixés sur les divers points de pratique touchés par M. Villate, que l'observation d'un petit nombre de faits vient d'initier aux principes généraux de la science. A ce point de vue seulement, les citations qui précèdent offraient de l'intérêt. Elles n'apprennent rien, elles ne disent rien qui ne soit parfaitement connu de tout homme de cheval; mais, aux yeux de ceux qui n'ont pas encore assez scruté la matière pour la connaître, elles confirment des vérités qu'on s'étonne de voir se répandre aussi lentement.

Arrivons maintenant à la reproduction du sang arabe dans les haras de l'État, enquérons-nous des résultats des efforts tentés par l'administration pour conquérir cette race et produire ce que d'autres appellent pompeusement LE PUR SANG FRANÇAIS.

Notre Stud-Book ne contient encore que quatre-vingt-quatre noms de poulinières de pur sang arabe. Ce chiffre ne laisse pas que d'avoir son importance.

En effet, il ne représente qu'une partie du croît obtenu, puisque ce dernier doit s'augmenter du nombre des mâles de même sang et de tous les produits nés de l'alliance des deux familles entre elles. Or il ne faut pas perdre de vue que trente et une juments de pur sang arabe ont seules figuré jusqu'ici au Stud-Book français, dont la dernière publication s'arrête aux résultats obtenus en 1847.

Le nombre trente et un, on se le rappellera, est ainsi partagé :

Treize têtes importées par les particuliers et

Dix-huit par les soins de l'administration des haras.

Les noms de ces *royales-mares* méritent d'être consignés ici.

Et d'abord, celles qui ont appartenu à l'industrie privée.

1° Badawie née en........ 1815, partie en 1831 pour l'Angleterre ;
2° Candour — 1817, morte en 1834 ;
3° Dursie — 1820, — 1836 ;
4° Gentille — 1812, sans renseignements depuis 1828 ;
5° Mause — 1812, — 1826 ;
6° Musa — 1833, existait encore en 1847, quand a paru le cinquième volume du Stud-Book ;
7° Sbahat — » morte en 1829 ;
8° Warda par Saklawie.... 1820, aucun renseignement depuis 1831 ;
9° Aouda — 1830, existait encore en 1847 ;
10° Bataya — 1835, —
11° Aïcha — 1837, —
12° Mouzaïa — 1837, morte en 1846 ;
13° Geada minor — 1831, existait encore en 1847.

Voici maintenant la liste des poulinières importées par l'administration des haras :

1° Artemise née en........ 1816, morte en 1822 ;
2° Asfoura — 1825, vendue en 1846, et sans renseignements en 1847 ;
3° Egilfé — 1821, morte en 1834 ;
4° Fedawie — 1822, aucuns renseignements depuis 1845 ;
5° Gazelle — 1814, vendue en 1824, sans renseignements postérieurs ;

6° Hamdanie née en	. . . . .	1826, existait encore en 1847;
7° Heureuse	—	1813, vendue en 1824, aucuns renseignements postérieurs;
8° Mignonne	—	1819, aucun renseignement autre que celui-ci : venue à la suite de sa mère.
9° Houry	—	1798, morte en 1819;
10° Humera	—	1816, vendue en 1828, sans renseignements postérieurs;
11° Koeyl	—	1820, morte en 1844;
12° Momie	—	1790, morte en 1815;
13° Monaghie	—	1822, — 1845;
14° Nichab	—	1818, — 1849;
15° Noma	—	1816, vendue en 1825, sans renseignements postérieurs;
16° Warda	—	1821, morte en 1847; .
17° Zénobie	—	» — 1811;
18° Zoraïde	—	1826, — 1846.

Nous ne rétablirons pas ici le catalogue des étalons arabes qu'a possédés la France depuis cinquante ans; il est au Stud-Book français : c'est là qu'on peut l'étudier avec le plus de fruit. Mais nous nous arrêterons un instant sur ces deux listes, pour nous rendre formellement compte des résultats obtenus. Jusqu'à présent chacun a raisonné à perte de vue sur la reproduction des races pures; il faudra bien qu'on se résigne quelque jour à consulter les faits et à ne parler que d'après ce qu'ils enseignent (1).

En retraçant l'histoire de Gueures, nous avons dit ce qu'avaient produit les six poulinières arabes qui le composaient. Ces juments ne doivent plus nous occuper maintenant.

(1) Un critique ignorant et passionné apostrophait en ces termes l'administration des haras, dans une brochure qui fourmille d'erreurs aussi grossières :

« A Pompadour, à Rosières, à Rodez, vous aviez des troupeaux de poulinières arabes élevées sous l'empire à grands frais. Votre science vous a portés à les repousser de vos haras; vous les avez réformées, et ces juments, qui étaient l'espoir de la régénération, ont été livrées au

Un mot seulement à l'occasion des sept autres qui figurent sur notre première liste.

Mause a été importée d'Arabie. Sur trois produits donnés en cinq ans par cette poulinière, un seul, — *Zaïre*, — était de pur sang arabe. On ne voit pas ce qu'est devenue cette pouliche. De ces deux sœurs, l'une provenait d'un étalon de demi-sang, l'autre était fille d'un étalon de pur sang anglais.

Musa vient du haras royal de Stuttgard; c'est une très-jolie jument que nous aurions aimé à voir livrer à la reproduction du pur sang arabe. En onze années elle n'a produit que trois fois, et toujours avec l'étalon de pur sang anglais. Deux de ses suites sont des femelles. A leur état, le Stud-Book n'a encore pu inscrire aucun renseignement. La troisième est un mâle qui a été voué au bistouri.

Aouda fut prise dans les écuries de l'aga du bey de Constantine. De 1841 à 1847 inclusivement, elle a été fécondée trois fois. Des trois produits, un seul est arabe pur, c'est le premier; le second est issu d'un cheval de demi-sang; le troisième est sorti d'un cheval de pur sang anglais. Le produit arabe a été recueilli par l'administration des haras.

Bataya. Comme la précédente, celle-ci est née en Afrique et vient du beylick de Tunis. Son état porte, jusqu'en 1847, trois produits de pur sang arabe, une femelle et deux mâles, trop jeunes encore pour avoir une situation au Stud-Book. Le sixième volume en donnera raison.

Aicha a été importée d'Afrique; elle n'avait encore donné qu'un mâle en 1847, et il était fils d'un étalon anglais de pur sang.

bardeau et se sont éteintes, comme toute la population de *pure race* du Limousin et de l'Auvergne. »

Qu'on lise les documents consignés ici, qu'on juge ensuite le bien-fondé de ces attaques. Elles ont cependant été renouvelées en 1850, du haut de la tribune de l'assemblée nationale!..... Et voilà comme on écrit l'histoire.

Mouzaïa, compatriote d'Aïcha, est arrivée en France pleine des œuvres d'un étalon barbe. Il en est résulté un mâle dont nous apprendrons sans doute plus tard les destinées; c'est le seul produit qu'ait donné cette jument, morte en 1846.

Geada-Minor, enfin, est née en Arabie. De 1840 à 1847, elle a jeté deux pouliches qui sont issues de deux étalons de pur sang anglais. L'une d'elles, livrée à la reproduction, a donné, en 1846, une femelle par un cheval de pur sang anglais; l'autre a été mise en service.

Somme toute, nous trouvons à la suite de ces sept poulinières seize produits, savoir :

Sept de pur sang arabe,

Sept de pur sang anglo-arabe et

Deux provenant d'étalons de demi-sang.

Ces seize produits correspondent à quarante-deux années d'existence. En ajoutant à ces chiffres ceux du haras de Gueures, nous arrivons aux totaux suivants :

Années d'existence ou d'emploi à la reproduction, — 91.

Produits de pur sang arabe............. 22 ⎫
—   de pur sang anglo-arabe........ 14 ⎬ ci..... 38
—   issus de chevaux non tracés..... 2 ⎭

Passons à la seconde liste.

Artemise est née en Arabie; elle a produit trois pouliches : — *Zulmé*, — *Doris* et — *Flora*. Toutes les trois sont de pur sang arabe. On ne voit pas ce que sont devenues les deux dernières; l'autre a fait une poulinière qui, à son tour, a donné trois produits arabes, deux mâles et une femelle.

Asfoura est venue de Syrie; elle a fourni une assez longue carrière. De 1841 à 1847, c'est-à-dire en dix-sept années, elle a produit neuf poulains ou pouliches, — sept de pur sang arabe et deux avec le cheval anglais. Dans cette descendance, il n'y a eu que trois femelles, mais toutes les trois sont devenues des poulinières fécondes. Jusque et y compris 1847, ces trois poulinières ensemble ont vingt-huit

II.   23

ans d'existence et vingt produits, dont seize de pur sang arabe et quatre de pur sang anglo-arabe.

Des six mâles produits par *Asfoura*, un a été réformé de bonne heure, quatre ont mérité de prendre rang parmi les étalons de l'administration ; le dernier n'avait que deux ans en 1847, époque à laquelle nous arrêtons nos recherches, afin que chacun puisse les vérifier au Stud-Book.

Voilà, certes, une existence de poulinière bien remplie.

EGILFÉ venait d'Arabie ; elle a passé quatorze ans dans les haras de l'État et donné dix produits, — six de pur sang arabe et quatre issus de pur sang anglais ; — huit femelles et deux mâles.

Les mâles sont, — l'un et l'autre, — morts pendant l'allaitement. Sur les huit femelles, quatre ont été livrées à la reproduction. La plus âgée, — *Jaca*, — de pur sang arabe, a laissé trace de son passage. En onze années, elle a donné dix produits, dont un, — *Mézaroum*, fils de MASSOUD, a marqué et laissé un nom.

L'état des quatre filles d'*Egilfé* présente, au Stud-Book, une durée de service de quarante-trois ans et trente produits, dont six seulement de pur sang arabe. Les vingt-quatre autres sont aussi de pur sang, mais ils sont fils d'étalons anglais.

FEDAWIE a été achetée en Hongrie, chez le baron de Fechtig. On connaît déjà notre sentiment sur les produits arabes de ce haras ; il est peu favorable, nous le répétons. Voici une histoire de poulinière qui ne le modifiera pas.

Fedawie compte onze ans d'existence en France, où elle est arrivée à la fin de sa douzième année ; elle n'a jamais été livrée qu'à l'étalon de pur sang arabe. Sept fois elle a été fécondée. Son premier poulain a fait un étalon de quelque valeur. Sa première pouliche, quoique fille de MASSOUD, était d'un ordre inférieur, et fut réformée à son premier produit. Achetée par un amateur de sang arabe, elle lui a donné deux poulains si médiocres, qu'elle a été retirée de la reproduction. Comme sa mère, elle n'avait reçu que le cheval arabe.

Les cinq produits de *Fedawie* sont tous morts en naissant.

GAZELLE a été importée d'Arabie. Elle était sans doute d'un mérite assez mince, puisqu'elle fut réformée et vendue quatre ans après son admission dans les haras. Elle a donné trois produits de pur sang arabe, qui ont eu le même sort qu'elle.

HAMDANIE est encore une importation du haras de M. de Fechtig : conformation petite et ronde, complète absence du cachet de la race, sang appauvri, tel était cet autre produit du haras hongrois.

En quatorze ans, *Hamdanie* a pouliné sept fois. Tous ses produits sont issus du cheval arabe pur; le seul mâle qu'elle ait donné a fait un assez médiocre étalon. Des six pouliches, deux sont mortes au lait, deux ont été réformées, deux sont devenues poulinières et ont jeté, pendant une durée de dix ans, sept produits de pur sang arabe. Rien de recommandable toutefois, bien que les mères sortissent de BÉDOUIN et de MASSOUD, deux étalons de très-grande valeur assurément.

HEUREUSE est née en Arabie; elle était pleine à son arrivée en France. En six ans, elle a produit trois femelles et deux mâles de pur sang arabe remarquables par leur infériorité. Aucun n'est venu à la condition d'étalon ni de poulinière. *Heureuse* n'a pas justifié son nom au point de vue de la prospérité de sa race. Réformée en 1824, on n'en retrouve plus la trace au nobiliaire de l'espèce.

MIGNONNE ne peut être comptée que pour mémoire. Venue dans le ventre de sa mère, elle n'a jamais été classée au nombre des poulinières dans les haras. Sa vie n'a été que de courte durée.

HOURY a rendu quelques services. Importée d'Arabie à l'âge de onze ans, elle est morte à vingt et un ans, mère de quatre produits de pur sang arabe, dont un mâle. Celui-ci a fait un étalon de second ordre. Sur les trois pouliches, une n'a jamais été livrée à la reproduction ; les deux autres ont donné, pendant une existence de six années, cinq produits de pur sang arabe également. Toutefois rien de très-saillant.

HUMERA est de même provenance que la précédente. Cette poulinière a jeté trois produits, dont un issu d'anglais. Celui-ci paraît avoir mal tourné ; un mâle, son aîné, est mort au lait ; le troisième, *Validé*, arabe de pur sang, a fait une poulinière de quelque valeur.

En effet, VALIDÉ a jeté dix produits mâles et femelles ; elle vit encore. Dans le nombre, il y en a deux qui sont anglo-arabes ; parmi les huit autres, plusieurs ont tenu une bonne place dans les écuries de l'administration. Nous citerons spécialement *Eurydice*, fille de MASSOUD, qui, en cinq années de service, a donné cinq produits de mérite.

KOEYL est née en Arabie, mais elle n'est arrivée en France qu'en passant par l'Autriche, où son acquisition a été faite pour le compte des haras. Elle avait déjà treize ans lorsqu'elle fut importée ; elle est morte à la fin de 1844, à l'âge de vingt-quatre ans. Pendant ces onze années, elle a donné neuf produits, tous de pur sang arabe. Cette jument n'était pas sans mérite, et pourtant ses poulains n'ont, en général, que médiocrement réussi : deux sont morts sous la mère, un a été castré à l'âge où il aurait pu être admis au rang des étalons, deux autres ont été vendus comme animaux de troisième ordre ; les cinq derniers forment le contingent, la part d'utilité de *Koeyl*. Il est rare, quand la descendance abonde, qu'il n'en sorte pas quelque illustration, quelque individualité brillante. On trouve alors une large compensation aux sacrifices qu'ont demandés la culture et l'entretien de la famille entière.

MOMIE est venue directement d'Arabie en France, où elle a vécu huit ans et donné quatre produits de pur sang arabe, deux mâles et deux femelles. Des deux premiers un seul est devenu étalon ; les poulíches ont fait des mères. En quinze années d'existence, celles-ci ont donné neuf produits. Moins heureuse que *Koeyl*, — *Momie* n'a rien laissé après 'elle ; sa famille s'est éteinte par les femelles, qui n'ont point été conservées à la reproduction.

Monaghie a suivi *Koeyl*, dont elle a été la compagne dans sa double émigration. Elle a vécu pendant vingt-trois ans, mais elle n'a compté que onze années de service en France. Son état de production offre une liste de six produits de pur sang arabe également partagés pour les sexes. Les trois mâles ont compté parmi les meilleurs étalons arabes qu'aient élevés les haras de l'État ; les femelles, dont le nombre est réduit à deux par la mort prématurée de l'aînée, ont quelque peu marqué et marquent encore dans la production. En douze ans, elles ont donné sept poulains ou pouliches de pur sang arabe.

Nichab. Nous donnerons, dans un autre paragraphe, l'histoire détaillée de cette précieuse poulinière. Nous indiquerons seulement ici les chiffres qui la concernent, afin de ne pas laisser de lacune dans la statistique que nous établissons.

Nichab a vécu pendant vingt-huit ans ; la durée de ses services dans les haras s'arrête à vingt et un ans. Durant ce laps de temps, elle a donné quinze produits, — sept mâles et huit femelles, divisés par les mêmes chiffres quant à la race, c'est-à-dire sept anglo-arabes et huit arabes de pur sang.

Parmi les femelles, une seule est anglo-arabe, et de même, parmi les mâles, un seul est arabe. Les six derniers produits de Nichab ont été des femelles ; parmi les sept premiers, il n'y a qu'un mâle. Cette circonstance tient-elle à l'influence renversée de l'âge ? Un grand nombre d'observations pourraient seules éclairer le fait et conduire à une solution. Cinq filles de Nichab, les seules que l'âge ait permis de livrer à l'étalon jusqu'en 1847, offrent une existence de trente-neuf ans, pendant lesquels vingt-neuf produits sont nés. Dans ce nombre, quatre seulement sont anglo-arabes.

Nichab est une tête de colonne; elle forme souche. A ce titre, elle mérite la mention spéciale que nous lui réservons.

Noma vient d'Orient; elle n'a vécu que quatre années en France, et n'a laissé, après elle, que trois produits dont on ne retrouve aucune trace. Tous trois étaient de pur sang arabe.

Warda est encore une importation de Hongrie. On ne nous dit pas si elle y est née ou si elle y a été transportée d'Orient; on fait seulement connaître la famille d'où elle descend, celle des *Saklawie*. Cette poulinière est morte à vingt-six ans; il y en avait quatorze qu'elle était en France. Le nombre de ses produits s'élève à neuf, — cinq mâles et quatre femelles, tous arabes. Deux seulement se détachent; filles de Massoud et de Bédouin, elles ont hérité des précieuses qualités de leurs pères, celle de Massoud principalement, qui donne de belles espérances par ses premières suites; l'autre n'a pas encore fait suffisantes preuves pour qu'il soit permis de s'en expliquer d'une manière aussi positive. En cinq ans, ces deux juments ont produit cinq poulains de race arabe pure, bien entendu.

Zénobie est venue de Syrie. Elle n'a vécu en France que pendant trois ans. Elle n'y a jeté qu'une pouliche de pur sang arabe.

Celle-ci, nommée Palmyre, a laissé deux pouliches; livrée à la reproduction, l'une de ces dernières en a donné trois qui se sont éteintes sans descendants. C'est donc encore une famille qui a cessé d'être.

Enfin Zoraïde, importée directement d'Arabie, de père et mère nommés, ce qui est assez rare au Stud-Book, est arrivée en France à l'âge de neuf ans; elle y a donné, en onze ans, sept produits mâles et femelles, tous de pur sang arabe. Sans être précisément très-précieux, les descendants de *Zoraïde* tiennent néanmoins leur place dans la reproduction de la race pure arabe. Une de ses filles présente un état de trois produits de même sang en cinq années de service.

Pour nous résumer, ainsi que nous l'avons fait à la suite de la liste des juments qui ont été introduites en France par des particuliers, nous rappellerons les chiffres posés plus haut en les ajoutant les uns aux autres.

Les dix-huit juments se réduisent à dix-sept, puisque *Mignonne* ne peut figurer que pour mémoire. Il en résulte qu'à la suite de ces dix-sept poulinières nous trouvons cent cinq produits, savoir

91 de pur sang arabe et

14 de pur sang anglo-arabe.

Ces résultats correspondent à cent soixante-quatorze années d'existence.

En les étendant à la seconde génération seulement, aux fruits des poulinières sorties de ces dix-sept juments, on obtient cent quarante autres produits, dont trente-cinq de pur sang anglo-arabe et cent cinq de pur sang arabe, en tout deux cent quarante-cinq têtes : — cent quatre-vingt-seize de pur sang arabe et — quarante-neuf de pur sang anglo-arabe.

Ces juments ont séjourné dans plusieurs établissements de l'administration, à Arles, Pau, Rodez, Pompadour, le Pin et Rozières. Il n'y aurait aucune utilité à refaire leur état sous ce rapport.

Bornons-nous à constater qu'en ce moment toutes les poulinières appartenant aux haras, et qui sont de pur sang arabe ou anglo-arabe, ont été réunies sur un seul point, à Pompadour, et que l'on y poursuit avec une grande attention, un soin très-scrupuleux la reproduction pure de ces deux races.

Nous parlerons bientôt de la famille anglo-arabe ; il n'est question ici que de son aînée.

Voici donc le catalogue des juments et pouliches de race

pure arabe que renferment en ce moment, août 1850, — les écuries du beau haras de Pompadour.

Poulinières.

1. CANDOUR-AMDAM, par *Saklawie-Amdam* et *Candour;*
2. FURETTE, par *Massoud* et *Warda;*
3. GAMBA, par *Bédouin* et *Nichab ;*
4. HERMINE, par *Bédouin* et *Warda ;*
5. KÉBIRA, par *Mesrur* et *Furette ;*
6. LEGENDE, par *Koheïl-Obayan-Sédérei* et *Balsora;*
7. MARQUISE-DE-POMPADOUR, par *Hussein* et *Célésyrie ;*
8. MA BELLE, par *Hussein* et *Furette.*

Pouliches.

1. NÉMÉSIS, par *Saoud* et *Eurydice;*
2. NAZARETH, par *Hussein* et *Gamba ;*
3. OMPHALE, par *Koheïl-Obayan-Sédérei* et *Furette;*
4. PARADE, par *Hadjar* et *Kébira ;*
5. PERRETTE, par *Hussein* et *Furette;*
6. QUILOA, par *Hussein* et *Legende.*

A l'exception de CANDOUR-AMDAM, qui est sortie des haras de Gueures, toutes les jumens dont nous venons de donner les noms sont nées à Pompadour et y ont été élevées. Il en est de même des pouliches.

Les poulinières sont jeunes. La plus âgée, après *Candour-Amdam,* — *Furette,* — n'a que onze ans. Toutes offrent un cachet très-prononcé; toutes montrent les caractères les plus précieux de la race et promettent une longue et belle lignée; toutes réalisent un succès de reproduction incontestable sans aucune atteinte extérieure ni tache intérieure.

Au lieu de huit poulinières, la jumenterie de Pompadour pourrait en compter cinquante et plus de sang arabe ; mais cette collection serait un mélange tel quel de jumens de toutes conditions et de toute valeur. Dans un établissement semblable, il faut tout sacrifier au mérite et savoir se garantir contre une augmentation facile de l'effectif. C'est bien là ce qui distingue le plus complétement un haras d'État d'un haras privé. Dans celui-là on réforme hardiment, largement; dans celui-ci, on garde à peu près indistinctement tout ce qui naît, on a grand'peine à se défaire à bas prix, pour une misère, des animaux qu'un intérêt de spéculation protége trop fortement contre l'avenir même de la race. Loin donc de blâmer l'administration des haras d'avoir écarté des indigènes et maintenu le nombre à un chiffre très-restreint, il faut la louer d'avoir su éviter, de tous les écueils, le plus dangereux, d'avoir su résister à la satisfaction plus apparente que réelle de montrer la quantité, d'éblouir par un gros chiffre quand la qualité seule constitue la richesse.

Les quatorze têtes dont se compose en ce moment la famille arabe élevée à Pompadour sont le résumé des efforts antérieurs ; c'est le haut choix de toutes les naissances obtenues dans les années qui ont précédé, et notamment depuis 1833, époque à laquelle on a prêté une plus sérieuse attention à la reproduction des races pures.

N'étant formée que de sujets d'élite, à la conformation régulière, à la riche structure, cette petite collection de juments et de pouliches redevient le point de départ d'une œuvre plus facile aujourd'hui en ce qu'elle recommence avec des éléments plus rapprochés, moins étrangers les uns aux autres, plus homogènes, d'un ordre plus élevé. Elle porte en soi le bénéfice d'une épuration continue, éclairée; car la sélection a été faite en toute liberté, dans des vues parfaitement arrêtées et dans un esprit de juste sévérité. A cette condition seule, le succès est possible.

Quand le sang a ainsi conservé sa chaleur, son homogénéité, sa vitalité première, lorsque l'acclimatation est acquise, quand la loi d'hérédité est restée entière, dans toute sa puissance, quand nulle dégénération ne pèse sur les matrices, on est en possession d'un fonds excellent, et l'on peut opérer avec quelque certitude. En effet, il y a tout avantage à se servir de poulinières nées aux lieux mêmes où elles doivent se reproduire. Elles ont alors avec elles et pour elles toutes les forces contraires du sol, du climat, des habitudes générales, et de mille circonstances inhérentes à chacune des influences qui s'évertuent, dans toute importation récente, à modifier l'économie vivante, non-seulement chez les sujets transportés, mais encore dans leurs suites. Or il est rare, bien rare que celles-ci n'en éprouvent que des effets passagers et de nature à être combattus avec efficacité. Le petit nombre de poulinières arabes dignes de la jumenterie de Pompadour en seraient un exemple très-frappant, si, depuis bien longtemps, l'expérience avait laissé quelque chose à décider sur ce point de science et de pratique tout à la fois.

Un mot maintenant sur chacune des poulinières arabes qui tiennent aujourd'hui une place si bien occupée au haras de Pompadour.

CANDOUR-AMDAM nous est bien connue dans son ascendance ; elle vient du haras de Gueures. C'est une jument aux grandes et fortes proportions, sans manquer de distinction ; on ne saurait dire qu'elle ait beaucoup de bouquet. Elle est à sa race ce que sont au cheval de pur sang anglais certains individus dont on dit, malgré leur admission très-légitime au Stud-Book, qu'ils sont loin du sang. Cependant, à la voir de près, à la juger même avec sévérité, on s'étonne qu'elle n'ait pas produit encore une seule pouliche digne du haras qui l'a recueillie. Peut-être n'a-t-elle pas trouvé, dans les étalons qui l'ont fécondée à sept reprises différentes, toute l'affinité que réclame l'accouplement, et sans laquelle l'appatronnement le mieux fait en apparence ne réussit jamais complétement. C'est le côté obscur de l'union des sexes; il y a là des lois secrètes que l'intelligence humaine ne pénétrera pas.

Toutefois *Candour-Amdam* ne fait pas mentir la loi d'hérédité; elle donne gros et commun, selon sa propre nature. Deux de ses fils, étalons à Pompadour, jouissent, à ce titre, auprès des éleveurs, d'une vogue assez méritée. Nous devons être plus difficiles dans le choix des poulinières à laisser au haras. Mais celle-ci n'est point arrivée au terme de sa carrière, elle est d'un assez bon sang pour qu'on tente d'en obtenir enfin une pouliche capable de la remplacer. Nous avons déjà dit qu'elle avait produit sept fois ; elle a nourri quatre mâles et trois femelles. Parmi les premiers, deux sont morts en bas âge, les deux autres sont étalons ; les trois pouliches ont passé aux mains de l'industrie privée.

FURETTE est d'une origine très-recommandable. *Massoud* a passé par là et légué, avec son cachet, son trésor de qualités hors ligne. Mais la mère de cette jument a bien produit également avec un autre étalon, avec *Bédouin*, qui a laissé d'autres souvenirs encore.

HERMINE, demi-sœur de *Furette*, par *Warda*, en est un des plus précieux.

Allons jusqu'au bout, puisque nous tenons cette famille, et disons que, — par FURETTE et HERMINE, — les deux produits de *Warda* qui ont mérité d'être conservés à la jumenterie de Pompadour, — cette dernière est devenue tête de race et fait souche au haras.

En effet, KÉBIRA, MA BELLE, PERRETTE, OMPHALE et PARADE, les quatre premières filles, et la dernière petite-fille de *Furette*, ont pris une place distinguée à côté de leur mère et promettent elles-mêmes de précieuses poulinières. Les premiers produits de *Kébira* et *Ma Belle* montrent de la force et de la distinction. Ils sont un nouveau pas vers le but auquel on tend. Tout ce qui ne serait qu'une halte ne devrait pas faire un long séjour dans les boxes du haras. Les deux filles de *Warda*, les quatre filles et la petite-fille de *Furette* semblent devoir continuer leurs mère, grand'mère et aïeule.

GAMBA, par son origine, est dans la même situation que *Furette*. Sa généalogie ne laisse rien à désirer. Son père,— *Bédouin* ; sa mère, — *Nichab*, sont des ancêtres. On sait toute la signification de ce mot. Nous reparlerons de *Gamba* quand nous écrirons l'histoire de *Nichab*, et ainsi de

LEGENDE, fille de *Balsora*, petit-fille de *Nichab*;

MARQUISE-DE-POMPADOUR, fille de *Célésyrie*, propre sœur de *Balsora*;

NAZARETH, fille de *Gamba* et petite-fille de *Nichab*;

Enfin de QUILOA, fille de *Legende* et arrière-petite-fille de la même, de *Nichab*.

Il ne reste plus que NÉMÉSIS, par *Saoud* et *Validé*; celle-ci fille de *Humera*, dont nous avons parlé comme d'une importation directe.

NÉMÉSIS ne passera aux poulinières qu'en 1851. Comme CANDOUR-AMDAM, elle paraîtrait isolée, étrangère dans ce petit groupe; mais de même que *Candour* s'y rattache par les *Saklawie*, de même *Némésis* y tient par une parenté assez rapprochée. EURYDICE, sa mère, était fille de MASSOUD; or c'est le grand lien de cette famille, c'est la chaîne puissante qui en relie les membres assez étroitement entre eux. Qu'on étudie la filiation de ces quatorze têtes, et l'on verra combien elles sont proches par le sang.

CANDOUR-AMDAM et WARDA se touchent par une commune origine, si éloigné qu'en soit le degré; elles appartiennent l'une et l'autre à la grande et noble famille des *Saklawie*. Toute la descendance de *Warda*, représentée ici par sept têtes, par l'une des deux moitiés du tout, se rapproche donc, quoique faiblement, du point extrême, de *Candour-Amdam*. Maintenant, par MASSOUD et BÉDOUIN, les sept autres juments ou pouliches sont parentes assez proches, et de plus les liens du sang deviennent doubles pour plusieurs, quand on se rappelle que la souche de *Nichab* compte cinq individualités dans cette seconde moitié du chiffre total, quatorze.

Somme totale, le sang des SAKLAWIE paraît dans huit des existences du haras de Pompadour, savoir

CANDOUR-AMDAM, — FURETTE, — HERMINE, — KÉBIRA, — MA BELLE, — NÉMÉSIS, — OMPHALE et — PARADE.

Le sang de Massoud coule au premier degré dans les veines de *Furette*, au second degré dans celles de — Kébira, — Ma Belle, — Némésis, — Omphale, — Perrette, et au troisième degré chez — Parade, par Kébira, sa petite-fille.

Dans cette même liste, si courte pourtant,

Bédouin compte deux filles, Gamba et — Hermine ; une petite-fille, — Nazareth ;

Hussein se retrouve dans Marquise-de-Pompadour, — Ma Belle, — Nazareth, — Perrette et — Quiloa ;

Koheil-Obayan-Sédérei se montre dans — Legende, — Omphale et — Quiloa ;

Mesrur a déjà une fille, — Kébira, et une petite-fille, — Parade ;

Enfin Antar revit dans les produits de deux de ses filles, — Legende et — Marquise-de-Pompadour.

De prime abord, tout ceci paraîtrait être la confusion et le chaos ; rien n'est plus aisé pourtant que de débrouiller cet écheveau.

Voilà bien qui démontre la nécessité d'étudier à fond l'arbre généalogique de tous les reproducteurs que l'on emploie ; car, s'il y a une consanguinité féconde, il y en a une aussi qui peut être funeste à l'égal du poison. Et d'ailleurs, qu'on accepte ou qu'on repousse ce moyen de reproduction, il n'en faut pas moins être très-fixé sur la filiation de chaque sujet.

Un fait très-remarquable et qui n'aura pas échappé au lecteur, c'est la pluralité des descendants de mérite pour un seul étalon de tête, et la difficulté, au contraire, de trouver dans toutes les suites d'une jument un produit assez remarquable pour prendre sa place au haras et la continuer. Ce fait s'explique d'ailleurs à merveille. On compte généralement que sur cinquante ou soixante juments de choix livrées à la reproduction il naîtra un étalon hors ligne, une de ces individualités puissantes qui marquent et impriment fortement leur cachet, le sceau de la perfection de la race; pourquoi serait-on plus heureux en ce qui concerne la reproduction des femelles d'élite, des poulinières d'un mérite exceptionnel?

On peut se rendre compte maintenant de ce qui a été tenté et obtenu à Pompadour en vue d'acclimater, de conserver et de reproduire la race arabe dans son type le plus élevé et le plus pur. On s'y est peu attaché au nombre; on a donné tout intérêt, toute attention à la qualité; on a cessé de courir après l'ombre, et l'on a poursuivi sérieusement, efficacement la réalité. Par une sélection intelligente, on a écarté les disparates et provoqué l'assimilation entre les individus. On a ainsi créé une force nouvelle, une affinité nécessaire qui a conservé le type, la vitalité primitive en combattant toutes les causes de dégénération qui étreignent une race dans son éloignement de la terre natale.

Qu'on dise s'il a été procédé plus rationnellement ailleurs, si des résultats plus importants ont été constatés. Les haras n'ont point annoncé au bruit de la grosse caisse que du jour au lendemain ils auraient fait la conquête de la race arabe, que le surlendemain ils produiraient un pur sang français supérieur au pur sang anglais; encore moins ont-ils mésallié la race pure, mêlé au sang de cette dernière les éléments les plus hétérogènes pour en rehausser le mérite; ils ont travaillé simplement, opéré graduellement selon les lois de la nature, comptant avec le temps, sans rien précipiter, éclairant toujours leur marche et sachant bien qu'ils n'arriveraient qu'après avoir traversé les plus mauvais jours. Les faits parlent à présent; on peut en contester la signification, mais on a souvent nié l'évidence. L'erreur et la mauvaise foi n'ont qu'un temps; la vérité a bien des ressources pour en triompher; elle en triomphe toujours.

Toutefois l'œuvre est loin d'être achevée. A côté de ce petit groupe de juments acquises au fait, il est indispensable de placer quelques individualités nouvelles directement im-

portées de la mère patrie; c'est le moyen de prévenir toute
défaillance et d'assurer à toujours notre conquête. L'administration saura pourvoir à ce besoin. Des ordres donnés
sont en cours d'exécution; la jumenterie de Pompadour est
sur le point de recevoir de nouvelles richesses. Quelques
poulinières bien choisies, parfaitement racées, peuvent être
une fortune. Encore un coup, le nombre ne prend d'importance qu'en raison de la valeur de chacune des unités qui
concourent à le former.

Ce qui a le plus manqué à la jumenterie de Pompadour,
ç'a été l'un de ces étalons hors ligne, l'un de ces reproducteurs qui racent et font époque. Nous avons l'espoir de voir
bientôt cesser cette pauvreté qui a forcément retardé la
marche et empêché d'atteindre plus complétement le but.

Nous reviendrons un peu plus bas sur ce fait.

Disons maintenant que, tout en conservant à Pompadour
la race arabe dans toute sa pureté native, sa reproduction y
a lieu pourtant dans le sens d'une transformation utile. Il
est bien avéré aujourd'hui, tout le monde au moins est
d'accord sur ce point, que le cheval arabe tel qu'il est ne
répond pas à tous les besoins. S'il est, pour nos usages, d'une
taille trop petite et d'un volume trop restreint, il faut songer à le développer, à le mettre au niveau des exigences de
l'époque. L'élasticité de sa nature se prête merveilleusement
à ce résultat; nous l'avons déjà dit, il recèle le germe de
toutes les spécialités. En changeant sa forme, en modifiant
ses caractères extérieurs, on lui donne telle ou telle aptitude, au gré du producteur intelligent. L'art et le temps sont
les deux éléments indispensables de cette transformation. Ils
ont donné aux Anglais leur cheval de pur sang; ils donneront à la France le cheval arabe pur également, mais grandi,
épaissi, fortifié. A Pompadour, avouons-le tout net, puisque cela est, on recommence l'œuvre entreprise et menée à
bonne fin en Angleterre. On n'y obtiendra pas précisément
le cheval de pur sang anglais, mais quelque chose qui s'en

rapprochera, un produit intermédiaire entre l'arabe et l'anglais, une création que beaucoup demandent : ceux-ci pour ne pas s'attaquer au sol, dont la pauvreté se refuse à l'alimentation des races perfectionnées; ceux-là purement et simplement en haine de l'anglomanie, par préjugé national.

Quoi qu'il en soit, le cheval arabe né et élevé à Pompadour n'est ni anglais, ni arabe, ni limousin ; il participe à la fois de ces trois natures et se montre un produit nouveau : il vaut bien qu'on en trace le portrait.

Chez lui, toutes les parties du corps sont bien liées et bien soudées l'une à l'autre ; l'ensemble en est donc solide et bon ; de plus, il est gracieux. La physionomie est intelligente, douce, caractérisée. Les crins conservent la beauté du fil de soie. Le pelage offre des reflets brillants et purs, il recouvre une peau fine et souple, à travers laquelle se dessinent et courent les sinuosités capricieuses des veines les plus superficielles du corps ; on dirait d'une carte de géographie. Si l'œil plonge, s'il pénètre sous l'enveloppe, il sent un squelette puissant par la densité, par les fortes proportions, par le bon agencement; il trouve un système musculaire non moins dense et compacte, énergique dans l'action, résistant aux chocs.

Les membres sont larges, nets, exacts, proportionnés, d'une grande pureté, secs, nerveux, d'un dessin correct et tombant d'aplomb. Ils supportent sans fatigue un corps plein, ample, bien pris. La poitrine est à la fois haute et profonde ; le rein est court, bien attaché, parfaitement soutenu. L'arrière-main est développée et puissante ; l'avant-main se dégage brillamment et sort avec élégance. Bref, il y a ici une riche structure et de grandes perfections.

Un cheval ainsi fait est précieux partout; il ressemble aux meilleurs et réalise tout à la fois le beau et le bon cheval.

Les éléments de cette création sont au nombre de trois,

— la pureté d'origine et une sélection bien entendue pour l'appatronnement; — une hygiène appropriée, une alimentation abondante et substantielle; — des exercices raisonnés, un travail mesuré, proportionné à l'âge et aux forces individuelles; en d'autres termes, de l'art, de l'art et de l'art.

Oui, ces produits ont été savamment cherchés et artistement obtenus. Dans une œuvre pareille, l'art seul peut triompher des difficultés de la pratique, l'art seul pouvait résoudre le problème qui avait été posé, à savoir : — produire un cheval moyen qui ne soit ni l'arabe ni l'anglais, qui, tout en se rapprochant de l'un et ne s'écartant pas trop de l'autre, n'ait pourtant ni les exigences de celui-ci ni l'insuffisance de celui-là; produire un animal d'un service usuel, plus capable que le cheval arabe et s'adaptant plus complétement que le cheval anglais au milieu spécial dans lequel il est appelé à vivre, à se mouvoir, en vue des besoins spéciaux de l'époque, et particulièrement dans la partie méridionale et dans les contrées montagneuses du centre de la France.

C'est à remplir ces conditions, bien déterminées d'ailleurs, que s'attachent la production et l'élève du cheval de pur sang au haras de Pompadour. Le but étant défini d'une manière aussi précise, on serait mal venu sans doute à répéter que l'administration marche au hasard, sans savoir ni ce qu'elle veut, ni ce qu'elle fait, ni où elle va.

IV.

« En entrant dans l'écurie de *Vesta* j'avais ôté mon chapeau. — Que faites-vous? demanda-t-on avec étonnement; vous saluez!...

« — Sans doute, répondis-je; et pourquoi ne pas rendre volontairement à *Vesta* une partie des honneurs qu'on exigeait pour le fameux *Eclipse?...* »

Ainsi commence une élégante historiette écrite par M. le

baron Gay de Vernon en 1845, et dont la vie de Vesta, — une illustration contemporaine, — avait fourni l'intéressant canevas.

Les honneurs exigés pour *Eclipse* ont été bénévolement accordés à quelques-unes des grandes célébrités du *turf*; Nichab, dont nous allons retracer l'histoire, les a toujours obtenus de l'admiration des visiteurs ordinaires ou de l'enthousiasme de l'homme de cheval à qui son existence était sommairement racontée dans sa box. Il faut l'avouer, la modestie de *Nichab* n'a jamais souffert du bien qu'elle a tant de fois entendu dire de sa personne; elle n'en tirait pas vanité non plus. Elle écoutait en se montrant; elle se prêtait simplement, volontiers même à tous les détails d'une inspection minutieuse, d'un examen réfléchi, d'une étude approfondie. Elle n'avait rien du caractère du cheval calabrais qu'a possédé Paul-Louis Courrier, et que le grand écrivain a montré comme atteint de misanthropie, sauvage, ennemi de l'homme. Loin de là, Nichab était d'un commerce excessivement facile; c'était la douceur en chair et en os. Il est un point cependant à l'égard duquel elle n'a jamais voulu composer; mais il était dans sa destinée de se montrer ainsi; nous allons le voir.

Nichab est née chez la nièce du célèbre Pitt, lady Stanhope, souveraine de Palmyre, qui avait formé, dans le Liban, un établissement au monastère d'Abra. Parmi les poulinières précieuses que possédait là cette reine *in partibus*, la mère de *Nichab* occupait un rang très-distingué. Sa généalogie se composait d'une longue suite d'aïeux; par ses ancêtres, elle remontait aux juments de Salomon; elle comptait parmi ses ascendants des noms illustres qui avaient échappé à l'oubli; elle-même était regardée comme une perle d'Orient.

Les Arabes ne commettent pas la faute de mésallier leur race. La noblesse de cette magnifique poulinière eût suffi à la préserver de tout contact impur; mais, les circonstances aidant, elle fit encore un mariage mieux assorti. La mère de *Nichab* fut alliée à l'un des étalons les plus fameux d'Arabie. Celui-ci appartenait au cheik Béchir, prince des Druses, dont la résidence n'était pas fort éloignée du couvent d'Abra.

De cette union est née, en 1818, une admirable pouliche. Lady Esther Stanhope voulut en connaître sans plus tarder la destinée. On appela des devins ; plusieurs santons turcs accoururent qui tirèrent l'horoscope de NICHAB.

La jeune pouliche fut soumise à la savante observation de ces nouveaux augures. A certains signes particuliers qu'elle portait, que le vulgaire ne pouvait apprécier, les diseurs de bonne aventure découvrirent que la jeune bête ne se laisserait jamais monter que par le premier guerrier du monde. Inutile serait toute tentative de la part d'un autre ; quoi qu'il advînt, NICHAB serait rebelle.

A partir de ce moment, NICHAB devint l'objet de soins spéciaux et des plus grands égards ; milady s'était promis de l'élever avec art et de l'offrir à Napoléon ; mais les destins sont changeants. Il était écrit que l'empereur ne monterait pas NICHAB. Après Waterloo, le présent n'était plus possible ; la pouliche grandissait, mais sans espoir ; dans la pensée de la reine de Palmyre, NICHAB n'avait plus de destination ; le sort l'avait trahie, son étoile avait pâli ; elle n'aurait plus désormais qu'une existence inutile et sans but.

Dans l'année qui suivit, la mère de NICHAB lui donna une sœur. La cadette promettait d'être et plus belle et plus précieuse encore. Elle ne pouvait être possédée que par l'un des plus grands souverains de la terre. « C'est pour cela, disait milady, que j'ai l'intention de l'envoyer au roi de Rome. Comme son aînée, elle a des caractères qui la rendent digne de l'honneur que je lui réserve. »

Lorsqu'elle avait été ainsi deux fois destituée, NICHAB demeurait sans emploi, libre par conséquent. Une mission officielle ayant conduit un fonctionnaire de nos haras dans le Liban et auprès de lady Stanhope, la généreuse fille d'Albion disposa de NICHAB en faveur du missionnaire. C'est ainsi que NICHAB fut amenée en France, par les soins du colonel de Portes, à son retour d'une expédition en Syrie, sur les résultats de laquelle nous reviendrons un peu plus loin.

L'histoire de NICHAB fit quelque bruit à Paris. On y intéressa et la cour et la ville. Madame la duchesse d'Angoulème vit la nouvelle arrivée, qui lui plut; elle en fit l'acquisition. Moyennant 6,000 francs, NICHAB passa des mains de M. de Portes aux écuries de S. A. R. Sa distinction et sa douceur, sa gentillesse et sa beauté firent bientôt de NICHAB une favorite. C'était à qui lui donnerait ses soins et son attention. L'écuyer de madame la Dauphine se mit sur les rangs et sollicita ses bonnes grâces. Ce fut merveille tant qu'il ne s'agit pas de se mettre en selle. Tous les préliminaires avaient paru devoir faire mentir le présage; le travail préparatoire avait été supporté avec un bon vouloir extrême; tout allait donc au mieux et l'on riait entre soi déjà des précautions prises, des sages lenteurs qu'on avait cru devoir apporter pour ne pas brusquer des habitudes d'indépendance qui avaient commencé le jour même de la naissance. La docilité de NICHAB était à nulle autre pareille; il semblait que l'intelligent animal provoquât lui-même le cavalier, tant il portait avec aisance le brillant équipage qu'on lui avait essayé..... Mais quand, après avoir ajusté les rênes, l'écuyer essaya de poser le pied sur l'étrier, NICHAB fit un mouvement que nul n'a jamais connu ni fait, et se débarrassa promptement et complétement de l'audacieux prétendant. Celui-ci revint à la charge, mais en vain; sa patience n'eut aucun succès, sa persévérance n'aboutit point, son obstination trouva son châtiment. D'autres vinrent pour tenter l'aventure qui ne furent pas plus heureux, et ces essais se renouvelèrent pendant deux années consécutives.

Alors, de guerre lasse, on résolut de se défaire de NICHAB. Elle fut offerte à l'administration des haras, qui ne crut pas la payer trop cher en l'échangeant contre une somme égale à celle qui avait été primitivement offerte à M. de Portes. NICHAB partit pour les beaux herbages de la Normandie et eut sa place dans ce magnifique haras du Pin bâti sur les dessins de le Nôtre. Elle y demeura jusqu'en 1833. Elle fut ensuite envoyée au haras de Pompadour, cette autre propriété de roi, où elle a séjourné jusqu'au terme de sa vie, entourée des meilleurs soins et captivant à la fois l'admiration du vulgaire et des plus fins connaisseurs.

Dans cette condition nouvelle, l'existence de NICHAB se divise en deux époques très-distinctes, correspondant l'une et l'autre aux années passées au Pin et à Pompadour ; dix en Normandie, treize en Limousin.

En Normandie, la poulinière arabe est livrée à l'étalon anglais ; en Limousin, elle est rendue à la reproduction exclusive de sa race. A voir les résultats contraires, on dirait que la tâche différente, imposée à l'administration dans ces contrées diverses, s'y est trouvée favorisée par de secrets desseins. En effet, sur sept produits jetés au Pin par NICHAB, on compte six mâles et seulement une femelle. A Pompadour, le but n'est plus le même ; on réunit les quelques éléments de race arabe qui existent dans le pays avec la pensée bien arrêtée de les multiplier, et voilà NICHAB qui, sur huit productions, donne sept femelles au haras de sang arabe. Le hasard est parfois si heureux dans ses caprices, qu'on peut bien alors prendre soin d'en constater les effets.

NICHAB, née en 1818, n'arrive au Pin qu'en 1824, dans sa sixième année. Elle donne quinze produits en vingt et un ans, soit six années de repos seulement durant cette longue carrière de reproducteur. Elle jouissait des invalides, privilége bien rare dans les haras de l'État, quand, en 1845, elle fut atteinte d'une maladie de peau si grave, qu'il y eut nécessité impérieuse de l'abattre. Son corps n'était plus qu'une plaie ; la malheureuse se déchirait elle-même avec la dent. Aucune application extérieure, aucun médicament ne purent éteindre, calmer cet insupportable prurit qui la dévorait. Ni-CHAB finit ainsi par une affection jusqu'alors inconnue. Elle était dans sa vingt-huitième année. Une autre fût tombée à l'état de ruine, NICHAB n'était que vieille ; la noblesse et la force avaient en quelque sorte triomphé du temps. Comme un admirable monument d'un autre âge, elle était belle encore, très-amaigrie sans doute, mais ferme sur ses jambes et jeune au pacage.

La vérité nous oblige à dire que, depuis plusieurs années, NICHAB était atteinte de la pousse, et que cette affection s'était fortifiée en raison même de l'affaiblissement des organes par l'âge. Nous retrouverons cette maladie à la fin de l'existence de plusieurs de ses produits.

NICHAB avait la robe d'un beau gris très-légèrement pommelé et truité en poils bais d'une manière fort originale. Cela seul lui donnait un cachet particulier rehaussé par la finesse et le soyeux des crins. Son toupet bizarrement posé sur le front, et son chanfrein camard, lui donnaient un air d'étrange coquetterie. L'œil regardait avec bienveillance et noblesse ; il était beau, parfaitement placé, à fleur de tête. La physionomie était mobile et pleine d'intelligence ; la forme de la tête était ravissante : tous les traits en étaient beaux, caractérisés. Quand on approchait d'elle, elle couchait vivement les oreilles en arrière ; en même temps, par un plissement de la peau des lèvres qui n'appartenait qu'à elle, elle faisait une grimace qu'aucune autre n'a jamais faite et qui découvrait largement ses deux rangées d'incisives. On eût dit d'une menace ; cela y ressemblait fort ; il n'en était rien. Jamais elle n'a touché l'homme ni du pied ni de la dent ; elle était de même d'un voisinage fort commode pour ses compagnes, dont elle n'a jamais reçu non plus la moindre atteinte. En venant au visiteur, NICHAB le sollicitait à la manière de l'éléphant, qui attend toujours quelque friandise du bon vouloir de ceux qui le dérangent. Elle aimait, elle acceptait toutes choses avec un égal sans-façon, avec un même appétit ; elle croquait le sucre avec succès, léchait sur la main le sel avec bonheur, mangeait le pain avec plaisir et la carotte avec délice. A défaut de nourriture, elle broutait le bouquet porté à la main, ou au corsage, ou au chapeau, se jouant avec les fleurs et cherchant les caresses dont elle se montrait toujours aussi avide que flattée.

La taille de Nichab s'arrêtait à 1ᵐ,48 ; elle était, d'ailleurs, bien prise et parfaitement proportionnée dans toutes ses parties. Seulement le rein, un peu long et un peu faible dans son attache, menaçait de ne pas soutenir assez roide, pendant longtemps, la ligne supérieure du corps. Aussi le dos s'affaissa promptement et présenta de plus en plus prononcée, chaque année, la défectuosité connue sous la dénomination de *dos creux*. Nichab devint donc très-ensellée ; mais il faut dire que cette imperfection est mise, chez les Arabes, au nombre des qualités, et qu'elle n'y est point combattue par l'influence de l'hérédité, par la recherche de reproducteurs autrement construits. Avec de la sévérité, on pourrait reprocher à Nichab de n'avoir pas la poitrine aussi étendue, aussi haute que le comporte une bonne et solide organisation ; par suite, elle avait l'épaule ronde et un peu courte. Mais n'est-ce pas ainsi que se montrent à nous la plupart des chevaux qui nous viennent d'Arabie ? Sur vingt, dix-neuf sont ainsi faits. La différence la plus saillante peut-être qui existe entre le cheval de pur sang anglais et le cheval de pur sang arabe réside dans les dimensions proportionnelles du thorax, et, comme conséquence, dans la longueur et l'inclinaison du scapulum, beaucoup plus grandes chez le premier. En poussant plus loin la critique, on se prenait à désirer plus de force sous le genou. Les canons antérieurs et les tendons qui les accompagnent étaient un peu minces ; mais, par ailleurs, ces parties étaient nettes et compactes. Si les différents rayons du membre avaient été plus longs et avaient ajouté à la hauteur du corps, nul doute qu'ils eussent paru grêles, insuffisants, manqués ; mais chaque rayon était court, et ce défaut de grosseur n'apparaissait que pour les plus exigeants.

Cette part faite au blâme, il n'y avait plus que du bien et beaucoup de bien à dire de NICHAB, qui avait au suprême degré l'éclat, l'élégance, la gentillesse, l'énergie, la puissante animation du cheval arabe de noble race.

Voyons son état de production étendu à toutes ses filles, afin d'embrasser d'un seul coup d'œil la première et la seconde génération de cette famille, qui, pour nous, est le point de départ d'une race nouvelle.

Voici cet état ; on en saisira aisément la rédaction. Pour ne le pas compliquer, pour ne pas lui donner une extension trop considérable, nous avons réuni, au-dessous du nom de la mère commune, les renseignements relatifs aux années de non-fécondation ; au-dessus, au contraire, se trouve la liste des produits mâles (cette liste doit être lue de bas en haut); autour viennent se ranger, dans l'ordre de leur naissance, indiqué d'ailleurs par le millésime auquel chacune d'elles se rapporte, les huit femelles sorties des divers mariages qu'on a fait contracter à NICHAB. Chacune de ces juments se trouve elle-même entourée des productions qu'elle a données jusques et y compris l'année 1849, les résultats obtenus en 1850 ne nous étant pas encore connus au moment où nous écrivons.

Nous suivrons, dans l'examen de ce tableau, l'ordre adopté pour sa rédaction.

— Vingt et une années de services; quinze produits, sept mâles et huit femelles ; — six années de jachère, voilà pour l'ensemble.

Tous les mâles deviennent des étalons; six femelles passent à la reproduction; la septième meurt violemment à trois ans ; la dernière disparaît du haras au même âge et ne paraît pas avoir encore été livrée à l'étalon.

Voyons les mâles; ils ouvrent la marche : à tous seigneurs tous honneurs.

Vendue à la fin de 1840 et mise en service.
1840. B. m. ORIENT, par Massoud.
Vide.
... MENTOR, par Sylvio.
... PANTHÈRE, par Pichouket.
Vide.
... DON QUICHOTTE, par Sylvio.
1834. Al. m. ARBALA, par Eastham.

1829
MOÏNA
par
Tigris.

1844
NÉANÉ
par
Mesrur.

Vendue à l'âge de 3 ans, sans renseignements postérieurs.

Vide. — Morte à la fin de l'année.
Avortée. — Avortée.
Vendue pleine.
..... par Saoud.
..... par K. O. Séderei.
..... par Massoud. — Morte au lait.
JALOUSIE, par Massoud.
..... par Mesrur. — Mort au lait
FINA, par Bédouin.
DAKAR, par Saëdmurie-Anderen.

1830
BALSORA
par
Anter.

1834. G. m. RECTOR, par Massoud.
1832. B. h. m. ARROGANT, par Tigris.
1831. G. m. BIENVENU, par Tigris.
1828. G. m. FRIVOLE, par Tigris.
1827. N. m. PAN, par Eastham.
1826. G. m. MALT, par Eastham.
1825. G. m. CALIFE, par D.I.O.

NÉE
EN 1818.
—
NICHAB.

1841
HÉROÏQUE
par
Bédouin.

foudroyée Morte à l'âge de 2 ... par une apoplexie qui montante

Vide.
..... par Bédouin.
..... Morte au lait.
..... par Mesrur.
..... par Mesrur.
MARQUISE-DE-PORTUGAL, par Mesrur.
..... par K. O. Séderei.
..... par Houssein.
Vide. — Vendue.
Sans renseignements.

1836
CÉLÉSYRIE
par
Anter.

Vide.
DIRECTEUR, par Mesrur.
NÉGRO, par Mesrur.
PRESTAN, par Mesrur.
BALIRA, par Mesrur.
TIFFON, par K. O. Séderei.
VALENTINA, par K. O. Séderei. Vendue.
..... par Mesrur.

1837
DALILA
par
Massoud.

1830. — Vide.
1833. — Vide.
1838. — Vide.
1842. — Vide.
1843. — Vide.
1845. — Vide.

1840
GAMBA
par
Bédouin.

1845. Al. m. TELL, par K. O. Séderei.
1846. G. m. CLERCUS, par Houssein.
... G. f. ..... par Houssein.
1846. G. f. NAZARETH, par Houssein.
1846. G. m. XILOE, par Houssein.
1840. G. m. VERVILLE, par Houssein.

1839
FORTUNÉE
par
Bédouin.

1844. G. m. SENNAAB, par Massoud. Vendue.
..... Vide.
DUTGHERLO, par K. O. Séderei.
STAWELI, par Houssein.
..... Vide.
ZULAIKA, par Houssein.

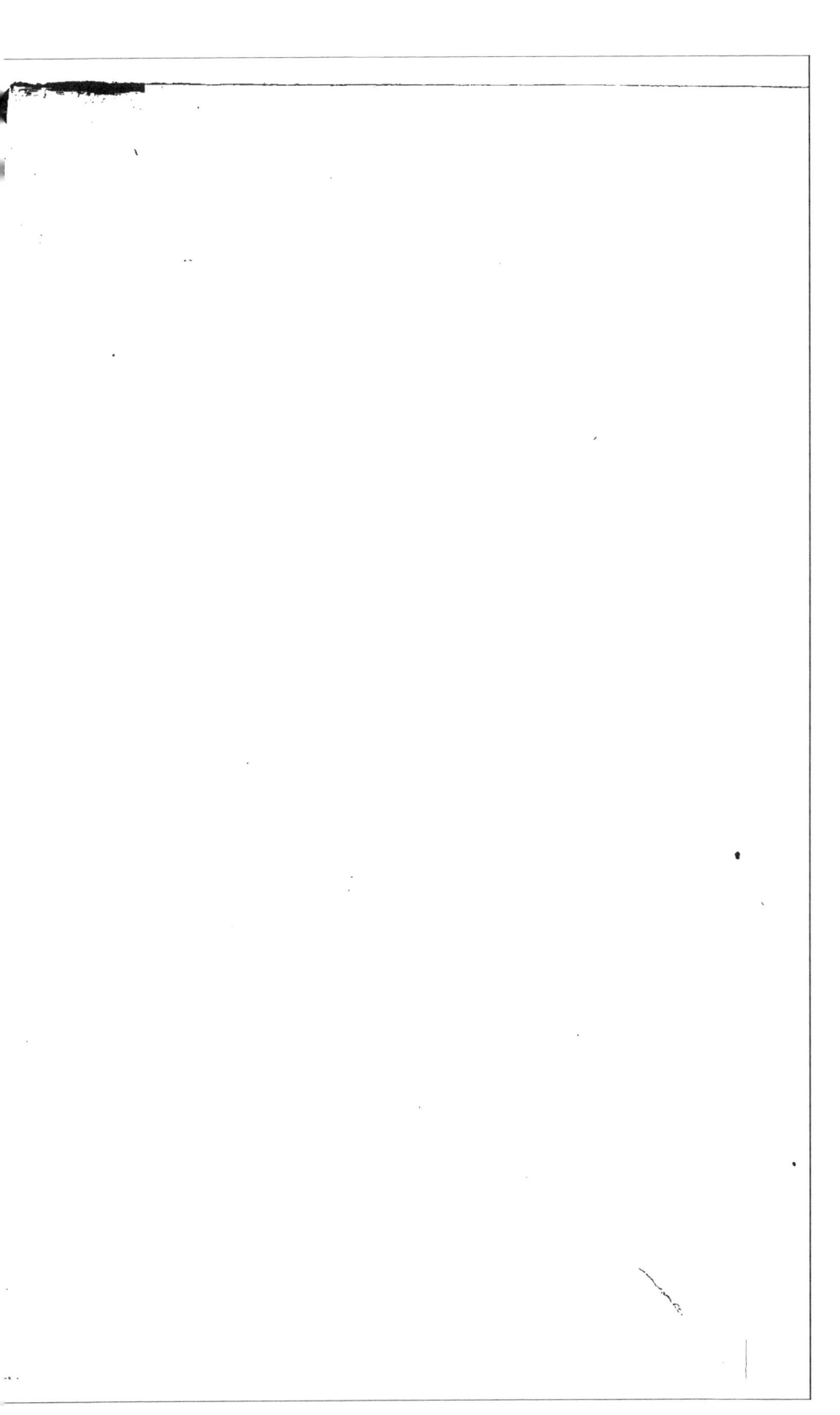

CALIFE est né en 1825, des œuvres de D. I. O., étalon de pur sang anglais qui a marqué en Normandie. D. I. O. était né en Angleterre.

Ce premier produit a tout d'abord classé la mère. Il était petit, mais bien fait ; vivace, mais très-mince dans le dessous ; très-distingué, plein de race et d'énergie, mais sans espoir de gros, rien qui annonçât, pour l'avenir, des formes carrées, athlétiques, telles qu'on les rêve toujours en France dès qu'il s'agit d'un étalon.

Nichab se montra bonne mère, excellente nourrice. CALIFE rappela trop la sobriété de sa race ; il se contenta pendant trop longtemps du lait qui lui était abondamment offert ; il n'avait pas assez de besoins. Dans ces conditions, sa taille s'élèvera peu, le corps prendra peu d'ampleur ; les membres, — déjà grêles, — ne se développeront pas suffisamment. Si riches qu'ils soient, les herbages de Normandie n'auront ici qu'une très-médiocre influence, et CALIFE ne fera qu'un petit cheval de selle gracieux et brillant, au cachet oriental, bien doué par ailleurs, mais insuffisant quant à la force, quant au volume. CALIFE demeurera dans la classe de ces étalons légers contre lesquels chacun a crié, contre lesquels chacun crie encore et criera toujours.

Du reste, l'élevage de ce poulain a été facile : aucune maladie ne l'a retardé dans sa croissance ; sa santé, toujours bonne, avait promis une longue existence. Il vit encore en 1850 ; il a vingt-six ans.

CALIFE n'a pas dépassé la taille de sa mère, — 1ᵐ,48 ; — son père mesurait 1ᵐ,57 à la potence. *Nichab* était fine et légère ; D. I. O. avait de la corpulence : leur fils est resté dans les dimensions de la première, en dépit de la richesse et de l'abondance de la nourriture. Il a donné raison à ce proverbe : — *chien de chienne.....* Il rappelait en tout la souche maternelle.

Extérieurement, il avait tous les traits, toutes les forces de *Nichab*. Il en avait le pelage, un peu mitigé, toutefois, par la couleur baie du père. C'étaient bien aussi la même distinction, la même figure, les mêmes caractères. Il avait, comme elle, l'épaule un peu ronde et courte, le rein un peu long et mal attaché; aussi, avec l'âge, la ligne supérieure du corps s'est affaissée, fortement voûtée en contre-bas.

CALIFE a fait trois montes en Camargue; il y a été fort aimé. Envoyé en Bretagne, les éleveurs l'ont moins goûté; il y a été peu recherché et fort critiqué pendant un séjour de trois années également. Il a ensuite été placé au dépôt de Tarbes, où il a débuté au printemps de 1836, et où il est encore.

Calife a été jugé, estimé et recherché par les éleveurs de la plaine de Tarbes en raison de son mérite, en pleine et entière connaissance de cause; mais, pour cela, le temps et la réflexion ont été nécessaires. Il a été rendu toute justice aux caractères de race qu'il portait si fièrement et d'une manière si prononcée. A première vue, on s'était laissé aller à ce cachet brillant, à cette pose gracieuse et hardie tout à la fois, à la vivacité, à la douceur, à l'intelligence du regard, au feu que jetaient ses narines si délicates et si puissamment ouvertes, à la noblesse et au bon agencement de toutes les parties du corps qui supportaient avec avantage un coup d'œil rapide et d'ensemble. On était donc aisément sous le charme, et l'on commença par voir dans *Calife* l'un de ces reproducteurs arabes capables de continuer la race tout orientale qui avait pris racine dans cette partie des Hautes-Pyrénées.

Calife eut l'assentiment unanime; il enleva tous les suffrages. Il était une bonne fortune pour le pays; on remerciait l'administration de l'en avoir gratifié. Les juments lui vinrent en foule, il obtint un immense succès; il était vengé du dédaigneux abandon dans lequel il avait passé les trois plus belles années de sa vie, — en Bretagne, — où vivaient pourtant quelques poulinières d'élite, dont on avait pu le croire digne. Son amour-propre dut être satisfait, et ceci est bien quelque chose assurément; aussi fit-il de son mieux. Il se montra prolifique au plus haut degré; les écuries des éleveurs renfermèrent bientôt, presque toutes, quelque petit *Calife* aimé, choyé pour sa gentillesse et sa douceur, pour les espérances que chacun en avait conçues par anticipation, escomptant ainsi l'avenir sans préoccupation suffisante du présent.

Mais les poulains prirent de l'âge. Ils avaient hérité du cachet tout oriental du père; ils jetaient un vif éclat: on les admirait dans le brillant et les qualités de race qui séduisent toujours chez le cheval; mais dès que l'on arrivait à un examen plus complet, dès qu'on entrait, pour les raisonner, dans les détails de cette conformation, on retrouvait les défectuosités du père. C'est alors que celles-ci apparurent et qu'on s'étonna de ne pas les avoir aperçues tout d'abord. On n'est jamais trahi que par les siens; ce proverbe a été amplement justifié ici. Tous les fils de *Calife* répétèrent ses imperfections; celles-ci le firent immédiatement tomber des hauteurs où l'estime des éleveurs l'avait placé dans l'opinion de tous.

Or voici quelles étaient ces imperfections. Nous avons parlé de la brièveté de l'épaule, du trop de longueur et de la mauvaise attache du rein; passons à d'autres. L'articulation du genou était trop effacée, elle manquait de hauteur et de largeur; celle du boulet était faible, le canon était mince, le tendon était grêle. Dans l'arrière-main, les muscles de la fesse n'étaient ni assez volumineux ni assez descendus; la cuisse était maigre, les canons ne présentaient pas une surface assez large, le poignet n'accusait pas assez de force; les quatre paturons étaient longs, minces et par trop flexibles.

Ces défectuosités s'alliant, chez la poulinière de Tarbes, avec des imperfections du même ordre qui semblaient tenir tout à la fois de la race, de la nature peu substantielle des aliments et du genre d'éducation appliqué aux productions locales; ces défectuosités, disons-nous, se fortifièrent chez les descendants de *Calife* et se montrèrent saillantes à ce point qu'on mit bientôt à l'éviter le même soin qu'on avait mis à l'accepter avant qu'on ne le connût dans ses suites.

A partir de ce moment, *Calife* ne fit plus la monte dans la plaine de Tarbes; on le fit passer dans la Haute-Garonne, où, paraît-il, avec des juments plus corsées, plus membrées, et grâce à des nourritures plus riches, il a donné tout aussi coquet et beau, mais plus gros et plus ample.

Calife offrait constitutionnellement l'heureuse alliance des prédominances nerveuse et sanguine; sa santé a toujours été solide; il n'a point fait encore de maladie, et il a déjà supporté le service de vingt et une montes. Nous ne connaissons pas encore les résultats de la dernière; pour les vingt qui ont précédé, voici des chiffres : — 848 saillies et 423 naissances constatées.

HALY est fils d'*Eastham*, étalon de pur sang anglais, né en Angleterre, qui a joui d'une très-grande vogue en Normandie pour son modèle et la tournure marchande, les jolies formes qu'il transmettait à ses produits.

Le portrait de *Calife* s'applique admirablement à son frère cadet. Celui-ci naît petit, mignon, plein de grâce et de noblesse, mais ne promettant qu'un étalon léger. Il rappelle sa mère et son aîné; c'est absolument le même type : il n'y a rien d'anglais chez ce fils d'*Eastham*, et c'est dommage. Si à la pureté, à la distinction arabes étaient venus s'ajouter les caractères et la force du cheval anglais, de grandes perfections se fussent montrées. Ainsi l'épaule se fût allongée et fortement inclinée sur une poitrine plus descendue et plus haute; les membres eussent été plus fournis et les articulations mieux senties, plus accusées; le squelette se fût montré plus développé, les muscles eussent été plus pleins et mieux nourris. En disant ce qui eût été, nous avons dit ce qui n'était pas.

Haly avait le rein bas, les coudes serrés; les rayons inférieurs des membres étaient grêles, les articulations ne dénotaient pas une solidité à toute épreuve; par ailleurs, toutes les beautés de *Calife*, son énergie et son modèle.

Sur dix-huit montes faites par Haly, il y en a quatorze en Camargue, où il a été fort goûté. Il donnait des qualités à ses produits; on les a dits d'une défaite facile. À dix-huit ans, la poitrine s'est altérée; le soubresaut de la pousse a commencé à se faire remarquer. Quand les choses en sont là, la réforme est proche; cependant, les bons soins et le régime aidant, on prolonge les services des étalons qui produisent bien, qui ont du succès auprès de l'éleveur. *Haly* obtint un sursis; il ne fut vendu qu'à vingt-deux ans, et il portait fièrement son âge. Après la vente, on l'a perdu de vue; nous ignorons s'il vit encore.

Haly avait pris 2 centimètres de plus que sa mère et son frère; il mesurait 1ᵐ,50.

Il a sailli quatre cent cinquante-sept juments et donné deux cent dix-huit productions connues.

PAN est sorti d'un second accouplement entre *Nichab* et *Eastham*. Il y avait une grande ressemblance entre les deux frères; cependant le puîné avait plus de taille et de corpulence que son aîné : du sommet du garrot à terre, il marquait 1ᵐ,52 à la potence. — Haly, nous venons de l'indiquer, avait 1ᵐ,50; la taille de la mère s'arrêtait à 1ᵐ,48, celle du père atteignait 1ᵐ,54. Le fait du complet acclimatement de *Nichab* est-il pour quelque chose dans ce résultat? La question est plus facile à poser qu'à résoudre. Au naissant, ce nouveau produit s'annonçait bien; c'était en tout un beau et fort poulain, promettant plus que ses frères sous les rapports de la force et de la corpulence. Il se présentait carrément et donnait bonne opinion pour l'avenir; seulement on lui eût voulu le dos plus droit, le rein mieux soutenu et le membre antérieur plus fourni. En prenant de l'âge, ces défauts n'ont fait que se confirmer davantage. Comme père, *Pan* a marqué au même degré que ses aînés; il a transmis beaucoup d'éclat et d'élégance à ses produits.

C'étaient chez tous le même modèle et le même cachet de race, la même énergie avec plus d'étoffe et de corsage ; mais la même gracilité des membres et les mêmes défectuosités dans les rayons inférieurs.

Pan n'a pas manqué de vogue. Envoyé au dépôt d'Aurillac, il a donné dans le Cantal sept montes, dans le Puy-de-Dôme deux saisons, neuf en tout. A partir de 1837, on le signale comme ayant la poitrine délicate. Malgré un régime sévère, l'affection s'aggrave, et la pousse la mieux conditionnée se déclare ; on est forcé de l'abattre en 1840, après la monte. Il n'avait encore que treize ans. Il avait fait deux cent cinquante-sept saillies, et l'on avait constaté de ses œuvres cent quarante-quatre naissances.

C'est le second produit de *Nichab* qui disparaît sous les atteintes de la pousse ; ils étaient l'un et l'autre fils d'*Eastham*. Il est vrai que les premiers symptômes d'altération n'apparaissent chez *Haly* qu'à l'âge de dix-huit ans, que le service de la saillie fatigue nécessairement beaucoup la poitrine, et que, passé dix ans, on rencontre bien peu de chevaux dont le flanc présente une grande régularité de mouvements.

Quoi qu'il en soit, nous consignons les faits tels qu'ils se produisent. Plus loin, s'il y a lieu, nous tirerons les conséquences.

Au printemps de 1827, quelques jours après la naissance de *Pan*, Nichab fut livré à *Tigris*, cheval anglais pur, né en Angleterre, que les éleveurs de Normandie, tout fins connaisseurs qu'ils fussent, n'ont pas su apprécier à sa valeur et qui a été fort goûté dans le midi de la France, en Auvergne surtout, où il a laissé les meilleurs souvenirs.

Le directeur du haras du Pin avait mieux jugé *Tigris* ; il le sauva de l'oubli en en tirant race par son alliance avec les juments du haras, et en répandant ainsi, autant qu'il était en lui, les hautes qualités que ce précieux reproducteur léguait à sa descendance.

Tigris fut donné à *Nichab* pendant six années consécu-tives; il est né de ce mariage quatre enfants, trois garçons et une fille. Celle-ci a fait parler d'elle; nous réservons ce qui la concerne et arrivons de suite à ses frères.

Le premier en date est venu en 1828 et a reçu le nom de FRIVOLE. Sa naissance fut une espérance et une joie. Le petit était remarquablement beau, plein de feu; il se mon-trait digne de la mère, et l'on se rappela avec complaisance, à cette occasion, que la noble bête descendait en droite ligne des juments de Salomon. Après ce moment d'enthousiasme qui relevait le mérite de *Tigris* en confirmant la bonne opi-nion qu'on s'en était faite, le raisonnement eut son tour, et l'on s'aperçut que le quatrième fils de *Nichab* était en tout semblable à ses aînés, que s'il rappelait toute la pureté, toute la noblesse de ses aïeux, il en répétait trop fidèlement aussi la finesse, les formes sveltes et légères, surtout dans la membrure, qui menaçait d'être haute et d'élever la taille au delà des proportions que comporterait nécessairement l'ensemble. De là ce nom de FRIVOLE, si juste, si caracté-ristique.

Toutefois, hâtons-nous de le dire, s'il allait si bien, si droit à la forme, il était sévère et dépassa le vrai en ce qui touche au fond.

Jamais arabe ne montra plus de vitalité ni de véritable distinction. *Frivole* fut, dans toute l'acception du mot, un noble fils du désert; il devint cheval de tête par sa manière de produire, et a laissé de son séjour à Pau, où s'est passée toute sa carrière d'étalon, des traces durables, sinon com-plétement ineffaçables. Pendant longtemps, en effet, les éleveurs de cette partie de la France feront remonter jusqu'à *Frivole* l'origine de leurs produits, et ce nom dira beau-coup, il dira assez pour signifier — valeur.

Le sang ne se perd pas, — bon sang ne saurait mentir, voilà des axiomes que *Frivole* a justifiés à tous égards. Il a répété le mérite de sa race; d'autres, après lui, répéteront les hautes qualités qu'il a transmises, car plusieurs de ses fils sont venus prendre rang à ses côtés et continueront l'œuvre commencée par le père.

Frivole, nous ne le consignons plus que pour mémoire, tout précieux qu'il ait été, a reproduit les défauts de sa mère. Son épaule n'était pas assez longue, sa membrure était grêle ; il a généralement donné mince et léger. Mais on ne fait pas une race avec une individualité, avec un seul étalon ; on en jette les bases principales. Quand l'œuvre a été judicieusement préparée, il reste encore à l'achever, à la perfectionner. Aux successeurs de *Frivole* la tâche sera désormais plus facile. En tout il y a l'idée première, l'invention ; les perfectionnements viennent plus tard : l'usage, le temps et l'expérience ne les donneraient pas, si la création n'avait pas précédé.

Frivole a rempli seize montes au dépôt d'étalons de Pau ; six cent vingt-trois juments lui ont été livrées ; trois cent soixante-dix-huit naissances ont été constatées.

C'est par suite d'accident que *Frivole* a été arrêté dans sa carrière, non par la maladie ou la réforme. Par privilège spécial, les étalons de mérite sont à peu près les seuls à qui semblable événement arrive, et c'est véritablement fort curieux à noter.

Bien qu'il eût alors vingt et un ans, *Frivole* avait commencé sa dix-septième monte avec une très-grande vigueur ; rien ne faisait pressentir qu'il ne dût pas l'achever avec honneur. A la fin de mars, une poulinière d'un caractère difficile, ou mal disposée, se défend si violemment à son approche, que les entraves cèdent, qu'un coup de pied arrive à la face interne de la cuisse gauche du galant. Il en est résulté une fracture compliquée du tibia et le sacrifice de *Frivole*.

Depuis deux ans, une certaine altération dans les mouvements respiratoires, accompagnée d'une petite toux sèche non suivie d'ébrouement, accusait les commencements de la pousse, et avait annoncé l'éloignement plus ou moins prochain de *Frivole*. Cette circonstance rendit moins regrettable sa perte; il avait très-certainement fait son temps.

Sa taille était arrivée à 1^m,52; celle de Tigris allait à 1^m,57.

BIENVENU, propre frère du précédent, est né en 1851. Qui a parlé de l'un a fait connaître l'autre. Cependant le corps de *Bienvenu* était plus compacte, plus roulé que celui de *Frivole*. Son nom témoigne qu'il fut reçu en naissant avec la pensée qu'il serait bon, et tiendrait un jour convenablement sa place parmi les reproducteurs des haras. A la plus grande épaisseur du corps, comme caractère différentiel entre les deux frères, il faut ajouter 0^m,02 de plus de hauteur du garrot à terre; *Bienvenu* mesurait 1^m,54, — 0^m,06 de plus que sa mère et 0^m,03 seulement de moins que *Tigris*.

Chez *Bienvenu* il y avait moins d'ardeur, moins de feu, moins d'impressionnabilité que chez son aîné; il était d'humeur paisible, et ce calme lui donnait un air bon enfant, une physionomie bonhomme qui lui enlevaient l'éclat, le bouquet que l'on admirait tant chez *Frivole* et *Calife*. Bien qu'il eût aussi une grande distinction et une tournure tout arabe, il n'enlevait pas d'enthousiasme à première vue.

On lui a fait les mêmes reproches qu'à ses frères; il montrait peu d'épaule; il était mince sous le genou et dans les attaches; le rein était mou et bas.

Voilà des caractères de famille qui se répètent avec une constance désespérante, et qui témoignent du soin avec lequel il faut répudier les vices de construction chez les ascendants. Sans le bénéfice de la pureté du sang, des hautes qualités de la race, quel bien eût donc produit *Nichab*, dont les imperfections se répètent d'une manière aussi certaine sur toutes ses suites et se transmettent avec une certitude égale à tous les produits de ses fils?

Bienvenu a rendu des services à la production. Il avait

II.   23

été placé au dépôt de Cluny, à la portée de la jument du Morvan et de la poulinière charollaise. Il leur convenait à tous égards, et il a laissé de bons souvenirs dans les localités où il a fait la monte. Mais il a fini comme *Haly*, *Pan* et *Frivole*. Son flanc s'est altéré et marquait à un haut degré cette malheureuse pousse qui se déclare décidément une maladie de famille.

En quinze montes, *Bienvenu* a fécondé un grand nombre de femelles ; il en avait sailli quatre cent quarante-quatre. On a constaté deux cent trente-trois naissances. Il a donné bon jusqu'au bout, et, bien qu'il n'eût que dix-neuf ans quand sa réforme a été prononcée, il faut dire qu'il était usé jusqu'à la corde. C'est à l'issue de la monte de 1850 qu'il a été écarté du dépôt.

ARROGANT est le dernier produit qu'ait donné *Nichab* avec *Tigris*, avec le cheval de pur sang anglais. Nous n'avons vraiment rien à ajouter à ce qui précède. *Arrogant* ressemblait beaucoup à ses frères, seulement il est resté petit ; il n'avait que 1^m,49 centimètres à la potence. En analysant cette conformation, en examinant tous les détails un à un, nous retrouvons toujours les mêmes qualités et les mêmes imperfections. C'est un cachet indélébile, et le fait est réellement fort remarquable ; on ne l'observe pas souvent à ce degré de persistance dans un nombre égal de produits ; c'est chose rare et très-rare, ainsi que nous pourrons le faire remarquer plus tard, lorsque nous renouvellerons cette étude sur quelques autres poulinières d'élite.

Abrégeons donc l'histoire d'*Arrogant*, puisqu'elle a été faite en même temps que celle de ses frères, et bornons-nous à constater qu'il avait été envoyé au dépôt de Braisne pour faire la saillie dans la partie des Ardennes françaises où la jument a retenu quelque chose du caractère arabe, qu'il n'y a pas été recherché en raison de son mérite, malgré les qualités incontestables qu'il a léguées à ses suites, et qu'enfin il a été mieux jugé, beaucoup mieux apprécié dans les Basses-Pyrénées, où il a passé à la fin de 1844. Il y a obtenu un grand succès; mais la pousse est venue si forte et si fatigante, que la réforme a dû l'atteindre en 1848, immédiatement après la clôture de la monte, qu'il avait encore subie avec ardeur.

Il a sailli, pendant sa carrière, quatre cent quatre-vingt-douze juments et donné deux cent dix productions connues. Il n'a fait que treize montes; il n'avait que dix-huit ans quand il a été vendu.

Hector ouvre une nouvelle série; il est le premier résultat de l'accouplement de *Nichab* avec l'étalon arabe. Cette dernière avait passé en Limousin; Massoud l'y avait précédée. On les unit au printemps de 1853. Onze mois et quelques jours plus tard, après une gestation heureuse vint un poulain qu'on admira fort, dont on conçut les plus grandes espérances et pour lequel on épuisa, d'un seul coup, le vocabulaire de la louange. Sa première note est brève et significative; elle rappelle plus d'un bulletin fameux de victoire. A la vue de ce produit, on s'écrie : Ce poulain, c'est la perfection!!!

Ce mot était bien plus une impression qu'un portrait; on peut mentir à l'une tout aussi aisément qu'à l'autre. Tous les portraits ne sont pas vrais; il y a de fausses impressions. Voyons si l'on avait mis la main sur le cheval introuvable, si la fortune s'était ri de ce dicton hippique : — *Il n'y a pas de cheval parfait.*

Hector fut élevé comme l'une de ces individualités rares que la main de Dieu dispense avec avarice, pour qu'elles soient à elles seules la gloire et l'honneur d'une race. C'était un grand succès, un grand bonheur au commencement de l'œuvre qu'on s'était proposé en réunissant, à Pompadour, pour en perpétuer le type, tous les animaux de pur sang oriental qui existaient alors dans les haras de l'État; on faisait donc cas et fond de la naissance et du bon élevage de ce premier produit arabe de *Nichab*.

Les semaines s'échappent, les mois s'écoulent, les années passent; *Hector* arrive à l'âge d'étalon. Il est envoyé comme cheval de tête au haras de Rosières où vivaient les derniers représentants de la race ducale. Il devait relever celle-ci de ses ruines et lui rendre son premier éclat, sa vogue d'autrefois. Une immense réputation le précéda en Lorraine. C'est toujours une faute que de vanter outre mesure quoi que ce soit, — qui que ce soit ; *Hector* n'était pas à la hauteur du nom qu'on lui avait fait. Cependant on fut juste envers lui ; on le classa honorablement parmi les étalons d'élite ; sa race le soutenait, n'était-il pas fils de *Massoud* et de *Nichab?* Après tout, pour n'être point une merveille, cette perfection après laquelle on court en vain, il n'en était pas moins un produit remarquable par la noblesse et la distinction des formes, par le cachet spécial qui rappelle le premier type, par cette animation et cette vitalité du cheval d'Arabie.

Que lui manquait-il donc? Physiologiquement, quelque chose d'insaisissable et dont on ne connaît l'effet qu'après essai, après emploi à la reproduction ; — extérieurement, ce qui manquait à ses frères, ni plus ni moins ; il était de la famille, et il en était bien. Chez Hector, disent les notes données chaque année, l'épaule et le rein laissent à désirer; l'avant-main n'a pas assez de puissance; le membre antérieur est mince sous le genou, les articulations ne sont point assez larges : *Hector* est un cheval brillant, mais léger de partout, et il produit à son image.

Voilà ce que l'expérience a mis à la place de l'enthousiasme.

Hector est parvenu à la taille de 1^m,51. Il était plus grand que père et mère. *Massoud* ne mesurait que 1^m,49; son fils n'a pas quitté Rosières; il a seize ans. Bien qu'il ait produit passablement bon avec la poulinière de vieille race lorraine, il ne s'est pas montré apte à régénérer la jument de Deux-Ponts. Essayé avec celle de pur sang anglais, il n'a pas produit d'une manière satisfaisante; plusieurs de ses suites portaient même des tares osseuses dont il n'était pas entaché.

Le hasard me remet sous la main un rapport que j'adressai au ministre en 1845; il est daté de Pompadour. J'y lis ce passage qui trouve fort bien sa place ici :

« Le haras a possédé trois pouliches et un poulain issus d'*Hector* : deux étaient venus de Rosières à la suite des mères, les deux autres sont nés en Limousin de juments fécondées en Lorraine.

« Je ne connais *Hector* que par ces quatre produits. Il est né à Pompadour de *Massoud* et de *Nichab*, deux illustrations; lui-même avait donné les plus magnifiques espérances; il a trompé l'attente de ses admirateurs..... La réforme a promptement atteint ces quatre produits; ils étaient grêles, minces, fluets, sans avenir, tarés aux jarrets, singularité étrange chez des petits-fils de *Massoud*. C'en est fait des produits d'*Hector*; ils ont disparu.....

« Quel sang inspirera donc jamais confiance au chef d'un haras? Quelle origine a jamais été plus belle que celle-ci :— *Nichab* et *Massoud!* A quoi tient cette déchéance? Est-ce que ces deux familles n'auraient aucune affinité l'une pour l'autre?... Peut-être...

« Je cherche à me rendre compte du fait, je n'ai pas la prétention de l'expliquer.

« Cependant je vois que *Nichab*, passant du Pin à Pompadour en 1833, y arrive fécondée par *Massoud*. C'est de cette alliance qu'est sorti *Hector*. Le même accouplement est renouvelé en 1836; de ce second mariage naît *Dalila*. Cette poulinière est nette et ne transmet aucune tare à ses produits ; mais *Dalila* jette des poulains très-grêles, au fin corsage comme ceux de son frère, et à la ligne supérieure basse et défectueuse. *Dalila* ment à son origine.

« *Hector et Dalila*, si je les avais élevés l'un et l'autre, si j'avais pu les suivre tous deux dans les phases diverses de leur développement et qu'ils fussent devenus ce qu'ils sont, eussent probablement servi à m'édifier sur ce fait, savoir qu'il est des familles, supérieures dans leur ascendance et dans leurs suites, qu'il ne faut point allier l'une à l'autre, car, ainsi réunies, elles ne produisent que médiocrement ou même donnent tout à fait mauvais. Il y a dans leur sang une sorte de répulsion qui se trahit par des défectuosités ou des tares inconnues chez l'un et l'autre ascendant. Or ce fait sera toujours insaisissable avant que l'expérience ait parlé ; l'observation seule pourra le révéler au praticien attentif et éclairé. J'ai constaté, par exemple, que toujours le sang de *Massoud* avait relevé celui de *Napoléon*..... Toutes les fois qu'ils ont été mêlés l'un à l'autre par l'accouplement, il y a eu succès..... »

En 1849, *Hector* compte douze montes, quatre cent quarante-neuf saillies et deux cent soixante-seize produits connus.

Arrivons maintenant à l'histoire des filles de *Nichab*. La première, née en 1829 au haras du Pin, est sortie de *Tigris*; elle est anglo-arabe, par conséquent. Moina est son nom.

Moina, née en Normandie d'un père anglais de bonne taille, est restée petite comme sa mère, — 1^m,48. Elle avait les formes rondes et tant soit peu communes ; l'épaule courte, le garrot noyé, le dos bas, le rein mal soutenu, la croupe peu distinguée, les extrémités minces ; malgré cela, et à première vue, un ensemble assez satisfaisant.

Son premier produit, fils d'*Eastham*, a été castré à un an. En 1835, elle donne, par *Sylvio*, un poulain mâle qui prend le nom de *Don Quichotte* et qui devient un étalon de mérite.

Don Quichotte a marqué au dépôt de Saint-Lô ; nombre de ses fils ont été achetés par l'administration des haras et ont fait bonne figure dans ses établissements. Plusieurs même ont montré assez de qualités pour mériter de rester en Normandie, au Pin et à Saint-Lô. Cette distinction place haut les étalons qui en sont l'objet. En ce qui concerne les produits de *Don Quichotte*, le grand-père joue certainement un rôle considérable.

Après *Don Quichotte*, Moïna a produit Panthère, fille de *Pickpocket*. Bien que cette pouliche ait donné quelques espérances en naissant, elle est vendue de bonne heure et ne paraît pas avoir été livrée à la reproduction.

En 1838, naît *Mentor* par *Sylvio*. La réforme a promptement et, paraît-il, sagement atteint *Mentor*. Il est à remarquer que sa mère l'avait porté en Limousin à la fin de sa grossesse et que tout produit né à Pompadour, en de telles circonstances, n'y réussit que très-exceptionnellement. L'acclimatation est rude, sur ce point de la France, pour les jeunes sujets importés dans le ventre de la mère; elle est même déjà très-pénible pour la mère elle-même; nous en donnerons plus tard des preuves irrécusables.

En 1840, *Moïna* produit Orient, fils de *Massoud*. Ce poulain promettait assez peu. Il a conduit sa mère à la réforme, et depuis lors on ne suit plus les traces de la fille de *Tigris*, que l'on sait seulement avoir été mise en service. Cependant son dernier né a fait un étalon médiocre par lui-même, mais assez recommandable qand on l'étudie dans ses suites. Le sang de *Massoud* se retrouve là et fait rechercher son fils.

Sur cinq produits donnés par *Moïna*, un devient étalon de valeur et se distingue par ses produits; un autre prend un bon rang par les qualités qu'il lègue à sa descendance. C'est encore une existence bien remplie que celle-ci. Toutes les poulinières ne sont pas aussi fructueusement entretenues. Il faut noter pourtant que *Moïna* a laissé un vide dans la race en ne lui donnant pas une femelle qui ait mérité de la continuer elle-même.

Nous arrivons à l'époque la mieux remplie de la vie de *Nichab*, eu égard à la reproduction et à la multiplication de la race arabe en France. De 1835 à 1840 inclusivement, *Nichab* donne cinq femelles de pur sang oriental, qui deviennent poulinières à leur tour, du vivant de leur mère, et la constituent de fait, en toute réalité, chef de famille.

BALSORA, CÉLÉSYRIE, DALILA, FORTUNÉE, GAMBA forment une suite brillante qui a fait dire bien des paroles élogieuses, qui a fait naître bien des espérances dans l'esprit des partisans exclusifs du cheval arabe. C'était un noyau précieux que celui-là. La mère était bien connue ; on ne l'avait appariée qu'à des étalons de très-haute valeur, extraits, comme elle, de la terre natale, et, comme elle, ayant donné la mesure de la part de qualités qu'ils savaient transmettre après l'avoir reçue de leurs ascendants. Les noms d'ANTAR, MASSOUD et BÉDOUIN étaient seuls un éloge ; on ne les prononçait qu'avec le souvenir du bien qu'ils avaient déjà produit.

BALSORA est née en 1835, par *Antar*, l'un des bons étalons arabes qu'ait possédés la France. Il avait été acheté à Alep d'une tribu qui était venue camper dans les environs avec 6,000 chevaux de bonne race.

Balsora était du plus beau gris pommelé ; sa robe avait des reflets d'une grande richesse ; sa taille a dépassé celle de ses ascendants ; elle mesurait 1^m,55 (*Antar* n'avait que 1^m,51). Ses formes étaient amples et régulières ; elle avait le corps admirablement tourné, du caractère, de la distinction et de la force ; sa membrure était bien appuyée, large, à l'exception du jarret, qui se montrait un peu étroit sous une jambe un peu serrée à sa partie inférieure ; c'était, pour tout dire en un mot, une riche nature, une conformation puissante. Elle se classa plus tard, quand on connut ses produits, au rang des poulinières les plus précieuses.

Toutefois *Balsora* avait son lot d'imperfections ; la critique pouvait encore s'exercer assez largement à son endroit. Nous redirons les reproches qu'on pouvait adresser avec justice à cette magnifique production ; ils ne lui enlèveront rien de sa véritable valeur et ils seront un enseignement, car l'étude des défectuosités, si légères que soient celles-ci, n'est pas moins utile que la recherche des perfections et des beautés les plus saillantes.

Chez *Balsora*, l'épaule était ronde et droite. Nous savons comment cette partie était faite chez *Nichab;* — *Antar* a été accusé d'avoir l'épaule froide et ronde. Les théoriciens se récrieront, ils demanderont haut et ferme comment on a pu allier des reproducteurs qui présentaient à un degré élevé une imperfection de même ordre quand la science prescrit si impérieusement d'opposer les qualités aux vices, les beautés aux défectuosités....... Laissons crier les capables et raisonner les savants; les hommes de pratique savent bien à quoi s'en tenir sur les prescriptions impérieuses de ces hommes qui « dictent des lois à la nature..... » Il y a longtemps qu'à défaut de grives, conseillées par une fine gastronomie, la pratique enseigne de s'en tenir tout simplement aux merles.

Balsora avait le canon antérieur un peu trop long; c'était la seule partie de son individu qui ne fût pas en rapport dimensionnel parfait avec toutes les autres : mais *Antar* léguait assez généralement cette imperfection à sa descendance. Il en était ainsi de la forme droite et de la position trop haute du jarret, conformation défectueuse qui se répétait également chez *Balsora*. Avec cette disposition des rayons inférieurs des membres, aggravée par la brièveté de l'épaule, les mouvements sont raccourcis et les allures nécessairement médiocres.

Antar avait les pieds volumineux, défaut bien rare chez le cheval arabe; *Balsora* avait retenu la même imperfection, et celle-ci était assez grave pour sauter aux yeux, qu'on nous passe l'expression.

Enfin *Antar* éprouva quelques atteintes à la poitrine à partir de 1822. Sous le bénéfice d'un régime très-sévèrement observé, la maladie marcha lentement, mais elle progressa néanmoins, et la *pousse* se déclara tout à fait en 1829. On sait déjà que *Nichab* fut atteinte du même mal dans les dernières années de sa vie. On ne sera donc pas étonné de retrouver *Balsora* poussive en 1846 ; elle avait alors onze ans. C'est à six ans que son père en ressentit les premiers effets, à treize ans qu'il en fut complétement incommodé. C'est peu après la naissance de *Balsora*, vers sa dix-huitième année, que *Nichab* présenta les premiers symptômes de cette même affection.

L'état des productions données par *Balsora* forme un contraste frappant avec celui de sa mère. En effet, tous les produits de *Nichab* arrivent à bien ; un seul meurt à trois ans. Parmi ceux de sa fille, au contraire, qui en a donné sept viables et qui en a jeté deux avant terme, trois périrent sous la mère pendant l'allaitement ; un quatrième est réformé en bas âge ; trois seulement arrivent à la condition de reproducteurs.

Le premier, OAKAB, par *Saklawie-Amdam*, — gros, rond, court, trapu, rend de bons services et produit d'une manière très-satisfaisante ; il laissera de bonnes poulinières après lui et aura fait avancer l'amélioration de la population chevaline de la Haute-Vienne, au milieu de laquelle il passera toute son existence.

Le second, — LEGENDE, — fille de KOHEIL-OBAYAN-SÉDÉREI, a pris la place de sa mère et promet une poulinière précieuse, une matrice féconde ; son premier produit rappelle toutes ses qualités. Il y a dans LEGENDE une haute distinction, un caractère de race très-prononcé, des formes pleines, accusées et gracieuses, légères et compactes tout à la fois ; dans les extrémités, on voudrait un peu plus de largeur : ces parties reportent trop à l'extrême finesse des membres du père et à la longueur des canons chez le père et chez la mère. Mais cette imperfection est rachetée par tant de solidité et de nerf, qu'elle échappe aisément à la sévérité du juge quand il a des connaissances assez sûres pour compenser, dans son examen, et le fort et le faible, en résumant les détails par l'ensemble.

Le troisième, — USSEL, — par *Saoud*, est au nombre
des étalons offerts par l'administration à l'industrie privée ;
il est, pour la forme, dans les conditions de son aîné : c'est
un cheval bien roulé et compacte, l'antipode de ce qu'on est
convenu d'appeler une *ficelle*. L'expérience dira plus tard ce
qu'il aura produit d'utilité. Son rôle, comme reproducteur,
paraît devoir être de *recoudre* les conformations qu'un accouplement disproportionné a *décousues*.

Les ravages occasionnés par la pousse ont été si rapides
dans leur marche, qu'il ne pouvait plus y avoir d'intérêt à conserver *Balsora* au nombre des poulinières du haras de Pompadour. Vendue en 1847, elle a été payée fort cher par l'acquéreur. Du Limousin elle a passé dans les Hautes-Pyrénées ; elle a avorté deux années de suite, en 1847 et 1848,
n'a pas été fécondée en 1849 et a péri à la fin de cette même
année.

Il semble qu'elle ait rempli sa destinée par cela seul qu'elle
a laissé au haras une poulinière digne d'elle, un produit qui
n'a rien perdu des attributs de sa race et qui, loin de là,
paraît être un progrès vers le but proposé, — la conquête
et la transformation utile du pur sang arabe.

Pendant son existence de reproducteur, on voudra bien
le remarquer, *Balsora* n'a été livrée qu'à des étalons arabes
de choix, directement importés d'Orient. C'est *Saklawie-
Amdam*, — *Bédouin*, — *Massoud*, — *Koheil-Obayan-Sédérei* — et *Saoud*. Ce fait se reproduira sur ses sœurs et re-
poussera victorieusement le reproche immérité, bénévolement injuste adressé à l'administration des haras d'avoir tout
tenté pour détruire en France les éléments de reproduction
de la race arabe, par amour pour le pur sang anglais autant
que par antipathie pour le sang plus chaud et plus généreux
des nobles races d'Arabie.

Ici, comme ailleurs, la vérité a souvent été méconnue,
l'erreur a souvent pris volontairement la place de la justice.
Le travail consciencieux, les recherches faites avec intelli-

gence et bonne foi sont choses plus rares que de raison. La passion et la partialité sont bien plus communes et s'unissent plus volontiers pour se prêter le mutuel appui dont elles semblent ne pouvoir se passer, fâcheuse et triste alliance qui porte toujours de mauvais fruits.

CÉLÉSYRIE est née du même père que *Balsora*, à laquelle elle ressemblait moins qu'à sa mère. Sa taille était restée au niveau de celle de *Nichab*, — 1^m,48; mais les formes avaient plus d'ampleur. Elle était plus corpulente et plus ramassée, elle avait le dos droit, le rein court et puissamment attaché. C'est la première fois que nous trouvons cette perfection chez un produit de la vieille *Nichab*; nous nous hâtons de la signaler comme un des caprices de la nature. Il est vrai que *Balsora* avait aussi la ligne supérieure plus soutenue que ses aînés, et qu'*Antar* était admirable dans les parties qui forment cette ligne.

Célésyrie avait la robe d'un beau gris, rappelant un peu le pelage de la mère; forte et régulière dans sa structure, elle n'avait rien perdu du type de sa race et montrait des qualités réelles. Pouliche, elle s'annonçait bien; jument, elle a été une précieuse poulinière à tous égards. Ses imperfections étaient légères; nous les noterons avec la même exactitude que précédemment.

Célésyrie avait l'épaule forte, le jarret n'était pas irréprochable; on aurait pu désirer qu'elle fût plus fournie dans le dessous : c'est toujours dans les mêmes parties que tous les membres de cette famille pèchent. Pourquoi la ressemblance est-elle si complète? pourquoi la poitrine ne résiste-t-elle pas mieux aux atteintes du même mal? Loin de là, l'organe pulmonaire est plus facilement attaquable encore chez celle-ci que chez les aînés. En 1845, à neuf ans par conséquent, *Célésyrie* commence à pousser, et l'affection était si grave, qu'il a fallu réformer, avant l'âge, la plus belle poulinière du haras, celle au moins qui lui promettait les produits les plus précieux.

Pendant cette courte existence de reproducteur, *Célésyrie* a donné six produits d'une grande distinction et d'une conformation extrêmement remarquable ; quatre sont restés dans les haras, un est mort en naissant, l'autre a été vendu à l'état de pouliche.

Le premier, POLIDAS, est devenu un étalon de haute valeur ; c'est un double poney qui a conservé le cachet oriental de la famille et qui a la construction d'un ragot puissant. Il est fils de *Bédouin*; il n'a pas dépassé la taille de sa mère.

Le second était une femelle sortie du même père ; celle-ci est morte au lait.

Le troisième, — RAJAH, — fils de *Massoud*, est un reproducteur du plus haut prix. C'est un animal exceptionnel, une de ces individualités dont la nature est trop avare toujours, mais principalement à l'époque où nous sommes, au temps où chacun se montre si avide de perfectionnement et si impatient d'arriver au but. *Rajah* a laissé à Pompadour un fils qui menace de faire beaucoup parler de lui. Malheureusement pour la reproduction de la famille arabe, ce produit si remarquable a du sang anglais par *Reine-de-Chypre*, sa mère; il appartient donc à la famille anglo-arabe dont nous parlerons plus loin. *Rajah* est maintenant dans la plaine de Tarbes; il y fera époque en marquant précieusement son passage. C'est un cheval complet, malgré de légères imperfections qui n'empêchent pas de lui livrer les plus belles et les meilleures poulinières du pays. *Rajah* semble avoir reproduit *Massoud*; sa taille est de 1^m,50.

KAIFFA, propre sœur du précédent, est née en 1844. Elle promettait une poulinière précieuse; une tare survient au jarret, qui force à l'écarter promptement. L'industrie privée l'a moins sévèrement jugée; les enchères publiques en ont porté le prix de vente à la somme de 1,550 fr. Le temps dira si la tare avait un caractère héréditaire.

TIPPOO-SAIB, fils de *Koheil-Obayan-Sédérei*, offre, sous les formes les plus serrées, toutes les conditions d'un reproducteur capable; c'est une nature concentrée, mais puissante. Sa petite taille seule peut lui nuire dans sa carrière d'étalon, à moins que, dans l'acte générateur, il ne développe une force d'expansion qui n'est pas sans exemple chez le cheval arabe.

La conformation ramassée de *Célésyrie* prescrivait son alliance avec *Koheil-Obayan-Sédérei*. Celui-ci est plein de cachet et de distinction arabes, mais c'est bien l'étalon le plus mince qui soit au monde, la forme la plus svelte qui existe; les produits de ce cheval ont tous une grande tendance à s'enlever, ceux de *Célésyrie* montraient des dispositions toutes contraires. L'expérience était également acquise des deux côtés. En mariant ces deux reproducteurs, on pouvait croire à un résultat moyen, à une combinaison telle que le produit arrivât au moins à une taille ordinaire. Il n'en est rien; *Tippoo-Saïb* reste au-dessous de la moyenne, $1^m,47$. — Il n'est qu'un tout petit étalon. Il n'en remplira pas moins une carrière utile; mais ce fait montre qu'il ne faut pas faire fond d'une manière trop absolue sur les résultats de l'*appareillement*, sur les combinaisons de formes que l'on poursuit, en opposant certaines qualités à certains vices, une beauté à une imperfection.

A côté de ce fait, il s'en place un autre non moins remarquable. Quelques jours après la naissance de *Tippoo-Saïb*, la mère est rendue à l'étalon. HUSSEIN, petit cheval épais et compacte, court et trapu, épouse la jolie fille d'*Antar* et de *Nichab*. Les règles de l'appareillement prescrivaient ce mariage, autant qu'elles avaient conseillé celui de l'année précédente. La constance avec laquelle *Célésyrie* avait jusque-là rappelé sa structure et ses formes devait faire craindre, sinon un mauvais résultat, du moins une production d'un ordre inférieur. Ces prévisions, dictées par la théorie, ne se sont point réalisées; *Célésyrie* a mis bas, en 1846, d'une délicieuse pouliche qui n'a rien de la conformation raccourcie de ses aînés, et qui promet, au contraire, une jument de taille.

Cette pouliche a reçu le nom de MARQUISE-DE-POMPA-DOUR.

Marquise-de-Pompadour est en date le dernier produit de *Célésyrie*; elle ne ressemble à ses frères, elle ne tient à sa famille que par cet admirable cachet et ce grand air qui annoncent une noble origine, l'antiquité de la race. C'est une production hors ligne, une individualité à part. Rien de beau, de coquet et de puissant tout à la fois comme *Marquise-de-Pompadour*; elle a les lignes allongées du cheval anglais et la grâce, l'élégance de la poulinière orientale. Elle est, dans toutes ses poses et dans tous ses mouvements, remplie de distinction et de véritable énergie; sa physionomie est aussi douce qu'expressive; la vie coule à pleins bords dans cette organisation, qui ne dénote aucune tendance à la dégénération. C'est le sang arabe dans toute sa chaleur et dans toute sa puissance, c'est la vitalité du fils du désert dans un corps de cheval d'Europe. La perfection n'est pas de ce monde, nous ne voulons pas nous inscrire en faux contre cette vérité, et pourtant nous voyons peu de reproches à faire à cette magnifique poulinière. Peut-être pourrait-on désirer une attache plus courte du rein; mais les hanches sont si belles et si larges, que cette imperfection paraît à peine. *Marquise-de-Pompadour* mesurait 1^m,50 à trois ans et demi; elle atteindra 1^m,52. Elle a déjà pris rang à la jumenterie du haras. Attendons ses produits pour la juger en dernier ressort.

Ainsi que *Balsora*, — *Célésyrie* n'a été mariée qu'à des étalons de pur sang arabe.

Deux fois livrée à *Massoud*, — *Nichab* a produit en 1834 *Hector*, et en 1837 une pouliche du nom de DALILA.

Nous avons dit ce qu'a été, ce qu'est encore le fils de *Massoud*; à tout prendre, un reproducteur moyen, un de ces étalons qui passent et que l'on oublie promptement. Rien de saillant dans sa descendance, fait exceptionnel quand on a affaire au sang de *Massoud*.

La production de DALILA est encore moins heureuse que celle d'*Hector*. Au moins, ce dernier avait pour lui un certain mérite de conformation que n'a pas eu sa sœur. Les caractères de race sont toujours là dans la figure, dans la distinction, dans l'énergie ; mais la structure est défectueuse, au point de vue surtout de la reproduction. DALILA n'a rien de ce qui constitue la poulinière ; c'est un produit manqué, une erreur ou un caprice de la nature. Il semblerait qu'après avoir créé *Balsora* et *Célésyrie*, qui l'une et l'autre devaient donner une poulinière d'élite au haras, *Nichab* pouvait se reposer et prendre son temps pour livrer de nouvelles richesses avant de disparaître elle-même.

Quoi qu'il en soit, *Dalila*, née mince, extrêmement grêle, est restée légère et fine de corsage ; elle n'avait ni corps ni membres ; les dimensions de la poitrine étaient exiguës, la région du ventre était peu développée ; l'épaule était mauvaise, le rein long et fort mal attaché, le dos très-bas ; les articulations n'accusaient pas assez la force ; il n'y avait ni ampleur ni largeur, on eût dit d'un animal passé au laminoir.

Comme matrice, *Dalila* n'a pas davantage justifié son origine. Celle-ci était si noble, et le désir de reproduire la race arabe si vif, que la fille de *Nichab* a été conservée à la jumenterie de Pompadour, d'où elle n'a été renvoyée qu'en 1847, en même temps que ses sœurs, mises hors de cause par la pousse.

De 1842 à 1848, *Dalila* a donné six produits, quatre mâles et deux femelles,—trois par *Mesrur*, deux par *Koheil-Obayan-Sédérei*, un par *Mesroor*. Le premier, mort au lait, promettait peu ; le second a été élevé jusqu'à l'âge d'étalon, et envoyé dans un dépôt pour être essayé. L'expérience n'a point eu de succès ; la réforme a été prononcée à l'issue de la troisième monte, lorsque les premiers produits, âgés de deux ans, permettaient de juger le père en dernier ressort.

Kaïda, née en 1844, ne donnant pas d'espérance, a été vendue pouliche. Elle est restée dans le voisinage du haras de Pompadour. Son nouveau propriétaire l'a consacrée à la reproduction, et la livre à l'étalon arabe bien choisi ; ses poulains seront élevés avec soin. Nous verrons plus tard si le sang, si le mérite des aïeux se retrouveront un jour chez quelqu'un de ses descendants. Le fait n'est pas sans précédents, mais l'expérience exige des années. Quoi qu'il arrive, l'observation attentive saura bien en recueillir les résultats ; qu'il y ait ou non succès, la science enregistrera les faits. C'est ainsi qu'elle avance et pénètre peu à peu plus avant dans les lois mystérieuses de la reproduction des êtres. *Kaïda* étant le seul produit femelle né de *Dalila*, cette branche de la souche de *Nichab* disparaîtra avec elle, si elle ne laisse aucun jet digne du tronc. Les plus beaux arbres perdent parfois de leurs rameaux ; dans la multiplication des familles, toutes les individualités ne concourent pas à la conservation de la race.

En 1845 et 1847, *Tristan* et *Valençay* sont nés de *Dalila* et *Koheïl-Obayan-Sédérei*. Le premier a fait un étalon de figure, un peu enlevé, mais grêle ; il dénote tant de sang, il a de si belles parties et il y a si grande pénurie de reproducteurs du pur sang arabe, que *Tristan* a été mis en service. La suite dira ce qu'on peut en attendre. Jamais cheval n'a eu ni plus de brillant ni plus d'énergie ; il méritait qu'on l'essayât avec des juments ramassées et compactes. Il produira certainement des animaux de valeur, à la condition, cependant, que l'élevage en sera judicieux et riche, que la nourriture sera tout à la fois abondante et substantielle. *Tristan* trompera le producteur qui demande tout à l'étalon, qui attend tout du père, rien des qualités absentes de la mère ni des ressources insuffisantes de l'éducation ; il ne faudrait lui demander, au contraire, que les bénéfices du sang, l'énergie de sa race, le feu qui l'anime et lui donne tout son prix.

Quant à *Valençay*, c'était un produit indigène ; on l'a de bonne heure éloigné du haras.

Le dernier produit de *Dalila* est une fille de *Mesroor*, née hors du haras, après la réforme de la mère. Celle-ci avait été retirée de la production et mise en service par son nouveau propriétaire : c'était une décision fort sage ; comme poulinière, il n'y a rien à tirer de *Dalila*.

Bédouin a succédé à *Massoud* ; de ce mariage sont nées trois filles, — *Fortunée, Gamba, Héroïque.*

Nichab n'était sûrement pas remise lorsqu'elle a produit Fortunée, nom ambitieux qui rappelle des espérances trop tôt conçues, car elles ne se sont pas réalisées. On a cru à la plus brillante destinée pour cette pouliche ; c'était une perle fine, un joyau précieux ; on la montrait avec amour, et chacun s'extasiait. On raconte qu'un amateur passionné pour le sang arabe, et que le désir de voir Pompadour y avait attiré, a passé des heures entières dans la box de *Fortunée* pour la contempler et fixer à tout jamais son image en son cerveau. Il paraît qu'en effet cette pouliche était une manière de miniature arabe. En prenant de l'âge, elle est restée petite et grêle, légère de partout, dessus et dessous ; sa taille s'est arrêtée à 1^m,46. Dans sa conformation, toutes les lignes étaient courtes, toutes les formes étaient avortées ; le dos était bas ; du reste, beaucoup de cachet et de grâce, ce quelque chose qui classe tout de suite et distingue le cheval d'origine orientale. Il est très-remarquable que tous les produits de *Nichab*, ceux qu'elle a donnés avec l'étalon anglais aussi bien que les autres, aient porté à un degré éminent ce caractère primitif et tout à fait distinctif de la race. C'est une preuve de l'ancienneté de la famille, de la parfaite homogénéité du sang qui coulait dans les veines de cette précieuse fille du désert.

Ainsi que *Dalila*, — Fortunée a menti à son origine ; elle n'a pas produit de manière à se faire conserver à Pompadour. Elle a été réformée à son troisième poulain.

Le premier, SENNAAR, était fils de *Massoud*. On voit rarement plus mauvais produit, — grêle, étriqué, petit, taré, un avorton..... Il a été vendu à quinze mois. L'hygiène la plus attentive, le régime le plus substantiel n'ont rien pu sur cette nature rebelle.

USTUBERLU est né, après un repos d'un an, des œuvres de *Koheil-Obayan-Sédérei*. Celui-ci, au moins, était net et avait une taille convenable ; il a fait un étalon de second ordre.

Vendue à la fin de 1846, *Fortunée* est restée dans la Dordogne ; elle y a été conservée à la reproduction. Elle a donné, depuis lors, deux produits par *Hussein* ; c'est au temps à les faire connaître.

De même que ses sœurs, *Fortunée* n'a reçu que l'étalon de race arabe à Pompadour. Quoi qu'on ait dit à ce sujet, la vérité percera. En effet, on poursuivait sérieusement, au haras, la reproduction du pur sang oriental, et l'on poussait, par tous les moyens, à l'accroissement du nombre ; mais le point de départ n'avait offert que des ressources excessivement restreintes : l'œuvre a marché lentement. Elle aurait pu commencer sur des bases plus larges. Cependant, pour les hommes de science et de pratique, ce serait encore une question à résoudre que celle-ci : quand tout est incertain, quand la lumière ne s'est pas encore faite, quand l'expérience manque aux plus habiles, quand il n'y a rien encore que le parlage confus, le ton assuré, tranchant des demi-savants, est-il prudent, serait-il rationnel de se lancer à pleines voiles, de courir à toute vitesse dans des voies impraticables, semées d'écueils, hérissées de systèmes, sans issues ? Ce steeple-chase ne peut être qu'un casse-cou ; bien des fous y ont perdu leur fortune, bien des ignorants y ont appris que l'argent n'est pas la science.....

GAMBA est propre sœur de *Fortunée* ; elle la rappelle d'assez près sans avoir peut-être autant d'éclat ; elle séduit moins à première vue ; elle plaît davantage après un examen très attentif. Elle offre une extrême pureté dans les formes, dénote beaucoup de sang et porte les traits caractéristiques de sa race. Elle a plus de gros et de modèle que *Fortunée*. Quoique petite, 1^m,48, elle paraît grande et forte, privilége rare, mais précieux ; elle n'a rien perdu du cachet oriental. — Sous ce rapport, on la croirait directement importée d'Arabie, et pourtant elle a, grâce à son développement, la tournure du cheval élevé sous l'influence d'une alimentation plus succulente.

Gamba laisse prise à la critique par trois côtés. Avec de la sévérité, on la trouve un peu légère dans le dessous. Elle a le rein un peu mou ; la croupe est courte et un peu trop inclinée. Ces imperfections sont rachetées par des qualités de premier ordre. La poitrine est vaste, le corps est plein, la membrure est nette, sèche, nerveuse, bien appuyée ; le système musculaire est puissant, la physionomie est belle, intelligente ; la vie déborde de toutes parts.

En 1845, *Gamba* donne son premier produit. En 1849, elle a déjà mis bas pour la cinquième fois. Cette fécondité rappelle celle de *Nichab*. C'est au moins bien commencer et donner la preuve que la famille n'est point encore menacée dans sa vitalité. On n'aperçoit aucun germe de déchéance. C'est le plus grand succès qu'on puisse ambitionner dans une œuvre pareille ; la conquête de la race demeure entière.

Des cinq produits de *Gamba*, le premier est mort au lait, d'une affection assez commune chez les poulains qui naissent au haras de Pompadour. Cette maladie porte sur le poumon, mais plus sur le système nerveux que sur l'appareil vasculaire. Les quatre autres sont pleins de vigueur, de santé et de force.

UZERCHE, fils de *Hussein*, a déjà commencé sa carrière d'étalon. Celle-ci promet d'être longue, heureuse et utile à la bonne reproduction de la nouvelle race, qui s'est formée dans la plaine de Tarbes. *Uzerche* se montre précieux ; son modèle plaît à bon droit ; ses formes ramassées, bien cousues conviennent à la jument qui tend à s'échapper dans ses lignes. *Uzerche* était au nombre des produits exposés par l'administration des haras en 1849 ; il a particulièrement fixé l'attention des connaisseurs et du public ; c'est aujourd'hui un reproducteur plein d'avenir.

NAZARETH est née en 1847, du même père que le précédent. Cette pouliche est, dès à présent, destinée à prendre rang à la jumenterie de Pompadour. Elle promet plus encore que son frère ; elle a plus de branche et non moins de corpulence.

Le mérite de *Nazareth* et la valeur d'*Uzerche* placent haut dans sa race la précieuse poulinière qui les a nourris. A moins d'accident, *Gamba* sera, selon toute apparence, bien remplacée par sa fille ; mais elle est jeune encore, et nous pouvons croire qu'elle donnera des sœurs à *Nazareth*. Celle-ci répète, sans perte aucune, tous les traits extérieurs de la noblesse de *Nichab*. Laissons-la vieillir et attendons les résultats qu'elle promet.

En 1848 et 1849, *Gamba* a donné deux mâles ; l'un, — XILOÉ, — par *Koheil-Obayan-Sédérei* ; l'autre, — YERVILLE, — par *Hussein*, propre frère de *Nazareth*, et *Uzerche*. Ces produits ne déclassent pas la mère ; ils la maintiennent, au contraire, au rang que lui ont assigné les aînés.

C'est par erreur que le cinquième volume du *Stud-Book* français indique *Gamba* comme ayant été vendue et appartenant à M. le baron Gay de Nexon ; *Gamba* appartient encore et appartiendra probablement longtemps au haras de Pompadour. Elle a trop heureusement commencé pour n'être pas précieusement conservée. L'avenir de la famille arabe édifiée à Pompadour paraît devoir se rattacher, jusqu'à un certain point, à la conservation et au judicieux emploi de *Gamba*.

Nous ne dirons rien d'HÉROIQUE, propre sœur de *Fortunée* et de *Gamba*. Sa conformation était bonne ; elle promettait une poulinière au haras, quand la maladie de poitrine dont nous avons déjà parlé l'a violemment enlevée à l'âge de trois ans.

KÉABÉ, dernier produit de *Nichab*, est fille de *Mesrur*. Sa mère l'a donnée à vingt-six ans. Il est difficile de rien voir de plus joli et de plus mignon que cette pouliche au naissant ; c'était une petite perfection. On avait pu compter sur un élevage attentif, sur une hygiène riche et substantielle pour la développer dans tous les sens, la grandir et la grossir tout à la fois, car elle était en des proportions extrêmement exiguës. Ces petites dimensions, ces formes arrêtées, ces membres si légers étaient le fait du père, et non point le résultat du grand âge ; une suite l'affaiblissement de la mère. Celle-ci avait conservé une grande vitalité ; elle était encore bonne nourrice. Sa fille poussait à vue d'œil ; elle avait la hardiesse d'un petit coq et se montrait très-vivace quand l'affection particulière que nous avons déjà deux fois dénoncée vint la menacer dans son existence. Elle en fut si gravement atteinte, que la médecine la condamna et l'abandonna. La nature fut plus forte que l'art ; elle triompha du mal. La convalescence fut longue, mais la guérison fut complète. *Kéabé* perdit une grande partie de ses forces d'expansion, elle reprit ses jolies formes et son cachet oriental, mais elle demeura si légère dans les membres, qu'il était impossible de songer à en faire une poulinière à Pompadour. En 1847, elle fut comprise dans la vente annuelle du haras, et livrée à l'industrie privée. Elle ne paraît pas avoir encore été donnée à l'étalon.

Kéabé rappelait les imperfections de la famille : — rein un peu long, dos peu soutenu, membres légers.

Nous bornerons à ces renseignements l'histoire de NICHAB et de ses quinze produits. Elle offrait, croyons-nous, assez d'intérêt pour mériter une mention spéciale. Quelques poulinières du même ordre, donnant les mêmes richesses, eussent suffi à la conquête du sang arabe. Nous avons vu qu'il n'en est pas toujours ainsi. *Nichab* est une exception. On est trop heureux quand une jument d'élite, dans le cours de sa vie, laisse une fille, — une seule, — capable de la remplacer, quand celle-ci, à son tour, conserve assez de vitalité pour léguer à quelqu'un des siens la plénitude des attributs de sa race. Tel a été le mérite propre à *Nichab*, propre aussi à trois des filles de Nichab, et l'on doit reconnaître de bonne foi qu'ici la main de l'homme a eu sa part d'influence, que l'administration ne doit pas être accusée d'avoir tout fait pour détruire ou tout au moins laisser perdre les éléments de reproduction de la race arabe que les circonstances lui avaient permis de recueillir.

Nichab et ses quinze produits, dont huit vivent encore au commencement de 1850, représentent, en 1849, une existence commune de deux cent cinquante-six ans ; moyenne, SEIZE ANS.

A partir de 1829, époque de la mise en service de *Calife*, premier produit de *Nichab*, les sept étalons donnés aux haras ont fait cent trois montes et trois mille cinq cent soixante-dix saillies; le nombre des productions connues s'élève à mille huit cent quarante-huit : moyennes, — quinze montes, — cinq cent dix saillies, — deux cent soixante-quatre produits constatés. Trois de ces étalons vivent encore, — *Calife*, — *Haly*, — *Hector*.

Les six juments sorties de *Nichab* et qui ont été livrées à la reproduction ont donné, jusque et y compris 1849, — trente-trois productions. Plusieurs marquent leur passage et rappellent puissamment le mérite de la mère, les qualités de sa race. Les mâles sont plus nombreux que les femelles. Parmi ces dernières, trois seulement ont été jugées dignes de continuer la famille, d'être conservées comme matrices au haras de Pompadour. Sans une sévérité extrême dans les choix, on perdrait l'avenir de la race; on mettrait à néant, et ce du fait d'une seule génération, les efforts les plus intelligents, les plus heureux succès du passé; on ne peut rien sans une sélection judicieuse, éclairée, persévérante. Mais, qu'on y réfléchisse, ce n'est pas un si mince résultat que de posséder, à la deuxième génération, trois femelles pour une ; c'est la proportion entre la grand'mère et les petites-filles.

Toutefois les chiffres n'auraient ici aucune signification. C'est le mérite réel, la valeur individuelle qu'il faut consulter pour apprécier sainement. Eh bien, sous ce rapport, rien à désirer. Les petites-filles conservent les hautes qualités de race de leur aïeule et montrent, quant aux formes, une supériorité marquée sur elle. C'est le bénéfice de l'art offrant les moyens de répondre aux exigences de ce temps-ci. La reproduction pure et simple du sang arabe ne satisfaisant pas à nos besoins, il y a nécessité de modifier la forme, de transformer l'individu, de le couler dans un autre moule sans lui rien laisser perdre de ce qui constitue LA RACE.

La solution de ce problème présente assez de difficultés pour que le résultat offert par l'existence de — *Legende,* — *Marquise-de-Pompadour* — et *Nazareth* apparaisse comme un succès complet. Si chacune de celles-ci donne autant que la grand'mère, la race poussera des jets nombreux et portera des fruits aussi abondants et profitables à l'avenir. C'est peu pour les impatients, c'est beaucoup pour l'homme de science et d'expérience.

V.

Ce serait une tâche immense que de faire l'histoire de toutes les importations d'étalons orientaux en France. Nous trouvons déjà que ces études prennent des développements trop considérables ; autant que personne, nous sentons le besoin de les resserrer dans un cadre plus étroit. Nous passerons donc rapidement sur les masses, et nous croirons avoir dit assez pour fixer l'opinion, lorsque nous aurons donné l'état sommaire des services rendus à la reproduction par quelques-uns des étalons de sang arabe les plus remarquables parmi tous ceux qui nous sont connus. En général, on s'est beaucoup exagéré l'importance de ces services; quelques chiffres officiels redresseront, sous ce rapport, les idées fausses qui ont eu cours et donneront la mesure exacte de l'utilité retirée de chacune de ces existences en particulier.

Dans un pays comme le nôtre, où la reproduction des races pures ne peut s'opérer qu'avec de très-grands sacrifices incessamment renouvelés, des difficultés très-sérieuses et sur une base nécessairement restreinte, le perfectionnement des races locales, l'élévation de la population entière sur l'espèce ne peuvent avoir lieu que par l'emploi des mâles les plus voisins de la perfection sous les rapports de la conformation extérieure et de la noblesse de l'origine. De là la nécessité d'emprunter des reproducteurs capables aux contrées plus favorisées et plus riches, et d'organiser, en quelque sorte, entre elles et notre pays un courant d'importations permanent jusqu'à l'époque où l'acquisition de la race pure, cherchée en dehors de la reproduction générale, permet de se passer de ces emprunts successifs.

Jusque dans ces derniers temps, il faut le répéter, l'importation des étalons arabes avait eu pour objet l'amélioration de nos races indigènes bien plus que la conquête, que la reproduction pure et sans mélange de leur propre race. Cette pensée se trouve admirablement traduite dans quelques paroles de l'empereur, prononcées et recueillies — pendant une visite qu'il fit au haras de Pau à son retour de l'expédition de Bayonne : — « Votre Majesté n'ignore pas, lui disait-on, que c'est par les juments plus encore que par les étalons que les Arabes conservent leur race. »

— « Sans doute, répondit Napoléon, cela se passe ainsi en Arabie, mais ne peut se passer en France. Là le sang se conserve pur depuis des siècles ; aussi l'Arabe ne vend-il jamais sa pouliche, tandis qu'il se défait sans peine d'un poulain. La femelle reste dans ce pays, tandis que le mâle s'exporte. Assuré de l'origine des juments, on tient moins à celle des étalons; c'est pourquoi l'on remarque que le type du désert est bien moins caractérisé chez ces derniers. Mais avons-nous, en France, des juments dont l'origine connue remonte à plusieurs générations? La plupart, au contraire, ne sortent-elles pas d'un sang mélangé? Voilà d'où vient qu'en France l'amélioration doit s'opérer par les mâles; l'essentiel est de les choisir dans le sang le plus pur (1). »

Au rebours de ce que pratiquent la plupart des partisans actuels du sang oriental, l'empereur agissait selon qu'il disait. Il ne vantait pas le cheval arabe pour ne se servir que du cheval anglais; il aimait le premier jusqu'à la prévention, il le déclarait le meilleur du monde et l'employait à l'exclusion de tout autre. Nos orientalistes s'enthousiasment bien pour le cheval arabe, mais ils ne recherchent et n'emploient que le cheval anglais, objet pourtant, — en paroles, — de leur plus profond dédain. Est-ce par esprit de justice ou par besoin de contredire?

Quoi qu'il en soit, l'empereur a introduit autant qu'il l'a pu, en nombre aussi considérable que possible, le cheval de race orientale; seulement il n'a pas toujours été aussi heureux qu'il l'eût désiré quant à la noblesse et à la pureté des animaux importés. Bien peu ont marqué; ici comme ailleurs : beaucoup d'appelés et peu d'élus.

Avant l'empire, nous avons eu l'occasion de le constater dans la première partie de cet ouvrage, la monarchie se procurait avec sollicitude des étalons d'Orient. Nous ne rappellerons que la dernière importation faite avant la révolution. Elle avait été ordonnée par le ministre Bertin en 1779, et se composa de vingt-quatre étalons achetés en Arabie même. Parmi eux, il y en avait sans doute plusieurs d'un grand mérite; ils ont tous disparu avec l'ancienne administration des haras : un seul, — MAHOMET, — a laissé un nom. Il avait été placé dans la plaine de Tarbes. Il a produit d'une manière si remarquable, qu'on lui attribue le commencement de la régénération de la race navarrine; il a laissé une réputation

(1) *Journal des haras*, tome XVII, page 325.

telle, que les principaux éleveurs du pays ajoutent à la valeur d'une poulinière quand ils savent faire remonter son *pedigree* jusqu'à lui.

Mahomet a prolongé son influence sur la race navarrine par quelques-uns de ses rejetons, qui ont toujours été recueillis avec empressement par les haras et employés avec succès à l'œuvre qu'ils sont chargés d'édifier. L'un de ses petits-fils, âgé de vingt-cinq ans, était encore fort recherché en 1846 dans la vallée d'Argelès.

Parmi les chevaux arabes introduits en France après la restauration des haras, en 1806, on cite entre autres, comme ayant donné de bons résultats, — *Diezzard,* — *Circassien,* — *Aboukir,* — *Scheik,* — *Ptolémée,* — *Euphrate.*

DIEZZARD a vécu dix-neuf ans; mais il n'a donné, en France, que six montes et cent vingt et un produits. Il s'alliait parfaitement avec les filles de *Mahomet* et a bien continué l'amélioration commencée par ce dernier. — Cent quatre-vingt-six juments saillies; — cent vingt et un produits. Onze de ceux-ci ont mérité d'être achetés par les haras : un est mort poulain peu après l'achat, trois ont été noyés dans les flots de la population chevaline des circonscriptions de Rosières, Blois et Corbigny; les sept autres ont donné cinquante-six montes, seize cent dix saillies et huit cent trois productions connues. *Diezzard* avait beaucoup de sang, il dénotait une noble origine; il avait, comme père, une grande influence reproductive. Sa taille s'arrêtait à 1^m,44; il ne donnait pas beaucoup plus grand que lui. Ce serait aujourd'hui une cause certaine de répulsion de la part des éleveurs.

CIRCASSIEN est entré au dépôt de Tarbes trois ans avant l'éloignement de *Diezzard.* Il a d'abord partagé avec celui-ci la faveur des éleveurs de chevaux; plus tard, il a dignement rempli le vide creusé par la réforme de son aîné. Il a continué le bien commencé par *Mahomet* et *Diezzard*, en ajoutant ses qualités propres à celles dont ses anciens avaient déposé le germe dans la race nouvelle. *Circassien* avait 1^m,30; il était fort et développé à l'avenant. Il a supporté quinze années de travaux, couvert quatre cent quarante juments, donné cent quatre-vingt-douze produits connus. Parmi ses fils, douze ont été élevés au dépôt de Tarbes, après acquisition chez le cultivateur. Cinq de ces derniers ont couru le monde, le sixième est mort avant l'âge ; les six autres ont donné soixante-six montes et douze cent trente-cinq produits nés de deux mille quatre cent quatre-vingt-six saillies. Ce sont d'assez beaux états de service.

Aboukir, — *Scheik,* — *Ptolémée,* — *Euphrate* ne sont venus qu'en seconde ligne ; ils n'avaient pas le mérite des précédents ; ils n'ont point exercé sur l'amélioration une part d'influence égale. Il était juste, néanmoins, de leur tenir compte des résultats produits. Ensemble, ils ont donné, savoir :

Trente-six montes, — huit cent quarante-trois juments saillies, trois cent quatre-vingt-quatre produits ; — vingt élèves au dépôt de Tarbes, parmi lesquels neuf sont devenus étalons au même établissement ; les onze autres ont reçu une destination différente.

Les neuf premiers ont, à leur tour, fourni soixante et onze montes, à la suite desquelles on a constaté neuf cent soixante-quinze naissances sur deux mille vingt-neuf juments qui avaient été saillies.

On accuse l'administration des haras d'avoir négligé et abandonné par anglomanie, sous le gouvernement de la restauration, le cheval d'Orient, les moyens d'en procurer à la France et les saines idées d'amélioration qui s'attachent à l'emploi exclusif du sang noble et pur d'Arabie. Nous ne compterons pas une à une les acquisitions isolées faites à tout propos par les haras royaux succédant aux haras impériaux ; mais nous nous arrêterons sur quelques achats effectués en 1818, et sur l'expédition qui a eu lieu l'année suivante, en Syrie, dans le but de réparer les pertes que nous avaient fait éprouver les deux invasions de 1814 et 1815 en chevaux orientaux.

En 1818, le consul anglais à Alep débarqua à Marseille un convoi d'étalons et de juments directement achetés d'une tribu arabe qui était venue camper, en 1817, dans les environs d'Alep. Cette tribu possédait six mille chevaux ; parmi eux avaient été choisis ceux dont le consul était devenu le propriétaire.

L'administration des haras s'empressa d'acheter trois poulinières et les huit étalons dont les noms suivent :

ANTAR........., qui a donné 23 montes, 561 saillies et 252 produits.
SEGLAWÉ.....,	—	2	—	38	—	16	—
BAZ-EL-FÉDAVÉ,	—	15	—	423	—	234	—
RHADBAN.....,	—	14	—	393	—	205	—
HADBAN.....,	—	4	—	71	—	23	—
ABEYAN......,	—	6	—	226	—	202	—
GÉRADAN.....,	—	6	—	204	—	94	—
SHAMI........,	—	15	—	551	—	272	—
Totaux......	85		2,467		1,298	

Sur ces huit étalons, quatre ont marqué, ceux précisément dont les services se sont le plus prolongés. *Antar* et *Shami* méritent une mention spéciale. Le premier nous est connu. Nous en avons dit un mot en retraçant l'histoire de *Nichab* ; le second a donné quatre étalons, dont trois sont restés au dépôt de Tarbes. Ceux-ci ont fourni vingt-huit montes, sailli mille dix-huit juments et donné quatre cent quatre-vingt-trois produits.

L'expédition de Syrie a été sérieuse ; ses résultats ont certainement été considérables ; en les résumant sous forme de tableau, nous les rendrons plus faciles à saisir dans leur ensemble.

Reproduction par les étalons achetés en Syrie en 1819 et 1820, par *M. de Portes*, directeur du dépôt de Pau.

NOMS DES ÉTALONS.	NOMBRE de montes.	NOMBRE des juments saillies.	NOMBRE des produits connus.
Sakal	6	65	28
Aboufar	9	375	231
Halebi	18	604	306
Chouyeiman	2	106	62
Tadmor	8	198	72
Saraf	7	170	43
Daher	9	207	106
Abou-Arkoub	15	382	197
Ourfali	18	832	479
Hachmet-Bey	10	265	126
Meckawi	8	183	50
Abjar	5	82	32
Abou-Seif	9	251	81
Orkan	7	165	82
Gazal	7	171	81
Berck	13	357	170
Massoud	23	505	243
Mahruk	6	120	45
Hadgi	13	257	110
Cheleby	14	464	245
Richan	19	184	68
Bédouin	20	579	240
Médani	14	416	129
Durzi	13	323	104
Aslan	6	103	46
Divan-effendi	3	79	40
Kébéché	11	266	59
Hadd'eidi	7	213	107
Melhean	19	545	292
Nasser	21	659	330
Seoud	3	70	23
Douhey	8	208	88
Houteif	11	362	204
Addal	8	201	115
Munki	11	241	69
Mahama	12	291	132
Frigian	24	584	320
Drey	4	83	43
Kellé	10	375	204
TOTAUX	431	11,541	5,402

Arrêtons-nous maintenant sur ceux de ces noms qui sont restés dans la mémoire des éleveurs des contrées où ils ont été envoyés.

ABOUFAR était en grande réputation parmi les tribus arabes de la Syrie; il y était appliqué à la conservation des plus nobles familles. Si l'on en croit la relation de l'expédition écrite par M. Damoiseau, qui avait été adjoint à M. de Portes, l'acquisition de ce reproducteur n'a pas été sans difficultés ni dangers. Sa conformation était régulière et puissante; il avait de hautes qualités de race, une grande vitesse, un fonds inépuisable. En France, il n'a pas montré autant de supériorité, mais il a donné bon. Si de pareils étalons ne font pas faire des pas de géant à l'amélioration, ils l'assoient néanmoins sur des bases certaines et fondent réellement l'avenir. Il est donc regrettable qu'*Aboufar* n'ait donné que neuf montes; il avait à peine quinze ans lorsqu'il est mort.

HALEBY ne s'était pas acquis un nom avant de sortir du désert; il n'en a pas moins été un reproducteur précieux. Il a laissé nombre de poulinières de mérite et donné quelques étalons à la remonte des établissements de l'État.

CHOUYEIMAN n'était pas moins connu, dans le Liban, qu'*Aboufar* dans d'autres parties de la Syrie; il y avait la vogue : des circonstances toutes particulières ont seules permis de le faire entrer dans le convoi. Cet étalon n'a donné que deux montes en France. La mort a subitement arrêté son service au grand préjudice de l'amélioration. En effet, cinq de ses produits, élevés à Tarbes, ont fait des étalons de quelque mérite. Ensemble ils ont fourni seize années de service, sailli quatre cent quarante-cinq juments et laissé deux cent dix-neuf productions connues. Le nom de *Chouyeiman*, rayé des contrôles depuis vingt-huit ans, est encore dans la mémoire des éleveurs.

ABOU-ARKOUB est issu d'une famille de chevaux très-renommée chez les Kurdes et désignée sous le même nom,

qui signifie *père du jarret*. La partie la plus remarquable
chez les sujets de cette famille est, à ce que l'on assure, le
jarret, dont la forme et la direction offrent toutes les beautés, tous les caractères de la solidité et de la puissance.
Abou-Arkoub a eu sa spécialité ; il a donné plus de gros
que de distinction ; on lui a reproché d'avoir fait commun.
Il a vécu plus de quinze ans dans les établissements de l'administration et n'a produit que cent quatre-vingt-dix-sept
poulains, — treize par année. Un cheval de cet ordre, capable de grossir l'espèce et de laisser de bonnes poulinières à
féconder par un successeur plus fashionable, méritait une
plus active recherche de la part des éleveurs.

OURFALI a été mieux accueilli par eux. C'était un cheval
puissant et fortement membré, aux allures brillantes et rapides, même au trot ; malheureusement sa tête était peu
gracieuse et légèrement busquée. Il a vécu vingt-six ans ;
une inflammation violente l'a subitement enlevé à la fin de
sa dix-huitième monte ; il était encore vaillant. Son état de
saillies porte huit cent trente-deux juments et quatre cent
soixante-dix-neuf naissances constatées, soit près de vingt-
sept, en moyenne, chaque année. Sept de ses produits, achetés en bas âge et élevés par les haras, sont devenus étalons ;
ils ont fourni soixante et onze montes, sailli deux mille
sept cent dix-neuf juments et donné treize cent vingt-neuf
productions.

MASSOUD est un cheval hors ligne, nous en ferons l'histoire un peu plus bas.

CHELEBY. Ce nom signifie *petit maître*. Il convenait
à merveille à l'étalon qui le portait. *Cheleby* est devenu
promptement poussif en France. Cette altération des organes
respiratoires est, d'ailleurs, très-fréquente chez le cheval
qui nous vient d'Orient. Malgré cela, *Cheleby* a mérité l'estime des éleveurs des Basses-Pyrénées. Pendant plusieurs
années consécutives, il a été conduit aux eaux de Cauterets ;

il est toujours revenu soulagé et rajeuni. On a pu ainsi prolonger la durée de ses services.

On a voulu jeter du ridicule sur l'envoi de quelques étalons précieux aux eaux de Cauterets ; le ridicule est retombé
sur les ignorants qui n'en connaissent pas les salutaires effets
sur la santé du cheval. A l'action bienfaisante de ces eaux
est due la longévité qu'acquièrent presque tous les chevaux
arabes que l'administration parvient à placer dans les dépôts
des Pyrénées, à Tarbes et à Pau.

RICHAN fut acheté à l'âge de trois ans ; il porte un nom
du Nedjd et rappelait, a-t-on dit, les qualités propres à la
fameuse race nedjdi. Ses notes le représentent comme
ayant eu une structure athlétique et de magnifiques allures. Il est mort à vingt-six ans, après dix-neuf années de
services qui n'avaient pu le fatiguer beaucoup. En effet, la
moyenne annuelle de ses saillies n'atteint pas le chiffre 10;
celle de ses produits n'est que de 5,55 par an.

BÉDOUIN est une illustration. Il appartenait à la même
race que *Richan* et, comme lui, avait été acheté dans la
tribu des Fœdans. Il est né en 1813, il a été abattu en 1841
à vingt-huit ans d'âge, après vingt ans de service en France.
Il mesurait 1^m,52, portait une robe d'un beau gris truité
relevé par la couleur noire des crins de la crinière mélangée
de blanc. Sa conformation était belle, forte et régulière ; il
montrait beaucoup de distinction ; sa membrure était large ;
il était aisé, brillant dans les allures. C'était un de ces rares
modèles que chacun rêve et sollicite, un de ces régénérateurs
précieux que l'on convoite toujours et tels qu'on en demande
pour toutes les races françaises indistinctement. *Bédouin*
a été envoyé en Bretagne et en Limousin ; il y a été fort ad-
miré et très-hautement vanté ; mais cette admiration et cette
estime n'ont porté que des fruits peu abondants. Les productions de *Bédouin* justifiaient à tous égards la réputation
méritée du père, mais les juments lui étaient ménagées. En
Bretagne, on préférait au noble animal du désert l'étalon de

gros trait; en Limousin on ne faisait plus d'élèves, car on n'en trouvait pas l'emploi, la vente. *Bédouin* n'a donc pas été utile comme il aurait dû l'être; ses états de service n'indiquent qu'une moyenne de saillies de vingt-quatre juments et de douze naissances par an. Certes, de pareils résultats étaient peu encourageants.

MÉDANI répète exactement l'histoire de *Bédouin*. Il a été, comme lui, proclamé cheval de tête en Bretagne; il a vécu pendant quatorze ans, et n'y a pas donné un mauvais produit. Cependant, si on relève les chiffres qui le concernent, quels résultats découvre-t-on? vingt-neuf saillies par an! Et, tandis que des étalons aussi précieux demeurent abandonnés de leur vivant, on se prend d'une belle passion pour eux quand ils ne sont plus; on voue à tous les dieux de l'enfer l'administration inepte qui ne sait pas en peupler tous les pays de production!

DURZI n'existe plus depuis 1833; il a disparu après sa quatorzième monte. Il a été fort estimé et vit encore aujourd'hui, par tradition, dans la mémoire des éleveurs. Eh bien, que dit la page du registre qui a constaté ses services? — moins de vingt-cinq saillies par an! — C'était pourtant un cheval en vogue.

Et de même d'*Aslan*, — *Divan-Effendi*, — *Kébéché*, — *Hadd'eidi*, — *Melhean*, — *Douhey*, — *Houteif* et plusieurs autres qui ont laissé traces de leur passage, qui ont eu sur l'amélioration leur part d'utilité réelle. D'où vient donc cet abandon, si peu conforme au goût des éleveurs, puisqu'ils n'avaient guère que des paroles d'admiration pour ces animaux? De ce que la nature des services appelait l'emploi de moteurs plus développés, plus corpulents, plus lourds, plus résistants. Tous les regrets du monde ne feront pas que les choses ne soient, n'aient été ainsi. La production, lorsqu'elle ne reste pas complétement aux ordres de la consommation, est abandonnée sur le marché et travaille, ainsi qu'on le dit avec trivialité, pour le roi de Prusse. A une autre époque, tous ces chevaux eussent fait la gloire de l'administration qui les eût introduits, la fortune des éleveurs qui en auraient tiré parti, et l'honneur du pays qui les eût activement recherchés.

Les temps ont changé.

Une nouvelle expérience est commencée. Dans quelques années la lumière sera faite pour tous, et les bons esprits regretteront qu'on ait gaspillé tant d'efforts, qu'on ait perdu un temps si précieux. N'anticipons pas sur les événements ; attendons patiemment qu'ils nous donnent raison contre l'obstination aveugle, l'ignorance systématique, et malheureusement aussi contre la partialité et la mauvaise foi.

NASSER et FRIGIAN ont fait époque dans les Basses-Pyrénées ; ils ont donné beaucoup de distinction, et une force relative, un développement qui ont satisfait dans les années passées, qui ne suffisent plus en ce moment. Le temps marche et les exigences augmentent toujours. Les filles de ces deux étalons forment un excellent fonds de race ; mais il y a nécessité de les grandir et de les fortifier dans leurs produits, sous peine de ne pas voir ceux-ci arriver au niveau des besoins de l'époque. Les éleveurs ne désireront jamais mieux que *Nasser* et *Frigian ;* eh bien, la moyenne des saillies qu'ils ont données, — le premier pendant vingt et un ans, l'autre durant vingt-quatre années, est

De trente et un pour *Nasser*

Et de vingt-cinq pour *Frigian,*

Tandis que des étalons d'un mérite très-inférieur, mais d'un plus gros calibre, obtiennent quarante et cinquante femelles par saison. Voilà les faits.

Maintenant, occupons-nous de MASSOUD.

On a quelquefois comparé les trois plus nobles familles équestres de l'Orient — au diamant, — à l'or, — à l'argent Sans conteste, MASSOUD appartenait à la plus précieuse des trois ; il avait la valeur du diamant.

« J'ai acheté ce cheval, a dit M. de Portes dans ses notes, à quatre ans, faisant la monte dans la tribu des Fœdans, que je considère comme possédant les plus beaux chevaux de toutes celles que j'ai vues dans le désert de Syrie. Ce n'est pas sans de grandes difficultés que je suis parvenu à faire l'acquisition de ce joli cheval. Je l'ai marchandé pendant trois jours. Quand j'avais lieu de supposer que le marché allait enfin se conclure, l'Arabe avec qui je traitais s'élançait sur son cheval et fuyait à toutes jambes dans le désert. Pourtant, au soir de la troisième journée, il revint une dernière fois et se décida à me le laisser. Seulement, lorsqu'il fallut me livrer *Massoud*, le damné Bédouin y mit une nouvelle condition ; il exigea qu'à titre de présent, d'épingles comme on dirait en France, je lui donnasse l'unique pantalon que j'eusse alors. La chose était difficile et le marché avortait. Sur des plaintes assez vives de ma part, la partie fut réengagée ; je la gagnai en livrant, au lieu et place du vêtement turc convoité, une somme d'argent égale à sa valeur supposée. Dès lors *Massoud* fut la propriété de la France. »

C'était un magnifique cheval, doué d'une grande force, athlétique, très-brillant dans ses formes, quoique de petite taille, montrant beaucoup de nerf et de race, se classant tout d'abord au premier rang. Il était d'une maigreur extrême quand il fut acheté. Cette circonstance n'en faisait que mieux ressortir les beautés du squelette et la puissance des systèmes musculaire et tendineux. A quelques jours de la vente et tandis qu'il était à la promenade, il sauta de pied ferme, sans aucune hésitation et sans que le cavalier l'eût en rien provoqué, un ruisseau que ses compagnons venaient de passer à gué. La largeur franchie était de plus de 5 mètres ; le cheval s'arrêta court sur l'autre bord, semblant dire qu'il ferait plus à l'occasion. L'Arabe qui le montait, émerveillé de tant de puissance, descendit et baisa les pieds de *Massoud* en lui prodiguant toutes les louanges que son enthousiasme lui suggéra. Depuis lors, ce nom, qui signifie *For-*

tuné, ne fut prononcé qu'avec vénération par ceux qui connaissaient *Massoud*.

Massoud est, sans contredit, l'un des meilleurs étalons arabes qui aient jamais été employés à la reproduction en Europe. Quiconque a vu de ses produits en a été bien certainement frappé ; il leur donnait à tous son type, un air de supériorité incontestable ; il raçait, il imprimait fortement son cachet.

Massoud a fait la monte en Normandie, au haras du Pin, pendant treize ans, de 1821 à 1833 ; il fut ensuite envoyé au dépôt de Tarbes, où il n'a donné que deux montes, puis ramené au haras de Pompadour, où il a passé les huit dernières années de sa vie. Tout compte fait, il a rempli en France vingt-trois ans de service. Le 29 mai 1843, il a été frappé d'apoplexie foudroyante au moment où il allait accomplir l'acte de la régénération ; il avait alors vingt-neuf ans.

Quand on consulte la page du registre qui le concerne, voici ce qu'on trouve :

	Montes.	Juments saillies.	Produits connus.	Moyenne.	
Au Pin........	13	291	132	22	38
A Tarbes......	2	83	49	51	50
En Limousin...	8	131	62	61	37
Totaux....	23	505	243		

Moyennes, vingt-deux juments saillies et 10,56 produits connus par an !

Il y avait des services plus nombreux à demander à un étalon d'un aussi grand mérite ; il aurait pu aisément couvrir de onze à douze cents poulinières, et laisser de six à sept cents produits. Quelle perte !

Les éleveurs sont bien coupables lorsqu'ils négligent d'utiliser des reproducteurs d'un ordre aussi élevé. Sont-ils, après cela, recevables à se plaindre quand le vide laissé par la vieillesse ou la mort ne se remplit pas aussi complétement qu'on le voudrait. De longtemps, au moins ceci est à craindre, la France ne retrouvera un étalon du mérite de *Massoud*. Bien qu'il ait toujours produit d'une manière fort remarquable, et qu'il ait toujours légué une somme de qualités considérable à sa descendance, *Massoud* n'a réellement été apprécié à sa valeur qu'après sa mort.

C'est, au surplus, le fait d'autres illustrations. L'histoire du cheval en Europe fourmille de pareils exemples ; au hasard seul l'Angleterre a dû la bonne fortune de connaître GODOL-PHIN-ARABIAN. Moins bien servie dans d'autres circonstances, elle n'a point su tirer parti de reproducteurs très-précieux encore. Nous en trouvons une preuve entre mille dans le passage suivant, extrait du *Sporting-Magazine :*

« Comme de beaucoup d'hommes de mérite et de génie, ce n'est qu'après la mort de *Suchy* et celle de *Menay* — qu'on a reconnu les hautes qualités de ces deux arabes de noble race comme producteurs de chevaux de chasse ; car pendant leur vie, et malgré les preuves les plus convaincantes de leurs facultés procréatrices, leur sang n'a pu obtenir que trop rarement la faveur d'être employé, parce que la mode ne les avait pas mis en honneur (1). »

On commet donc un peu partout et dans tous les temps les mêmes fautes. Ce ne serait que moitié mal, si l'expérience portait toujours ses fruits ; malheureusement ses leçons sont trop vite oubliées.

Mieux étudiés en Normandie, les produits de *Massoud* lui eussent attiré la vogue ; il eût certainement exercé une heureuse influence sur la jument du Merlerault, qui avait avec lui une grande affinité par les formes et par le sang. L'éleveur resta néanmoins sur la réserve ; il a craint de n'obtenir que des chevaux de petite taille et n'a pas livré à *Massoud* ses poulinières d'élite. *Massoud* n'en a pas moins bien produit ; il a donné beaucoup de figure, des membres

(1) *Journal des haras*, tome XXII, année 1833.

forts, nets, larges, puissants dans le jarret surtout, de belles allures et un beau corsage. Il y avait assurément de quoi satisfaire les plus difficiles ; mais un règlement dont les points essentiels, les conditions principales avaient été posés par le conseil général n'admettait à la faveur des primes que des poulinières de grande taille, et l'on redoutait toujours que les filles de *Massoud*, si petit au milieu de la population normande, n'arrivassent pas à la taille exigée. Cette crainte, tout exagérée qu'elle fût, avait pourtant son grain de justice ; mais bien des exceptions ont laissé d'amers regrets. En effet, quand *Massoud* a, par hasard, été marié à quelque poulinière, à l'une de ces juments simples, étoffées qui sont la richesse et la réputation d'une contrée chevaline, il a donné des carrossiers puissants et des étalons de premier ordre.

Nous appuierons plus loin cette assertion en traçant rapidement l'histoire de Marmot, le digne fils d'un tel père.

Au moins l'administration des haras n'a-t-elle point commis la faute, l'erreur commise par tous ; elle a lutté avec énergie contre la répugnance des éleveurs, et, pour les mieux convaincre, elle a donné *Massoud* à vingt-cinq de ses poulinières ; à Pompadour, il en a sailli cinquante-deux. Ces deux chiffres réduisent à quatre cent vingt-huit, — moins de dix-neuf par an, — le nombre des juments livrées à cet étalon par les particuliers pendant une carrière de vingt-trois ans. C'est donc par les haras que le sang de ce précieux reproducteur s'est le plus abondamment répandu dans les trois principales familles de chevaux que nous possédions en France, — celles du Merlerault, de la plaine de Tarbes et du Limousin : — en Normandie par *Marmot* et *Eylau*, et du côté des mères par quelques bonnes juments, ses filles, qui ont, plus tard, donné des étalons au pays ; — dans les Pyrénées, par les produits qu'il a laissés, par Y. Massoud, dont nous écrirons bientôt la vie, par les fils de Mignonne, propre sœur de *Y. Massoud*, par Rajah et plusieurs étalons anglo-arabes élevés, comme celui-ci, à Pompadour ; — en Limousin par lui-même, par ses filles, et surtout par ceux de ses produits qu'il a laissés au haras. S'il était possible de former la liste de tous les animaux qui tiennent à ce cheval à un degré plus ou moins rapproché, on serait étonné du nombre de ceux que leur mérite a conservés à la reproduction, et l'on se ferait une plus juste idée du bien qui peut résulter de l'emploi judicieux d'un étalon supérieur.

MASSOUD est le père, le principal créateur de la famille anglo - arabe dont nous nous occuperons incessamment. Nous le trouverons là plus méritant, plus puissant qu'ailleurs. Toutefois nous anticiperons sur ce chapitre de nos études et nous donnerons immédiatement l'histoire de l'un de ses fils, écrite par un éleveur de l'Ariége, M. Bergasse de Laziroules, chez qui YOUNG-MASSOUD a plusieurs fois été détaché pendant la saison de la monte.

« YOUNG-MASSOUD, dit notre biographe, est un cheval de tête vraisemblablement destiné à fonder une race à part, à créer un type dans l'une des portions montagneuses de l'Ariége les mieux disposées pour l'élève et l'éducation chevaline.

« Le sang oriental prédomine dans *Young-Massoud*, mêlé cependant à une petite portion de sang anglais, qu'il tient de sa mère *Cloris* jument de pur sang, né en France de

« *Aslan*, fort beau cheval turc, gris blanc, bien membré et bien établi, ramené de Syrie en 1824, sorti plus tard des écuries de Louis XVIII, et de

« *Comus-Mare*, sous poil bai, la plus belle des juments anglaises appartenant à l'Etat, fille elle-même de

« *Comus* et de *Sancho-Mare*, pur sang ; les père, mère et ascendants les plus anciens de *Massoud*, arabes du désert.

« YOUNG-MASSOUD, digne fils de si nobles aïeux, est né en 1832, au haras royal du Pin ; il est bai-brun comme sa grand'mère et son père *Massoud ;* il porte quatre petites balzanes avec longue marque en tête; sa taille est de 1^m,46 sous potence; le tour de ses yeux est marqué de ces singulières taches d'un roux blanchâtre nommées *ladres*; l'ensemble de sa conformation est irréprochable, plusieurs détails sont d'une grande beauté.

« Ce signalement, aride description en quelque sorte officielle, propre tout au plus à désigner l'individualité de *Young-Massoud*, est loin de donner une idée quelconque de sa beauté, moins encore de son mérite.

« Par exemple, voyez-le monté, s'avançant majestueusement d'un pas souple et cadencé, couvrant, cachant presque son cavalier entre sa tête fièrement portée et le haut panache ondoyant de sa queue; il s'arrête devant vous, à la fois inquiet et docile, il écume, bat à la main; son gracieux et vigoureux sabot creuse la terre. Approchez, il se calme; touchez son front, il s'y attend et se baisse; lissez son encolure de cygne, sa crinière, mal nommée ainsi, car c'est une délicieuse chevelure de femme, longue, noir lustré, soyeuse; flattez de la main sa large et profonde poitrine, son épaule musculeuse, il frissonne de plaisir. Eh bien, n'avez-vous pas devant vous un puissant animal? Vous vous trompez; voyez plutôt, consultez le bulletin de signalement, à peine 1^m,46, moins qu'on en exige dans nos régiments pour la débile monture d'un lancier ou chasseur! *Young-Massoud* est mathématiquement un petit cheval; mais puisse Mahomet nous en donner beaucoup de pareils!

« Puisqu'il est là, regardons-le encore; vous ne sauriez, je suis sûr, pas plus que moi, vous en lasser. Vous n'avez pas touché de peau plus fine et plus satinée; c'est là un attribut, une condition de sa haute origine. Sans doute, il est bien pansé; mais ce n'est point à force de couvertures sur son corps et de flanelles enroulant ses membres à la manière anglaise qu'on a obtenu cette noblesse, que ces tendons sont si bien détachés, si nettement accusés : le léger pinceau de ces fanons est tout naturel, aussi bien que le noir vif et luisant de ces jambes, sur lequel tranche si agréablement le blanc argenté de quatre balzanes. Si son oreille, petite et hardie, son grand œil, ensemble si doux, si caressant et si fier, le jais soyeux de son toupet, vous laissent encore voir que la tête est un peu forte, n'allez pas commettre l'erreur de lui en faire un reproche. Remarquez plutôt combien elle est gracieusement attachée, hautement portée ; remarquez surtout l'ampleur du front, siége de l'intelligence, la largeur des naseaux, indice certain, avec la profondeur de la poitrine, de bon fonds et d'haleine puissante. Vous observerez curieusement les taches qui entourent ses yeux ; quelques-unes tranchent sur le brun des lèvres et du nez : c'est pour les Arabes superstitieux un signe d'heureux présage ; ils le comptent, ainsi que la balzane droite postérieure, parmi les principales des soixante-dix marques ou pronostics qui leur servent à tirer l'horoscope d'heur ou de malheur qui attend dans la vie le poulain et son futur cavalier.

« Chose remarquable, nulle trace de ces bouquets de poils plantés en sens inverse, assez estimés chez nous sous le nom d'*épi*, *rosette*, *épée*, *romaine*, ne se rencontre sur le corps de *Young-Massoud* ! Ce dernier signe, présage funeste de guerre ou de mort, est fort redouté des Arabes bédouins. L'animal qui les porte en perd beaucoup de son prix, et nul cheik ou marabout n'oserait le monter en allant au combat, dressant une embuscade ou formant une alliance. La balzane blanche, les ladres contre-balanceraient à peine, à leurs yeux, sa funeste influence. Mais *Young-Massoud* est né sous une heureuse étoile ; les génies bienfaisants ont souri à sa naissance ; il a la noblesse, la beauté, le bonheur. Au reste, il le sait fort bien et en a le pressentiment et la confiance. En vrai nejdi, il pose maintenant devant nous, son orgueil distingue et se complaît dans l'admiration qu'il inspire. Mais l'heure du second pansement va sonner ; emmenez-le, Simon, et laissez-le aller.

« Vous remarquiez tout à l'heure la cadence et l'uniformité du pas, le moelleux et la fermeté du mouvement; que votre œil se hâte de le suivre en son allure vive. Au lieu de leur beau repos, ses yeux ont pris tout à coup du brillant et de l'animation; son encolure, qui se rouait et se balançait comme la proue élégante d'une yole sur les flots, s'allonge en flèche maintenant et fend l'air. Quelle aisance dans ces épaules et ces hanches! quelle énergie dans les muscles tendus de ces jambes! Comme des balles élastiques, ses sabots paraissent repoussés du sol qu'ils attaquent vigoureusement; toutes les articulations des membres jouent avec une facilité et une harmonie parfaites, tandis que le corps et le cavalier semblent portés immobiles.

« Ah! il vient de franchir le petit ruisseau qui coupe la route! Son trot n'en a pas été dérangé ni désuni, mais vous avez pu distinguer la vigueur comme l'élasticité de ses jarrets, sa franchise à aborder les obstacles, et toujours sa force et son élégance.

« Si on va le voir dans sa box, l'extérieur de *Young-Massoud* ne fait que confirmer avec plus de détails les beautés qu'il vous a déjà présentées dehors : ampleur suffisante et grande finesse du corps réunies, force évidente et aplomb parfait des membres, avant-bras gros, musculeux, genoux et jarrets larges et osseux, tendons bien détachés. Peut-être trouvera-t-on ce cheval un peu gras, la croupe arrondie, la ligne des reins prolongée et courbe en dedans.

« Si l'embonpoint est une imperfection aux yeux de quelques amateurs des formes anguleuses, qui ne peuvent admettre sans elles de haute distinction, c'est une qualité fort appréciée de beaucoup d'autres qui y voient un indice de bonne santé et de facile entretien. La même diversité d'opinions s'applique aux reins bas, que bien des cavaliers prisent, parce qu'il en résulte une grande douceur dans les réactions. Au reste, ni l'un ni l'autre de ces défauts, s'il faut les appeler ainsi, n'est très-marqué chez *Young-Massoud*; ses formes ne sont nullement empâtées, et le tissu cellulaire, quoique abondant, n'empêche point de distinguer de beaux muscles, de forts tendons et de puissantes attaches. Il ne faut d'ailleurs pas oublier que, si tous ses nobles aïeux ont eu le désert pour berceau, lui-même est né dans les gros pâturages de la Normandie ; que si les premiers ont vécu la rude vie du Bédouin, attachés par le pied devant la tente du maître pendant la chaleur étouffante, le vent, du sable plus brûlant et les nuits froides et humides, ou bien ne recevant qu'un peu d'orge, de lait de chamelle ou de jus de datte, après avoir fourni une carrière de 25 à 30 lieues en un jour, *Young-Massoud,* lui, mène une vie quelque peu molle et sybarite ; ses plus grandes, ses seules fatigues sont le plaisir. Il a dû un peu s'énerver à ce régime, mais un germe sacré de rudesse et d'énergie n'en circule pas moins dans ses veines, n'est pas moins fixé à ses muscles et à ses os ; il l'a reçu de ses pères et le transmettra sûrement à ses enfants, qui seront aptes et parfaitement applicables à tous les usages. Étalons de prix comme lui, coureurs invincibles comme *Eylau,* robustes et infatigables chevaux de service, comme tant de ses produits qui font l'honneur de leurs maîtres, dont quelques-uns brillent à Saumur et dont sept à huit de divers âges vivent en ce moment sur les montagnes de Saurat et Rabat (Ariége), libres, errant, la nuit comme le jour, dans des steppes immenses encore couvertes de neige, bravant, avec leurs mères, les attaques des ours et des loups, et les intempéries plus fâcheuses peut-être d'un printemps qui rappelle l'hiver.

« La descendance de *Young-Massoud* se distingue encore par deux qualités qu'il possède lui-même au plus haut point, je veux dire l'intelligence et la douceur de caractère. Elles font de lui un animal vraiment aimable, même pour ceux que n'auraient pas séduits sa noblesse et sa prestance.

« N'est-ce pas plaisir que de voir pratiquer sur ce cheval les diverses opérations du pansement ? Voyez l'étrille aiguë parcourir son beau corps dénudé ; la main légère du pale-

frenier rassure à peine contre la crainte de voir entamer cet
épiderme délicat recouvert d'un poil si satiné, si fin. Le
franc animal témoigne à peine, par quelques mouvements
de tête, par quelques frissonnements des muscles, la sensa-
tion agaçante qu'il éprouve ; voyez-le offrir son front à la
brosse, ses yeux, ses naseaux, ses lèvres à l'éponge ; au premier signe, il présentera chacun de ses pieds à la curette et
au seau ; on peigne son front touffu, sa crinière, son toupet
épais, il s'y prête coquettement, car, sans doute, il est fier,
et il le peut, ma foi, de cette longue et si noire chevelure.

« Ne vous présentez pas à *Young-Massoud* si vos poches
sont dégarnies de sucre, vous souffrirez assurément de lui
voir faire en pure perte tant d'avances et de provocations
câlines pour en obtenir. Se dandiner sur l'une et l'autre
jambe d'un mouvement gracieux et impatient, vous cares-
ser du regard, et, s'il peut vous atteindre du bout des lèvres,
saisir vos vêtements, votre coiffure, lécher vos mains et menacer de baiser vos joues, sont alors ses façons habituelles.
On le dit fier, mais il ne l'est nullement pour cela ; c'est un
mendiant des plus tenaces, voulant exploiter les regards
qu'il captive, et ne dédaigne nullement d'abaisser la tête
jusqu'à la petite main tendre de ma gentille Claire, mon enfant de trois ans, que nous ne craignons pas de voir se jouant
dans ses jambes.

« C'est quelque chose que la beauté, l'élégance, la vigueur d'un cheval ; mais ces qualités matérielles ne sont
qu'une partie, et la plus faible peut-être, de celles qu'il doit
réunir pour qu'on puisse se féliciter d'avoir en lui un producteur de mérite, un étalon de tête. Ne doit-il pas y joindre la docilité, la douceur, l'intelligence même, qui est loin,
quoi qu'on en ait dit, d'être inutile à cet aimable compa-
gnon de l'homme? ne doit-il pas y joindre la fécondité, et
surtout cette faculté plus rare et plus précieuse de transmettre à sa progéniture les heureux dons que lui-même il
possède?

« Eh bien, tel est *Young-Massoud* ; il a, nous l'avons déjà dit, offert les preuves en ce genre, et voilà pourquoi nous le regardons comme la souche future d'une race pleine de mérite, c'est-à-dire comme un animal précieux, nous dirions inappréciable, s'il n'était justement apprécié par nous, son heureux dépositaire, qui possédons, à Saurat (Ariége), bon nombre de ses fils, et chez qui il a sailli, cette année, de quarante à cinquante juments, espoir fondé d'une importante régénération chevaline dans ce pays. »

Deux chiffres compléteront cette biographie.

Y. Massoud, né au Pin en 1832, vit encore à la fin de la monte de 1849 ; son état de services portait six cent quarante-trois juments saillies et trois cent quatre-vingt-douze produits connus. C'est plus que le père.......

L'histoire de MARMOT ne nous retiendra pas longtemps ; elle eût été mieux à sa place dans un autre chapitre, puisque ce cheval n'appartient pas aux races pures, mais on nous pardonnera cette courte digression.

MARMOT, comme *Y. Massoud*, son demi-frère, est né à la jumenterie du Pin. Fils de *Massoud* et de *miss Stephens*, belle et forte poulinière anglaise de demi-sang, il était de trois quarts sang et résultait de l'alliance du sang arabe et du sang anglais. Il marquait 1^m,63 à la potence ; malgré cela, il n'était pas grand. C'était un magnifique carrossier, un cheval puissant. Il plaisait tout à la fois par la symétrie des formes et par sa riche structure, par l'élégance de sa pose, la noble fierté du regard, le brillant et l'énergie des allures. Il avait la poitrine haute et profonde, le corps plein, les quartiers musculeux, la membrure large, sèche, nerveuse, ample, distinguée autant que les autres régions.

Dès ses premières années de service, *Marmot* se classe au nombre des étalons de tête des haras. On ne cite pas un mauvais cheval dans sa descendance. Beaucoup de ses filles tiennent le premier rang dans l'Orne ; nombre de ses fils

achetés pour la remonte des haras ont reporté sur divers
points de la France les germes d'amélioration qu'ils tenaient
de leur grand-père paternel.

Marmot est mort au commencement de 1850, avant la
monte ; il avait vingt-trois ans ; il a fourni dix-huit montes,
sailli sept cent vingt et une juments, donné quatre cent
neuf produits, — ce sont des moyennes assez élevées, —
quarante saillies — et vingt-quatre productions par an.

Marmot n'a jamais été malade, pas même avant de mourir. Pendant le dernier hiver de sa vie, il s'était affaissé tout
à coup et avait rapidement passé par toutes les phases de
l'affaiblissement et de la décrépitude. Il s'est éteint naturellement et sans secousse ; il n'y avait sans doute plus
d'huile dans la lampe. C'est au moins ce que donne à penser la pièce officielle qui a transmis la nouvelle de sa mort
et qui est remarquable par sa concision.

« L'autopsie cadavérique, faite avec soin, dit le procès-
verbal, a permis de constater l'intégrité physique de tous
les appareils. En présence d'une aussi belle et si complète
organisation, on se demandait, — sans pouvoir se répondre, — quoi donc a manqué à ces organes? pourquoi la vie
n'est-elle plus là?..... »

Les achats effectués isolément n'ont pas donné de grandes
illustrations chevalines à la France. Pourtant un nom se dé-
tache, celui de Camash, acheté en 1822, à Marseille, d'un
négociant grec qui a vendu plusieurs étalons arabes aux
haras.

Camash s'est promené de Pau à Pompadour, et de Pompadour à Tarbes ; il a également bien produit ici et là. On
a pu parler de lui, on a pu le regretter en Limousin et dans
les Basses-Pyrénées, où on ne l'avait pas suffisamment employé, où les poulinières ne lui étaient pas amenées en nombre
suffisant ; dans la plaine de Tarbes, on a fait mieux que de
lui vouer une admiration stérile, on l'a utilisé jusqu'à la
fin et lorsqu'il était usé jusqu'à la corde. *Camash* n'a passé à

Tarbes que les treize dernières années de sa vie. Il a donc offert un bel exemple de fécondité, une preuve irrécusable d'activité vitale, c'est-à-dire de force de race ; il appartenait, en effet, au plus noble sang d'Arabie, dont il arrivait directement.

L'administration des haras a élevé treize fils de *Camash*. Tous ont fait la monte dans la circonscription du dépôt de Tarbes. Plusieurs ont marqué ; il en est qui vivent encore et qui ont su s'attacher une partie de la vogue méritée par le père. Dans les quatre-vingt-quatre montes qu'ils ont déjà fournies, on compte trois mille quatre cent neuf juments saillies et mille huit cent quarante-sept productions connues.

On a beaucoup vanté des importations de chevaux arabes nés en Hongrie ; elles n'ont rien donné qu'une preuve, s'il en était besoin, c'est que le sang arabe s'éteint dans le nord de l'Europe sous l'influence du régime auquel on le soumet, et qu'il ne peut plus rien pour nos races quand on va le puiser à cette source indigne.

L'importation faite, en 1841, par les soins de l'administration de la guerre n'a pas non plus beaucoup enrichi la France. Jusqu'ici aucun des étalons ramenés à cette époque n'a rien donné de saillant et ne mérite une mention spéciale, bien qu'ils aient toujours vécu dans les centres de production les plus propres à les faire valoir, à mettre en relief leurs qualités par le mérite même des mères.

L'administration des haras sera-t-elle plus heureuse en 1850 ? L'avenir seul peut le dire. Quoi qu'il en soit, la mission confiée à deux de ses agents tire à sa fin ; un convoi de douze étalons s'avance vers la France. La répartition en sera faite avec soin ; mais il faut attendre du temps les résultats.

Une autre étude eût été intéressante. Celle-ci se fût attachée à rechercher les défectuosités, les vices répandus dans la population par l'emploi des étalons médiocres, par l'usage irrationnel que l'on fait des reproducteurs même capables. Cette nouvelle face de la question nous mènerait trop loin ;

elle pourra revenir quand nous nous occuperons de la production du demi-sang en France, et nous servir de preuve à
l'appui de ce fait, qu'un étalon ne marque pas seulement par
le bien qu'il produit, par les améliorations qu'il prépare ou
par les progrès qu'il réalise, mais encore, et trop fréquemment aussi, par les fâcheux souvenirs qu'il laisse après lui,
en imprimant à de nombreuses générations des taches ordinairement très-difficiles à effacer.

Les vices et les imperfections se reproduisent par le grand
nombre des individus qui en sont entachés. Les qualités de
premier ordre sont très-rares ; mais, par compensation sans
doute, elles existent chez des reproducteurs dont la vie est
plus longue, la carrière plus remplie, la vitalité plus grande.
Sans cette différence dans les existences, il n'y aurait aucun
progrès réalisable ; la somme du mal l'emporterait toujours
et fatalement sur la somme du bien. Avec des soins et du savoir, au contraire, on peut équilibrer les forces, et, la persévérance aidant, dominer le mal, donner toute prépondé-
rance au bien.

FIN DU DEUXIÈME VOLUME DE LA SECONDE PARTIE.

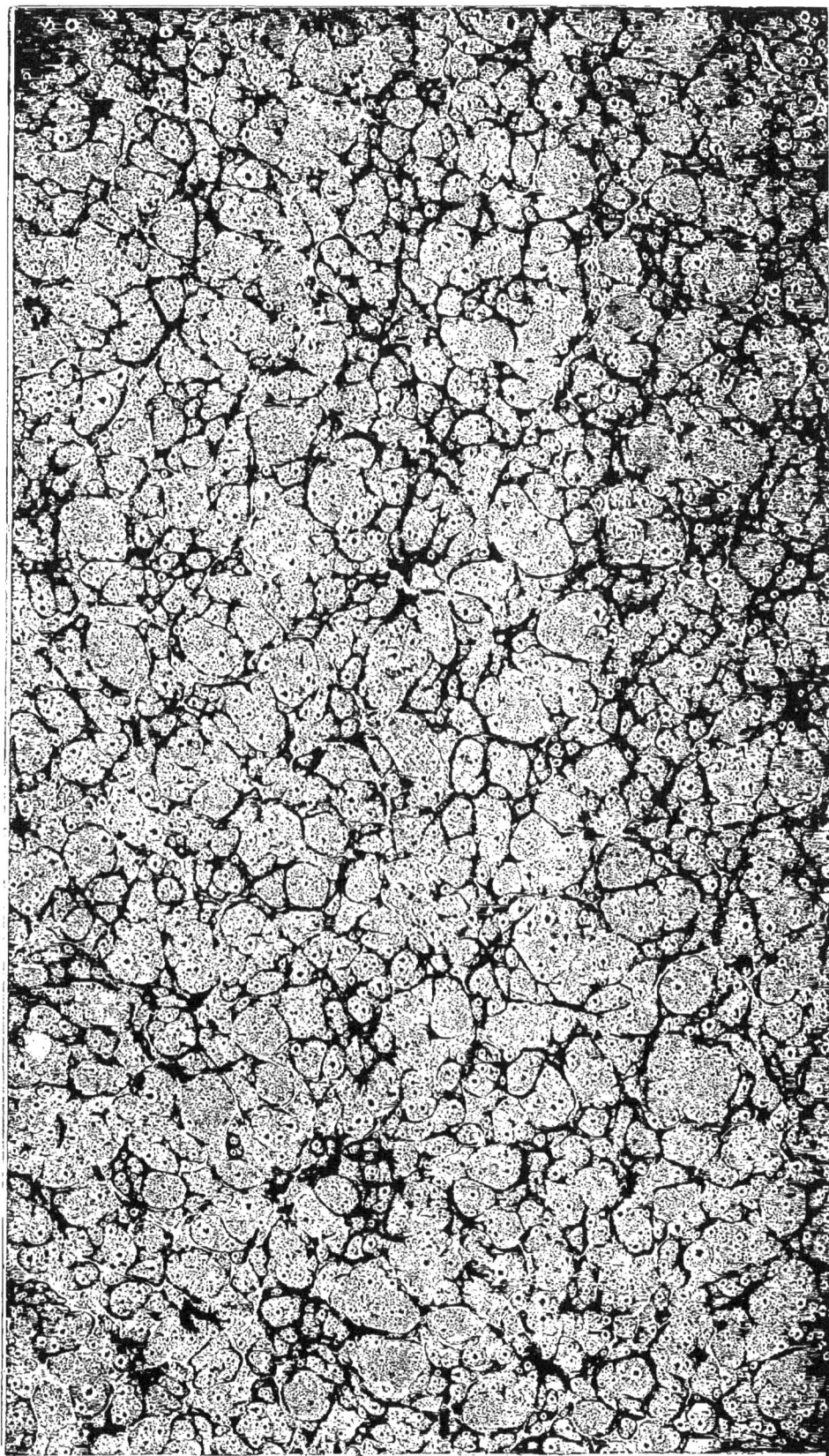

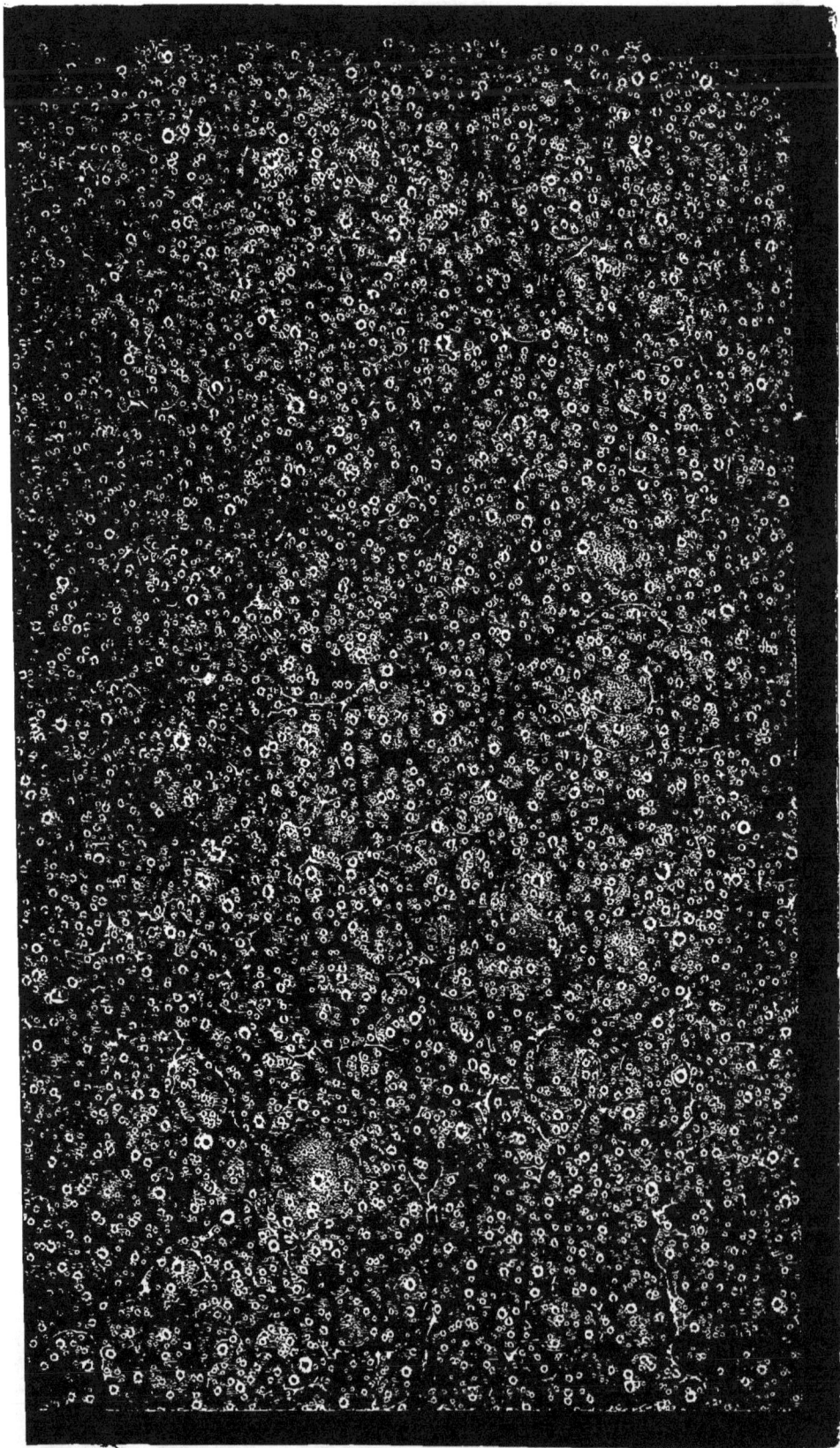